住房和城乡建设部"十四五"规划教材

全国住房和城乡建设职业教育教学指导委员会土建施工专业指导委员会规划推荐教材

高等职业教育本科土建施工类专业系列教材

建筑结构

（下册）

胡兴福 主 编

张 琨 副主编

中国建筑工业出版社

图书在版编目（CIP）数据

建筑结构. 下册 / 胡兴福主编；张琨副主编. —
北京：中国建筑工业出版社，2024.7
住房和城乡建设部"十四五"规划教材　全国住房和
城乡建设职业教育教学指导委员会土建施工专业指导委员
会规划推荐教材　高等职业教育本科土建施工类专业系列
教材
ISBN 978-7-112-29801-3

Ⅰ．①建…　Ⅱ．①胡…②张…　Ⅲ．①建筑结构-高
等职业教育-教材　Ⅳ．①TU3

中国国家版本馆 CIP 数据核字（2024）第 084181 号

　　本教材分为上、下两册。上册为建筑结构设计原理，分为 9 个教学单元，即：绪论，建筑结构材料，建筑结构设计基本原则，钢筋混凝土受弯构件，钢筋混凝土拉、压构件，钢筋混凝土受扭构件，预应力混凝土构件，钢结构的连接，钢结构基本构件和砌体结构基本构件。下册为建筑结构设计，分为 6 个项目，即：建筑结构设计入门、钢筋混凝土楼盖设计、混凝土结构设计、砌体结构设计、钢结构设计和建筑结构计算机辅助设计。本册为下册。

　　本书主要用作高等职业教育本科建筑工程专业建筑结构课程的教材，也可用作其他专业相关课程教材、有关培训教材和有关工程技术人员的参考资料。

　　本书配套课件可扫描右侧二维码下载。

配套课件

《建筑结构》
（下册）

责任编辑：李天虹　李　阳
责任校对：张　颖

住房和城乡建设部"十四五"规划教材
全国住房和城乡建设职业教育教学指导委员会土建施工专业指导委员会规划推荐教材
高等职业教育本科土建施工类专业系列教材
建筑结构
（下册）
胡兴福　主　编
张　琨　副主编

*

中国建筑工业出版社出版、发行(北京海淀三里河路 9 号)
各地新华书店、建筑书店经销
北京鸿文瀚海文化传媒有限公司制版
北京云浩印刷有限责任公司印刷

*

开本：787 毫米×1092 毫米　1/16　印张：23¾　字数：587 千字
2024 年 8 月第一版　2024 年 8 月第一次印刷
定价：**69.00** 元（赠教师课件、附任务册）
ISBN 978-7-112-29801-3
（42894）

出版说明

党和国家高度重视教材建设。2016年，中办国办印发了《关于加强和改进新形势下大中小学教材建设的意见》，提出要健全国家教材制度。2019年12月，教育部牵头制定了《普通高等学校教材管理办法》和《职业院校教材管理办法》，旨在全面加强党的领导，切实提高教材建设的科学化水平，打造精品教材。住房和城乡建设部历来重视土建类学科专业教材建设，从"九五"开始组织部级规划教材立项工作，经过近30年的不断建设，规划教材提升了住房和城乡建设行业教材质量和认可度，出版了一系列精品教材，有效促进了行业部门引导专业教育，推动了行业高质量发展。

为进一步加强高等教育、职业教育住房和城乡建设领域学科专业教材建设工作，提高住房和城乡建设行业人才培养质量，2020年12月，住房和城乡建设部办公厅印发《关于申报高等教育职业教育住房和城乡建设领域学科专业"十四五"规划教材的通知》（建办人函〔2020〕656号），开展了住房和城乡建设部"十四五"规划教材选题的申报工作。经过专家评审和部人事司审核，512项选题列入住房和城乡建设领域学科专业"十四五"规划教材（简称规划教材）。2021年9月，住房和城乡建设部印发了《高等教育职业教育住房和城乡建设领域学科专业"十四五"规划教材选题的通知》（建人函〔2021〕36号）。为做好"十四五"规划教材的编写、审核、出版等工作，《通知》要求：（1）规划教材的编著者应依据《住房和城乡建设领域学科专业"十四五"规划教材申请书》（简称《申请书》）中的立项目标、申报依据、工作安排及进度，按时编写出高质量的教材；（2）规划教材编著者所在单位应履行《申请书》中的学校保证计划实施的主要条件，支持编著者按计划完成书稿编写工作；（3）高等学校土建类专业课程教材与教学资源专家委员会、全国住房和城乡建设职业教育教学指导委员会、住房和城乡建设部中等职业教育专业指导委员会应做好规划教材的指导、协调和审稿等工作，保证编写质量；（4）规划教材出版单位应积极配合，做好编辑、出版、发行等工作；（5）规划教材封面和书脊应标注"住房和城乡建设部'十四五'规划教材"字样和统一标识；（6）规划教材应在"十四五"期间完成出版，逾期不能完成的，不再作为《住房和城乡建设领域学科专业"十四五"规划教材》。

住房和城乡建设领域学科专业"十四五"规划教材的特点，一是重点以修订教育部、住房和城乡建设部"十二五""十三五"规划教材为主；二是严格按照专业标准规范要求编写，体现新发展理念；三是系列教材具有明显特点，满足不同层次和类型的学校专业教学要求；四是配备了数字资源，适应现代化教学的要求。规划教材的出版凝聚了作者、主审及编辑的心血，得到了有关院校、出版单位的大力支持，教材建设管理过程有严格保障。希望广大院校及各专业师生在选用、使用过程中，对规划教材的编写、出版质量进行反馈，以促进规划教材建设质量不断提高。

住房和城乡建设部"十四五"规划教材办公室

2021 年 11 月

前言

本书是住房和城乡建设部"十四五"规划教材，依据《高等职业教育本科建筑工程专业教学标准》编写。

全书分为上、下两册。上册为建筑结构设计原理，分为 9 个教学单元，即：绪论，建筑结构材料，建筑结构设计基本原则，钢筋混凝土受弯构件，钢筋混凝土拉、压构件，钢筋混凝土受扭构件，预应力混凝土构件，钢结构的连接，钢结构基本构件和砌体结构基本构件。下册为建筑结构设计，分为 6 个项目，即：建筑结构设计入门、钢筋混凝土楼盖设计、混凝土结构设计、砌体结构设计、钢结构设计和建筑结构计算机辅助设计。

本书具有以下特色：（1）体现行业发展的前沿技术。全书按最新规范编写，同时通过"小知识"等形式介绍了行业最新科技成果。（2）注重激发学生的学习兴趣。每部分通过问题或案例引入新知识，引导学生思考将学内容，同时通过增加"小问题"的方式，引导学生针对性思考某些问题。根据内容特点，下册按项目组织教学内容，实现学中做、做中学。（3）努力扩展学生视野。通过"经典书籍推介""专业网站链接"的方式，指导学生课外学习，并通过"典型案例"，介绍国内外知名的、典型的、有影响力的工程案例。（4）注重实际应用。结合职教本科特点，适当压缩纯理论和公式推导，强调知识在结构设计、建筑施工中的应用，在相关章节介绍"结构知识在建筑施工中的应用"。（5）增强育人功能。潜移默化地进行职业素养和规范意识、质量意识、绿色意识的培养。编写了工程案例，从正反两方面对学生进行质量安全教育。对涉及的通用规范相关条文采用黑体字标示，并设计了"规范链接"内容，强化学生规范意识。（6）方便师生使用。通过二维码提供学习中需要的资料，如规范相关条文、教学课件、思维导图、单元/项目学习指引、知识点精讲、单元/任务小结、习题解答、典型案例、施工图、注册结构师考试等等。

本书由四川建筑职业技术学院胡兴福、黄陆海、李珂、樊素，黑龙江建筑职业技术学院张琨，山西工程科技职业大学孙伟苹，成都农业科技职业学院陈小林，中铁二院建筑工程设计研究院宋林波，中国建筑第八工程局有限公司华南分公司胡铮编写，胡兴福任主编，张琨任副主编。具体编写分工为：上册绪论和教学单元 1、2、5 由胡兴福、陈小林编写，教学单元 3、4 由胡兴福、陈小林、胡铮编写，教学单元 6、7 由张琨编写，教学单元 8 由樊素编写，教学单元 9 由李珂编写；下册项目 1 由黄陆海编写，项目 2 由黄陆海、宋林波编写，项目 3、6 由孙伟苹编写，项目 4 由李珂、胡铮编写，项目 5 由樊素、宋林波编写。山西工程科技职业大学宋岩丽教授担任本书主审。宋教授以其渊博的知识和严谨的态度，对书稿进行了仔细审阅，提出了建设性意见，编者谨此表示衷心感谢！

限于编者水平，书中错漏难免，恳请读者批评指正。

编者

2024 年 1 月

目录

项目 1　建筑结构设计入门

引入问题

　　建筑结构设计是建筑工程设计的重要组成部分，既是一项具有创造性的工作，又是一项全面、具体、细致的综合性工作。结构工程师的基本工作是在结构的可靠与经济之间选择一种合理的平衡，力求以最低的代价，在满足安全、适用、耐久、经济和施工可行要求的基础上，按有关设计标准的规定对建筑结构进行总体布置、技术与经济分析、计算、构造和制图工作，并寻求优化的全过程。那么，结构设计分为几个设计阶段和步骤，包含哪些设计内容，需要遵循什么基本原则呢？

思维导图

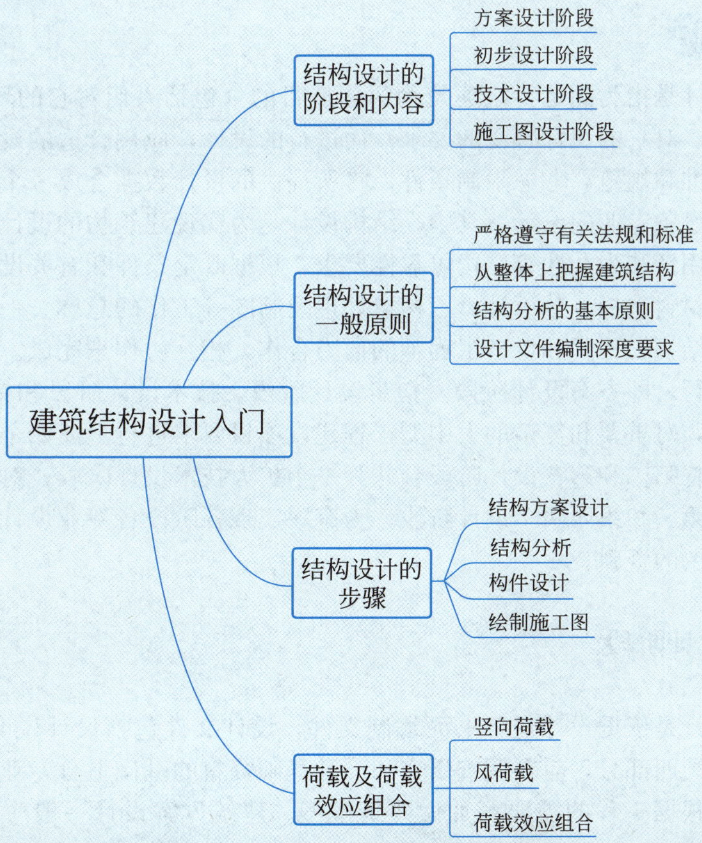

建筑结构设计入门

- 结构设计的阶段和内容
  - 方案设计阶段
  - 初步设计阶段
  - 技术设计阶段
  - 施工图设计阶段
- 结构设计的一般原则
  - 严格遵守有关法规和标准
  - 从整体上把握建筑结构
  - 结构分析的基本原则
  - 设计文件编制深度要求
- 结构设计的步骤
  - 结构方案设计
  - 结构分析
  - 构件设计
  - 绘制施工图
- 荷载及荷载效应组合
  - 竖向荷载
  - 风荷载
  - 荷载效应组合

任务 1.1　结构设计的阶段和内容

本任务学习结构设计的阶段和各阶段的主要内容。

知识目标：
熟悉结构设计的各阶段及其主要内容。
能力目标：
清楚各个阶段结构设计的工作内容。
育人目标：
培养学生严谨务实、遵守规则的职业品质。

相关知识

建筑工程设计是指为满足特定建筑物的建造目的（包括人们对它的环境角色的要求、使用功能的要求、对它的视觉感受的要求）而进行的设计，应用合适的设计工具，依据现行的相关设计标准和规范，考虑限制条件，将所提供的设计数据合成一个建筑的过程，包括建筑、结构、设备专业的设计。其中，结构设计是为实现建筑物的设计要求，并满足结构的安全性、适用性和耐久性等结构可靠性要求，根据既定条件和有关设计标准的规定进行的结构选型、材料选择、分析计算、构造处理及制图等工作的总称。一个建筑工程的设计需要建筑师、结构工程师和设备工程师的通力合作，相互协作来完成。建筑工程设计可分为四个阶段进行，即方案设计阶段、初步设计阶段、技术设计阶段和施工图设计阶段。在整个设计阶段，对重要和复杂的大中型工程建设项目要求进行上述四个设计阶段；对普通大中型项目可将第二和第三设计阶段合并为一个扩大技术设计阶段；对简单的小型建设项目也可只进行第一和第四两个设计阶段。为有序实现各阶段各专业设计内容，各个阶段各专业应互提必要的资料。

1.1.1　方案设计阶段

此阶段的设计是依据设计任务书而编制文件，设计文件包括设计说明书、设计图纸、投资估算、透视图四部分，应在调查研究和设计基础资料的基础上分专业编制。一些大型或重要的建筑，根据工程的需要可加做建筑模型。建筑方案设计一般应包括总平面、建筑、结构、给水排水、电气、采暖通风及空调、动力和投资估算等专业，除总平面和建筑专业应绘制图纸外，其他专业以设计说明简述设计内容，但当仅以设计说明还难以表达设计意图时，可以用设计简图进行表示。

　　方案设计阶段结构设计文件的主要内容是编制结构设计说明书和结构平面简图，其设计依据为项目可行性研究报告、设计任务书和上级批准的立项文件等。其中结构设计说明书包括设计依据、结构设计要点和需要说明的问题等；设计依据应阐述建筑所在地域、地界、有关自然条件、抗震设防烈度、工程地质概况等；结构设计要点应包括上部结构选型、基础选型、人防结构及抗震设计初步方案等；需要说明的其他问题是指对工艺的特殊要求、与相邻建筑物的关系、基坑特征及防护等。结构平面简图应标出柱网、剪力墙、沉降缝等。另外，对于复杂或超高层建筑，可进行结构试算并对计算结果进行判断，以便于方案比选；确定建筑物的整体结构可行性，柱、墙、梁的大体布置，以便建筑专业在此基础上进一步深化，形成一个各专业都可行、大体合理的建筑方案。

1.1.2　初步设计阶段

　　初步设计是根据批准的可行性研究报告或设计任务书而编制初步设计文件。目标是在方案设计阶段成果的基础上调整、细化，以确定结构布置和构件截面的合理性和经济性，设计文件应尽量考虑周到，为施工图设计打下一个好基础，提供编制概算所需的结构简图及附加的文字说明。应提交的设计文件有设计说明书、设计图纸、主要设备和材料清单等。

　　结构设计在此阶段包括编制抗震设防要点及主要措施，说明上部结构方案设计的依据及（人防）地下室结构方案的要点，简述变形缝的布置及做法，提出具体的地基处理方案，选定主要结构的材料和采用的构件标准图等。结构设计文件应包括设计说明书、结构控制性计算的计算书、方案设计简图和总概算书。

1.1.3　技术设计阶段

　　技术设计是专门对技术复杂或有特殊要求的大中型项目增加的一个设计阶段，它是对初步设计方案进行调整和深化，其设计依据为已批准的初步设计文件。

　　结构设计在此阶段的主要内容为确定结构受力体系和主要技术参数，通过计算初步确定主要构件（梁、柱、墙等）的截面和配筋，绘出结构平面简图及重要节点大样图，配上必要的文字说明，写明对地质勘探、施工条件及主要材料等方面的特殊要求。

1.1.4　施工图设计阶段

　　施工图设计是项目施工前最重要的一个设计阶段，要求以图纸和文字的形式解决工程建设中预期的全部技术问题，并编制相应的对施工过程起指导作用的施工预算。施工图设计内容以图纸为主，应包括封面、图纸目录、设计说明、图纸、工程预算等。施工图设计文件编制深度应按《建筑工程设计文件编制深度规定》中有关部分执行。设计文件要求齐全、完整，内容、深度应符合规定，文字说明、图纸要准确清晰，整个设计文件应经过严格的校审，经各级设计人员签字后，方能提出。

　　按照上述设计阶段，对一般单项建筑工程项目，首先由建筑专业提出较成熟的初步建筑设计方案，结构专业根据建筑方案进行结构选型和结构布置，并确定有关结构尺寸，对建筑方案提出必要的修正；然后，建筑专业根据修改后的建筑方案进行建筑施工图设计，结构专业根据修改后的建筑方案和结构方案进行荷载计算、内力分析、截面设计和构造设计，并绘制结构施工图。

施工图交付施工，并不意味着设计已经完成，在施工过程中，根据新的情况，还需对设计作必要的修改；建筑物交付使用后，经过最关键的实践检验后，作出工程总结，设计工作才算最后完成。

任务小结

建筑工程设计一般可分为四个阶段进行，即方案设计阶段、初步设计阶段、技术设计阶段和施工图设计阶段。对重要和复杂的大中型工程建设项目要求进行上述四个设计阶段；对普通大中型项目可将第二和第三设计阶段合并为一个扩大技术设计阶段；对简单的小型建设项目也可只进行第一和第四两个设计阶段。

思考题

建筑结构设计一般分几个阶段进行？每阶段有哪些工作内容？

任务 1.2 结构设计的一般原则

任务描述

本任务学习结构设计需要遵循的一般原则。

学习目标

知识目标：

了解结构设计的一般原则。

能力目标：

能遵循结构设计的一般原则。

育人目标：

培养学生严谨务实、遵守规则的职业品质。

相关知识

建筑结构设计是工程建设重要的基本工作程序，为了提高设计水平，使所建造的结构在规定的条件下和规定的使用期限内，能满足预定的功能要求（安全性、适用性和耐久性），同时考虑成本控制及施工的便利性等因素，建筑结构设计应遵循一定的基本规则。

1.2.1　严格遵守有关法规和标准

伴随着时代的不停进步和人们物质生活水平的不断提高，对建筑结构的设计和建筑的整体质量也不断提出新的要求。基于此，我国出台了相应的法律法规和标准，如《建筑法》《建筑工程质量管理条例》《建设工程勘察设计管理条例》《房屋建筑和市政基础设施工程施工图设计文件审查管理办法》《工程结构通用规范》《建筑抗震设计标准》《混凝土结构设计标准》等。在建筑结构设计时，相关单位和设计人员必须严格按照国家规定执行，不断完善和改进设计方案，确保设计质量，以满足新时期对建筑结构的新要求。

建筑结构设计人员必须保证工作认真严谨，强化规范意识，同时还要通过学习，提升自己的专业基础知识素养，不断提高设计水平。设计工作中，既要敢于大胆创新，又要牢固树立"以人为本、质量重于泰山"的观念，允分结合当地的审美要求，认真全面地考虑建筑需求，保障整体工程的质量，将广大人民群众的生命财产安全放在第一位。

缺乏有力的审查和监管，会严重影响整体建筑的质量。相关审查部门在对建筑结构设计图纸审查时，应充分结合建筑建设的目的、建筑的用途等方面，综合评价设计成果，结合相关标准规范，对设计质量严格把关，促进建筑结构设计行业的整体水平提升。

为简便起见，本书对涉及的标准、规范、规程简称如下：

《建筑结构荷载规范》GB 50009—2012，简称《荷载规范》；

《工程结构通用规范》GB 55001—2021，简称《结构通规》；

《钢结构通用规范》GB 55006—2021，简称《钢结构通规》；

《砌体结构通用规范》GB 55007—2021，简称《砌体通规》；

《混凝土结构通用规范》GB 55008—2021，简称《混凝土通规》；

《混凝土结构设计标准》GB/T 50010—2010（2024 年版），简称《混凝土标准》；

拓展阅读

建筑业从业人员
职业道德规范

《建筑抗震设计标准》GB/T 50011—2010（2024 年版），简称《抗震标准》；

《高层建筑混凝土结构技术规程》JGJ 3—2010，简称《高层混凝土规程》；

《砌体结构设计规范》GB 50003—2011，简称《砌体规范》；

《钢结构设计标准》GB 50017—2017，简称《钢结构标准》；

《装配式混凝土结构技术规程》JGJ 1—2014，简称《装配式混凝土规程》；

《门式刚架轻型房屋钢结构技术规范》GB 51022—2015，简称《门式刚架规范》。

1.2.2　从整体上把握建筑结构

1. 建筑设计既综合又具体

建筑的三要素包括建筑功能、建筑技术和建筑形象。其中，建筑功能是主导因素；建筑技术是实现建筑功能的手段，它对功能起制约或促进发展的作用；建筑形象是发展变化的，在相同的功能要求和建筑技术条件下，可以创造出不同的建筑形象，达到不同的美学效果。因此，建筑工程设计既综合又具体，在设计思想上应首先强调总体而不是个别单元。

在现代技术条件下，建筑物应是建筑师和工程师创造性合作的产物。建筑设计师和结构工程师应充分认识到，要在形成使用特征的同时（而不是以后）形成结构空间形式，而不是结构设计师等待建筑师给出一个表现空间形式的方案（非结构的），然后再设法去完成它。

2. 从整体上把控建筑结构设计

一栋建筑就像是一根镂空的柱子，这是在竖向荷载作用下对建筑结构的整体把控。短柱承载力为强度所控制，长柱承载力为稳定所控制。高层建筑结构的高宽比控制对应于长柱的长细比控制，整体结构的主轴两方向的刚度接近对应于柱子的等稳定性控制。

将一栋建筑旋转 90°，就像是一根镂空的悬臂梁，这是在水平荷载作用下对建筑结构的整体把控。短梁承载力为剪力所控制，以剪切变形为主；长梁承载力为弯矩所控制，以弯曲变形为主。建筑结构的整体侧向变形由剪切变形和弯曲变形共同组成，高宽比较大时以弯曲变形为主，高宽比较小时以剪切变形为主。

1.2.3　结构分析的基本原则

结构分析是根据已定的结构方案、结构布置形式及构件截面尺寸和材料性能等，确定合理的计算简图和分析方法，进行荷载（或作用）计算，通过科学的计算分析准确地求出作用效应（结构内力和变形），以便根据计算结果进行构件截面设计并采取可靠的构造措施。进行结构分析时，应遵循以下基本原则：

1. 结构按极限状态验算时，应遵循《建筑结构荷载规范》《工程结构通用规范》《建筑抗震设计标准》等国家标准规定的作用（或荷载）及其组合，对结构的整体进行作用（或荷载）效应分析。

2. 结构在制作、运输、施工和使用期的不同阶段有多种受力状况时，应分别进行结构分析。当结构可能遭遇撞击、爆炸等偶然作用时，尚应按国家有关现行标准进行结构分析。

3. 结构分析所需的各种截面参数，以及所采用的计算简图、边界条件、作用（荷载）的取值与组合、材料性能指标、变形状况等，应符合实际工程情况。结构分析时可根据结构的受力特点，作一些合理的近似简化和假定，以便于计算分析。对计算结果还应进行复核，应满足工程精度的要求。

4. 所有结构分析方法的建立都基于力学平衡条件、变形协调（几何）条件和材料本构（物理）关系这三类基本力学条件。结构整体及其任何部分都必须满足力学平衡条件；结构的各种变形协调条件（包括边界条件、约束条件、截面变形条件等），应尽量在不同程度上予以满足；应合理地选取材料的本构关系，尽可能接近材料的实际性能。

5. 建筑结构的分析方法应根据结构类型、结构布置、受力特点及材料性能合理选用。目前工程设计中常用的计算方法包括线弹性分析方法、考虑塑性内力重分布的分析方法、塑性极限分析方法、非线性分析方法、试验分析方法等。上述分析方法中，各自又有多种具体的计算方法，如解析法、数值法、精确解法、近似解法等。结构设计计算时，具体选用什么方法，应从结构的重要性、荷载（作用）状况、计算精度要求等方面综合考虑，同时还要考虑已有的分析手段，如计算程序、计算手册等。

6. 计算机辅助设计是目前主要的结构分析手段，为了确保计算结果的正确性，结构分析应采用经过验证的计算软件，其技术条件应符合国家有关标准规范的要求，计算结果应复核判断其准确性后，才可用于工程设计。

1.2.4　设计文件编制深度要求

结构设计应根据工程的实际情况有计划地分时段、分批次进行。各阶段都有相同内容，但设计深度不同，应该逐步加深。通过各个阶段各专业互提资料，有序完成各阶段各专业的设计内容。通过加强结构设计过程的执行，减少错、漏、碰、缺，保证设计质量，提高工作效率。各阶段设计文件编制深度应符合以下原则要求：

1. 方案设计文件，应满足编制初步设计文件的需要；对于投标方案，设计文件深度应满足标书要求。

2. 初步设计文件，应满足编制施工图设计文件的需要。

3. 施工图设计文件，应满足设备材料采购、非标准设备制作和施工的需要。对于将项目分别发包给几个设计单位或实施设计分包的情况，设计文件相互关联处的深度应当满足各承包或分包单位设计的需要。

4. 当设计合同对设计文件编制深度另有要求时，设计文件编制深度应同时满足上述规定和设计合同的要求。

　任务小结

1. 结构设计要严格遵守有关法规和标准，要从整体上把握建筑结构，同时遵循结构分析的基本原则和结构设计文件编制深度要求。

2. 方案设计文件应满足编制初步设计文件的需要，初步设计文件应满足编制施工图设计文件的需要，施工图设计文件应满足设备材料采购、非标准设备制作和施工的需要。

思考题

1. 结构分析应遵循哪些基本原则？
2. 各阶段设计文件编制深度的原则要求是什么？

任务 1.3　结构设计的步骤

任务描述

本任务学习结构设计的步骤。

知识目标：

熟悉结构设计的基本内容和工作过程。

能力目标：

清楚结构设计的步骤。

育人目标：

1. 培养学生善于观察、自主思考、独立分析问题与解决问题等实际能力；

2. 培养学生的规范意识。

结构设计的基本内容主要包括结构方案设计、结构分析、构件设计、绘制施工图四个部分，并依次按照结构方案设计→结构分析→构件设计→绘制施工图四个步骤进行。

1.3.1　结构方案设计

结构方案一般由结构总工程师与建筑设计人员商定。结构方案设计主要是配合建筑设计的功能和造型要求，结合所用结构材料的特性，从结构受力、安全、经济以及地基基础和抗震等条件出发，综合确定合理的结构形式。确定的结构方案应满足受力合理、技术可行和尽可能经济的原则。结构方案设计是各设计阶段中最重要的一项工作，也是结构设计成败的关键。不同设计阶段的结构方案，所考虑的问题是相同的，只是随着设计阶段的深入结构方案的成熟程度不同而已。

结构方案设计包括结构选型、结构布置、结构分缝和主要构件截面尺寸的估算等内容。

1. 结构选型。结构选型主要包括确定结构形式、结构体系和施工方案等内容。在初步设计阶段，一般须提出两种以上不同的结构方案，然后进行方案比较，综合考虑，可通过结构试算选择较优的方案。结构方案设计包括确定上部主要承重结构、楼（屋）盖结构和基础的形式及其结构布置，并对结构主要构造措施和特殊部位进行处理。

2. 结构布置。主要包括定位轴线的确定和构件布置。定位轴线一般由横向定位轴线和纵向定位轴线组成，用来确定各构件的水平位置。构件布置就是要确定构件的平面位置和竖向位置，平面位置通过与定位轴线的相对关系确定，竖向位置由标高来确定。

3. 结构分缝。变形缝包括伸缩缝、沉降缝和防震缝三种，不同的结构类型、结构体系及建筑构造做法，其变形缝的设置和要求不同。变形缝设置过多，会给施工带来不便并会提高成本，故应尽量不设或少设缝，如若无法避免，则应尽量做到三缝合一。

4. 主要构件截面尺寸的估算。水平构件的截面尺寸一般根据刚度和稳定条件，利用经验公式确定；竖向构件的截面尺寸一般根据侧移（或侧移刚度）和轴压比的限值来估算。

1.3.2　结构分析

结构分析是指结构在各种作用下的内力和变形等作用效应分析计算，其核心问题是确定结构计算模型，包括确定结构力学模型、计算简图和计算方法。计算简图是进行结构分析时用以代表实际结构的经过简化的模型，是结构分析的基础。确定计算简图时应分清主次，抓住主要矛盾，略去不重要的细节，使计算简图既能反映结构的实际工况，又便于计算。计算简图确定后，应采取适当的构造措施使实际结构尽量符合计算简图的特点。一般来说，结构越重要，选取的计算简图应越精确；施工图设计阶段的计算简图应比初步设计阶段精确；静力计算可选择较复杂的计算简图，动力和稳定计算可选用较简略的计算简图。

1.3.3　构件设计

对于构件设计，应根据结构内力分析结果，选取控制截面进行不利内力组合，选取最不利内力进行截面设计，且应满足构造要求。实际工程中，有时须经多次调整或修改使构件设计逐渐完善合理。

1.3.4　绘制施工图

施工图是全部设计工作的最终成果，是施工的主要依据，是设计意图最准确、最完整的体现，是保证工程质量的重要环节。结构施工图的绘制应遵守一般的制图规定和要求，并应注意以下事项：

1. 图纸应包括下列内容，并按以下顺序编号：结构设计总说明，基础平面图及详图，楼盖平面图，屋盖平面图，梁、柱、楼梯等构件、部件详图。

2. 每一单项工程应编写一份结构设计总说明，对多子项工程宜编写统一的结构设计总说明，用以说明图纸中一些共同的问题、要求及用图难以表达的内容，如材料质量要求、施工注意事项和主要质量标准等；对局部问题的说明，可分别放在有关图纸的边角处。对于简单的小型单项工程，结构设计总说明中的内容可分别写在基础平面图和各层结构平面图上。

3. 楼盖、屋盖结构平面图应分层绘制，应准确标明各构件关系及轴线或柱网尺寸、孔洞及埋件的位置及尺寸；应准确标注梁、柱、剪力墙、楼梯等和纵横轴线的位置关系以及板的规格、数量和布置方式，同时应表示出墙厚及圈梁的位置和构造做法；应准确标注构件代号，一般应以构件名称汉语拼音的第一个大写字母作为标志，如选用标准构件，其构件代号应与标准图一致，并注明标准图集的编号和页码。

4. 基础平面图的内容和要求与楼盖平面图基本相同，但尚应绘制基础详图及注明基底标高，不同形式的基础其详图也有所不同，钢筋混凝土基础应画出模板图及配筋图。

5. 梁、板、柱、剪力墙等构件详图应分类集中绘制，应把钢筋规格、形状、位置、数量表示清楚，钢筋编号不能重复，用料规格应用文字说明，对标高尺寸应逐个构件标明；对预制构件应标明数量和所选用标准图集的编号；复杂外形的构件应绘出模板图，并标注预埋件、预留洞等；标准构件的大样图可索引标准图集。

6. 建筑幕墙的结构设计文件应包括：封面、目录（单独成册时）；幕墙构件立面布置图，图中标注墙面材料、竖向和水平龙骨（或钢索）材料的品种、规格、型号、性能；墙面材料与龙骨间以及各向龙骨间的连接、安装详图；主龙骨与主体结构连接的构造详图及连接件的品种、规格、型号、性能。

7. 钢结构设计制图分为钢结构设计图和钢结构施工详图两阶段。钢结构设计图应由具有设计资质的设计单位完成，设计图的内容和深度应满足编制钢结构施工详图的要求。钢结构施工详图（即加工制作图）应由具有钢结构专项设计资质的加工制作单位完成，也可由具有该项资质的其他单位完成。

钢结构设计图的内容应包括设计说明、基础平面及详图（应表达钢柱与下部混凝土构件的连接构造详图）、结构平面、构件与节点详图；格构式梁、柱、支撑应绘出平、剖面（必要时加立面）和定位尺寸、总尺寸、分尺寸，注明单构件型号、规格，组装节点和其他构件连接详图。

根据钢结构设计图编制组成钢结构构件的每个零件的放大图，标注细部尺寸、材质要求、加工精度、工艺流程要求、焊缝质量等级等，宜对零件进行编号，并考虑运输和安装能力确定构件的分段和拼装节点。

■ 任务小结

1. 结构设计的基本内容包括结构方案设计、结构分析、构件设计、绘制施工图四个部分，并按结构方案设计→结构分析→构件设计→绘制施工图的步骤进行。

2. 施工图是全部设计工作的最终成果，是设计意图最准确、最完整的体现，其绘制应遵守一般的制图规定和要求。

▨ 思考题

1. 结构设计分几个步骤进行？
2. 结合建筑制图课程，简述绘制结构施工图应遵守的制图规定。

任务 1.4 荷载及荷载效应组合

 任务描述

本任务学习荷载及荷载效应组合。

知识目标：
掌握荷载及荷载效应组合的方法。
能力目标：
能进行荷载计算和荷载效应组合。
育人目标：
1. 培养学生严谨务实的职业品质；
2. 培养学生的规范意识。

相关知识

作用在多、高层建筑结构上的荷载分为竖向荷载和水平荷载。竖向荷载包括结构主体、填充墙、装修材料的自重等永久荷载和楼（屋）活荷载、雪荷载等可变荷载，水平荷载主要是风荷载。这些荷载在上册教学单元2均有阐述，现结合工业与民用建筑的特点，作一些补充说明。

1.4.1 竖向荷载

民用建筑、工业建筑的楼面活荷载已在上册教学单元2学习。在计算梁、墙、柱及基础时，应将其乘以折减系数，以考虑所给楼面活荷载在楼面上满布的程度。对于楼面梁来说，主要考虑梁的承载面积，承载面积越大，荷载满布的可能性越小。对于多、高层房屋的墙、柱和基础，应考虑计算截面以上各楼层活荷载的满布程度，楼层数越多，满布的可能性越小。因此，当采用楼面等效均布活荷载方法设计楼面梁、墙、柱和基础时，应考虑楼面活荷载折减系数。《结构通规》规定，对住宅、宿舍、旅馆、医院病房、托儿所、幼儿园的楼面活荷载，**设计楼面梁时，当楼面梁的从属面积（按梁两侧各延伸1/2梁间距的范围内的实际面积确定）超过25m² 时，折减系数取0.9；设计墙、柱和基础时，单层建筑楼面梁的从属面积超过25m² 时，活荷载按楼层的折减系数不应小于0.9，其他情况应按表1-1采用。**

活荷载按楼层的折减系数表　　　表1-1

墙、柱、基础计算截面以上的层数	2～3	4～5	6～8	9～20	＞20
计算截面以上各楼层活荷载总和的折减系数	0.85	0.70	0.65	0.60	0.55

1.4.2 风荷载

风荷载是指空气流动所形成的风，遇到建筑物阻碍时，在建筑物表面所产生的压力和吸力，其大小、变化规律以及分布情况非常复杂，与风速、风向以及建筑物的高度、形状、表面状况有关，一般应通过风洞试验加以确定。风作用在建筑物上，既使建筑物受到一个比较稳定的风压力，又使建筑物产生风力振动（风振）。在这种双重作用下，建筑物将产生动力效应，引起振动，但在房屋设计中一般把风荷载看成静荷载。总体上来说，风荷载对建筑物会产生的结果为：（1）强风会使围护结构以及装修损坏；（2）风荷载会使结构产生裂缝或留下较大的残余变形；（3）风荷载使建筑物产生较大的摇晃，会让人体感到不适；（4）在长期风力作用下，使结构产生疲劳。

1. 单位面积上的风荷载标准值计算

（1）主要受力结构的风荷载标准值

主要受力结构的风荷载标准值计算公式为：

$$w_k = \beta_z \mu_s \mu_z w_0 \tag{1-1}$$

式中 w_0 为基本风压值，单位 kN/m^2；μ_s、μ_z、β_z 分别为风荷载体型系数、风压高度变化系数和 z 高度处风振系数。

1）基本风压值 w_0

基本风压值 w_0 与风速大小有关，可近似按 $w_0 = v_0^2/1600$ 计算，其中 v_0 为基本风速（m/s）。《结构通规》规定：**基本风压应根据基本风速值进行计算，且其取值不得低于 0.30kN/m²**。基本风速应通过将标准地面粗糙度条件下观测得到的历年最大风速记录，统一换算为离地 10m 高 10min 平均年最大风速之后，采用适当的概率分布模型，按 50 年重现期计算得到。《荷载规范》给出了各地区、各城市的基本风压值，可直接查取。

2）风压高度变化系数 μ_z

基本风压是建立在空旷平坦地面离地 10m 处的风速基础上的，对于不同的高度和地貌情况，需要对风压进行修正，这就用风压高度变化系数来反映。不同的地表面粗糙度，风速沿高度增大的梯度是不同的。《荷载规范》将地面粗糙度分为 A、B、C、D 四类：A 类指近海海面、海岛、海岸、湖岸及沙漠地区；B 类指田野、乡村、丛林、丘陵以及房屋比较稀疏的乡镇和城市郊区；C 类指有密集建筑群的城市市区；D 类指有密集建筑群且房屋较高的城市市区。《荷载规范》给出了风压高度变化系数 μ_z，见附录 1。

3）风荷载体型系数 μ_s

风荷载体型系数是指实际风压与基本风压的比值，正值表示压力，负值表示吸力。风荷载与建筑物的体型、尺寸、表面位置、表面状况相关。当风流经建筑物时，会对建筑物不同的部位产生不同的效果，可能产生风压力，也可能产生风吸力。空气流动还会产生涡流，会对建筑物局部产生较大的压力或吸力。风荷载体型系数可由《荷载规范》查得，附录 2 给出了部分常用截面的风荷载体型系数。计算主体结构的风荷载效应时，风荷载体型系数 μ_s 可按下列规定采用（下述风荷载体型系数值，均指迎风面与背风面风荷载体型系数绝对值之和）：

① 圆形平面建筑取 0.8。

② 高宽比 $H/B \leqslant 4$ 的矩形、方形及十字形平面建筑取 1.3。

③ V 形、Y 形、弧形、双十字形、井字形、L 形、槽形和高宽比 $H/B > 4$ 的十字形平面建筑，以及高宽比 $H/B > 4$、长宽比 $L/B \leqslant 1.5$ 的矩形、鼓形平面建筑，均取 1.4。

④ 正多边形及截角三角形平面建筑，按下式计算（式中 n 为多边形的边数）：

$$\mu_s = 0.8 + 1.2/\sqrt{n} \tag{1-2}$$

当群集的高层建筑相互间距较小时，因旋涡的相互干扰，房屋某些部位的局部风压会有较明显的增大，此时宜考虑风力相互干扰的群体效应，可将相互干扰增大系数乘以单栋建筑的体型系数 μ_s：对矩形平面高层建筑，当单个施扰建筑与受扰建筑高度相近时，根据施扰建筑的位置，对顺风向风荷载可在 $1.00\sim1.10$ 范围内选取，对横风向风荷载可在 $1.00\sim1.20$ 范围内选取，其他情况可比照类似条件的风洞试验资料确定，必要时宜通过风洞试验确定。

4）风振系数 β_z

风的作用是不规则变化的，风压亦随着风速、风向的紊乱变化在不停地改变。实际风压在平均风压上下波动。平均风压使建筑物产生一定侧移，而波动风压会使建筑物在平均侧移附近左右摇摆，从而产生动力效应。风振系数反映了风荷载对结构产生的动力响应。风振系数与结构的自振周期、阻尼、振型以及脉动风压特性、下垫层性质等因素有关。高层建筑的 z 高度处的风振系数按下式计算：

$$\beta_z = 1 + 2gI_{10}B_z\sqrt{1+R^2} \tag{1-3}$$

式中 g 为峰值因子，可取 2.5；I_{10} 为 10m 高度名义湍流强度，对应 A、B、C、D 类地面粗糙度，分别取 0.12、0.14、0.23 和 0.39；R 为脉动风荷载的共振分量因子，B_z 为脉动风荷载的背景分量因子，二者可按《荷载规范》计算。

（2）围护结构的风荷载标准值

围护结构的风荷载标准值计算公式为：

$$w_k = \beta_{gz}\mu_{sl}\mu_z w_0 \tag{1-4}$$

式中 β_{gz} 为高度 z 处的阵风系数，按附录 3 查取；μ_{sl} 为风荷载局部体型系数。

风力作用在建筑物表面上，压力分布很不均匀，在角隅、檐口、边棱处和在附属结构的部位（如阳台、雨篷等外挑构件），局部风压会超过平均风压。因此，验算围护构件及其连接的强度时，上式中的风荷载局部体型系数 μ_{sl}，按下列规定采用：

1）建筑物外表面的正压区：按附录 2 采用；

2）建筑物外表面的负压区：墙面取 -1.0；墙角边取 -1.8；屋面局部部位（周边和屋面坡度大于 $10°$ 的屋脊部位），取 -2.2；檐口、雨篷、遮阳板、边棱处的装饰条等突出构件，取 -2.0；

3）封闭式建筑物，考虑到建筑物内实际存在孔口、缝隙以及机械通风等因素，室内可能存在正负不同气压，可按建筑物外表面风压的正、负情况取 0.2 或 -0.2。

2. 总风荷载

计算风荷载的总体作用效应时，要用建筑物所承受的总风荷载。总风荷载为各个表面所承受风力的合力（图 1-1），是沿高度变化的分布荷载，单位为 kN/m。

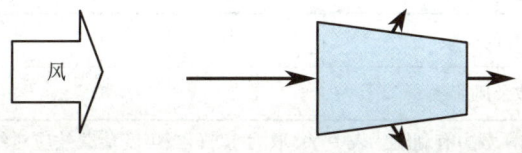

图 1-1　建筑各表面风荷载示意图

总风荷载的计算公式：

$$W = \beta_z \mu_z w_0 (\mu_{s1} B_1 \cos\alpha_1 + \mu_{s2} B_2 \cos\alpha_2 + \cdots + \mu_{sn} B_n \cos\alpha_n) \tag{1-5}$$

式中 n 为建筑外围表面数量；B_i 为第 i 个表面宽度；μ_{si} 为第 i 个表面风荷载体型系数；α_i 为第 i 个表面法线与总风荷载作用方向的夹角。

式中体型系数的正负号，对应表示每个表面的风压力和风吸力，以便于在求合力时作矢量相加。各表面风荷载的合力作用点，即为总风荷载的作用点。设计时，将沿高度分布的总风荷载的线荷载换算成作用在各楼层位置的集中荷载，再进行结构的内力及位移的计算。

1.4.3 荷载效应组合

微课

荷载效应组合

如前所述，建筑结构承受的竖向荷载包括结构主体、填充墙、装修材料的自重等永久荷载和楼（屋）面活荷载、雪荷载等可变荷载；水平荷载主要是风荷载。按照概率统计和可靠性理论把各种荷载效应按一定规律加以组合，就是荷载效应组合。各种荷载标准值独立作用产生的内力及位移称为荷载效应标准值，在组合时各项荷载效应应乘以分项系数及组合系数。分项系数是考虑各种荷载可能出现超过标准值的情况而确定的荷载效应增大系数，而组合系数则是考虑到某些荷载同时作用的概率较小，在叠加其效应时要乘以小于 1 的系数。

对一般用途的建筑，无地震作用组合时荷载效应组合的表达式如下：

$$S_d = \gamma_G S_{Gk} + \gamma_L \psi_Q \gamma_Q S_{Qk} + \psi_w \gamma_w S_{wk} \tag{1-6}$$

式中 S_d 为荷载总效应设计值；S_{Gk} 为永久荷载的效应标准值；S_{Qk} 为楼面活荷载的效应标准值；S_{wk} 为风荷载的效应标准值；γ_L 为考虑结构设计工作年限的荷载调整系数，设计工作年限为 50 年时取 1.0，设计工作年限为 100 年时取 1.1；γ_G、γ_Q、γ_w 分别为永久荷载、楼面活荷载、风荷载的荷载分项系数；ψ_Q、ψ_w 分别为楼面活荷载组合系数和风荷载组合系数，应分别取 1.0 和 0.6 或 0.7 和 1.0，对书库、档案库、储藏室、通风机房和电梯机房，组合值系数取 0.7 的场合应取 0.9。

一般用途的建筑，进行承载能力极限状态计算时，其荷载效应组合应考虑表 1-2 所列各种情况。正常使用极限状态下计算位移时，所有分项系数都取 1.0，即采用标准值进行组合。

荷载效应组合情况及分项系数　　　　　　　　　　　　　　　　　　表 1-2

序号	组合情况	竖向荷载		风荷载	
		γ_G	γ_Q	γ_w	ψ_w
1	只考虑竖向荷载	1.3	1.5	—	—
2	竖向荷载及风荷载	1.3	1.5	1.5	1.0(0.6)

注：当重力荷载效应对结构承载力有利时，表中 γ_G 取为 1.0；当可变荷载效应对结构承载力有利时，表中 γ_Q 取为 0。

任务小结

1. 作用在多、高层建筑结构上的荷载分为竖向荷载和水平荷载。竖向荷载包括结构主体、填充墙、装修材料的自重等永久荷载和楼（屋）面活荷载、雪荷载等可变荷载，水平荷载主要包括风荷载。

2. 结构设计时，各种荷载效应按一定规律加以组合。当重力荷载效应对结构承载力有利时，其荷载分项系数取为1.0；当可变荷载效应对结构承载力有利时，其荷载分项系数取为0。正常使用极限状态下计算位移时，所有分项系数都取1.0，即采用标准值进行组合。

思考题

1. 请查阅《结构通规》，查取楼面活荷载折减系数。
2. 复习上册教学单元2有关荷载效应组合的内容。

微课

项目1小结

拓展阅读

经典书籍推介

项目2　钢筋混凝土楼盖设计

思维导图

钢筋混凝土楼盖设计

- 现浇单向板肋形楼盖设计
  - 楼盖的结构类型
  - 单向板肋形楼盖结构平面布置
  - 单向板肋形楼盖内力计算
  - 单向板肋形楼盖的构件设计
- 双向板肋形楼盖设计
  - 四边支承板的受力特点
  - 内力计算
  - 双向板截面设计与构造要求
- 井字楼盖设计
  - 井字楼盖的受力特点
  - 井字楼盖的设计要点
  - 井字楼盖的配筋构造
- 无梁楼盖设计
  - 无梁楼盖的受力特点
  - 无梁楼盖的设计要点
  - 无梁楼盖的配筋构造
- 钢筋混凝土楼梯设计
  - 现浇板式楼梯的计算与构造
  - 现浇梁式楼梯的计算与构造
  - 折线形楼梯的计算与构造
  - 装配式楼梯的类型与构造
- 装配式混凝土楼盖设计
  - 装配式混凝土楼盖的类型及布置
  - 部品部件的类型
  - 设计要点

引入案例

　　2018 年 11 月 12 日 13 时 50 分，中山市古镇镇海洲村某项目一期 2 标段发生地下室顶板无梁楼盖局部坍塌事故，坍塌面积约 2000m²，无人员伤亡。事故现场如图 2-1 所示。

　　经专家深入调查研究分析，事故主要原因如下：

　　1）托板尺寸过小，没满足规范要求。经过计算，按 1m 覆土计算，该项目托板尺寸无法满足楼板冲切比计算要求，冲切比控制不足。

图 2-1　事故现场

2）配筋不合理。托板面筋配筋不足，托板构造筋配置过大，总钢筋配筋量不小，但未将钢筋配置在需要的地方。

3）未设置暗梁。暗梁设置对于无梁楼盖的构造至关重要，可以协调面筋和底筋协同工作，还能起到部分冲切箍筋的作用，但该项目未设置暗梁。

4）施工超载。地下室顶板在进行花园填泥施工时，板上有堆土且有填土车作业，还有一辆载有屋面PC板的平板车停放，在两种重物集中荷载作用下造成了顶板坍塌。

这是一起典型的因结构设计不合格引发的严重工程事故，那么在楼盖设计时，应该遵循什么样的设计程序才能得到合格的结构施工图，才能为建筑结构的安全可靠性提供坚实的保障呢？

任务2.1 现浇单向板肋形楼盖设计

 任务描述

某市图书馆为三层现浇钢筋混凝土框架结构，其附属于某综合大楼的裙房部分，第一层为办公及阅览区域，第二、三层为图书库房。二层平面尺寸如图2-2所示，柱断面尺寸400mm×400mm；楼面面层采用20mm厚水泥砂浆；板底、梁侧抹灰层采用12mm厚混合砂浆。

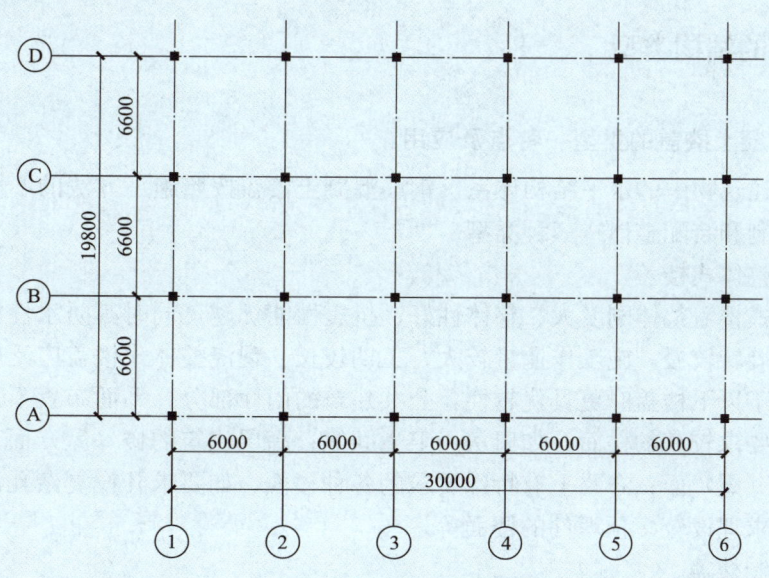

图2-2 二层平面尺寸

请进行二层钢筋混凝土现浇楼盖的设计。设计成果包括编写楼盖设计计算书，绘制梁、板配筋示意图等。

知识目标：

1. 掌握钢筋混凝土单向板肋形楼盖的设计方法、步骤；

2. 熟悉钢筋混凝土现浇梁板结构的构造措施；

3. 熟悉钢筋混凝土单向板肋形楼盖设计计算书的编写要求；

4. 熟悉钢筋混凝土结构构件配筋图的图示方法和制图规定。

能力目标：

1. 具有进行钢筋混凝土单向板肋形楼盖设计的初步能力，包括：设计方案及材料的选择、配筋构造等；

2. 具有设计计算、计算书整理编写、绘制配筋图等基本技能；

3. 具有应用力学和结构设计知识分析问题的初步能力。

育人目标：

1. 钢筋混凝土单向板肋形楼盖设计因其计算量较大，构造繁杂，故在任务开展过程中，学生容易出现畏难情绪或者不求甚解，甚至抄袭的情况，因此需要培养学生坚韧、求实、诚信的学习精神；

2. 培养学生团结合作、诚实守信的职业精神；

3. 该任务涉及相关规范、图集，故应大力培养规范意识。

2.1.1　楼盖的结构类型

1. 钢筋混凝土楼盖的类型、特点及应用

楼盖属于建筑物中的水平结构体系。钢筋混凝土楼盖按照施工方法的不同可分为现浇整体式、全预制和装配整体式三种类型。

（1）现浇整体式楼盖

现浇整体式楼盖整体刚度大、整体性好、抗震性能优越，同时其防水性能好；缺点是模板用量多且周转较慢，施工作业量较大，工期较长。现浇整体式楼盖广泛应用于工业与民用建筑，用于以下楼盖时更具优越性：公共建筑的门厅部分；平面布置不规则的局部楼面以及对防水要求较高的楼面，如厨房、卫生间等；高层建筑的楼（屋）面；有抗震设防要求结构的楼（屋）面；布置上有特殊要求的各种楼面，如要求开设复杂孔洞的楼面以及多层厂房中要求埋设较多预埋件的楼面等。

（2）全预制楼盖

全预制楼盖一般采用全预制楼板，梁既可以预制也可以现浇，通常将预制板搁置在梁或墙体上。通常全预制楼盖预制构件之间部分或全部通过干式节点进行连接，没有或者有较少的现浇混凝土，主要有铺板式楼盖、密肋楼盖和无梁楼盖。由于采用了预制板，装配式楼盖便于工业化生产、机械化施工以及加快施工进度，但整体性、抗震性、防水性都较差，开设孔洞很不方便。全预制楼盖目前应用较少，仅适用于非抗震地区或低烈度设防要求的多层建筑。

（3）装配整体式楼盖

装配整体式楼盖是在预制板上现浇一混凝土叠合层而成为一个整体，其性能需与现浇混凝土结构基本等同。这种楼盖兼有现浇整体式楼盖整体性好和装配式楼盖节省模板和支撑的优点。此类楼盖需要进行混凝土二次浇灌，有时还需增加焊接工作量。装配整体式楼盖目前广泛应用于各类结构体系，比较适用于荷载较大的多层工业厂房、高层民用建筑以及有抗震设防要求的建筑。

2. 现浇钢筋混凝土楼盖的类型

根据受力及支承条件，现浇钢筋混凝土楼盖可分为肋形楼盖、井式楼盖、密肋楼盖和无梁楼盖等（图 2-3）。

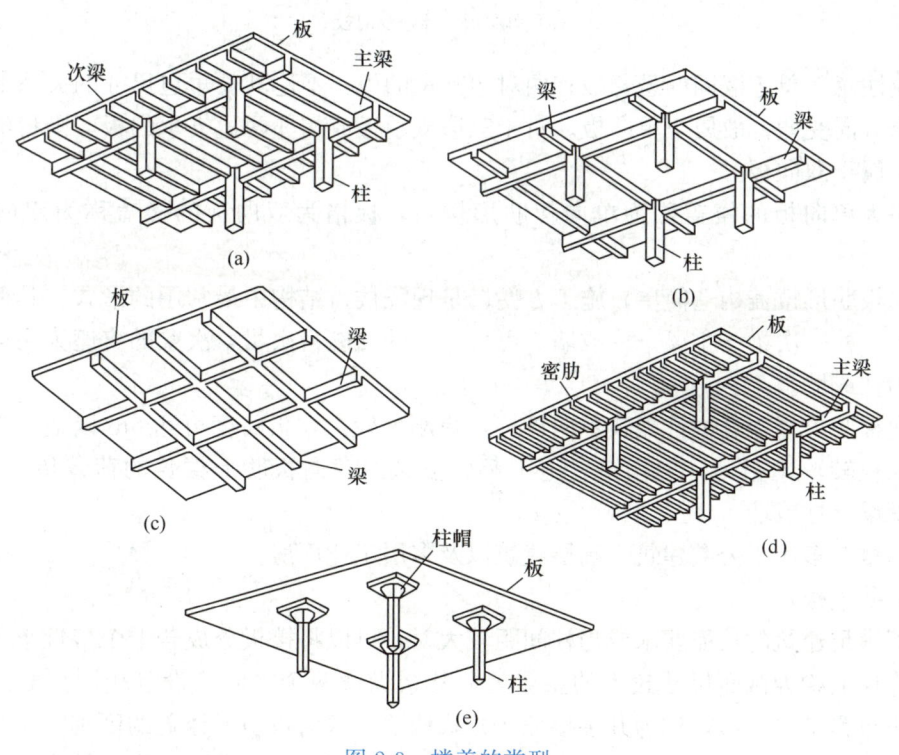

图 2-3 楼盖的类型

（a）单向板肋形楼盖；（b）双向板肋形楼盖；（c）井式楼盖；（d）密肋楼盖；（e）无梁楼盖

（1）肋形楼盖

肋形楼盖由板、次梁、主梁组成，三者整体相连，通常为多跨连续的超静定结构。楼面板被四周的梁分成许多矩形区格，板的四周支承在梁或墙上，形成四边支承板，板上的荷载通过双向受弯传到四边的支承构件上。根据理论分析，对四边支承的板，当 $l_2/l_1 \geqslant 3$ 时，板主要沿短跨方向受弯，沿短边传递的板上荷载达 94% 以上，而沿长边传递的荷载不超过 6%，因此在设计中可仅考虑短边方向受弯，而长边方向作构造处理，这种板称为单向板（图 2-4a）；当 $l_2/l_1 \leqslant 2$ 时，沿长边传递的荷载及板在长跨方向的弯曲均较大而不能忽略，在设计中须考虑板双向受弯，这种板称为双向板（图 2-4b）。《混凝土标准》规定：$l_2/l_1 \geqslant 3$ 的板应按单向板计算；$l_2/l_1 \leqslant 2$ 的板应按双向板计算；当 $2 < l_2/l_1 < 3$ 时，宜按双向板计算，若按单向板计算时，应沿长边方向布置足够数量的构造钢筋。

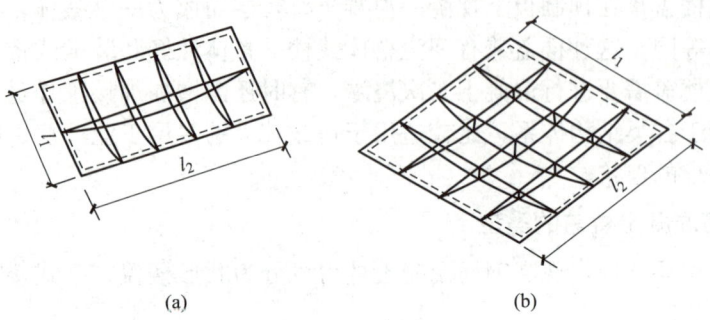

(a)　　　　　　　　　　　(b)

图 2-4　单向板与双向板

（a）单向板；（b）双向板

但应注意，单边嵌固的悬臂板和两对边支承的板，不论其长短边尺寸的关系如何，因只在一个方向受弯，故属于单向板。对于三边支承板或相邻两边支承的板，则将沿两个方向受弯，属于双向板。

板格为单向板的楼盖称为单向板肋形楼盖，板格为双向板的楼盖称为双向板肋形楼盖。

单向板肋形楼盖构造简单，施工方便，是现浇楼盖结构中最常用的形式。其荷载的传递路线是：板→次梁→主梁→柱或墙。可见，板的支座为次梁，次梁的支座为主梁，主梁的支座为柱或墙。

双向板肋形楼盖受力性能较单向板好，板刚度较大，板跨度可达 5m 以上，当跨度相同时双向板较单向板薄，但构造、施工都较复杂。双向板肋形楼盖的荷载传递路线是：板→支承梁→柱或墙。

肋形楼盖多用于公共建筑、高层建筑以及多层工业厂房。

（2）井式楼盖

为了满足建筑的功能要求或当柱间距较大时，可以将楼板分成若干个接近十字形的小区格，除柱上梁为截面尺寸较大的主梁处，其余纵横两个方向均设置相同截面的空间梁系，梁格布置呈井字形，称为井字楼盖。井式楼盖与双向板肋形楼盖的区别在于，双向板肋形楼盖在梁交点处需设柱。井式楼盖比较适用于方形或接近方形的中小礼堂、餐厅以及公共建筑的门厅。

（3）密肋楼盖

密肋楼盖类似于单向板肋形楼盖，区别在于其次梁排得很密（一般 500～700mm），且截面尺寸较小，而被称为肋，故叫密肋楼盖。这种楼盖的隔声、隔热性能较好，可用于荷载不大（一般包括自重不宜超过 $6kN/m^2$）跨度较小（肋的跨度不宜超过 6m）的房屋。

（4）无梁楼盖

当楼盖不设梁，而将板通过柱帽直接支承在柱上，这种楼盖称为无梁楼盖。无梁楼盖天棚平整，楼面结构高度小，采光、通风和卫生条件好，可节省模板简化施工，并有利于减小建筑的构造高度。当柱距在 6m 以内，楼板上活荷载标准值为 $5kN/m^2$ 以上时，无梁楼盖一般比肋形楼盖经济。无梁楼盖常用于多层厂房、商场、书库、仓库、冷藏库以及地下水池的顶盖等建筑中。

2.1.2　单向板肋形楼盖结构平面布置

单向板肋形楼盖的结构布置包括柱网、承重墙和梁柱的合理布置，它对楼盖的适用性、经济性以及设计和施工都具有重要意义。

根据设计经验，主梁的经济跨度为 5～8m，次梁的经济跨度为 4～6m（当荷载较小时，宜用较大值；当荷载较大时，宜用较小值）。同时，因板的混凝土用量占整个楼盖混凝土用量的比例较大，因此，应使板厚尽可能合理。板的经济跨度即次梁的间距一般为 1.7～2.7m，常用跨度为 2m 左右。

楼盖结构布置应满足建筑的正常使用要求且受力合理、经济。单向板肋形楼盖的结构平面布置方案通常有以下三种：

（1）主梁横向布置，次梁纵向布置（图 2-5a、b）。此方案房屋横向抗侧移刚度大、整体性较好。另外，由于次梁沿外纵墙方向布置，使外纵墙上窗户高度可开得大些，对室内采光有利。

（2）主梁纵向布置，次梁横向布置（图 2-5c、d、e）。此方案的优点是，减小了主梁的截面高度，增加了室内净高，适用于横向柱距比纵向柱距大得多的情况。

（3）只布置次梁，不布置主梁（图 2-5f）。此方案仅适用于房间进深较小的情况。

一般情况下，主梁的跨中宜布置两根次梁，这样可使主梁的弯矩图较为平缓，有利于节约钢筋。

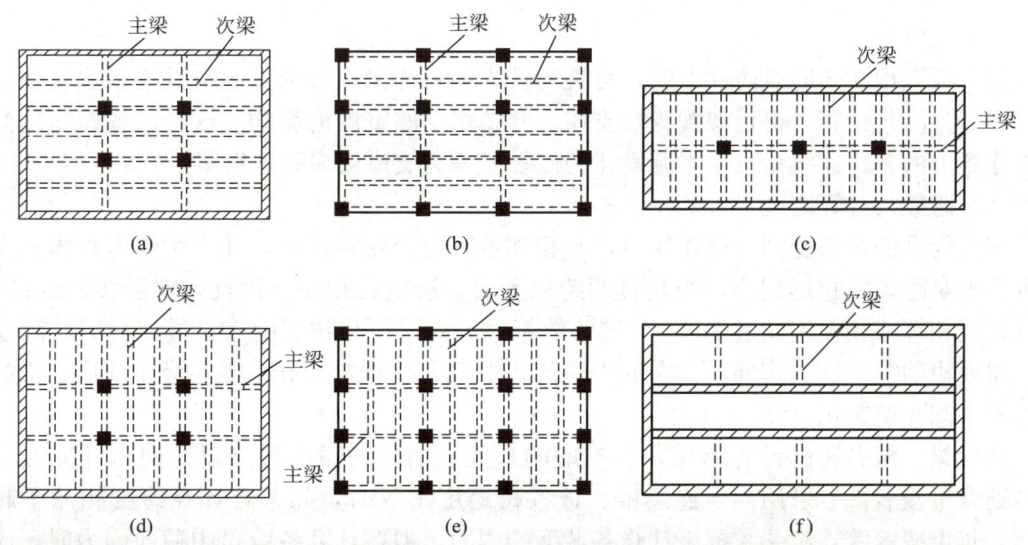

图 2-5　单向板肋形楼盖的结构平面布置方案

（a）、（b）主梁沿横向布置；（c）、（d）、（e）主梁沿纵向布置；（f）不设主梁

2.1.3 单向板肋形楼盖内力计算

微课

单向板肋形楼盖计算简图

1. 结构计算简图

确定计算简图的内容包括：确定梁、板的支座情况、各跨跨度以及荷载的形式、位置、大小等。图 2-6 为某单向板肋形楼盖计算简图。

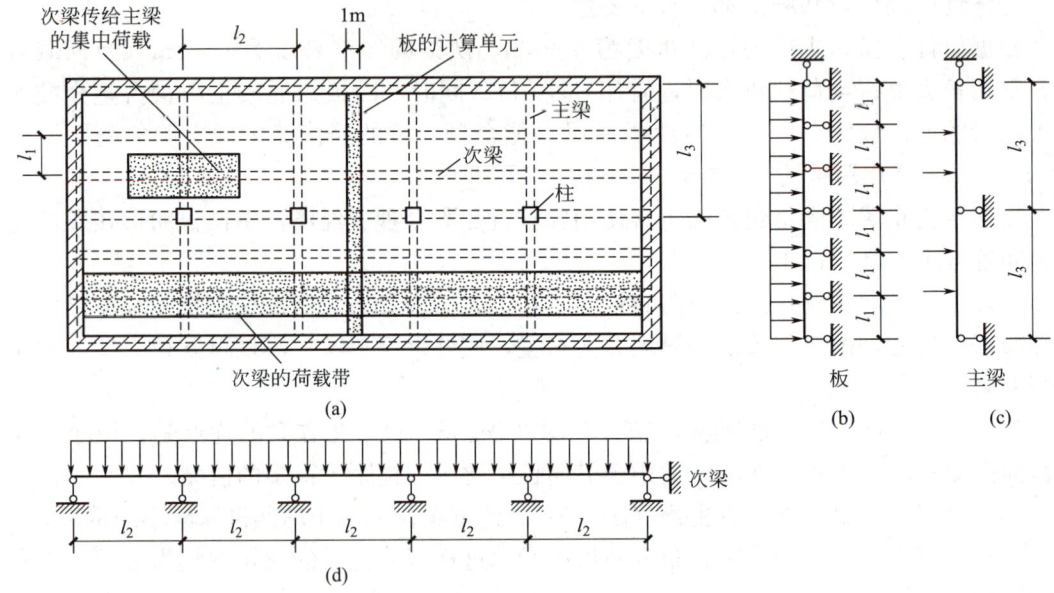

图 2-6　单向板肋形楼盖计算简图

（1）支座

梁、板支承在砖墙或砖柱上时，可视为铰支座；当梁、板的支座与其支承梁、柱整体连接时，为简化计算，仍近似视为铰支座，并忽略支座宽度的影响。这样，板即简化为支承在次梁上的多跨连续梁；主梁则简化为以柱或墙为支座的多跨连续梁。

（2）跨数与计算跨度

当连续梁的某跨受到荷载作用时，其相邻各跨也会受到影响，并产生变形和内力，但这种影响是距该跨越远越小，当超过两跨以上时，影响已很小。因此，对于多跨连续板、梁（跨度相等或相差不超过 10%），当跨数超过五跨时，只按五跨来计算。此时，除连续板、梁两边的第一、二跨外，其余的中间跨和中间支座的内力值均按五跨连续板、梁的中间跨和中间支座采用（图 2-7）。

连续梁、板各跨的计算跨度，与支座的形式、构件的截面尺寸以及内力计算方法有关，通常可按表 2-1 采用。当连续梁、板各跨跨度不等时，如各跨计算跨度相差不超过 10%，仍可按等跨连续梁、板来计算各截面的内力。但在计算各跨跨中截面内力时，应取本跨计算跨度；在计算支座截面内力时，则取左、右两跨计算跨度的平均值计算。

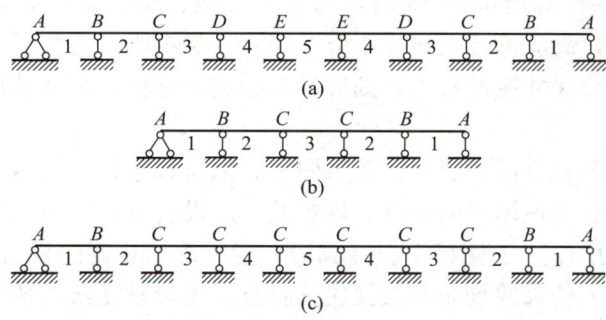

图 2-7　多跨连续梁、板简图

(a) 实际简图；(b) 计算简图；(c) 配筋简图

连续梁、板的计算跨度 l_0　　　　　　　　　　　　　　　　　　表 2-1

内力计算方法	连续板	连续梁
弹性计算法	当 $a \leqslant 0.1 l_c$ 时，$l_0 = l_c$ 当 $a > 0.1 l_c$ 时，$l_0 = 1.1 l_n$ $l_0 = l_c$ $l_0 = l_c + \dfrac{h}{2} + \dfrac{b}{2}$	当 $a \leqslant 0.05 l_c$ 时，$l_0 = l_c$ 当 $a > 0.05 l_c$ 时，$l_0 = 1.05 l_n$ $l_0 = l_c$ $l_0 = l_c \leqslant 1.025 l_n + \dfrac{b}{2}$
塑性计算法	当 $a \leqslant 0.1 l_c$ 时，$l_0 = l_c$ 当 $a > 0.1 l_c$ 时，$l_0 = 1.1 l_n$ $l_0 = l_n$ $l_0 = l_n + \dfrac{h}{2}$	当 $a \leqslant 0.05 l_c$ 时，$l_0 = l_c$ 当 $a > 0.05 l_c$ 时，$l_0 = 1.05 l_n$ $l_0 = l_n$ $l_0 = \dfrac{a}{2} + l_n \leqslant 1.025 l_n$

　　注意： 在确定计算跨度之前，应事先假定构件截面尺寸。一般地，次梁的截面高度 h 可初定为 $(1/18 \sim 1/12) \, l_0$（l_0 为次梁的计算跨度）；主梁的截面高度 h 可初定为 $(1/14 \sim$

$1/8) l_0$。（l_0 为主梁的计算跨度）。同时，为了保证板、梁具有足够的刚度，在初步假定板、梁的截面尺寸时，尚应符合上册3.1节的要求。初步假定的截面尺寸在截面承载力计算时如发现与实际需要尺寸相差甚大，则应重新假定再计算，直到满足要求为止。

（3）荷载

作用在楼盖上的荷载有恒荷载和活荷载两种。恒荷载包括结构自重、各构造层重、永久性设备重等。活荷载为使用时的人群、堆料及一般设备重，而屋盖还有雪荷载。上述荷载通常按均布荷载考虑作用于楼板上。计算时，通常取1m宽的板带作为板的计算单元。次梁承受左右两边板上传来的均布荷载及次梁自重。主梁承受次梁传来的集中荷载及主梁自重，主梁的自重为均布荷载，但为便于计算，一般将主梁自重折算为几个集中荷载，分别加在次梁传来的集中荷载处。

2. 内力计算方法

钢筋混凝土单向板肋形楼盖的板、次梁和主梁都可视为多跨连续梁，钢筋混凝土连续梁的内力计算是单向板肋形楼盖设计中的一个主要内容。钢筋混凝土连续梁的内力计算有两种方法，即弹性理论计算法和塑性理论计算法。

（1）弹性理论计算法

按弹性理论方法计算是假定结构构件（梁、板）为理想的匀质弹性体，因此其内力可按结构力学方法分析。按弹性理论方法计算概念简单、易于掌握，且计算结果非常可靠。

微课

单向板肋形楼盖
弹性计算方法

1）折算荷载

前已述及，在确定连续板、梁支座时，认为连续板在次梁处、次梁在主梁处均为铰支座，并未考虑次梁对板、主梁对次梁转动的弹性约束作用，这就使计算结果与实际情况存在差别。如图2-7所示，当板受荷发生弯曲转动时，将带动作为其支座的次梁产生扭转，次梁的扭转则将部分地阻止板自由转动，可见，板的支座与理想的铰支座不同，此时板支座截面转角 $\theta' < \theta$，相当于降低了板跨中的弯矩值。类似情况也发生在次梁和主梁之间。

采用弹性理论计算法设计时，一般用增大恒荷载并相应减小活荷载的办法来考虑次梁对板的弹性约束（图2-8），即用调整后的折算恒荷载 g' 和折算活荷载 q' 代替实际的恒荷载 g 和实际活荷载 q。折算荷载的取值如下：

板 $$g' = g + \frac{1}{2}q, \quad q' = \frac{1}{2}q$$

次梁 $$g' = g + \frac{1}{4}q, \quad q' = \frac{3}{4}q$$

式中 g'、q' 为折算恒荷载和折算活荷载；g、q 为实际恒荷载和实际活荷载。

主梁不进行荷载的折算，这是因为如果支承主梁的柱刚度较大，就应按框架结构计算主梁内力；如柱刚度较小，则柱对主梁的约束作用很小，故不进行荷载折算。

2）活荷载的最不利组合

由于活荷载作用位置的可变性，为使构件在各种可能的荷载情况下都能达到设计要求，需要确定各截面的最大内力。因此，存在一个将活荷载与恒荷载组合起来，使其控制截面的内力为最不利的问题，即荷载的最不利组合问题。

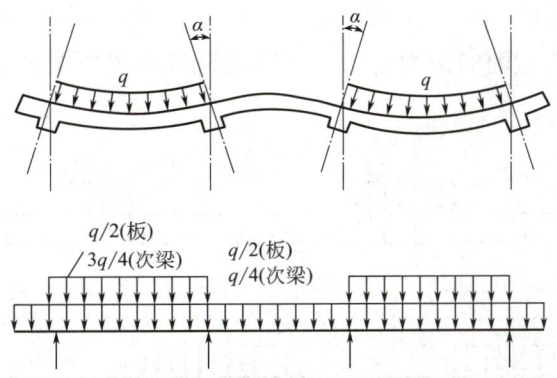

图2-8 板与次梁及次梁与主梁整体连接的影响

对于多跨连续梁（板），除恒荷载按实际情况满布于结构上外，活荷载并非满布时梁（板）上时出现最大内力，因此需要研究可变荷载作用的位置对连续梁内力的影响。图2-9为五跨连续梁在不同跨作用活荷载时的弯矩分布情况。

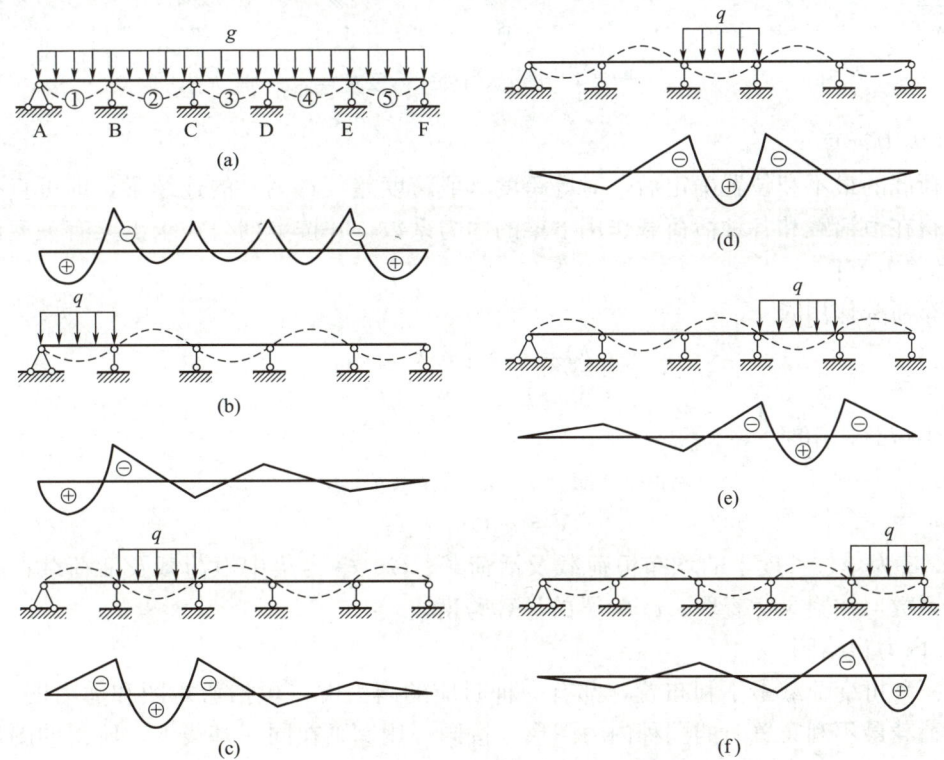

图2-9 五跨连续梁在不同跨作用活荷载时的弯矩图

经理论研究，连续梁（板）的最不利可变荷载布置的规律是：

① 求某跨跨中截面的最大正弯矩时，本跨应布置可变荷载，然后隔跨布置（图2-10a）。

② 求某跨跨中截面最小正弯矩时，本跨不布置可变荷载，其相邻跨应布置可变荷载，然后隔跨布置（图2-10b）。

③ 求某一支座截面最大负弯矩时，该支座左右两跨应布置可变荷载，然后隔跨布置

（图 2-10c）。

④ 求某支座左、右截面的最大剪力时，可变荷载布置与求该支座截面最大负弯矩时的布置相同。

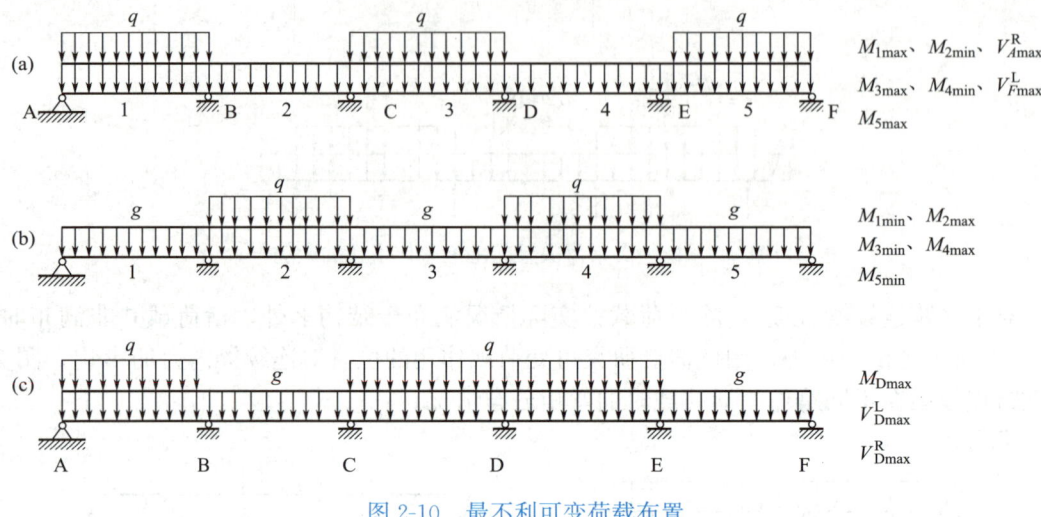

图 2-10　最不利可变荷载布置

3）内力计算

活荷载的最不利位置确定后，对等跨度（或跨度差≤10％）的连续梁，即可直接应用表格查得在恒荷载和各种活荷载作用下梁的内力系数，并按下列公式求出梁有关截面的弯矩 M 和剪力 V：

均布荷载作用时

$$M = k_1 g l_0^2 + k_2 q l_0^2 \tag{2-1}$$

$$V = k_3 g l_0 + k_4 q l_0 \tag{2-2}$$

集中荷载作用时

$$M = k_1 G l_0 + k_2 Q l_0 \tag{2-3}$$

$$V = k_3 G + k_4 Q \tag{2-4}$$

式中 g、q 为单位长度上的均布恒荷载及活荷载；G、Q 为集中恒荷载及活荷载；$k_1 \sim k_4$ 为内力系数，按附录 4 查取；l_0 为梁的计算跨度。

4）内力包络图

每一种可变荷载最不利布置，都有一种对应的内力图（包括弯矩图和剪力图）。将所有可变荷载最不利布置时的同种内力图形，按同一比例画在同一基线上，所得的图形称为内力叠合图。内力叠合图的外包线即为内力包络图。内力包络图有弯矩包络图和剪力包络图两种，它们反映了在永久荷载和可变荷载共同作用下，连续梁各截面可能产生的最不利内力图形，不论可变荷载处于何种位置，截面上的内力都不会超过包络图范围。弯矩包络图是连续梁纵向受力筋数量计算和确定纵筋截断位置的依据，剪力包络图是箍筋数量计算和配置的依据。

① 弯矩包络图的绘制方法

a. 确定活荷载作用位置，即确定使各控制截面产生最不利内力的活荷载布置位置。具体地讲，如在绘制连续梁第一跨弯矩包络图时，恒荷载应满布各跨，活荷载的布置位置应考虑能使该跨跨中截面分别产生 M_{max} 和 M_{min}，使该跨左、右支座截面分别产生最大（绝对值）负弯矩。

b. 根据上述荷载作用情况，分别求出各支座的弯矩值。

c. 将求得的各支座弯矩，按相同比例绘于支座上，并将同一荷载作用情况下各跨两端的支座弯矩连成直线，再以此为基线，在其上根据荷载情况分别按简支梁作出弯矩图形。

d. 连接弯矩图形的最外轮廓线，即得所求的弯矩包络图，可用加粗的线型区分出来。

② 剪力包络图的绘制方法

a. 确定荷载作用位置。绘制连续梁各跨剪力包络图时，恒荷载应满布各跨，活荷载的布置位置应考虑分别使该跨两端支座剪力为最大的两种情况。

b. 分别求出各个支座的剪力值。

c. 将求得的各支座剪力，按相同比例分别绘于各支座上，再根据各跨荷载情况分别按简支梁绘制剪力图。

d. 连接剪力图形的最外轮廓线，即得所求的剪力包络图，并用加粗的线型区分出来。

图 2-11 为某三跨连续梁的弯矩和剪力包络图示例。由于绘制内力包络图的工作量较大，故在楼盖设计中，除主梁和不等跨的次梁（跨度差＞20％）有时需根据包络图来确定钢筋弯起和截断位置外，对于连续板和等跨连续次梁一般不必绘制包络图，而直接按照连续板、梁的构造要求来确定钢筋弯起和截断位置。

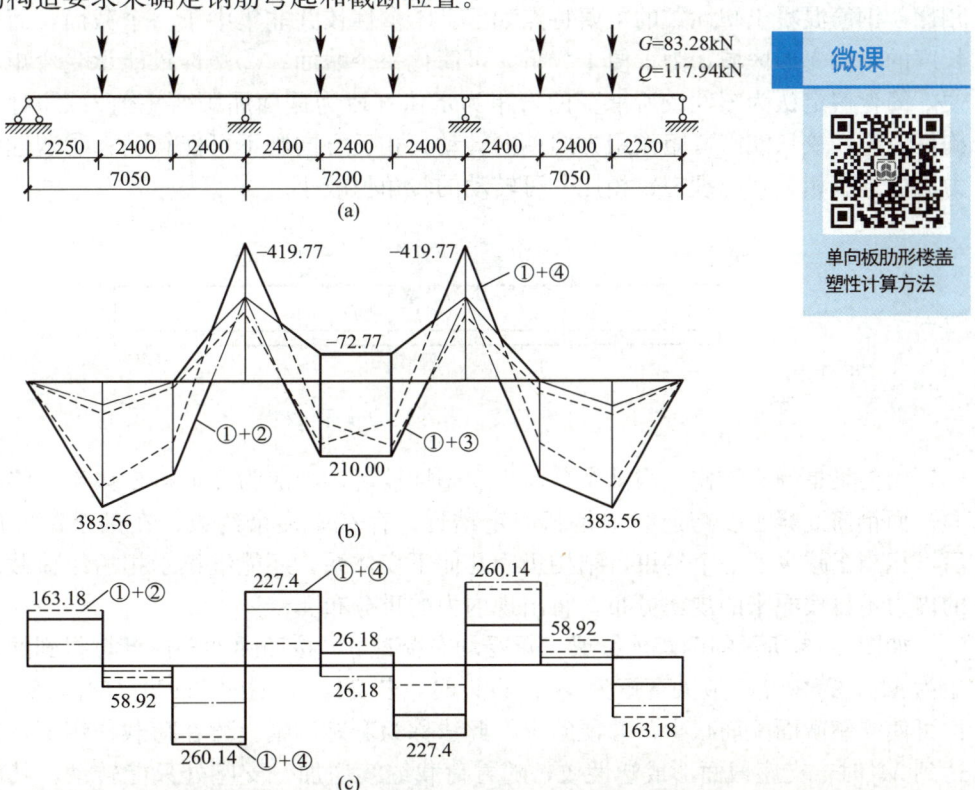

图 2-11　某三跨连续梁的内力包络图

（a）计算简图；（b）弯矩包络图；（c）剪力包络图

（2）塑性理论计算法

钢筋混凝土是钢筋与混凝土这两种材料组成的非匀质的弹塑性体，按弹性理论的计算方法忽略钢筋混凝土的非弹性性质，假定结构为理想的匀质弹性体（这种假定只在构件处在低应力状态时才较为符合），按弹性理论计算结构内力存在着三个方面的问题：其一，按弹性理论计算的结构内力与按破坏阶段的构件截面设计方法互不协调，材料强度不能得到充分利用；其二，弹性理论计算法是按可变荷载的各种最不利布置时的内力包络图来配筋的，但各控制截面的最大内力实际上不可能同时出现，超静定结构具有多余约束，当某一截面应力达到破坏阶段时，整个结构并不一定破坏；其三，按弹性理论方法计算时，支座计算弯矩过大，支座配筋多、构造复杂、施工不便。

 小问题

· ·

分别采用弹性理论方法与塑性理论方法进行设计，哪种方法经济性更好？

· ·

1）塑性铰与塑性内力重分布的概念

如图 2-12 所示的钢筋混凝土简支梁，当梁的工作进入破坏阶段时跨中受拉钢筋首先屈服，随着荷载增加，变形急剧增大，裂缝扩展，截面绕中和轴转动，但此时截面所承受的弯矩维持不变。从钢筋屈服到受压区混凝土被压坏，裂缝处截面绕中和轴转动，就好像梁中出现了一个铰，这个铰实际是梁中塑性变形集中出现的区域，称为塑性铰。与理想铰相比，钢筋混凝土塑性铰的主要特点如下：①塑性铰并非集中于一个截面，而是具有一定长度的塑性变形区域，为了便于分析，可简化一个截面；②塑性铰能承受弯矩，为计算方便，简化假定认为塑性铰所承受的弯矩为定值（取为截面屈服弯矩值）；③对于单筋受弯构件，塑性铰只能沿弯矩作用方向单向转动，相反方向则不可能转动；④塑性铰的转动能力同配筋率相关，与理想铰相比，可转动的转角值较小。

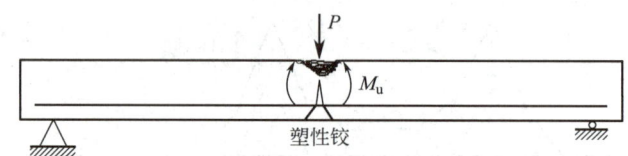

图 2-12 简支梁的破坏机构

简支梁是静定结构，当某个截面出现塑性铰后，即成为几何可变体系，将失去承载能力。而钢筋混凝土多跨连续梁是超静定结构，存在着多余约束，在某个截面出现塑性铰后，相当于减少了一个约束，结构仍为几何不变体系，还能继续承担后续荷载。但此时梁的内力不再按原来的规律分布，将出现内力的重分布。

如图 2-13 所示的两跨连续梁，承受均布荷载 q，按照弹性理论计算得到的支座最大弯矩为 M_B，跨中截面最大弯矩为 M_1。设计时，若支座截面按弯矩 M_B'（$M_B' < M_B$）配筋，这样可使支座截面配筋减少，方便施工，此法称为弯矩调幅。梁在荷载作用下，当支座弯矩达到 M_B' 时，支座截面形成塑性铰，随着荷载继续增加，支座处只能转动，其所承受的弯矩 M_B' 将保持不变，但两边跨的跨内弯矩将随荷载的增加而增大，当全部荷载 q 作用时，跨中最大弯矩达到 M_1'（$M_1' > M_1$），这种在多跨连续梁中某个截面出现塑性铰，使该塑性

铰截面的内力向其他截面（如本例的跨内截面）转移的现象，称为塑性内力重分布。事实上，钢筋混凝土超静定结构，都具有塑性内力重分布的性质。

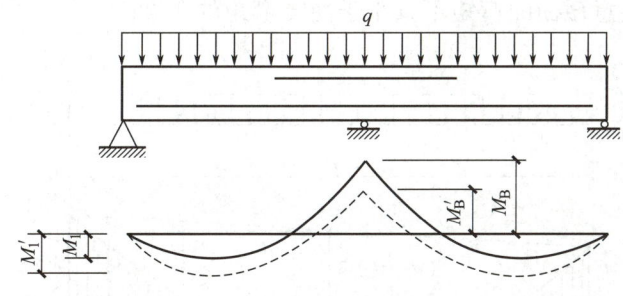

图 2-13　两跨连续梁的内力塑性重分布

应当指出的是，如按弯矩包络图配筋，支座的最大负弯矩与跨中的最大正弯矩并不是在同一荷载作用下产生的，所以当下调支座负弯矩时，在这一组荷载作用下增大后的跨中正弯矩，实际上并不大于包络图上外包线的弯矩，因此跨中截面配筋并不会增加。利用塑性内力重分布，可调整连续梁的支座弯矩和跨中弯矩，既方便施工，又节约配筋，也更符合构件的实际工作情况。

综上所述，钢筋混凝土连续梁塑性内力重分布的基本规律如下：

① 钢筋混凝土连续梁达到承载能力极限状态的标志，不是某一截面到达了极限弯矩，而是必须出现足够的塑性铰，使整个结构形成几何可变体系。

② 塑性铰出现以前，连续梁的弯矩服从于弹性的内力分布规律；塑性铰出现以后，结构计算简图发生改变，各截面的弯矩的增长率发生变化。

③ 按弹性理论计算，连续梁的内力与外力既符合平衡条件，同时也满足变形协调关系。按塑性内力重分布法计算，内力与外力符合平衡条件，但转角相等的变形协调关系不再成立。

④ 通过控制支座截面和跨中截面的配筋比，可人为控制连续梁中塑性铰出现的早晚和位置，即控制调幅的大小和方向。

2）按塑性理论计算的基本原则

① 按塑性理论计算结构的内力时，要求结构材料具有良好的塑性性能，以保证结构内力能满足极限平衡的要求，钢筋宜采用塑性较好的 HRB400、HRBF400、HRB500、HRBF500 钢筋。

② 必须满足刚度和裂缝宽度的要求。从经济角度看，连续梁支座负弯矩调低得多一些比较理想，但如降低过多，将会使支座过早出现塑性铰，造成裂缝开展过宽、变形过大，以至影响正常使用。根据经验：钢筋混凝土梁支座或节点边缘负弯矩调整幅度一般不宜大于 25%；钢筋混凝土板的负弯矩调幅不宜大于 20%。

③ 弯矩调整后，梁端截面受压区高度范围宜为：$0.1h_0 \leqslant x \leqslant 0.35h_0$。

④ 必须确保结构安全可靠。由于连续梁出现塑性铰后，是按简支梁工作的，因此每跨调整后的两个支座弯矩的平均值加上跨中弯矩的绝对值之和应不小于相应的简支梁跨中弯矩，即：

$$M_0 \leqslant \frac{M_B + M_C}{2} + M_1 \tag{2-5}$$

式中 M_B、M_C 和 M_1 分别为支座 B、C 和跨中截面塑性铰上的弯矩（图 2-14）；M_0 为在全部荷载（$g+q$）作用下简支梁的跨中弯矩。

此外，调整后任意截面的弯矩不宜小于简支弯矩的 1/3。

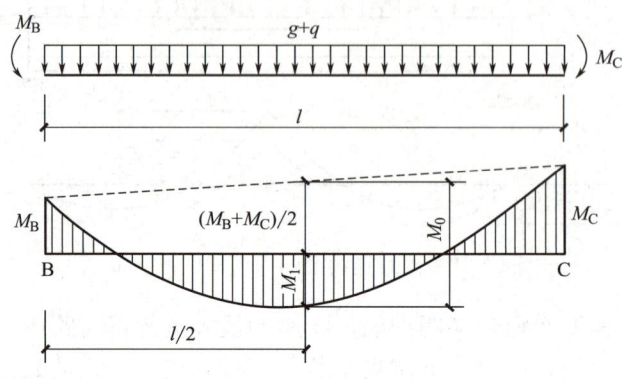

图 2-14　连续梁任意跨内外力的极限平衡

⑤ 应力求节约钢材、方便施工。为能节约较多钢材，同时使支座配筋简单，便于施工，应尽可能多地减少支座弯矩，一般常使它等于或接近于跨中弯矩。

3）等跨连续板、梁的内力计算

钢筋混凝土超静定结构考虑塑性内力重分布的计算方法包括有极限平衡法、塑性铰法、弯矩调幅法等，其中弯矩调幅法计算简单，是主要的计算方法。所谓弯矩调幅法，就是对结构按弹性方法所算得的弯矩值和剪力值进行适当的调整，用以考虑结构因非弹性变形所引起的内力重分布。采用弯矩调幅法，控制截面的内力可按下列公式计算：

① 等跨连续梁各跨跨中及支座截面的弯矩设计值

承受均布荷载时

$$M = \alpha_{mb}(g+q)l_0^2 \tag{2-6}$$

承受间距相同、大小相等的集中荷载时

$$M = \eta \alpha_{mb}(G+Q)l_0 \tag{2-7}$$

式中 g、q 分别为均布恒荷载和活荷载设计值；G、Q 分别为一个集中永久荷载设计值、可变荷载设计值；α_{mb} 为连续梁考虑塑性内力重分布的弯矩系数，按表 2-2 采用；η 为集中荷载修正系数，根据一跨内集中荷载的不同情况按表 2-3 采用；l_0 为计算跨度，根据支承条件按表 2-1 采用。

连续梁考虑塑性内力重分布的弯矩系数 α_{mb}　　　　　　　　　　表 2-2

端支座 支承情况	截面					
	端支座	边跨跨中	离端第二支座	离端第二跨跨中	中间支座	中间跨跨中
	A	Ⅰ	B	Ⅱ	C	Ⅲ
搁支在墙上	0	1/11	−1/10 （用于两跨连续梁） −1/11 （用于多跨连续梁）	1/16	−1/14	1/16
与梁整体连接	−1/24	1/14				
与柱整体连接	−1/16	1/14				

注：表中 A、B、C 和 Ⅰ、Ⅱ、Ⅲ 分别为从两端支座截面和边跨跨中截面算起的截面代号。

集中荷载修正系数 η 表 2-3

荷载情况	截面					
	A	I	B	II	C	III
跨间中点作用一个集中荷载	1.5	2.2	1.5	2.7	1.6	2.7
跨间三分点作用两个集中荷载	2.7	3.0	2.7	3.0	2.9	3.0
跨间四分点作用三个集中荷载	3.8	4.1	3.8	4.5	4.0	4.8

② 等跨连续梁的剪力设计值

承受均布荷载时

$$V = \alpha_{vb}(g+q)l_n \tag{2-8}$$

承受间距相同、大小相等的集中荷载时

$$V = \alpha_{vb} n(G+Q) \tag{2-9}$$

式中 l_n 为净跨，各跨取各自的净跨；n 为一跨内集中荷载的个数；α_{vb} 为连续梁考虑塑性内力重分布的剪力系数，按表 2-4 采用。

③ 承受均布荷载的等跨连续单向板，各跨跨中及支座截面的弯矩设计值按下式计算：

$$M = \alpha_{mp}(g+q)l_0^2 \tag{2-10}$$

式中 g、q 分别为沿板单位长度上的永久荷载、可变荷载设计值；l_0 为板的计算跨度，按表 2-1 采用；α_{mp} 为单向连续板考虑塑性内力重力分布的弯矩系数，按表 2-5 采用。

连续梁考虑塑性内力重分布的剪力系数 α_{vb} 表 2-4

荷载情况	端支座支承情况	截面				
		A 支座内侧	B 支座外侧	B 支座内侧	C 支座外侧	C 支座内侧
		A_{in}	B_{ex}	B_{in}	C_{ex}	C_{in}
均布荷载	搁支在墙上	0.45	0.60	0.55	0.55	0.55
	梁与梁或梁与柱整体连接	0.50	0.55			
集中荷载	搁支在墙上	0.42	0.65	0.60	0.55	0.55
	梁与梁或梁与柱整体连接	0.50	0.60			

注：表中 A_{in}、B_{ex}、B_{in}、C_{ex}、C_{in} 分别为支座内、外侧截面的代号。

单向连续板考虑塑性内力重分布的弯矩系数 α_{mp} 表 2-5

端支座支承情况	截面					
	端支座	边跨跨中	离端第二支座	离端第二跨跨中	中间支座	中间跨跨中
	A	I	B	II	C	III
搁支在墙上	0	1/11	−1/10 （用于两跨连续板）	1/16	−1/14	1/16
与梁整体连接	−1/16	1/14	1/11 （用于多跨连续板）			

板内剪力往往相对较小，在一般情况下都能满足 $V \leqslant 0.7f_t b h_0$ 的条件，故不需要进行剪力计算。

4) 塑性理论计算法的适用范围

采用塑性内力重分布法虽然可节约钢材，方便施工，但在构件使用阶段的裂缝和变形均较大，所以对于下列结构不能采用这种方法，而应按弹性理论法计算其内力：在使用阶段不允许出现裂缝，或对裂缝开展有较高要求的结构；直接承受动力荷载和疲劳荷载作用的结构；处于侵蚀性环境中的结构。

一般工业与民用建筑的整体式肋形楼盖中的板和次梁，通常均采用塑性理论法计算。而主梁属于重要构件，截面高度较大，配筋也较多，一般仍采用弹性理论方法计算。

5）塑性理论计算法的荷载及内力的特别说明

在采用弯矩调幅法计算时，次梁对板、主梁对次梁的转动约束作用，以及活荷载的不利布置等因素，均已考虑，因此计算时不需再考虑折算荷载，可直接取用全部实际荷载代入公式计算。因为内力系数是按均布荷载或间距相同、大小相等的集中荷载作用下考虑塑性内力重分布以后的内力包络图给出的，所以对承受上述荷载的等跨或跨度相差不大于10%的连续梁、板，不需再进行荷载的最不利组合，一般也不需再绘出内力包络图。

梁板开裂典型案例分析

某学校教学楼为3层砖混结构，纵墙承重，外墙厚370mm，内墙厚240mm，灰土基础，楼盖为现浇钢筋混凝土肋形楼盖，在装饰工程时发现大梁两侧的混凝土楼板上部普遍开裂，裂缝方向与大梁平行。

经深入调查分析发现，本项目在设计及施工上均存在一定的问题：

设计方面，一是楼板的活荷载按照住宅考虑，明显错误；二是梁箍筋间距太大，没有满足规范要求。

施工方面，一是浇筑混凝土时，把板中的负弯矩钢筋踩下，造成板与梁连接处附近出现通长裂缝；二是在第二层楼盖浇筑后没达到规定强度，就在其上堆放施工工具，导致荷载超载；三是混凝土在冬期施工而没采取任何施工措施。

本事故的经验教训：设计的缺陷与施工管控不足是导致该项目出现大范围裂缝的主要原因。项目应加强图纸审核，落实公司设计指引的精神。此外必须规范操作，加强施工管控，严控超载。

2.1.4　单向板肋形楼盖的构件设计

现浇单向板肋形楼盖设计可按照下列主要步骤依序进行：（1）结构平面布置并初定梁、板截面尺寸；（2）支座简化并确定结构计算简图；（3）结构内力计算及内力组合；（4）梁板配筋计算；（5）确定梁板构造配筋；（6）绘制楼盖结构施工图。

1. 板

（1）板的计算要点

板的计算步骤：沿板的长边方向切取1m宽板带作为计算单元→荷载计算→按塑性内力重分布法计算内力→配筋计算→确定构造钢筋。

当板的周边与梁整体连接时，在竖向荷载作用下，周边梁将对它产生水平推力

（图 2-15）。该推力可减小板中各计算截面的弯矩。因此，对四周与梁整体连接的单向板，其中间跨的跨中截面及中间支座截面的计算弯矩可减小 20%，其他截面不予减小。

板内剪力相对较小，在一般均能满足 $V \leqslant 0.7 f_t b h_0$ 的条件，故设计时可不进行抗剪强度验算。

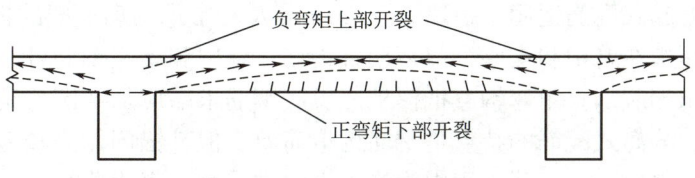

图 2-15　连续板的拱作用

（2）板的构造要求

1）板的厚度及支承长度

考虑结构的安全及刚度要求，钢筋混凝土单向板厚度应满足：$h_0 \geqslant l_0/30$，l_0 为板计算跨度；板的支承长度应满足其受力钢筋在支座内锚固的要求，且一般不小于板厚，当搁置在砖墙上时，不少于 120mm。

2）受力钢筋

对受力钢筋的要求见上册 3.1 节。

连续板受力钢筋有弯起式和分离式（图 2-16）两种配筋方式。

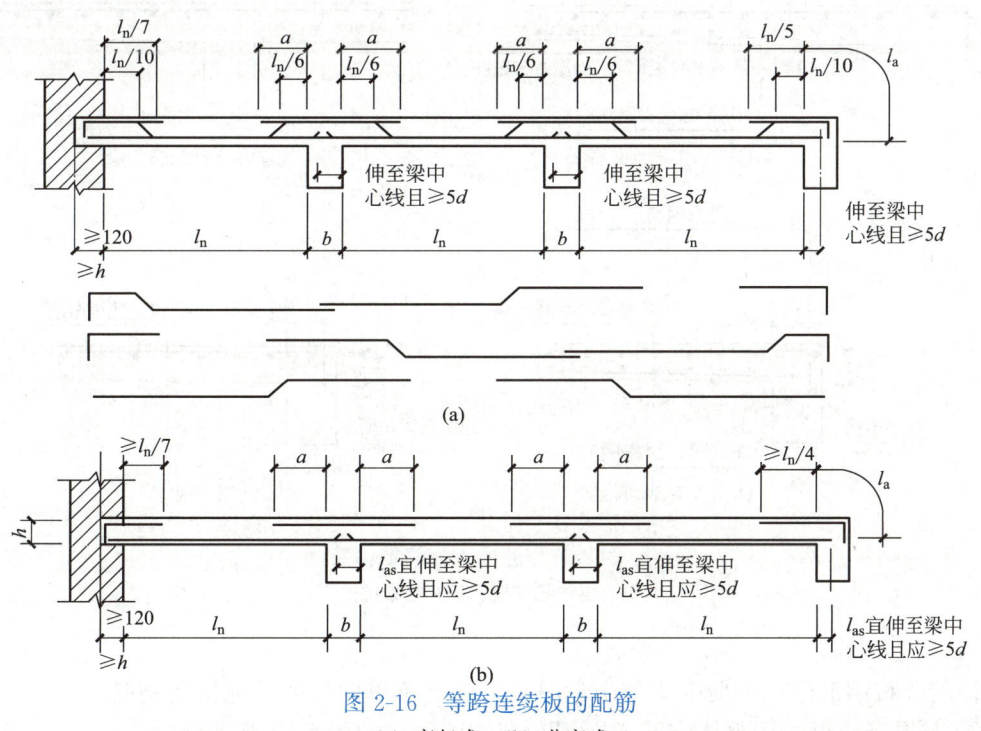

图 2-16　等跨连续板的配筋

（a）弯起式；（b）分离式

注：当等跨或跨度相差不超过 20% 时，图中 a 可按如下规定采用：当 $\dfrac{q}{g} \leqslant 3$ 时，$a = \dfrac{l_n}{4}$；当 $\dfrac{q}{g} > 3$ 时，$a = \dfrac{l_n}{3}$。其中 g、q 分别为板上的恒荷载和活荷载设计值；l_n 为板的净跨。

弯起式配筋是指将一部分跨中受力钢筋（常为 1/3～1/2）在支座处弯起作为支座负弯矩钢筋，不足部分则另加直钢筋补充。弯起钢筋的弯起角度一般为 30°，当板厚大于 120mm 时，可采用 45°。为避免支座处钢筋间距紊乱，通常跨中和支座的钢筋采用相同间距或成倍间距。弯起式配筋的特点是钢筋锚固较好，整体性强，节约钢材，但施工较为复杂，实际工程中弯起式配筋适用于板厚 $h > 150$mm 及经常承受动荷载的板。

分离式配筋是指在跨中和支座全部采用直钢筋，跨中和支座钢筋各自单独配置。分离式配筋板顶钢筋末端应加直角弯钩直抵模板；板底钢筋末端应加半圆弯钩，但伸入中间支座者可不加弯钩。分离式配筋的特点是配筋构造简单，但其锚固能力较差，整体性不如弯起式配筋，耗钢量也较大。实际工程中为施工方便常采用分离式配筋。

连续板内受力钢筋的弯起和截断位置，不必由抵抗弯矩图来确定，而直接按图 2-16 所示弯起点或截断点位置确定即可。但当板相邻跨度差超过 20%，或各跨荷载相差太大时，仍应按弯矩包络图和抵抗弯矩图来确定。板在端部支座的锚固要求按图 2-17 所示，纵筋在端支座应伸至梁支座外侧纵筋内侧后弯折 $15d$，但当平直段长度 $\geq l_a$ 时可不弯折。

对于悬臂板，其配筋形式如图 2-17 所示。当板跨中可能出现负弯矩时，应将支座处的上部钢筋贯通。

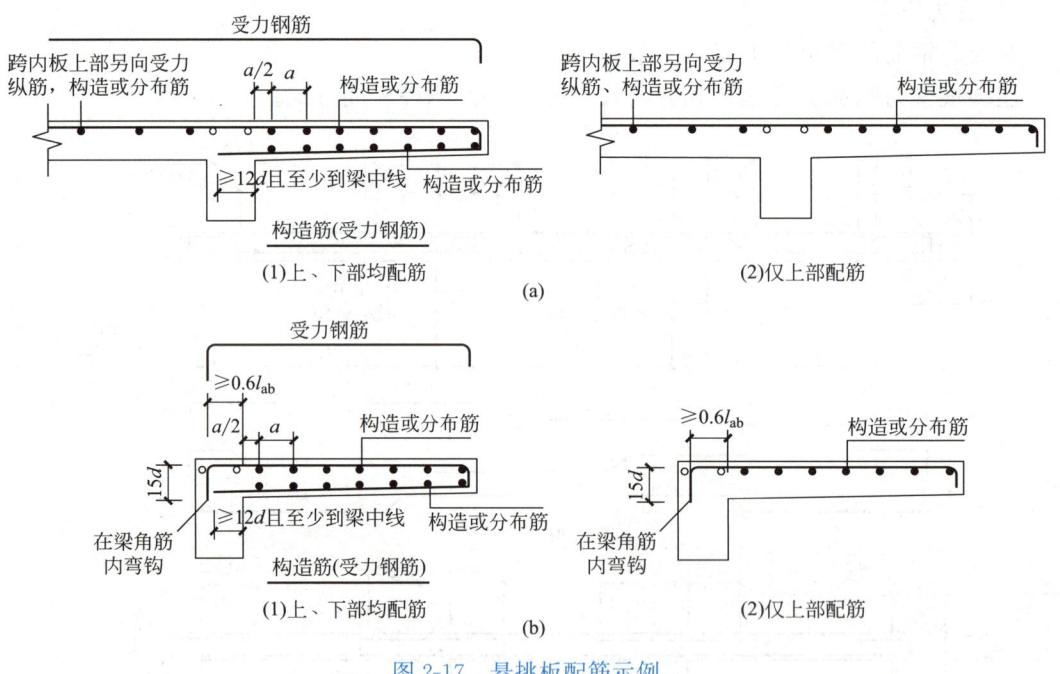

图 2-17　悬挑板配筋示例

(a) 延伸悬挑板；(b) 纯悬挑板

3）构造钢筋

板的分布钢筋已在上册 3.1 节中学习，下面介绍单向板的其他构造钢筋。

① 与混凝土梁、墙整体浇筑或嵌固在砌体墙内时的板面构造钢筋

与支承梁或墙整体浇筑的混凝土板，以及嵌固在砌体墙内的现浇混凝土板，按简支边或非受力边设计时，往往在其非主要受力方向的侧边上由于边界约束产生一定的负弯矩，从而导致板面裂缝。因此，需要在板边和板角部位配置防裂的板面构造钢筋。

板面构造钢筋要求：直径不宜小于8mm，间距不宜大于200mm，且单位宽度内的配筋面积不宜小于跨中相应方向板底钢筋截面面积的1/3。当单向板与混凝土梁、混凝土墙整体浇筑，其非受力方向的钢筋截面面积尚不宜小于受力方向跨中板底钢筋截面面积的1/3。

板面构造钢筋伸入跨内的长度分两种情况：当板与混凝土梁、墙整体浇筑时，钢筋从混凝土梁边、柱边、墙边伸入板内的长度不宜小于$l_0/4$；当板嵌固在砌体墙内时，钢筋伸出墙边的长度不应小于$l_0/7$（图2-18），其中计算跨度l_0对单向板按受力方向考虑，对双向板为l_1短边跨度。在楼板角部，为防止出现垂直于板的对角线的板面裂缝，宜沿两个方向正交、斜向平行或放射状布置附加钢筋。

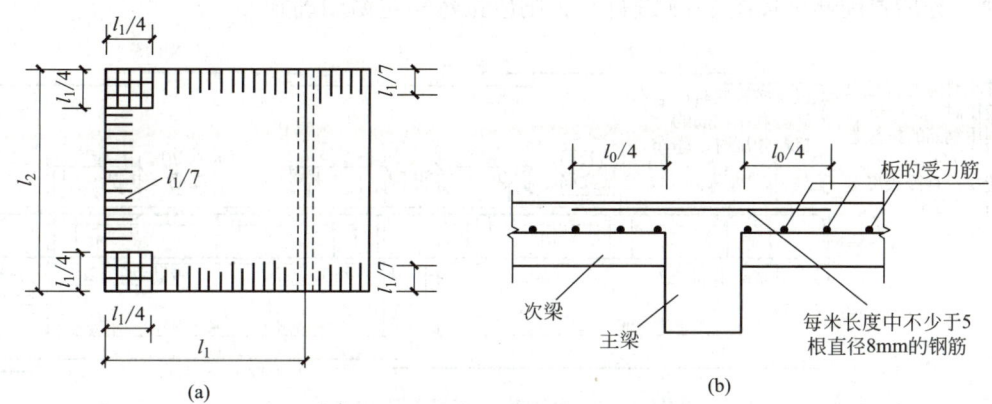

图2-18 板面构造钢筋
（a）板与混凝土梁、墙整体浇筑或嵌固在砌体墙内时的板面构造钢筋；
（b）单向板中与主梁垂直的板面构造钢筋

② 板未配钢筋表面的温度收缩钢筋

混凝土收缩和温度变化易在现浇楼板内引起约束拉应力而导致裂缝，因此在温度、收缩应力较大的现浇板区域内，应在板的表面双向配置防裂构造钢筋。该钢筋宜在未配筋板面双向配置，特别是温度、收缩应力的主要作用方向。由于受力钢筋和分布钢筋也可以起到一定的抵抗温度、收缩应力的作用，故应主要在未配钢筋的部位或配筋数量不足的部位布置温度收缩钢筋。温度收缩钢筋间距150～200mm，板的上、下表面沿纵、横两个方向的配筋率均不宜小于0.1%。温度收缩钢筋可利用原有钢筋贯通布置，也可另行设置钢筋，并与原有钢筋按受拉钢筋的要求搭接或在周边构件中锚固。

2. 次梁

（1）计算要点

次梁的计算步骤：初选截面尺寸→荷载计算→按塑性内力重分布法计算内力→计算纵向钢筋→计算腹筋→确定构造钢筋。

截面尺寸满足前述高跨比（1/15～1/12）和宽高比（1/3～1/2）的要求时，不必作使用阶段的挠度和裂缝宽度验算。

计算纵向受拉钢筋时，跨中按T形截面计算；支座因翼缘位于受拉区，按矩形截面计算。

计算腹筋时，一般采用只配箍筋的方案。另外，在进行斜截面受剪承载力计算时，为了避免梁因出现斜截面受剪破坏而影响其内力重分布，应保守地将计算所需的箍筋面积增大 20%。增大范围为：当为集中荷载时，取支座边至最近一个集中荷载之间的区段；当为均布荷载时取 $1.05h_0$，此处 h_0 为梁截面有效高度。

（2）构造要求

1）纵向受力钢筋

次梁纵向受力钢筋的一般构造要求，如直径、间距、根数等与上册 3.1 节受弯构件的构造要求相同。次梁配筋方式有弯起式和分离式两种，为施工方便，实际工程中多采用分离式配筋。当次梁相邻跨度相差不超过 20%，且均布恒荷载与均布活荷载设计值之比 $g/q \leq 3$ 时，分离式配筋可按图 2-19 进行。否则应按弯矩包络图确定。

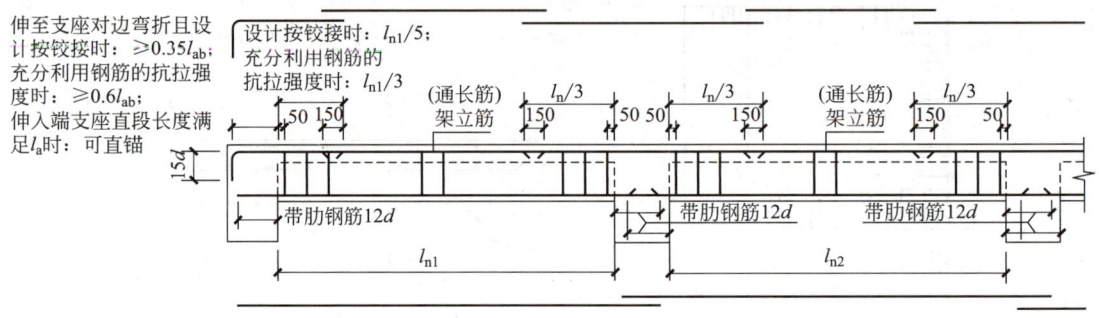

图 2-19　次梁的分离式配筋构造

2）中间支座构造

连续梁的上部纵向钢筋应贯穿其中间支座或中间节点范围。

连续梁下部纵向受力钢筋宜贯穿支座或节点。当必须锚固时，从支座边缘算起伸入边支座内的锚固长度 l_{as}：当 $V \leq 0.7f_t bh_0$ 时，$l_{as} \geq 5d$；当 $V > 0.7f_t bh_0$ 时，带肋钢筋 $l_{as} \geq 12d$，光圆钢筋 $l_{as} \geq 15d$，d 为纵向受力钢筋的直径，如图 2-20 所示。混凝土强度等级为 C25 的简支梁和连续梁的简支端，当距支座边 $1.5h$ 范围内作用有集中荷载，且 $V > 0.7f_t bh_0$ 时，对带肋钢筋宜采取有效的锚固措施，或取锚固长度不小于 $15d$，d 为锚固钢筋的直径。

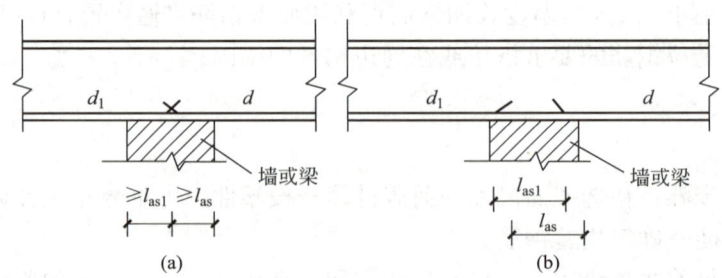

图 2-20　中间支座下部受力钢筋的锚固

（a）宽支座；（b）窄支座

纵向受拉钢筋不宜在受拉区截断，通常均应伸到梁端，如伸到梁端尚不满足上述锚固长度的要求时，可采取弯钩或机械锚固措施，并应满足规范要求。

3）端支座的构造

次梁支承在砌体、垫块等简支支座上时，支承长度一般应不小于240mm。这种梁在纵向受力钢筋的锚固长度范围内应配置不少于2个箍筋，其直径不宜小于$d/4$，d为纵向受力钢筋的最大直径；间距不宜大于$10d$，当采取机械锚固措施时箍筋间距尚不宜大于$5d$，d为纵向受力钢筋的最小直径。

在计算中梁端支座按简支考虑时，支座处的弯起钢筋及构造负弯矩钢筋的锚固如图2-21所示，图中的①号构造负弯矩钢筋，如利用架立钢筋或另设钢筋时，其截面面积不应小于梁跨中下部纵向受力钢筋计算所需截面面积的1/4，且不应少于2根。该附加纵向钢筋自支座边缘向跨内的伸出长度不应小于$0.2l_0$，l_0为该跨的计算跨度。

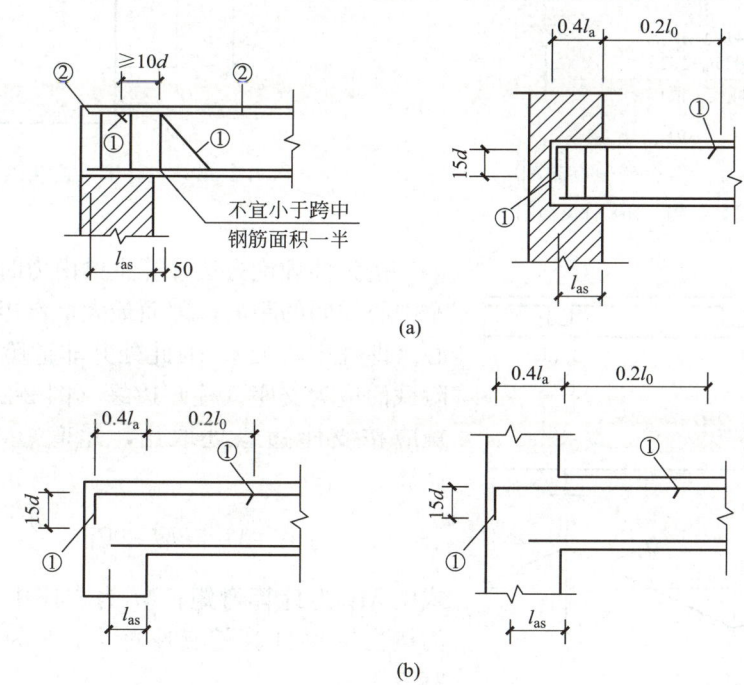

图2-21　梁端支座配筋构造

（a）梁端支承在砌体墙柱上；（b）梁端与梁或柱整浇

3. 主梁

（1）计算要点

主梁的计算步骤：初选截面尺寸→荷载计算→按弹性理论计算内力→计算纵向钢筋→计算腹筋→确定构造钢筋。

主梁主要承受由次梁传来的集中荷载。为简化计算，主梁自重可折算为集中荷载，并假定与次梁的荷载共同作用在次梁支承处（图2-22）。

正截面承载力计算时，跨中按T形截面计算，支座按矩形截面计算。当跨中出现负弯矩时，跨中也按矩形截面计算。

由于支座处板、次梁和主梁的钢筋重叠交错，且主梁负筋位于次梁和板的负筋之下（图2-23），故截面有效高度在支座处有所减少。此时主梁支座截面有效高度应取：

主梁受力钢筋为一排　　　　$h_0 = h - (50 \sim 60)\text{mm}$

主梁受力钢筋为二排　　　　$h_0 = h - (70 \sim 80)\text{mm}$

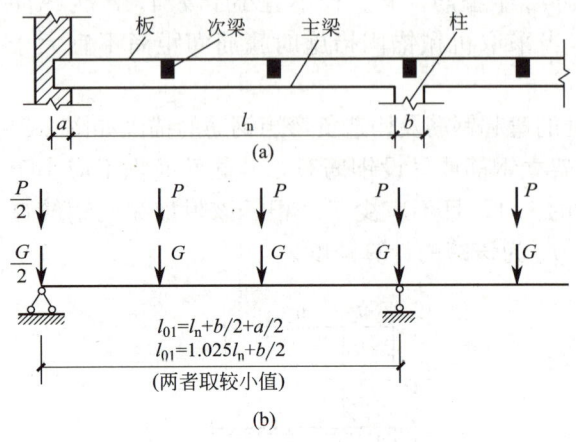

$l_{01} = l_n + b/2 + a/2$

$l_{01} = 1.025 l_n + b/2$

（两者取较小值）

(b)

图 2-22　主梁的计算简图

（a）实际结构；（b）计算简图

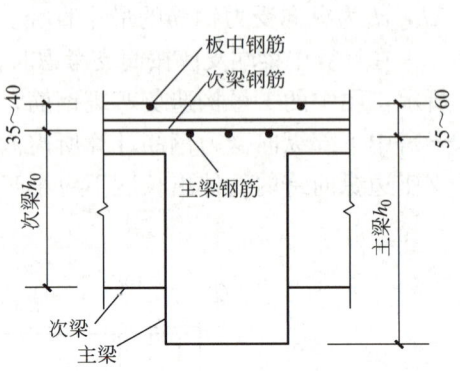

图 2-23　主、次梁连接处钢筋布置示意图

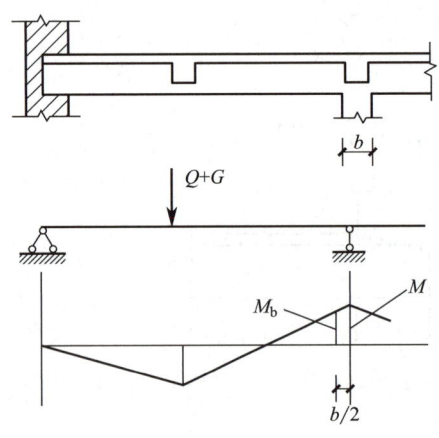

图 2-24　支座中心与支座边缘的弯矩

按弹性理论方法计算主梁内力时，其跨度取支座中心线间的距离，因而最大负弯矩发生在支座中心（即柱中心处），但此处并非危险截面。实际危险截面应为支座（柱）边缘（图 2-24），故计算弯矩应按支座边缘处取用，此弯矩可近似按下式计算：

$$M_b = M - V_b \times \frac{b}{2} \tag{2-11}$$

式中 M_b 为计算弯矩；M 为支座中心处弯矩；V_b 为按简支梁计算的支座剪力；b 为支座（柱）的宽度。

主梁主要承受集中荷载，剪力图呈矩形。如果在斜截面抗剪承载力计算中，要利用弯起钢筋抵抗部分剪力，则应考虑跨中有足够的钢筋可供弯起，以使抗剪承载力图形完全覆盖剪力包络图。

截面尺寸满足前述高跨比（1/14～1/8）和宽高比（1/3～1/2）的要求时，一般不必作使用阶段挠度和裂缝宽度验算。

小问题

主梁为什么宜采用弹性方法计算？其活荷载需要折算吗，为什么？其控制截面最不利内力应该怎么进行组合？

（2）构造要求

1）主梁伸入墙内的长度一般应不小于 370mm。

2）主梁的一般构造要求与次梁相同。但主梁纵向受力钢筋的弯起和截断，应按弯矩包络图确定。

3）主梁支座处剪力一般较大，当采用弯起钢筋作抗剪钢筋时，有时会出现跨中可供弯起的钢筋不够的情况。此时，需要在支座处设置专门的抗剪鸭筋（图 2-25）。

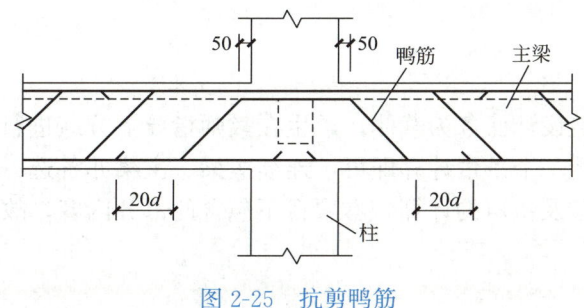

图 2-25　抗剪鸭筋

4）附加横向钢筋计算

次梁与主梁相交处，由于主梁承受由次梁传来的集中荷载，其腹部可能出现斜裂缝，并引起局部破坏（图 2-26a）。因此《混凝土标准》规定，位于梁下部或梁截面高度范围内的集中荷载，应设置附加横向钢筋来承担，以便将全部集中荷载传至梁上部。附加横向钢筋有箍筋和吊筋两种，应优先采用箍筋。附加横向钢筋应布置在长度为 s（$s=2h_1+3b$）的范围内（图 2-26b、c）。第一道附加箍筋离次梁边 50mm。

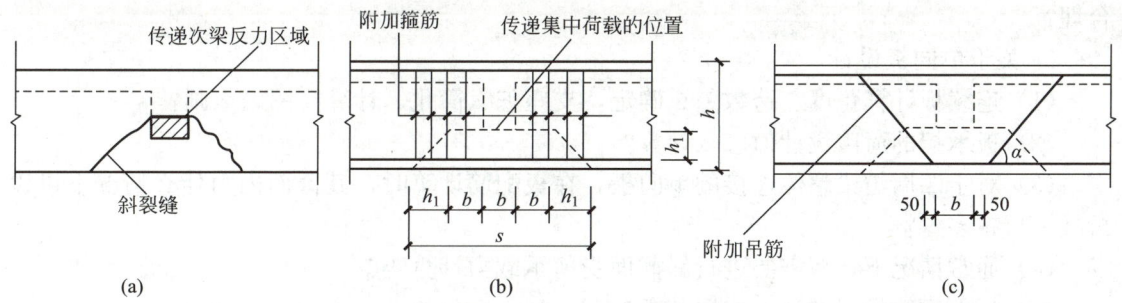

图 2-26　主梁腹部局部破坏情形及附加横向钢筋布置
（a）集中荷载作用下的裂缝；（b）附加箍筋；（c）附加吊筋

如集中力全部由附加箍筋承受，则所需附加钢筋的总截面面积为：

$$A_{sv} \geqslant \frac{F}{f_{yv}}$$ （2-12）

在选定附加箍筋的直径和肢数后，即可由 A_{sv} 算出 s 范围内附加箍筋的根数。

如集中力全部由吊筋承受，则所需吊筋总截面面积为：

$$A_{sb} \geqslant \frac{F}{2f_{yv}\sin\alpha}$$ （2-13）

在吊筋的直径选定后，即可求得吊筋的根数。

如集中力同时由附加箍筋和附加吊筋承受，则应满足

$$2f_{yv}A_{sb}\sin\alpha + mnA_{sv1}f_{yv} \geqslant F$$ （2-14）

式中 A_{sb} 为承受集中荷载所需的附加吊筋的总截面面积；A_{sv1} 为附加箍筋单肢的截面面积；n 为同一截面内附加箍筋的肢数；m 为在 s 范围内附加箍筋的根数；F 为作用在梁的下部或梁截面高度范围内的集中荷载设计值；f_{yv} 为附加横向钢筋的抗拉强度设计值；α 为附加吊筋弯起部分与梁轴线间的夹角，一般取 $45°$，如梁高 $h>800\text{mm}$，取 $60°$。

方案设计

提示：以前述楼盖设计任务为载体，学生在教师指导下分组进行方案设计。为避免计算量过大，连续板任选一个条带计算即可，连续次梁、主梁亦各选一根计算即可，建议选中部梁，因框架边梁涉及扭矩的计算，本项目不包含此部分内容，故不推荐选取边梁。

任务实施

提示：根据前述方案，学生在教师的指导下完成单向板肋形楼盖设计。

引导性问题：

1. 关于楼盖结构平面布置

（1）单向板肋形楼盖有哪几种结构布置方案，本任务采用哪种方案比较合理？

（2）单向板肋形楼盖梁、板经济跨度是多少，本任务中梁、板跨度怎么选取比较合理？

2. 关于单向板设计

（1）连续板计算跨度、跨数怎么确定，支座怎么简化，计算简图怎么画？

（2）板承担的荷载设计值怎么计算？

（3）对于四周与梁整体连接的单向板，在板配筋计算时，其截面内力什么情况下可以折减，折减多少？

（4）通常情况下，板需要进行斜截面受剪承载力计算吗？

（5）板面钢筋可以在什么位置截断？

3. 关于次梁设计

（1）连续次梁计算跨度、跨数怎么确定，支座怎么简化，计算简图怎么画？

（2）次梁承担的荷载设计值怎么计算？

（3）次梁宜按照什么理论计算截面内力，控制截面在哪些部位，控制截面内力系数怎么查取，控制截面内力怎么计算？

（4）次梁正截面承载力计算时，其截面有效高度怎么取值？应按 T 形截面还是矩形截面计算？若是按 T 形截面计算，则其翼缘宽度怎么计算？

（5）框架次梁上部纵向受力钢筋可以在什么位置截断？

（6）次梁斜截面承载力的计算方法，需要计算哪些内容？

4. 关于主梁设计

（1）连续主梁计算跨度、跨数怎么确定，支座怎么简化，计算简图怎么画？

（2）主梁承担的荷载设计值怎么计算，宜按均布线荷载还是集中荷载考虑？

参考答案

单向板肋形楼盖设计案例

（3）若按弹性理论计算截面内力，主梁活荷载可以进行折算吗？

（4）如果主梁按弹性理论计算，根据活荷载最不利布置规律，其控制截面最不利内力怎么进行组合？

（5）若按弹性理论计算，主梁支座处发生正截面破坏的最危险截面位于支座中心还是支座边缘处，支座边缘处弯矩怎么取值？

（6）主次梁交接处附加横向钢筋怎么确定，附加横向钢筋优先选用箍筋还是吊筋，需要满足哪些构造要求？

 任务评价

提示：由学生本人、小组同学、教师按表2-6要素分别评价。

任务 2.1 学习活动评价表   表 2-6

评价项目	评价内容及标准				学习得分			
	优秀(85～100分)	良好(75～85分)	中等(60～75分)	尚需努力(60分以下)	学生自评	小组评分	教师评分	平均分
方案设计	方案设计合理,团队成员任务分工明确	方案设计较合理,团队成员任务分工较明确	方案设计基本合理,团队成员任务分工基本明确	方案设计不合理,需重新设计,否则得分为零				
学习态度	学习积极性高,态度端正,学习兴趣浓	学习积极性中,态度较端正	学习积极性低,态度不端正	学习积极性很低,态度很不端正				
团结协作意识	团队意识强,分工合作优秀	团队意识较强	团队意识中等	团队意识较差				
规范标准意识	积极主动查询楼盖设计中涉及的相关工程规范标准、图集	查询楼盖设计中涉及的相关工程规范标准、图集较积极	有查询楼盖设计中涉及的相关工程规范标准、图集的意识	不重视对相关工程规范标准、图集的查阅				
严谨务实	高标准完成布置的楼盖设计工作任务,解决设计过程中遇到问题的能力较强	较好完成布置的楼盖设计工作任务,解决设计过程中遇到问题的能力较好	基本能够完成布置的楼盖设计工作任务,解决设计过程中遇到问题的能力一般	不能够完成布置的楼盖设计工作任务,解决设计过程中遇到问题的能力较差				
学用结合能力	熟练掌握楼盖设计的基本知识,设计成果完全达到教学要求	较好掌握楼盖设计的基本知识,设计成果较好地达到教学要求	基本掌握楼盖设计的基本知识,设计成果基本达到教学要求	不熟悉楼盖设计的基本知识,设计成果达不到教学要求				
理论联系实际	能够很好地为结构整体设计、施工图识读等后续课程学习做铺垫	能够为后续课程学习做铺垫	基本能够为后续课程学习做铺垫	对为后续课程学习铺垫的认识体会不够				
备注	学生最终考核得分为平均分＝(学生自评＋小组评分＋教师评分)/3							

■  学习反思

提示：由学生完成。可从细不细致、耐不耐心以及专业知识是否缺乏等方面进行反思总结。

■ 任务小结

1. 现浇单向板肋形楼盖设计主要步骤包括：（1）结构平面布置并初定梁、板截面尺寸；（2）支座简化并确定结构计算简图；（3）结构内力计算及内力组合；（4）梁板配筋计算；（5）确定梁板构造配筋；（6）绘制楼盖结构施工图。

2. 选择合理的楼盖结构方案设计非常重要，其对结构的安全性、适用性及经济性影响重大，应从结构受力特点、使用要求等方面进行对比考虑，慎重选择。

3. 计算简图的确定是进行楼盖设计的核心问题，应在满足楼盖结构受力、变形基本特点的情况下，对支座进行适当简化，以便于分析计算。

4. 在现浇单向板肋形楼盖设计中，板、次梁内力可按考虑塑性内力重分布方法计算，主梁一般按弹性理论计算。

思考题

1. 钢筋混凝土楼盖结构有哪几种类型？它们各自的特点和适用范围是什么？
2. 什么叫单向板、双向板？《混凝土标准》的规定是什么？
3. 现浇钢筋混凝土单向板肋形楼盖的结构平面布置方案有几种？其特点是什么？
4. 对应连续梁（板）结构，为求某跨跨中最大弯矩，活荷载应该怎么布置？

任务 2.2 双向板肋形楼盖设计

■ 任务描述

本任务学习双向板肋形楼盖的受力特点、内力计算方法，以及截面设计与构造要求。

■ 学习目标

知识目标：
1. 了解钢筋混凝土双向板肋形楼盖的受力特点；
2. 掌握钢筋混凝土现浇双向板的内力计算方法（包括弹性及塑性计算方法）；
3. 熟悉钢筋混凝土双向板肋形楼盖的构造措施；
4. 熟悉钢筋混凝土双向板肋形楼盖的设计程序。

能力目标：

1. 具备利用《建筑结构静力计算手册》进行双向板楼盖计算的能力，包括：弹性理论及塑性理论计算方法的内力系数表格均能正确查用；

2. 具备钢筋混凝土双向板肋形楼盖设计的初步能力，包括：设计方案及材料的选择、配筋构造等。

育人目标：

1. 双向板肋形楼盖设计因其计算难度较大，故在任务开展过程中，学生容易出现畏难情绪，因此需要培养学生不怕困难、迎难而上的学习精神，提高学习主观能动性。

2. 该任务涉及相关结构计算手册、规范、图集等，故应大力培养学生的规范意识。

 相关知识

任务 2.1 中已讲述了双向板的判别方法，从理论上讲，凡两个方向上的受力都不能忽略的板称为双向板。双向板的支承方式可以是四边支承、三边支承或两邻边支承。板面上的荷载可以是均布荷载、局部荷载或线性分布荷载。板的平面形状可以是圆形、方形、矩形、三角形等，实际工程中常见的是均布荷载作用下四边支承双向矩形板，本任务主要介绍四边支承双向矩形板肋梁楼盖的设计方法。

2.2.1　四边支承板的受力特点

双向板在荷载作用下，荷载将沿板的两个方向传递给四周支承构件（包括支承梁、支承墙），在短跨方向上传递的荷载大于长跨方向。沿两个方向传给支承构件的荷载大小，一般可采用近似法求得，即以每一区格板的四角作与板成 45°角的斜线与平行于长边的中线相交，将每一块双向板划分为四小块面积，每小块面积内的荷载就近传到其支承构件上（图 2-27）。由图 2-27 可见，板传至长边支承构件上的荷载为梯形荷载，传至短边支承构件上的荷载为三角形荷载；若双向板两个方向跨度相同，则传至两个方向支承构件上的荷载都为三角形荷载。

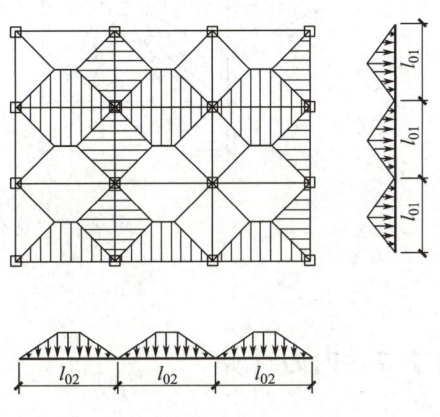

图 2-27　双向板支承梁的荷载

对于支承梁，除承受板传来的三角形或梯形荷载外，还承受自身梁肋的自重，自重为均布荷载。若支承梁为主梁，除上述荷载外，还承受次梁传来的集中荷载。为计算方便，可将支承梁上的三角形荷载和梯形荷载折算成等效均布荷载 p_{eq}（图 2-28）。

在荷载作用下双向板双向受弯，两个方向的横截面上都作用着弯矩和剪力，且短跨方向的弯矩大于长跨方向。

四边简支的双向板，受荷载后的弯曲变形呈碗形面，越往中心板的挠度越大，板的四角有向上翘曲的趋势（图 2-29）。板传给支座的压力，沿四周不是均匀分布，而是中间较大，两端较小。

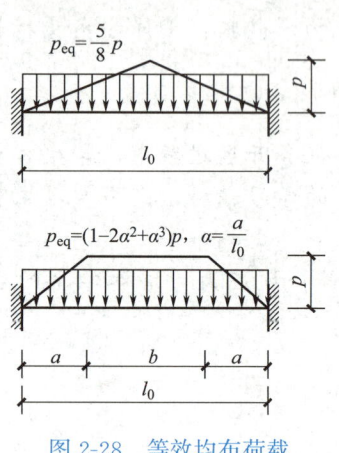

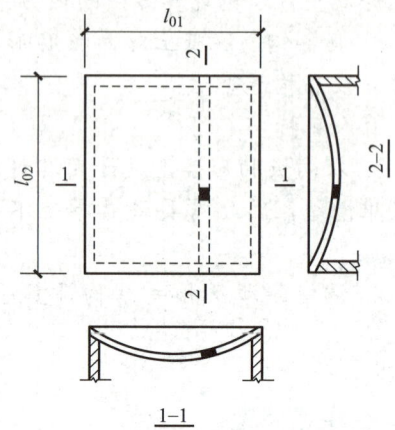

图 2-28　等效均布荷载　　　　　　　　　图 2-29　四边简支双向板的弯曲

对于承受均布荷载的四边简支单跨矩形双向板，由于短跨跨中正弯矩较长跨跨中弯矩大，第一批裂缝出现在板底的中部，平行于长边方向。随着荷载进一步加大，板底跨中裂缝逐渐沿长边延长，并沿 45°角向板的四角扩展（图 2-30a），板顶四角也出现呈圆形的环状裂缝（图 2-30b）。最终因板底裂缝处纵向受力钢筋达到屈服，导致板的破坏。

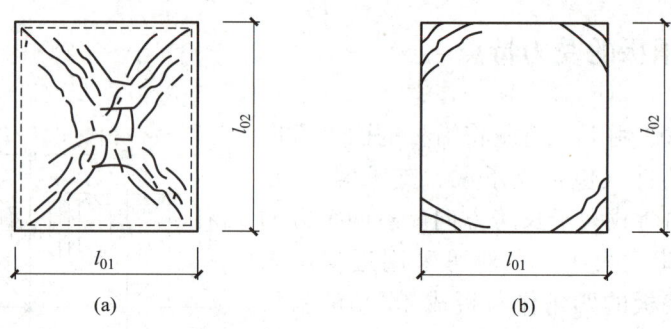

(a)　　　　　　　　　　　　　　(b)

图 2-30　均布荷载作用下双向板的裂缝分布

（a）板底裂缝；（b）板面裂缝

2.2.2　内力计算

双向板的内力计算有弹性计算法和塑性计算法两种方法。

1. 双向板肋梁楼盖弹性理论计算方法

（1）单跨矩形双向板的弹性内力分析

单跨矩形双向板弹性计算法是假定板为弹性各向同性板，以弹性薄板理论为依据进行计算。根据弹性理论，双向板沿两个主轴方向的弯矩可写成如下形式：

微课

双向板肋形楼盖
弹性计算方法

$$m_{x}=D\left(\frac{\partial^{2}w}{\partial x^{2}}+\nu\frac{\partial^{2}w}{\partial y^{2}}\right),\ m_{y}=D\left(\frac{\partial^{2}w}{\partial y^{2}}+\nu\frac{\partial^{2}w}{\partial x^{2}}\right) \tag{2-15}$$

上式如果忽略泊松比 ν 的影响，取 $\nu=0$，则上式变换为：

$$m_{x}=D\frac{\partial^{2}w}{\partial x^{2}},\ m_{y}=D\frac{\partial^{2}w}{\partial y^{2}} \tag{2-16}$$

式中 D 为板的弯曲刚度；w 为板的挠度函数，与支承条件和荷载形式等有关。

可见，双向板按弹性理论计算方法是相当繁杂的。为了实用方便，根据板四周的支承情况、板两个方向跨度的比值以及板面荷载分布形式，将按弹性理论的计算结果制成弯矩系数与挠度系数表格，供设计时查用，见附录5。其中，泊松比 $\nu=1/6$ 时适用于钢筋混凝土板，$\nu=0.3$ 时适用于钢板。

单跨双向板按其四边支承情况的不同，在楼盖中常会遇到如下六种情况：四边简支（图 2-31a）；一边固定、三边简支（图 2-31b）；两对边固定、两对边简支（图 2-31c）；两邻边固定、两邻边简支（图 2-31d）；三边固定、一边简支（图 2-31e）；四边固定（图 2-31f）。

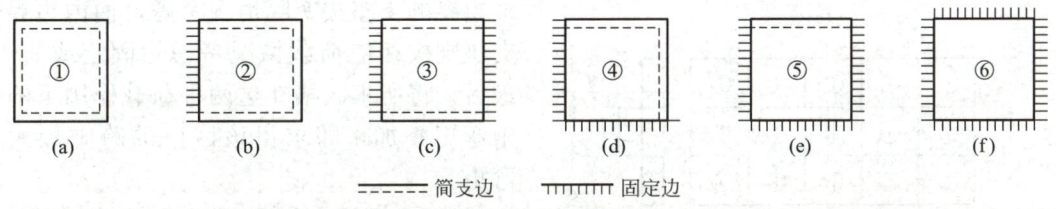

图 2-31　双向板的六种四边支承情况

根据不同支承情况，可从系数表格中查出弯矩系数，即可求得弯矩：

$$M=弯矩系数\times ql^{2} \tag{2-17}$$

式中 M 为跨中或支座单位板宽内的弯矩；q 为均布荷载（kN/m^2）；l 为板的较小跨度（m）。

表中的系数是按泊松比 $\nu=0$ 得来的。当 $\nu\neq0$ 时，支座处负弯矩仍可按式（2-17）计算，而跨内正弯矩可按下式计算：

$$\left.\begin{array}{l}M_{x}^{(\nu)}=M_{x}+\nu M_{y}\\ M_{y}^{(\nu)}=M_{y}+\nu M_{x}\end{array}\right\} \tag{2-18}$$

式中 M_{x}、M_{y} 为 $\nu=0$ 时按板跨中弯矩系数计算得到的跨中弯矩值。对于混凝土材料，式（2-18）中泊松比 ν 取 $1/6$。特别注意：有自由边时不能应用上两式计算。

（2）多跨连续双向板的计算

多跨连续双向板按弹性理论的精确计算十分复杂，在实用计算时通常以上述单跨板内力计算为基础，假定板在梁上可以自由转动，并略去梁的竖向变形，这样将梁视为板的不动铰支座，从而使计算简化。计算多跨连续双向板的最大弯矩时，也需考虑活荷载的最不利布置。

1）求跨中最大正弯矩

当求跨中最大正弯矩时，其活荷载的最不利位置为如图 2-32 所示的棋盘式布置。为便于利用区格板的表格，可将图 2-32（a）所示计算简图上的荷载（恒荷载 g 和活荷载 q）

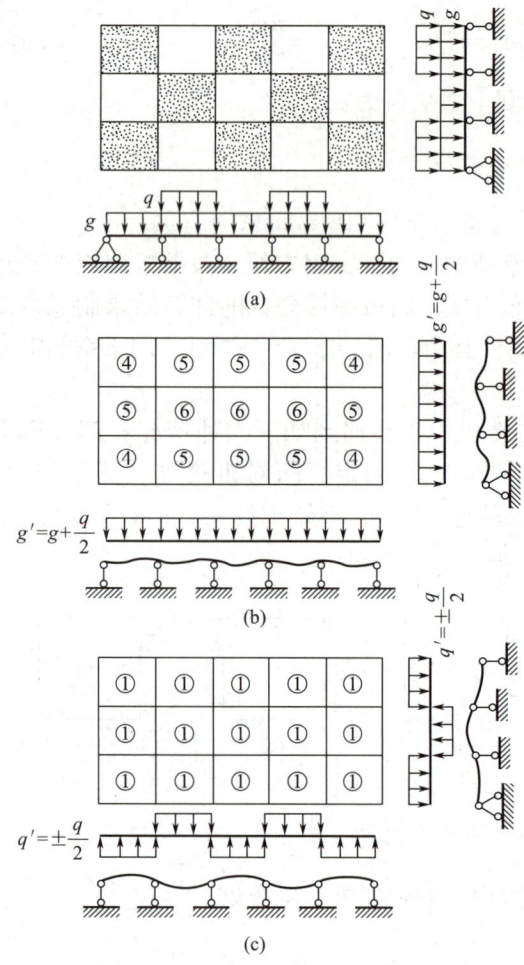

图 2-32 多跨连续双向板计算简图
(a) 活荷载的最不利布置；(b) 正对称荷载分布；
(c) 反对称荷载分布

分解为满布于各跨的 $g+q/2$ 和隔跨交替布置的 $\pm q/2$ 两部分（图 2-32b、c）。

当各区格满布 $g+q/2$ 时（图 2-32b），由于区格板支座两边结构对称，且荷载对称，可将各支座视为不转动，于是可近似地将区格板看成四边固定的双向板，并利用上述系数表格，求出其跨中弯矩。

当所求区格作用 $+q/2$，相邻区格作用 $-q/2$，其余区格均间隔布置时（图 2-32c），可近似看作承受反对称荷载 $\pm q/2$ 的连续板，此时中间支座的弯矩为零或很小，故内区格的跨中弯矩近似地按四边简支的双向板计算。

在上述两种荷载情况下的边区格板，其外边界的支座按实际情况考虑，而内边界的支座则按相应荷载情况考虑为固定或简支。最后，将所求区格在这两种荷载作用下的跨中弯矩叠加，即求得该区格的跨中最大正弯矩。

2) 支座最大负弯矩

当板面上全部满布恒荷载及活荷载时，支座弯矩最大，所以对所有中间区格均可按四边固定的双向板计算。边区格的内支座取相邻两区格板在该支座上弯矩的平均值。边区格计算时，其外边支承条件按实际情况考虑。

小问题 👆

利用单区格双向板的弹性弯矩系数计算连续双向板的控制截面最大弯矩时，其适用条件是什么？

（3）双向板楼盖支承梁内力计算

作用在双向板支承梁上的荷载，理论上应为板的支座反力，按此法求作用在支承梁上的荷载比较复杂。通常根据荷载就近向板支承边传递的原则按下述方法近似确定：从板区格的四角作 45° 分角线与平行于长边的中线相交，将每一区格板分为四块，每块小板上的荷载就近传递至其支承梁上。因此，除梁自重（均布荷载）和直接作用在梁上的荷载（均布或集中荷载）外，沿板区格长边方向的支承梁，板传来的荷载为梯形分布，短边方向支承梁上为三角形分布，如图 2-33 所示。如果双向板楼盖有主梁和次梁，则次梁传给主梁的为集中荷载。

支承梁承受三角形或梯形荷载，其内力可采用等效均布荷载的方法计算。其方法是：首先按支座弯矩相等的条件把它们换算成等效均布荷载，在求得连续梁的支座弯矩后，再按实际的荷载分布（三角形或梯形），以支座弯矩作为梁端弯矩，按单跨简支梁求出各跨跨中弯矩和支座剪力。

三角形荷载的等效均布荷载：

$$p_{equ} = \frac{5}{8}p \tag{2-19}$$

梯形荷载的等效均布荷载：

$$p_{equ} = (2 - 2\alpha^2 + \alpha^3)p \tag{2-20}$$

式中 p_{equ} 为等效均布荷载；p 为三角形或梯形荷载的最大值；α 为系数，$\alpha = \dfrac{a}{l_0}$（图 2-34）。

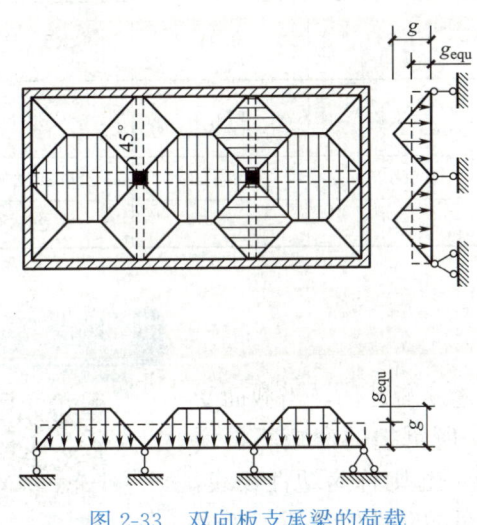

图 2-33　双向板支承梁的荷载　　　　图 2-34　双向板的等效均布荷载

【**例 2-1**】　某砖混结构卫生间的现浇板 $l_1 \times l_2 = 3600\text{mm} \times 6000\text{mm}$，四周与圈梁整体现浇，现浇板厚 $h = 90\text{mm}$，墙体厚 240mm，板承受恒荷载设计值 $g = 3.6\text{kN/m}$，活荷载设计值 $q = 2.8\text{kN/m}$，采用 C30 混凝土，受力钢筋 HRB400。试确定该现浇板受力钢筋用量。

【**解**】　长边与短边之比 $l_2/l_1 = 6000/3600 = 1.67 < 2$，按双向板计算。

内力计算

$$f_c = 14.3\text{N/mm}^2, \quad f_y = 360\text{N/mm}^2, \quad \frac{l_x}{l_y} = \frac{3.6}{6} = 0.6$$

按照均布荷载作用下四边固定矩形板查附录 5，得 $\nu = 0$ 时的弯矩：

$$M_x = 0.0367 \times (3.6 + 2.8) \times 3.6^2 = 3.04\text{kN} \cdot \text{m}$$
$$M_y = 0.0076 \times (3.6 + 2.8) \times 3.6^2 = 0.63\text{kN} \cdot \text{m}$$
$$M_x^0 = 0.0793 \times (3.6 + 2.8) \times 3.6^2 = 6.58\text{kN} \cdot \text{m}$$
$$M_y^0 = 0.0571 \times (3.6 + 2.8) \times 3.6^2 = 4.74\text{kN} \cdot \text{m}$$

换算为 $\nu = 1/6$，得跨中弯矩设计值：

$$M_x^{(\nu)} = 3.04 + \frac{1}{6} \times 0.63 = 3.15 \text{kN} \cdot \text{m}$$

$$M_y^{(\nu)} = 0.63 \times \frac{1}{6} \times 3.04 = 1.14 \text{kN} \cdot \text{m}$$

支座弯矩不用转换，即支座弯矩设计值为 $M_x^0 = 6.58 \text{kN} \cdot \text{m}$，$M_y^0 = 4.74 \text{kN} \cdot \text{m}$
截面计算高度 $h_{01} = h - 20 = 90 - 20 = 70 \text{mm}$，$h_{02} = h - 30 = 90 - 30 = 60 \text{mm}$
板的配筋计算见表 2-7。

板的配筋计算   表 2-7

计算结果	跨中		支座	
	l_1 方向	l_2 方向	l_1 方向	l_2 方向
$M(\text{kN} \cdot \text{m})$	3.15	1.14	6.58	4.74
$x = h_0 - \sqrt{h_0^2 - \dfrac{2M}{\alpha_1 f_c b}}$ (mm)	3.22	1.34	6.91	5.81
$A_s = \dfrac{\alpha_1 f_c b x}{f_y}$ (mm²)	127.9	53.2	274.5	230.8
选配钢筋	φ6@200	φ6@250	φ8@180	φ8@200
实配钢筋面积(mm²)	141	113	279	251

2. 双向板肋梁楼盖塑性理论计算方法

（1）双向板塑性铰线的形成及分布形式

根据双向板受力特点，随着荷载增加，裂缝逐渐延伸，当截面受力钢筋屈服后，裂缝明显扩展，形成塑性铰，所负担的弯矩不再增加。板中连续的一些截面均出现塑性铰，连成一起则称为塑性铰线，其基本性能与塑性铰相同。当板中出现足够数量的塑性铰线后，板成为机动体系，达到其承载能力极限状态而破坏，这时板所承受的荷载为板的极限荷载。

板中塑性铰线的分布形式与诸多因素有关，如板的平面形状、周边支承条件、纵横两个方向跨中及支座截面的配筋数量、荷载类型等。双向板塑性铰线的特点有：1）板即将破坏时，弯矩最大处出现塑性铰线；2）分布荷载作用下，塑性铰线是直线，整块板被塑性铰线划分为若干个刚性板块，板的变形集中在塑性铰线上，各板块均绕塑性铰线转动，跨中塑性铰线与固定支座边塑性铰线转动方向相反；3）各板块围绕相应的支座旋转轴转动，两相邻板块之间的塑性铰线与它们之间的旋转轴必交汇于一点；4）塑性铰线上的扭矩和剪力可忽略不计；5）整块板达到极限状态时，理论上存在多种破坏机构，但最危险的是相应于极限荷载为最小的时候，这种情况下的塑性铰线位置最危险。常见的双向板的塑性铰线分布见图 2-35。

（2）极限平衡法计算四边支承弹塑性板

1）计算假定

采用极限平衡法进行四边支承双向板的内力分析时，假定：①钢筋混凝土板为四边支承的正交异性板，需要考虑其弹塑性变形；②板发生破坏时，在板底或板面的裂缝处形成

微课

双向板肋形楼盖
塑性计算方法

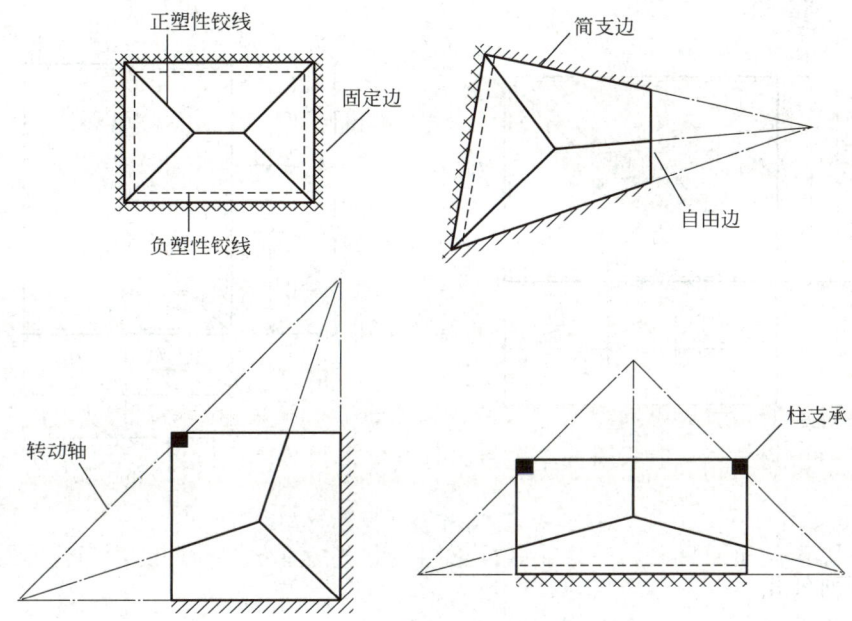

图 2-35   双向板破坏机构示意图

塑性铰线体系如图 2-36 所示；③在极限平衡条件下，假定被塑性铰线切割成的若干块小节板均为不变形的刚片，板的塑性变形主要集中在塑性铰线附近很小的区域内；④对于板在极限荷载作用下所形成的塑性铰体系，根据虚功原理求其极限承载力，即在任一微小虚位移下，图 2-36 所示板塑性铰线外力所做的功之和恒等于内力所做的功之和，即：

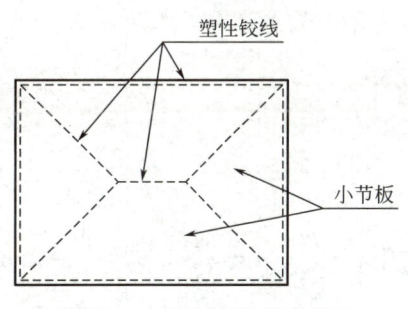

图 2-36   板塑性铰线示意图

$$\int q\delta \mathrm{d}A = \sum M\theta \tag{2-21}$$

式中 q 为均布荷载；δ 为板的虚位移；M、θ 分别为各塑性铰线上的总内力矩及该塑性铰线所联结的一对小节板之间的虚角变位。

2）计算公式

在极限平衡状态下，板的塑性铰线位置，除与荷载、板的边比以及板跨中两个方向的极限内力矩的比值等有关外，还随板的支座情况不同而变动。四边支承的正交异性板在任意支座情况下的计算图形如图 2-37（a）所示。图中 M_1、M_2、M_I、M_II、M_I'、M_II' 分别为各塑性铰线上单位长度的极限内力矩；γ、γ'、K 分别为各塑性铰线位置的参变数；l_1、l_2 分别为板在短跨方向及长跨方向的计算跨度。

假设板中部塑性铰线的虚位移为 1，按公式（2-21）进行计算，经化简可得：

$$M_1 = \frac{\gamma^2}{24\alpha(1+\beta_2)}ql_1^2 \tag{2-22}$$

$$\gamma = \frac{2\lambda W\eta}{1+W}\left(\sqrt{1+\frac{3}{\eta}}-1\right) \tag{2-23}$$

当 $(l_1\gamma/2 + l_1\gamma'/2) > l_2$，即计算图形由图 2-37（a）变成图 2-37（b）时，则上列公

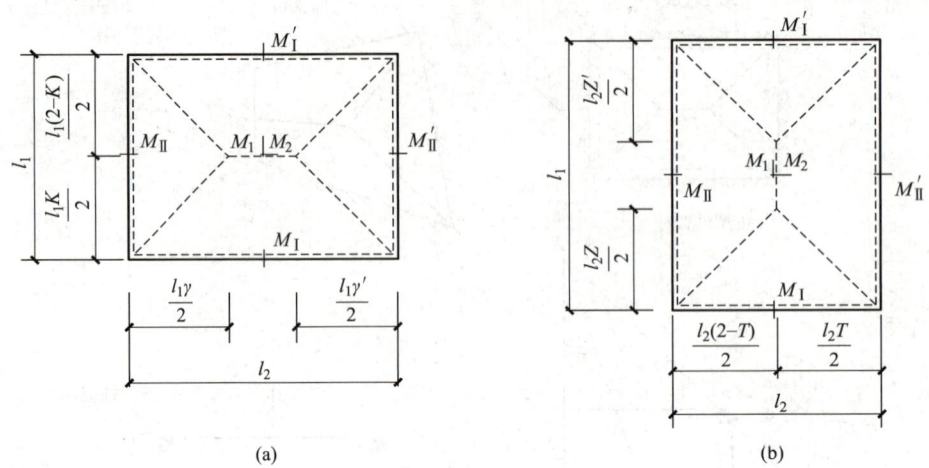

图 2-37　极限平衡法计算示意图

式演变成下列公式：

$$\left.\begin{aligned}
T &= \frac{2}{1+W} \\[4pt]
Z' &= \frac{Z}{S} \\[4pt]
Z &= \frac{2S}{\lambda(1+S)\eta}(\sqrt{1+3\eta}-1) \\[4pt]
M_1 &= \frac{\lambda^2 Z^2}{24(1+\beta_1)}q l_1^2
\end{aligned}\right\} \tag{2-24}$$

式中 $\lambda = \dfrac{l_1}{l_2}$，$\alpha = \dfrac{M_2}{M_1}$，$\beta_1 = \dfrac{M_{\mathrm{I}}}{M_1}$，$\beta'_1 = \dfrac{M'_{\mathrm{I}}}{M_1}$，$\beta_2 = \dfrac{M_{\mathrm{II}}}{M_2}$，$\beta'_2 = \dfrac{M'_{\mathrm{II}}}{M_2}$，

$S = \sqrt{\dfrac{1+\beta_1}{1+\beta'_1}}$，$W = \sqrt{\dfrac{1+\beta_2}{1+\beta'_2}}$，$\rho = \dfrac{1+\beta_2}{1+\beta_1}$，$\eta = \dfrac{\alpha\rho S(1+W)^2}{\lambda^2 W^2(1+S)^2}$

3）计算系数用表

为了实用方便，根据钢筋混凝土双向板四边支承情况，对于每个 λ 值按给定的 α 与 β 列出了对应的弯矩计算系数表格（见附录 6），可直接查取。注意：α 与 β 值的选取，实际上是设定板的弯矩分布，使板产生内力重分布；β 理论上可任意取值，但实际过程中应考虑板在使用阶段的裂缝宽度及变形值满足要求；根据工程经验，各种 β 值宜在 $1 \sim 2.5$ 之间选取，常取 2。当 α 与 β 取用其他值时，可用插入法求系数或用上述所给公式计算系数。当板的四周与梁整体连接，计算出的弯矩值可按规定予以折减。计算弯矩时要注意：

当跨中钢筋在支座处不减少时以及当跨中钢筋的有效面积在距支座 $l_1/4$ 范围内减少 50% 时，弯矩 M_1 分别按下两式计算：

$$M_1 = \begin{cases} \zeta q l_1^2 & \text{（支座处钢筋不减少时）} \\ C\zeta q l_1^2 & \text{（支座处钢筋减少时）} \end{cases} \tag{2-25}$$

系数 C 为跨中钢筋在支座处减少时与不减少时极限内力距的比值。由于考虑塑性铰线位置变动时 C 值的求解相当复杂，故近似地按斜塑性铰线与板边的交角恒为 $45°$ 计算，从

而得系数 C 的计算公式。

最后有：

$$\begin{cases} M_{\mathrm{I}} = \beta_1 M_1, \quad M'_{\mathrm{I}} = \beta'_1 M_1, \quad M_2 = \alpha M_1 \\ M_{\mathrm{II}} = \beta_2 M_2 = \beta_2 \alpha M_1, \quad M'_{\mathrm{II}} = \beta'_2 M_2 = \beta'_2 \alpha M_1 \end{cases} \tag{2-26}$$

【例 2-2】　如图 2-38 所示三边固支、一边简支的钢筋混凝土矩形板，承受均布荷载 $g = 3.0 \mathrm{kN/m^2}$，可变荷载 $q = 9.0 \mathrm{kN/m^2}$。求各塑性铰线单位长度的弯矩。

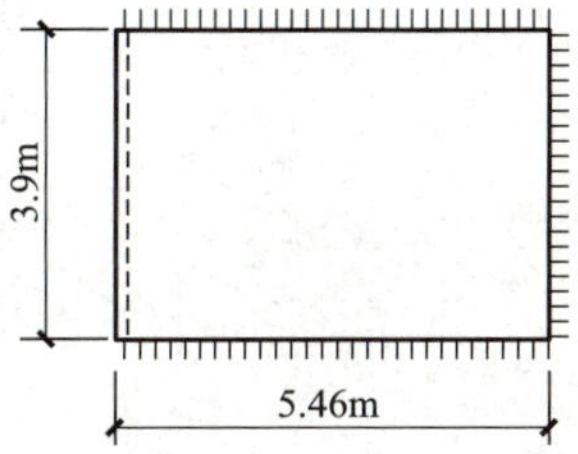

图 2-38　例 2-2 附图

【解】　该板一边简支，有 $\beta_2 = 0.0$，取 $\beta_1 = \beta'_1 = 1.6$、$\beta'_2 = 1.2$、$\alpha = M_2/M_1 = 0.7$

$$\lambda = \frac{l_2}{l_1} = \frac{5.46}{3.9} = 1.4$$

查附录 6 有 $\xi = 0.0284$

则 $M_1 = \xi q l_1^2 = 0.0284 \times 9.0 \times 3.9^2 = 3.89 \mathrm{kN \cdot m/m}$

$\quad M_2 = \alpha M_1 = 0.7 \times 3.89 = 2.72 \mathrm{kN \cdot m/m}$

$\quad M_{\mathrm{I}} = \beta_1 M_1 = 1.6 \times 3.89 = 6.22 \mathrm{kN \cdot m/m}$

$\quad M'_{\mathrm{I}} = \beta'_1 M_1 = 1.6 \times 3.89 = 6.22 \mathrm{kN \cdot m/m}$

$\quad M_{\mathrm{II}} = \beta_2 M_2 = 0.0$

$\quad M'_{\mathrm{II}} = \beta'_2 M_2 = 1.2 \times 2.72 = 3.26 \mathrm{kN \cdot m/m}$

（3）简单板带法计算四边支承弹塑性板

对于承受均布荷载作用的矩形板，扭矩很小可略去不计，则板面单位面积微元体的平衡方程可写成

$$\frac{\partial^2 m_{\mathrm{x}}}{\partial x^2} + \frac{\partial^2 m_{\mathrm{y}}}{\partial y^2} = -p \tag{2-27}$$

上式可分解为两部分，即

$$\left. \begin{array}{l} \dfrac{\partial^2 m_{\mathrm{x}}}{\partial x^2} = -p_{\mathrm{x}}, \quad \dfrac{\partial^2 m_{\mathrm{y}}}{\partial y^2} = -p_{\mathrm{y}} \\ p_{\mathrm{x}} + p_{\mathrm{y}} = p \end{array} \right\} \tag{2-28}$$

上式的含义是将板面荷载 p 沿 x 和 y 方向分解为 p_{x} 和 p_{y} 两部分；同时将板拆分为 x 和 y 两方向的板带，p_{x} 分布于 x 方向板带上，p_{y} 分布于 y 方向板带上，两方向的板带均分别按单向板计算。荷载的分向传递，原则上可以是任意的，本质上是假定内力场分布：如令 $p_{\mathrm{x}} = \gamma p$，则 $p_{\mathrm{y}} = (1 - \gamma) p$，其中 γ 值可由设计者选择，其值在 $0 \sim 1$ 之间，$\gamma = 1$ 表示全部荷载由 x 方向的板带承担，如果 $\gamma = 0$ 则全部荷载由 y 方向的板带承担。

图 2-39 为承受均布荷载的四边简支矩形板。从受力及经济角度考虑，可将板分成图示若干板带，并按图示方法将荷载往支承边传递。其板面荷载传递规律为：板中部荷载沿短跨方向传递；靠近支承边的荷载沿垂直于支承边的方向传递。板带 1 按承受全部荷载的单向简支板计算弯矩和配筋，计算简单；但板带 2 和板带 3 承受线性变化的局部荷载，其各处的弯矩和配筋也是变化的，其计算和施工均较复杂。

为了便于计算和施工，可按图 2-40 所示方法进行板带划分。即 x 方向分成宽度为 $l_y - 2c$ 和 c 两种板带，其对应板带上的荷载和弯矩分布情况如板带 1 和板带 2 所示；y 方向分

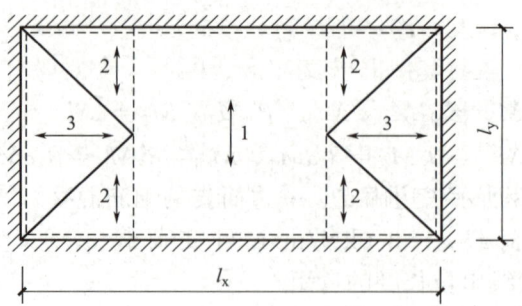

图 2-39　四边简支矩形板的条带划分

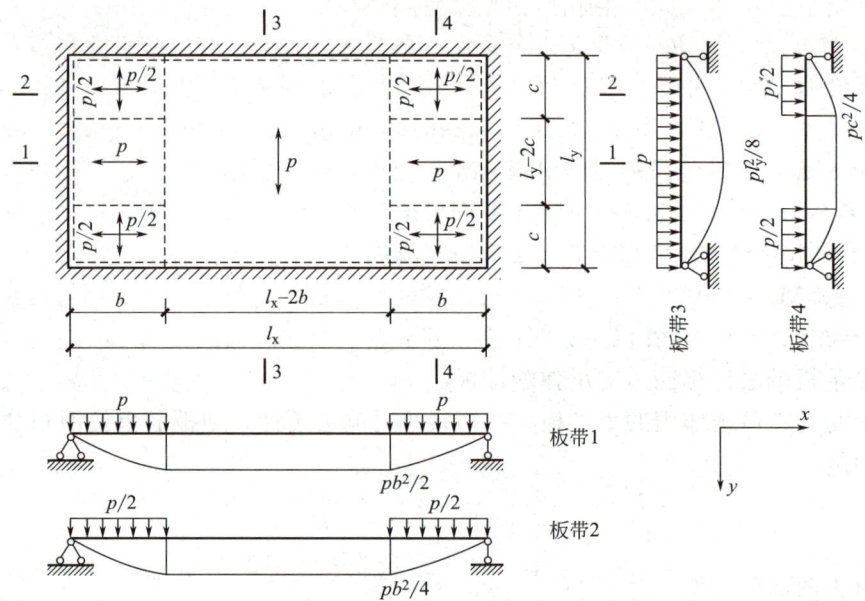

图 2-40　板带法的实用板带划分方法划分

成宽度为 $l_x - 2b$ 和 b 两种板带（b 和 c 一般可取为 $l_y/4$），其对应板带上的荷载和弯矩分布情况如板带 3 和板带 4 所示。每个方向的每种板带，均按单向板计算弯矩和配筋。这种板带划分方法，中间板带配筋较多，边缘板带配筋较少，其计算合理，施工方便。

固定边界的四边支承矩形板，其板带划分与四边简支板相同。此时各板带为超静定单向板，可选取支座处弯矩与跨中弯矩的比值 β（β 一般取 $1.5 \sim 2.0$），然后根据平衡条件计算各截面弯矩，绘制弯矩图，并计算配筋。

2.2.3　双向板截面设计与构造要求

双向板设计程序与单向板基本相同，此处不再赘述。下面对双向板设计要注意的一些问题加以说明。

1. 双向板内力计算

按弹性理论计算多跨连续双向板时，为方便利用单跨双向内力系数表格，计算板跨中截面最大弯矩时，活荷载最不利布置应按棋盘形布置，且活荷载应拆分成满布与相邻区格反对称布置两种形式，二者分别对应按照四边固支与四边简支单跨双向板查用内力系数（边角跨按实际支承情况考虑）。最后，将这两种荷载作用下的跨中弯矩叠加，即求得该区格的跨中最大正弯矩。计算板支座截面最大弯矩时，活荷载按满布形式布置，按四边简支单跨双向板查用内力系数（边角跨按实际支承情况考虑）。

按塑性理论计算多跨连续双向板时，对于内部双向板格可以按四边固支单跨板计算，而边角区格按实际支承情况的单跨板计算；对于整个双向板楼盖板格的计算顺序，可以先从中央区格开始（板区格荷载直接取为 $p=g+q$，g、q 分别为恒荷载和活荷载，再选定 β 各值），求出该区格板的跨中及支座弯矩，然后将支座弯矩值作为相邻区格板的共界弯矩值，依次向外计算各区格板，直至楼盖的边、角区格板。

2. 双向板配筋计算要点

（1）由于双向板下部受力钢筋纵横叠置，故计算时在两个方向应分别采用各自的截面有效高度，双向板若短跨方向跨中截面的有效高度为 h_{01}，则长跨方向截面的有效高度 $h_{02}=h_{01}-d$，d 为板中受力钢筋直径，若两向钢筋直径不同时，取其平均值。也可以按下式近似计算：

$$\begin{cases} 短跨方向：h_{01}=h-20\mathrm{mm} \\ 长跨方向：h_{02}=h-30\mathrm{mm} \end{cases}$$

（2）若板与支座为整体连接并按弹性理论方法计算双向板内力时，应采用支座边缘处的弯矩值为计算弯矩，参照式（2-11）。

（3）对于四边与梁整体连接的板，不论按何种方法分析内力，均应考虑周边支承梁对板产生水平推力的有利影响，因此，设计时应将计算所得弯矩值根据下列情况予以减少。对中间跨的跨中截面及中间支座截面减少 20%；对边跨的跨中截面及楼板边缘算起的第二支座截面：当 $l_{02}/l_{01}<1.5$ 时，减少 20%，当 $1.5 \leqslant l_{02}/l_{01} \leqslant 2$ 时，减少 10%（l_{01} 为垂直于楼板边缘方向的计算跨度，l_{02} 为沿楼板边缘方向的计算跨度）；对于楼板的角区格不应减少。

3. 构造要求

按刚度要求，简支双向板的厚度应不小于 $l_0/45$，连续双向板不应小于 $l_0/50$，l_0 为短边的计算跨度。实际工程中，双向板的板厚一般为 80～160mm，任何情况下均不应小于为 80mm。

双向板跨中两个方向的钢筋都是受力钢筋。由于短跨方向的弯矩大于长跨方向，为使板的短边有较大的受弯承载力，应将沿短跨方向的跨中钢筋放在外侧，沿长跨方向的跨中钢筋放在内侧。

当采用弹性理论方法计算时，按跨中弯矩所求得的钢筋数量为板宽中部所需的量，而靠近板的两边，其弯矩已减少，所以配筋也应减少。因此，当 $l_1 \geqslant 2500\mathrm{mm}$（$l_1$ 为短边跨度）时，可分板带配筋，即将整块板按纵横两个方向划分成两个各宽 $l_1/4$ 的边板带和一个中间板带。中间板带内按跨中最大弯矩配筋，边板带的配筋量为相应中间板带的 1/2（图 2-41）。连续板支座上的配筋则按支座最大负弯矩求得，沿整个支座均匀布置，不在边带中减少。当 $l_1<2500\mathrm{mm}$ 时，则不分板带，支座及跨中全部按计算弯矩均匀配筋。

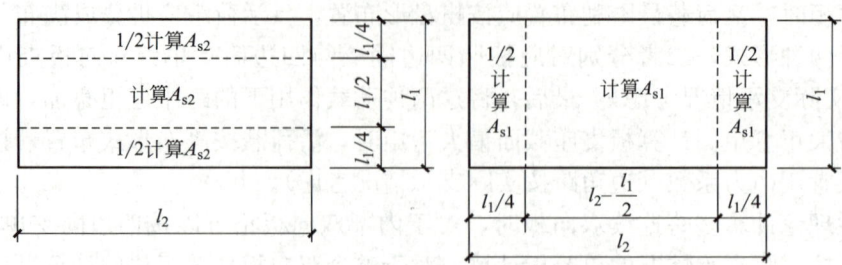

图 2-41　双向板的分板带配筋示意

按塑性理论计算时，为了施工方便，跨中及支座钢筋一般采用均匀配置而不分带。与单向板一样，双向板的配筋形式也有弯起式和分离式两种，常用分离式（图 2-42）。可将跨中钢筋弯起 $1/3 \sim 1/2$（上弯点距支座边为 $l_1/6$），对于简支的双向板，考虑到支座实际上有部分嵌固作用，可将跨中钢筋弯起 $1/3 \sim 1/2$（上弯点距支座边为 $l/10$）；对于两端完全嵌固的双向板以及连续的双向板，可将跨中钢筋弯起 $1/3 \sim 1/2$（上弯点距支座边为 $l_1/6$），以抵抗支座的负弯矩，不足时可再增设直钢筋，如图 2-42 所示。

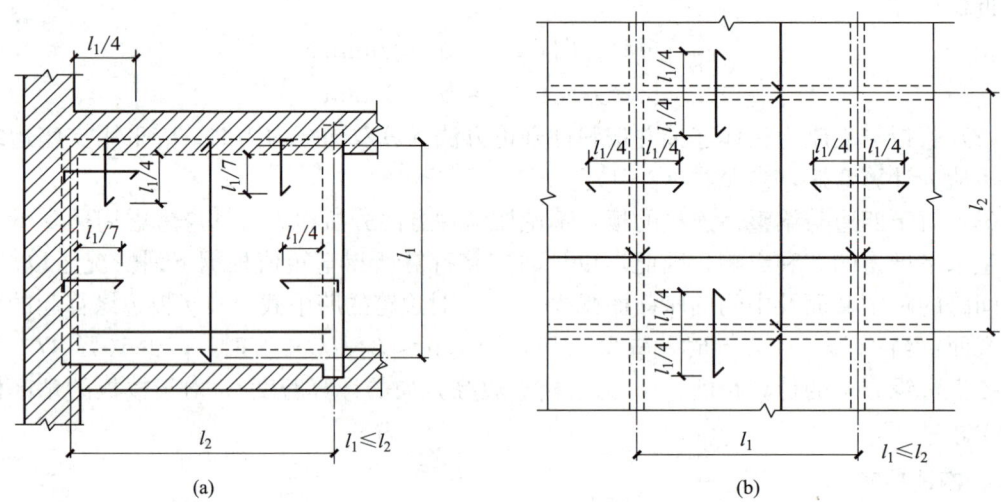

图 2-42　双向板的配筋构造示意图
(a) 单跨双向板分离式配筋；(b) 多跨连续双向板分离式配筋

当双向板与混凝土梁、墙整体浇筑或嵌固在承重墙内时，其板面构造钢筋做法同单向板。

任务小结

1. 在荷载作用下，如果板是双向受力弯曲，称为双向板；设计中可按板的四边支承情况和板的两个方向的跨度比值来判别是否为双向板。

2. 双向板可按弹性理论和塑性理论计算内力。弹性方法是以弹性薄板小挠度理论作为计算依据；按塑性理论计算时，可用极限平衡法、板带法；前者先假定塑性铰线分布，然后由功能方程求出极限荷载，后者仅满足极限条件及平衡条件，先假定内力场分布，然后分别取板带在相应荷载下列出平衡方程，本质上是属于选取板的弯矩方程。

3. 双向板弹性理论及塑性理论计算，均可利用《建筑结构静力计算手册》查取内力系数。

思考题

1. 四边支承双向板的受力特点是什么？
2. 按弹性理论计算方法，单跨双向板有哪几种常见的四边支承情况？其内力怎么计算？
3. 怎么利用单区格双向板的弹性弯矩系数计算连续双向板的跨中及支座最大弯矩？
4. 怎么利用单区格双向板的塑性弯矩系数计算连续双向板的跨中及支座最大弯矩？

任务 2.3　井字楼盖设计

本任务学习井字楼盖的受力特点、设计要点和配筋构造要求。

学习目标

知识目标：

1. 了解井字楼盖的受力特点；
2. 熟悉井字楼盖的设计要点；
3. 熟悉井字楼盖的配筋构造要求。

能力目标：

1. 能理解井字楼盖的受力特点；
2. 能悉知井字楼盖设计的基本要求；
3. 具备井字楼盖设计的初步能力。

育人目标：

1. 培养学生自主思考、独立分析问题与解决问题等实际能力；
2. 培养学生的规范意识。

2.3.1　井字楼盖的受力特点

钢筋混凝土井字楼盖结构是由钢筋混凝土双向板演变而来的一种结构形式，由两个方向截面相同、同位相交、不分主次、双方向形成井字形的结构。井字楼盖四周可以是墙体支承，也可以是主梁支承，特殊情况下亦可以专门设置的非框架大梁为支座支承。

井字梁结构体系与其他结构体系梁比较，有如下特点：（1）各向梁同时工作，共同承担和分配楼面荷载，具有良好的空间整体性能；（2）比一般梁板结构具有较大的跨高比，对于高度受限制且又需要大跨度的建筑，具有广泛的适用性；（3）由于减少了结构的高度和自重，井字梁截面也小于一般梁板结构中的主次梁，具有显著的经济效益；（4）能够提供整体美观的效应。

小问题

条件相同的情况下，分别采用井字楼盖与肋形楼盖，谁的层高更大，谁的经济性更好，为什么？

2.3.2　井字楼盖的设计要点

1. 井字梁结构一般构造要求

（1）井字楼盖的平面尺寸

采用井字楼盖的平面结构跨度宜为 8～24m，且两向跨度应相等或相近，井字楼盖两个方向的跨度如果不等，则一般需控制其长短跨度比不能过大。长短跨跨度之比最好为 $L_1/L_2 \leqslant 1.5$，如果 $1.5 < L_1/L_2 \leqslant 2$，则宜在长向跨度中部设大梁而形成两个井字梁体系，或采用斜交网格的井字梁体系。

（2）井字梁梁格尺寸

两个方向井字梁的间距可以相等，也可以不相等，一般要求两个方向的梁间距之比 $a/b = 0.6～1.6$，实际设计中应综合考虑建筑和结构受力要求，最好使 $a/b = 1$，或按井字梁计算图表中的比值来确定。井字梁的梁格间距一般控制在 2～3m 较为经济，但不宜超过 3.3m。

（3）井字梁结构的截面尺寸要求

井字梁截面高度的取值以刚度控制为主，除考虑楼盖的短向跨度和计算荷载大小外，还应考虑其周边支承梁抗扭刚度的影响。横纵两个方向的井字梁高度 h 值应相等，梁高 h 值的大小，可根据荷载设计值的大小和跨度长短来确定：当荷载设计值 $q \geqslant 10\text{kN/m}^2$ 时，取长跨 l 值；当荷载设计值 $q < 10\text{kN/m}^2$ 时，取短跨 l 值。见表 2-8。

井字梁高度　　　　　　　　　　　　　　　　　表 2-8

序号	梁距离（m）	正交井字梁梁高 h 值	斜交井字梁梁高 h 值
1	2	$l/18$	$l/20$
2	3	$l/17$	$l/19$
3	>3	$l/16$	$l/18$

井字梁和边梁的节点宜采用铰接节点，但边梁的刚度仍要足够大，并采取相应的构造

措施；若采用刚接节点，边梁需进行抗扭强度和刚度计算；边梁的截面高度大于或等于井字梁的截面高度，并最好大于井字梁高度的20%～30%；对于边梁截面高度的选取，应按单跨梁的规定执行，一般可取$h=L/12～L/8$（L为边梁跨度）。

梁截面宽度取值与普通梁相同，但因井字梁间距不大，故其剪力一般不会太大，这就为减小梁截面宽度创造了条件。梁格越小，则梁的侧向约束作用就越大，相应的井字梁截面宽度就可较小；反之梁格越大，则梁的侧向约束作用就越小，井字梁的截面宽度就应适当增大。通常梁宽取梁高的1/4～1/3，但梁宽不宜小于120mm。

井字梁现浇楼板按双向板计算，假定双向板支承在固定支座上，双向板的最小厚度为80mm，且应大于或等于板短跨边长的1/45（单跨板）或1/50（多跨板）。

2. 井字梁结构布置方式

井字梁结构的布置方式一般有以下几种：

（1）正向网格梁。正向网格梁的方向与屋盖或楼板矩形平面两边相平行，宜用于长短边之比不大于1.5的平面，且长短边尺寸越接近越好。

（2）斜向网格梁。当屋盖或楼盖矩形平面长边与短边之比大于1.5时，为提高各项梁承受荷载的效率，应将井式梁斜向布置。该布置的结构平面中部双向梁均为等长度等效率，与矩形平面的长度无关。当斜向网格梁用于长边与短边尺寸较接近的情况，平面四角的梁短而刚度大，对长梁起到弹性支承的作用，有利于长边受力。为构造及计算方便，斜向梁的布置应与矩形平面的纵横轴对称，两向梁的交角可以是正交也可以是斜交。此外斜向矩形网格对不规则平面也有较大的适应性。

（3）三向网格梁。当楼盖或屋盖的平面为三角形或六边形时，可采用三向网格梁。这种布置方式具有空间作用好、刚度大、受力合理、可减小结构高度等优点。

（4）设内柱的网格梁当楼盖或屋盖采用设内柱的井式梁时，一般情况沿柱网双向布置主梁，再在主梁网格内布置次梁，主次梁高度可以相等也可以不等。

（5）有外伸悬挑的网格梁。单跨简支或多跨连续的井式梁板有时可采用有外伸悬挑的网格梁。这种布置方式可减少网格梁的跨中弯矩和挠度。

 **典型案例**

井字楼盖典型案例

浙江省千岛湖某商业综合楼，地面以上16层，地下车库1层，裙房3层为大型超市，4层为餐厅，并配有可容纳300人的多功能厅，多功能厅面积450m²。为满足多功能厅大空间的要求，原1～3层②和③轴线与Ⓑ轴线相交处的2根柱子在4层取消，形成17.1m×26.3m的大空间。考虑到井式楼盖梁格有双向受力的特点，可降低梁高且造型美观，该大空间结构决定采用钢筋混凝土井字楼盖。

由于该楼盖平面跨度较大，超过了井式楼盖的适宜跨度15m，平面长宽比1.54，介于1.5和2.0之间，若按正交正放的梁格布置形式，会使纵横向梁相互协同工作能力及空间整体受力性能下降，因此考虑正交斜放梁格布置形式（图2-43）。采用该种交叉梁系布置方案，空间整体性好，各梁间协调，且超静定次数更多，增加了楼盖的可靠性；计算配筋结果均匀，具有较好的经济性，且施工质量容易保证。

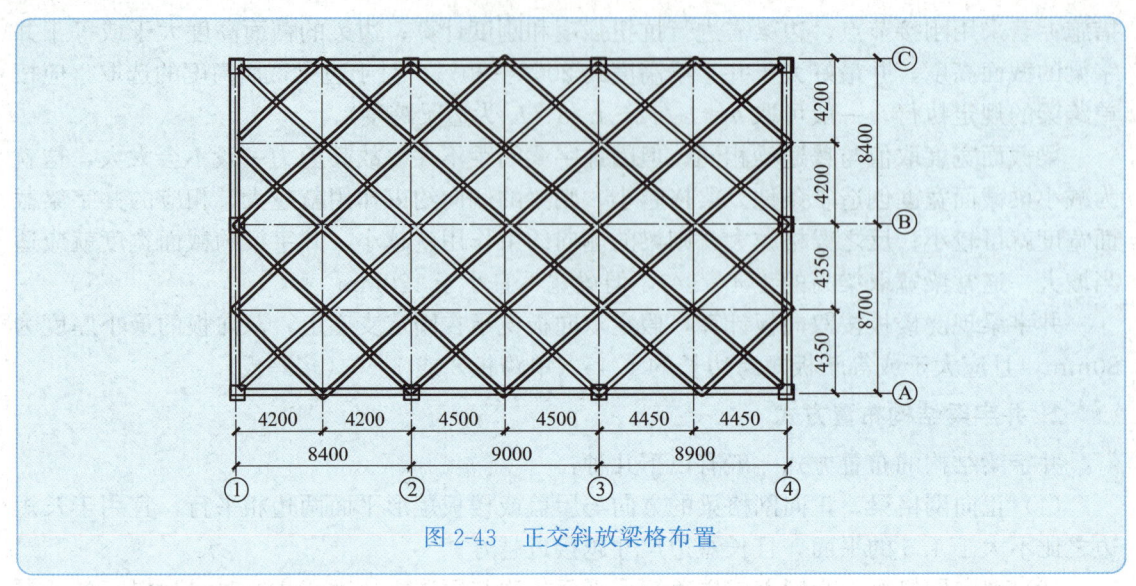

图 2-43　正交斜放梁格布置

3. 井字楼盖结构的内力分析

井字楼盖属高次超静定结构，根据梁间距大小而采用不同方法进行计算。当梁间距不大于 1.25m 时，可近似地按双向板计算，将梁混凝土折算成板的厚度，井字梁现浇楼板按双向板计算，不考虑井字梁的变形，即假定双向板支承在不动支座上，具体计算可参考前述双向板的计算方法。

当梁间距大于 1.25m 时，则应按井字梁计算。井字梁的内力计算时，一般不考虑剪力和扭矩的作用，同时认为两个方向的梁刚度相等。在实际工程设计中，利用《建筑结构静力计算实用手册》查用相关计算图表，即可求出井字梁的最大弯矩、剪力和挠度。

4. 井字梁与柱的关系

（1）通过调整井字梁间距，井字梁与柱子采取"避"的方式（图 2-44a、b），这样可避免井字梁与柱子相连处，井字梁支座超筋的问题；另外，可避免梁柱节点处，因两者刚度相差悬殊而成为薄弱点以致首先破坏；此外，因井字梁避开了柱位，靠近柱位的区格板应另作加强处理。

当建筑平面纵向较长而横向只有两跨（图 2-44c），若采用图 2-44（a）、（b）所示的方案，则轴线④上的两根柱子缺乏可靠的横向侧移支承，则可将图 2-44（c）中的 JZL-1 与柱相连接，只增大 JZL-1 宽度或高度，纵向井字梁设置仍可采用"避"的方式。

（2）将与柱相连的井字梁设计成大井字梁，其余小井字梁套在其中，形成大小井字梁相嵌套的结构形式，楼面荷载先从小井字梁传至大井字梁再到柱，此即为井字梁与柱子采取"抗"的方式（图 2-44d）。

2.3.3　井字楼盖的配筋构造

井字梁的配筋要求与普通梁基本相同，在设计需注意以下几点：

1. 在两个方向梁交点的格点处，短跨方向梁下纵向受拉钢筋应放在长跨向梁下纵向

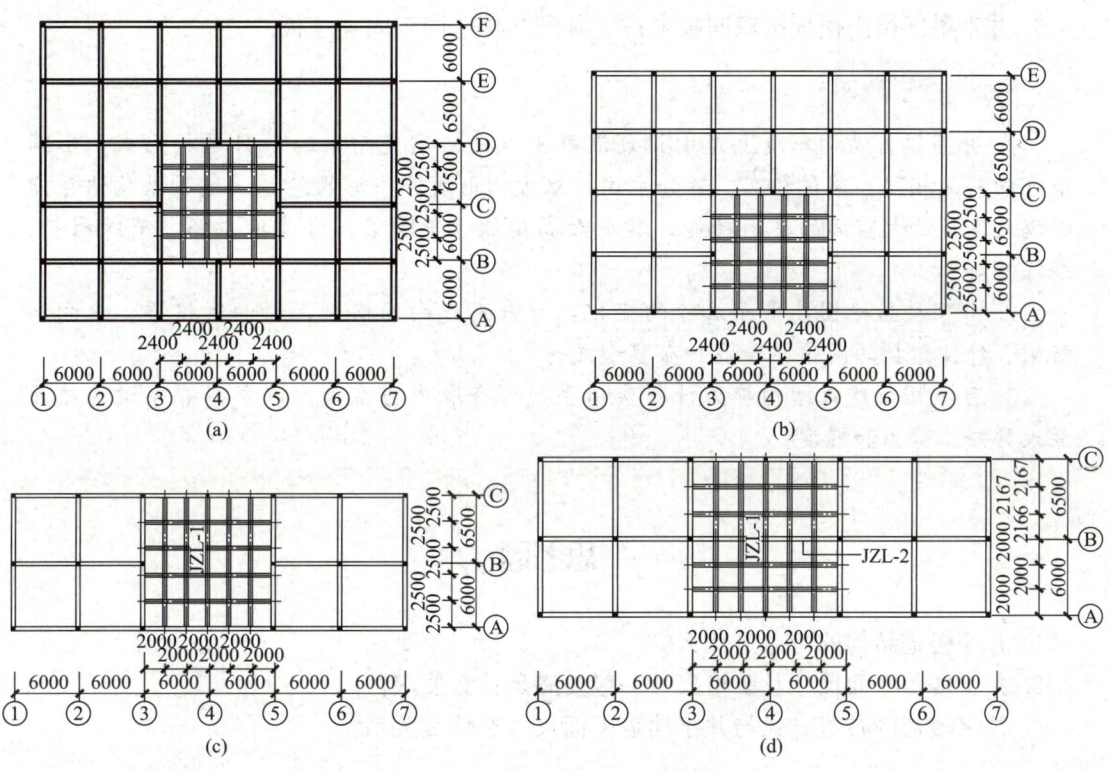

图 2-44　井字梁与柱的关系示意图

(a) 梁、柱采用"避"的方式（一）；(b) 梁、柱采用"避"的方式（二）；
(c) 梁、柱采用"避"的方式（三）；(d) 梁、柱采用"抗"的方式

受拉钢筋的下面，与双向板的配筋方向相同。

2. 两个方向梁交点的格点应看作梁的弹性支座而非一般支座，故布筋时梁下纵向受拉钢筋不能在格点处断开，而应直通至井字梁各自端支座。当钢筋长度不足时，必须采用焊接，其质量必须符合有关规范要求。

3. 由于两个方向的梁并非主、次梁结构，梁格点处不必设附加横向钢筋，但在格点处两方向的梁上则应配适量的构造负筋，且不宜少于 $2\phi12$，以承受在荷载不均匀分布时可能产生的负弯矩，这种负钢筋一般相当于其下部纵向受拉钢筋的 1/5～1/4。

4. 两个方向梁交点的格点不能看成是梁的一般支座，而是梁的弹性支座，梁只有在两端支承处的两个支座；当箍筋不能满足端部剪力的要求时，将端部最大剪力值减去箍筋承担的剪力，余下的剪力采用增加弯起鸭筋来解决，由端部支座内边到第一排钢筋弯起点的距离不应小于 50mm（图 2-45）。

5. 在节点两边，支撑边梁要增设附加吊筋或吊箍，将交叉梁的全部支座反力传到边梁的受压区；在楼面梁端部（一倍梁高的范围）需加密箍筋，且不少于 $\phi8@100$。

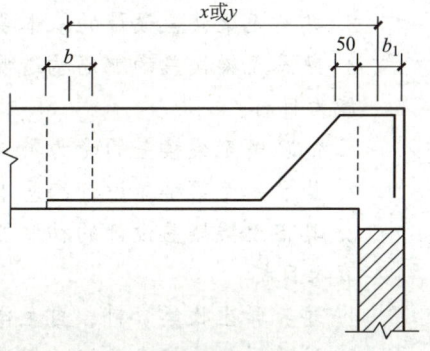

图 2-45　井字梁端部支座鸭筋示意

6. 井字梁区格内楼板按双向板考虑，其配筋构造同双向连续板。

任务小结

1. 井字楼盖结构本质上是由钢筋混凝土双向板演变而来的一种结构形式，由两个方向截面相同、同位相交、不分主次、双方向形成井字形的结构。这种结构体系能够满足建筑物大空间的使用功能，其截面高度低于单跨梁，可降低层高、节约材料，经济性好。

2. 井字楼盖根据其平面尺寸的变化，可采用正向网格梁、斜向网格梁、三向网格梁、外伸悬挑的网格梁等多种布置形式。

3. 可利用《建筑结构静力计算实用手册》查取内力系数，以求得井字梁的截面最大弯矩、剪力和挠度。

思考题

1. 井字楼盖结构的特点是什么？

2. 井字楼盖平面尺寸及梁格尺寸一般要满足什么要求？

3. 井字楼盖的布置方式与井字楼盖平面尺寸有什么关系？

任务 2.4　无梁楼盖设计

任务描述

本任务学习无梁楼盖的受力特点、设计要点和配筋构造要求。

学习目标

知识目标：

1. 了解井无梁楼盖的受力特点；

2. 熟悉无梁楼盖设计的基本要求；

3. 熟悉无梁楼盖的配筋构造要求。

能力目标：

1. 能理解无梁楼盖的受力特点；

2. 能悉知无梁楼盖设计的基本要求；

3. 具备无梁楼盖设计的初步能力。

育人目标：

1. 培养学生收集资料、自主学习的能力；

2. 培养学生的标准意识、规范意识。

相关知识

　　无梁楼盖不设主梁和次梁，钢筋混凝土板直接支承在柱的上端，因而板的厚度比肋形楼盖厚。通常柱的上端与板连接处尺寸加厚，做成柱帽，作为板的支座。无梁楼盖的四周可支承在墙上，或支承在边柱上的圈梁上，或悬臂伸出边柱之外（图 2-46）。无梁楼盖中的柱，其截面形式常为正方形、圆形及正多边形，边柱也可采用矩形，柱网平面尺寸通常宜做成正方形，正方形区格最为经济。

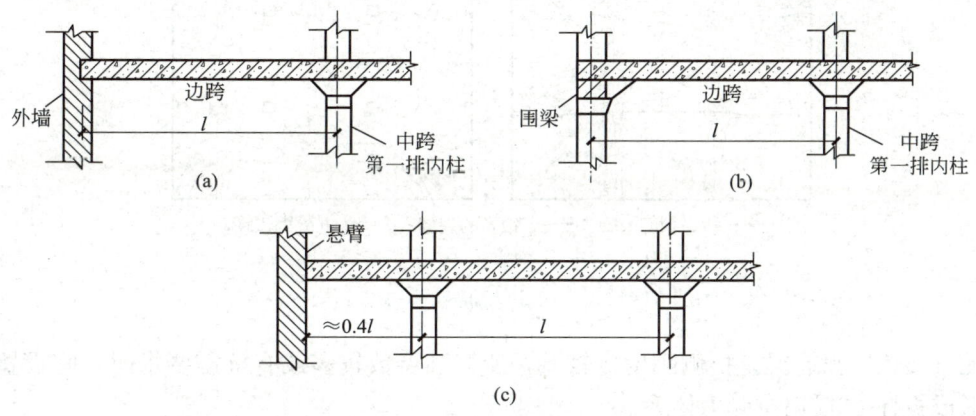

图 2-46　无梁楼盖的支座

2.4.1　无梁楼盖的受力特点

　　无梁楼板是四点支承的双向连续板，根据其受力性能，可将其按图 2-47（a）划分为柱上板带和跨中板带。在均布荷载作用下，在纵横两个方向，不论为柱上板带还是跨中板带，其跨中弯矩均为正弯矩，其支座弯矩均为负弯矩，但柱上板带的支座和跨中弯矩均比跨中板带大，如图 2-47（b）所示。

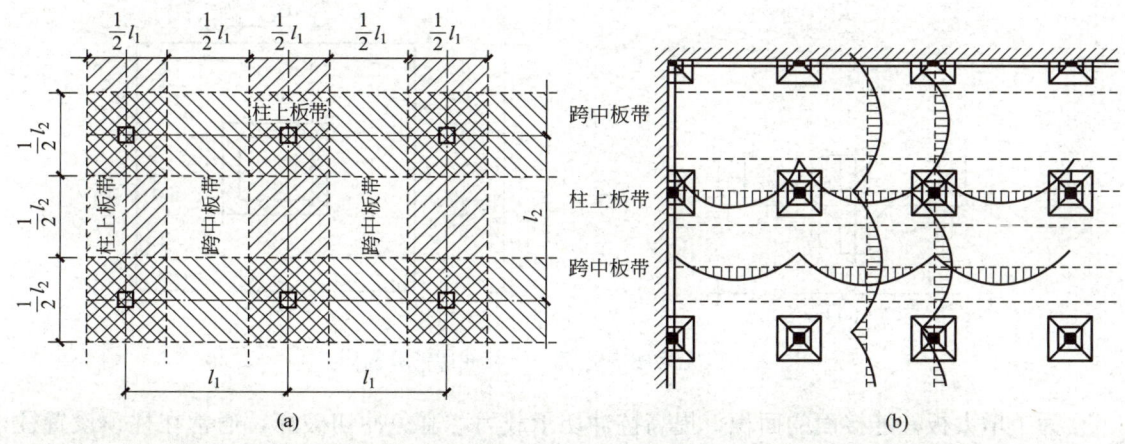

图 2-47　无梁楼板的弯矩分布

（a）板带划分；（b）弯矩分布

在均布荷载作用下，无梁楼板首先在柱帽顶部出现裂缝，随后不断发展，在跨中 1/3 跨度处，相继出现成批的板底裂缝。这些裂缝相互正交，且平行于柱列轴线。即将破坏时，在柱帽顶上和柱列轴线的板面裂缝及跨中的板底裂缝中出现一些特别大的裂缝，在这些裂缝处，纵向受拉钢筋达到屈服，对应的受压区边缘混凝土压应变达到极限压应变，最终导致楼板破坏。破坏时板的裂缝分布如图 2-48 所示。

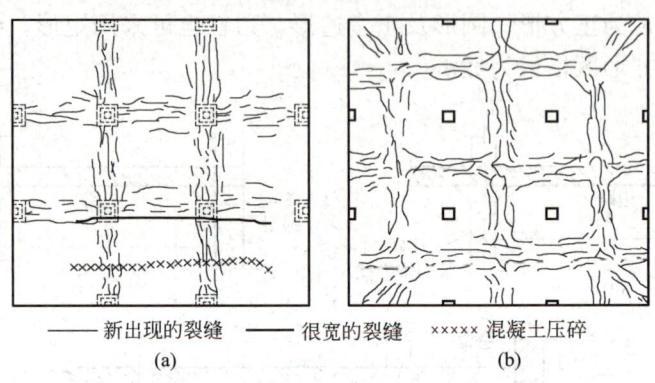

—— 新出现的裂缝　—— 很宽的裂缝　×××× 混凝土压碎

(a)　　　　　　　　　　　(b)

图 2-48　无梁楼板的裂缝分布

无梁楼盖因没有梁，抗侧刚度比较差，所以当层数较多或有抗震要求时，宜设置剪力墙，形成板柱-抗震墙抗侧力体系。

2.4.2　无梁楼盖的设计要点

1. 柱帽设计

在无梁楼盖中，全部楼面荷载是通过板柱连接面上的剪力传递给柱子的。由于板柱连接面的面积不大，而楼面荷载往往很大，无梁楼盖可能因板柱连接面抗剪能力不足而发生破坏，当无柱帽时破坏是沿柱周边产生 45°方向的斜裂缝，板与柱之间发生错位，这种破坏称为冲切破坏。当有柱帽时，则冲切面加大，如图 2-49 所示。

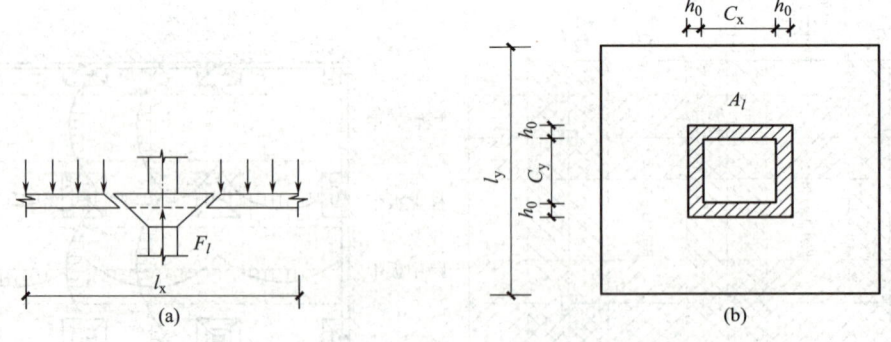

图 2-49　无梁楼盖冲切破坏及冲切计算简图

为了增大板柱连接面的面积，提高抗冲切承载力，避免冲切破坏，通常在柱顶设置柱帽，常用的柱帽有如图 2-50 所示三种形式：图 2-50（a）用于荷载较小的情况；图 2-50（b）用于荷载较大的情况，这种柱帽可使从板到柱的传力过程更为平缓，但施工较麻烦；

图 2-50（c）施工较方便，但受力性能较图 2-50（b）差。

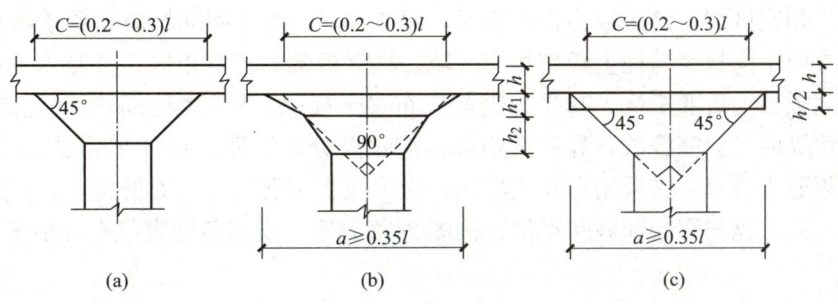

图 2-50　柱帽形式

柱帽形式及尺寸确定之后，应对柱帽进行受冲切承载力验算。

2. 板的厚度要求

无梁楼板通常是等厚度的，板厚非抗震设计不应小于 150mm，抗震设计时不应小于 200mm。板的厚度 h 与区格长边计算跨度 l 的比值为：有柱帽无梁楼板 h/l 不小于 1/35，无柱帽无梁楼板 h/l 不小于 1/30。板的厚度除应满足承载力要求外，还需满足刚度要求，即在荷载作用下的挠度应满足正常使用要求。当板的厚度满足规范要求时，可不做板的挠度验算。

3. 板柱节点尺寸要求

板柱节点可采用带柱帽或托板的结构形式。板柱节点的形状、尺寸应包容 45°的冲切破坏锥体，并应满足受冲切承载力的要求。柱帽的高度不应小于板的厚度 h，托板的厚度不应小于 $h/4$。柱帽或托板在平面两个方向上的尺寸均不宜小于同方向上柱截面宽度 b 与 $4h$ 的和（如图 2-51 所示）。

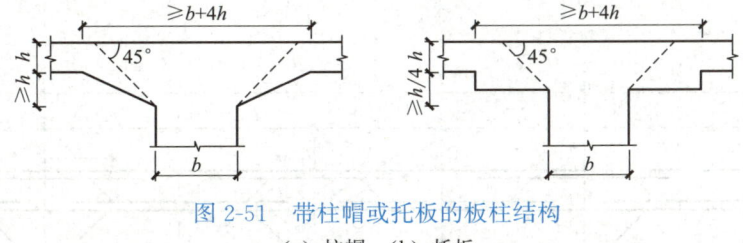

图 2-51　带柱帽或托板的板柱结构

（a）柱帽；（b）托板

4. 截面的弯矩设计值及有效高度

截面设计时，对竖向荷载作用下有柱帽的板，考虑到板的拱作用，除边跨和边支座外，所有截面的计算弯矩值均可降低 20%。板的截面有效高度取值与双向板类似。同一区格板在两个方向同号弯矩作用下，由于两个方向的钢筋叠置在一起，故应分别取各自的截面高度。当为正方形区格板时，可取两个方向截面有效高度的平均值以简化计算。

2.4.3　无梁楼盖的配筋构造

1. 无梁楼板的配筋构造

对于整个无梁楼盖中，板的配筋可按照三种区域进行划分。第一区域：纵、横柱上板带相交区域，此区域为负弯矩区，两个方向的受力钢筋均应布置于板顶。第二区域：纵、横方向的中间板带相交区域，该区域为正弯矩区，两个方向的受力钢筋均应布置于板底。第三区域：纵、横方向中间板带与柱上板带相交区域，柱上板带为正弯矩区，其受力钢筋应布置于板底，而中间板带为负弯矩区，其受力钢筋应布置于板顶。板的配筋采用绑扎式双向配筋。同号弯矩部位纵向受力筋叠放，异号弯矩部位应设置分布钢筋，且分布筋设在受力筋内侧。由于无梁楼板通常较厚，宜采用弯起式配筋，为了减少钢筋类型，方便施工，一般采用一端弯起的配筋方式，钢筋弯起和截断点位置按图 2-52 确定。支座负筋直径不宜小于 12mm。

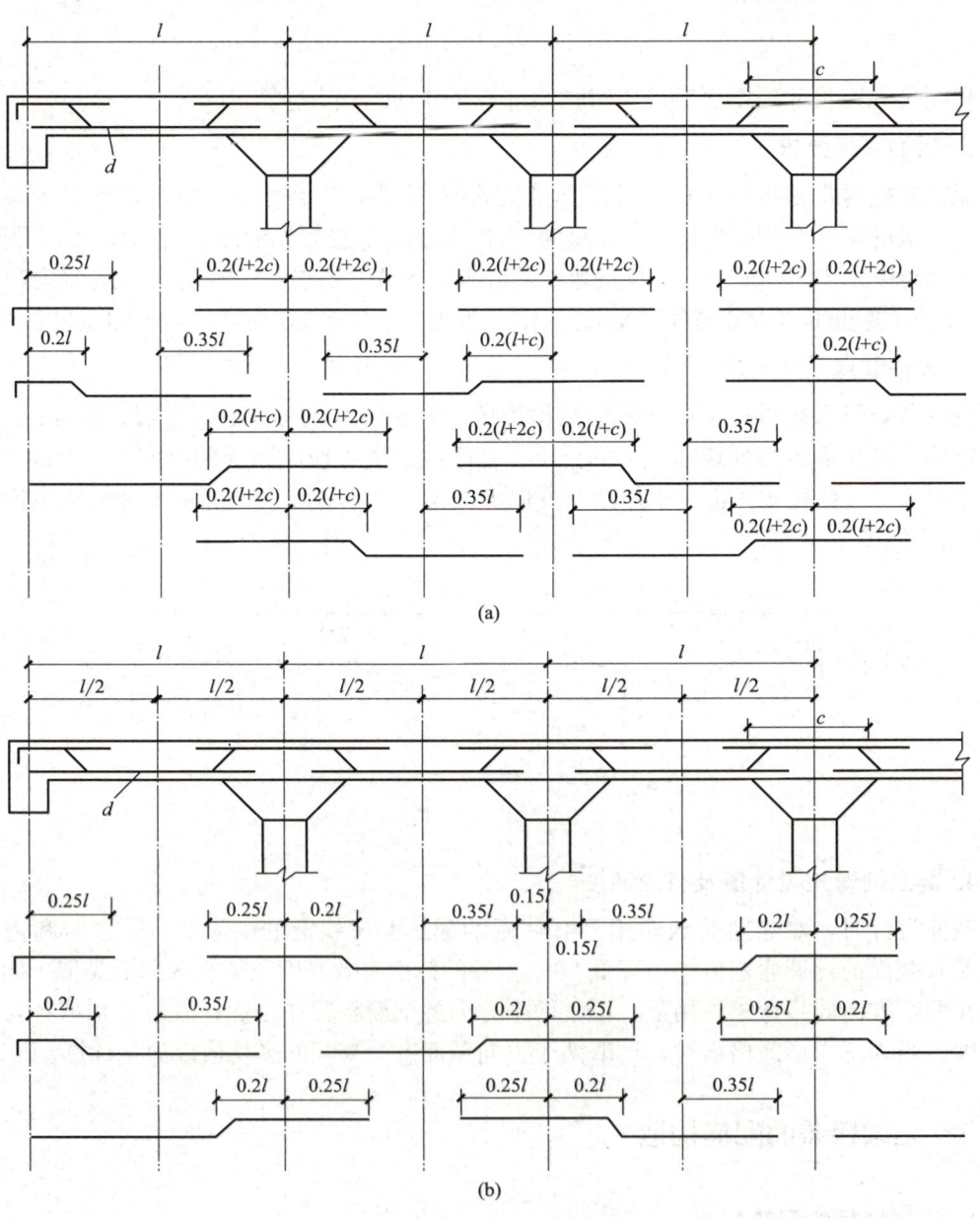

图 2-52 无梁楼板的配筋构造

(a) 柱上板带；(b) 跨中板带

为保证抗冲切承载力，柱顶板应按计算配置箍筋或弯起钢筋作为抗冲切钢筋。配置箍筋作为抗冲切钢筋时，所需的箍筋及相应的架立钢筋应配置在与 45° 冲切破坏锥面相交的范围内，且从集中荷载作用面或柱截面（无柱帽时）边缘向外的分布长度不应小于 $1.5h_0$；箍筋的直径不应小于 $\phi6$，且做成封闭箍，间距不应大于 $h_0/3$，且不应大于 100mm（图 2-53a）；配置弯起筋作为抗冲切钢筋时，弯起角度可根据板的厚度取 30°～45°；弯起钢筋的斜段应与冲切锥形相交，其交点应在集中荷载作用面或柱截面（无柱帽时）边缘以外（1/3～1/2）h 范围内，弯筋每一个方向不宜小于 $3\phi12$（图 2-53b）。

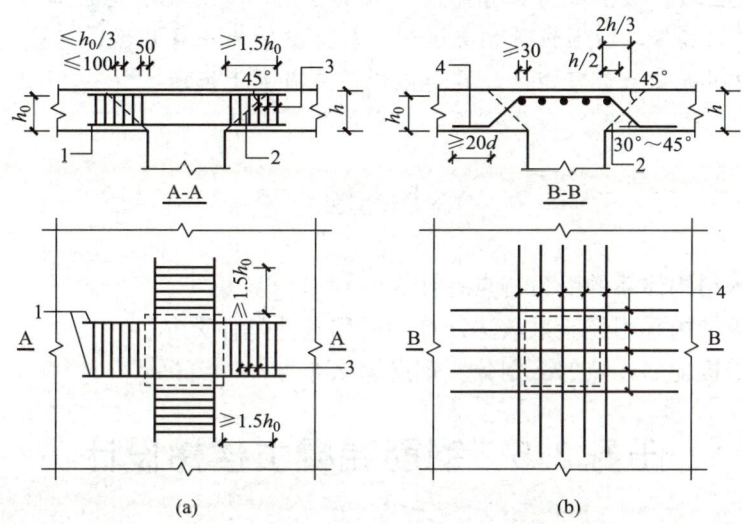

(a)　(b)

图 2-53　柱顶板的抗冲切钢筋

（a）用箍筋作抗冲切钢筋；（b）用弯起钢筋作抗冲切钢筋

1—冲切破坏锥面；2—架立钢筋；3—箍筋；4—弯起钢筋

2. 柱帽的配筋构造

柱帽的配筋形式如图 2-54 所示。

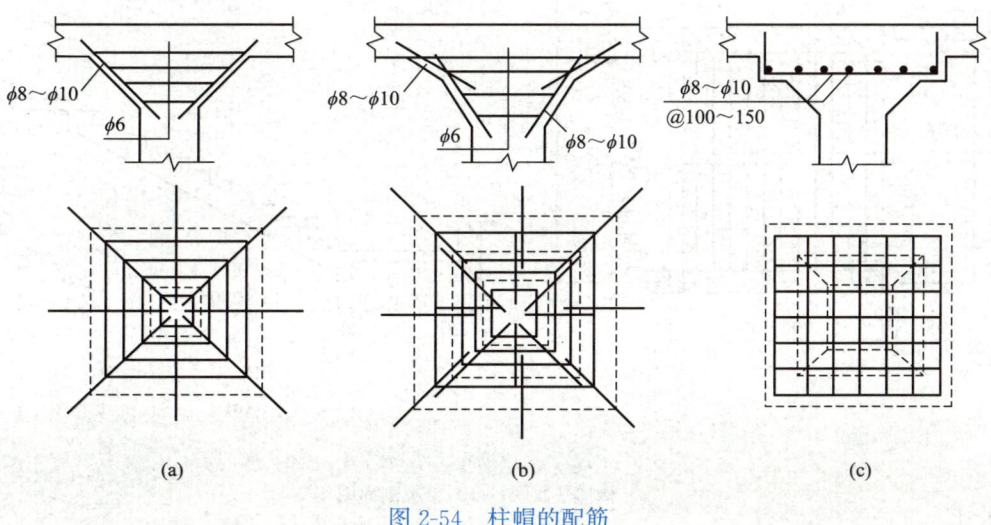

(a)　(b)　(c)

图 2-54　柱帽的配筋

任务小结

1. 无梁楼盖是指柱轴线上没有梁或双向板支承在截面高度相对较小、较柔性的梁上的楼盖结构体系。计算分析时，可将其简化为支撑于柱上的交叉板带体系，目前常采用经验系数法及等效框架进行简化分析计算。

2. 整个无梁楼盖的板可按照三种划分区域进行配筋：（1）纵、横柱上板带相交区域，此区域为负弯矩区，两个方向的受力钢筋均应布置于板顶；（2）纵、横方向的中间板带相交区域，该区域为正弯矩区，两个方向的受力钢筋均应布置于板底；（3）纵、横方向中间板带与柱上板带相交区域，柱上板带为正弯矩区，其受力钢筋应布置于板底，而中间板带为负弯矩区，其受力钢筋应布置于板顶。

思考题

1. 无梁楼盖结构体系的受力特点是什么？
2. 无梁楼盖结构采用经验系数法计算的适用条件是什么？
3. 无梁楼盖板配筋区域怎么划分？钢筋怎么布置？

任务 2.5　钢筋混凝土楼梯设计

任务描述

　　某市城关镇红星幼儿园现浇钢筋混凝土楼梯，楼梯面层为 30mm 厚水磨石地面，底面为 20mm 厚混合砂浆抹灰，采用金属栏杆，楼梯布置见图 2-55。

　　试设计此楼梯。

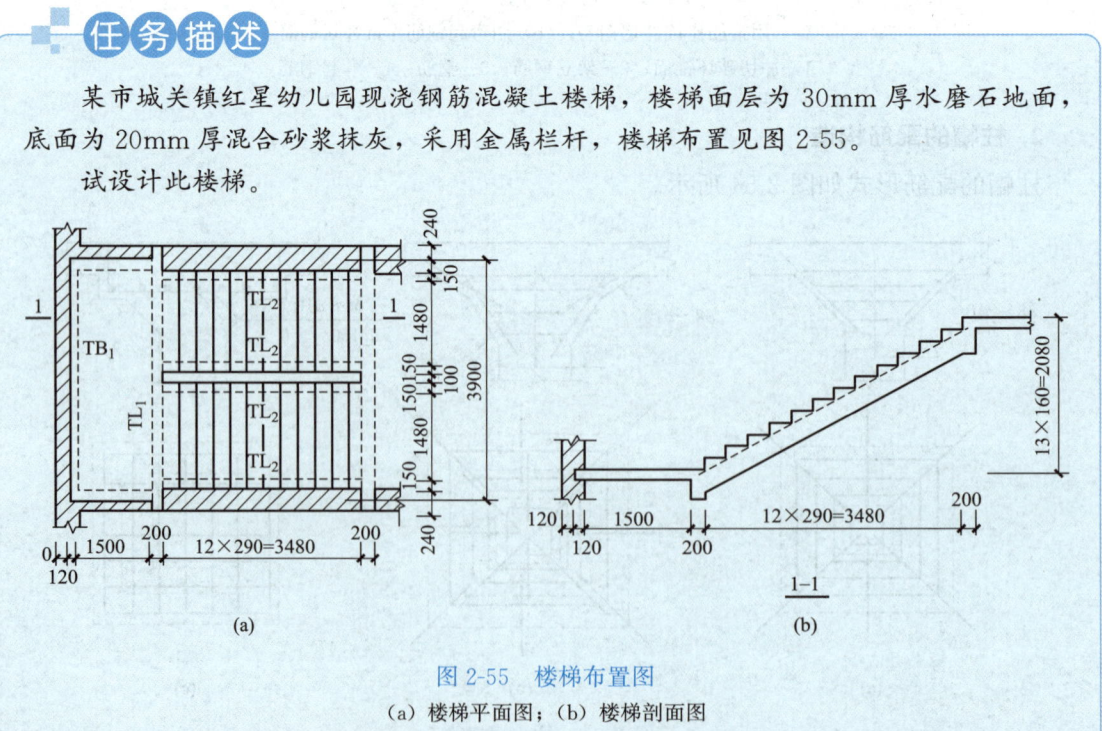

图 2-55　楼梯布置图
（a）楼梯平面图；（b）楼梯剖面图

 学习目标

知识目标：
1. 掌握钢筋混凝土现浇楼梯的设计方法、步骤；
2. 熟悉钢筋混凝土现浇楼梯的构造措施；
3. 熟悉钢筋混凝土楼梯设计计算书的编写要求；
4. 熟悉钢筋混凝土楼梯构件配筋图的图示方法和制图规定。

能力目标：
1. 具有钢筋混凝土现浇楼梯设计的初步能力，包括：设计方案的选择、配筋构造等；
2. 具备设计计算、计算书整理编写、绘制配筋示意图等基本技能；
3. 具备应用力学知识和结构设计基础知识分析问题的能力。

育人目标：
1. 培养学生自主学习的能力；
2. 培养学生团队协作、刻苦钻研的精神；
3. 树立学生严谨务实、遵守规范的意识。

相关知识

楼梯是房屋的竖向通道，一般楼梯由梯段、平台、栏杆（或栏板）几部分组成，由建筑设计来确定其平面布置和梯段踏步尺寸等。

楼梯按所用材料不同可分为木楼梯、钢楼梯和钢筋混凝土楼梯，因承重和防火要求，多采用钢筋混凝土楼梯。楼梯按施工方法的不同可分为现浇整体式楼梯和预制装配式楼梯。按楼梯结构的受力状态不同还可分为梁式、板式、剪刀式及螺旋式楼梯。

1. 梁式楼梯

在楼梯踏步板的侧面（或底面）设置斜梁，即构成梁式楼梯（图 2-56a）。梁式楼梯的踏步板支承在斜梁及墙上，也可在靠墙处加设斜梁，斜梁再支承于平台梁或楼层梁上。踏步板直接支承于楼梯间墙上时，砌墙时需预留槽口，施工不便，且对墙身截面也有削弱，在地震区不宜采用。梁式楼梯荷载的传递途径是：踏步板→斜梁→平台梁（或楼层梁）→楼梯间墙（或柱）。梁式楼梯的特点是受力性能好，当梯段较长时较为经济，但其施工不便。

2. 板式楼梯

板式楼梯一般由梯段斜板、平台及平台板组成，梯段斜板两端支承在平台梁上（图 2-56b）。板式楼梯荷载的传递途径是：梯段斜板→平台梁→楼梯间墙（或柱）。板式楼梯的特点是下表面平整，施工支模方便，当梯段跨度在 3m 以内时，较为经济合理。但其斜板较厚，当跨度较大时，材料用量较多。

3. 剪刀式及螺旋式楼梯

剪刀式及螺旋式楼梯（图 2-56c、d）均属于特种楼梯。其外形轻巧、美观，但受力复

杂，尤其是螺旋式楼梯，施工也比较困难，材料用量多，造价较高。

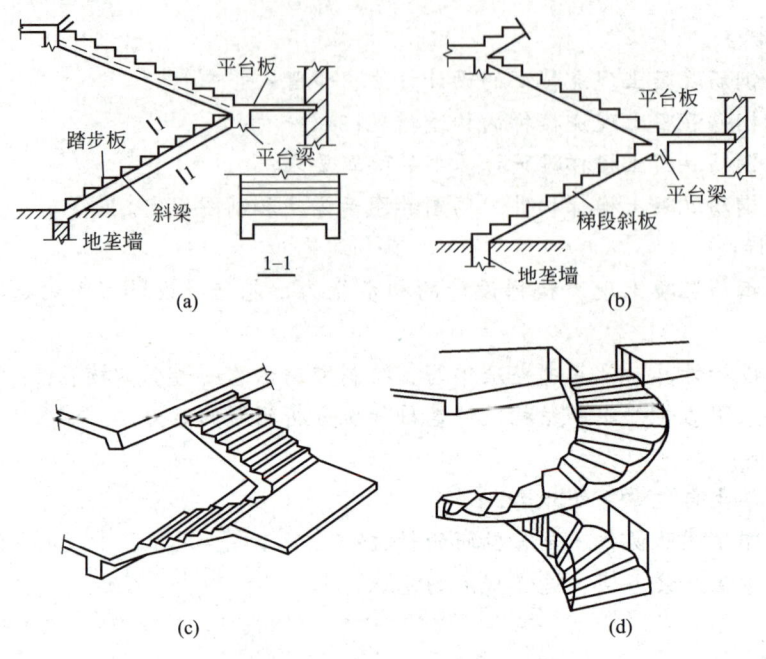

图 2-56　现浇楼梯的常见形式示意图

（a）梁式楼梯；（b）板式楼梯；（c）剪刀式楼梯；（d）螺旋式楼梯

2.5.1　现浇板式楼梯的计算与构造

1. 梯段板

（1）计算要点

1）为保证梯段板具有一定刚度，梯段板的厚度一般可取（1/30～1/25）l_0。（l_0 为梯段板水平方向的跨度），常取 80～120mm。

2）计算梯段板时，可取 1m 宽板带或以整个梯段板作为计算单元。

3）计算简图

梯段板（图 2-57a）在内力计算时，可简化为两端简支的斜板，如图 2-57（b）所示。

4）荷载

包括活荷载、斜板及抹灰层自重、栏杆自重等。其中活荷载及栏杆自重是沿水平方向分布的，而斜板及抹灰层自重则是沿板的倾斜方向分布的，为了使计算方便一般应将其换算成沿水平方向分布的荷载后再行计算。

5）内力计算

如图 2-57（b）所示的简支斜板可化为图 2-57（c）所示的水平板计算，计算跨度按斜板的水平投影长度取值，斜板自重可化作沿斜板的水平投影长度上的均布荷载。简支斜板在竖向均布荷载下（沿水平投影长度）的最大弯矩为

$$M_{\max} = \frac{1}{8}(g+q)l_0^2$$

（2-29）

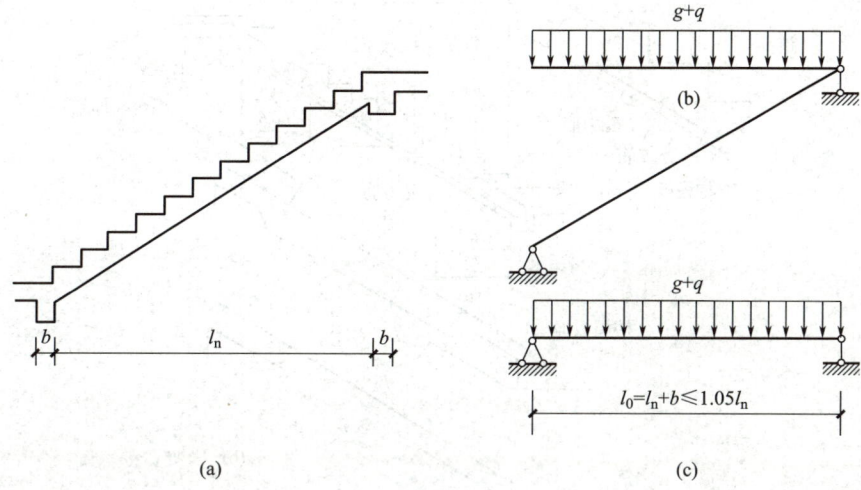

图 2-57　梯段板的内力计算

式中 g、q 分别为作用于梯段板上的沿水平投影方向的永久荷载及可变荷载设计值；l_0 为梯段板计算跨度的水平投影长度。

但在配筋计算时，考虑到平台梁对梯段斜板有弹性约束作用这一有利因素，故计算时取设计弯矩为

$$M = \frac{1}{10}(g+q)l_0^2 \tag{2-30}$$

6）对竖向荷载在梯段板内引起的轴向力，设计时不予考虑。

（2）构造要求

梯段斜板中受力钢筋可采用弯起式或分离式（图 2-58）：前者楼梯整体性好，但施工复杂，后者则反之。考虑斜板支座处有负弯矩作用，斜板上应配置适量承受负弯矩的钢筋，支座截面负筋一般可取与跨中截面相同，距支座边缘距离为 $l_n/4$。采用分离式配筋时，上部负筋单独配置；采用弯起式配筋时，下部纵筋可隔一弯一，其上弯点距支座边缘为 $l_n/6$，若上部纵筋不足，则可由平台板筋伸过来或单独配置短筋补足。斜板分布筋应位于受力钢筋内侧，直径可采用 6mm、8mm，且每个踏步范围内不少于一根。

2. 平台板

（1）计算要点

1）平台板厚度 $h = l_0/35$（l_0 为平台板计算跨度），常取为 60～80mm；平台板一般均为单向板，取 1m 宽板带作为计算单元。

2）当平台板的一边与梁整体连接而另一边支承在墙上时（图 2-59a），板的跨中弯矩应按 $M = \frac{1}{8}(g+q)l_0^2$ 计算，计算跨度可取为 $l_0 = l_n + \frac{h}{2} + \frac{b}{2}$（$b$ 为平台梁宽度）。

3）当平台板的两边均与梁整体连接时，考虑梁对板的弹性约束（图 2-59b），板的跨中弯矩可按 $M = \frac{1}{10}(g+q)l_0^2$ 计算，计算跨度可取为 $l_0 = l_c$（l_c 为平台板支座中心间距）。

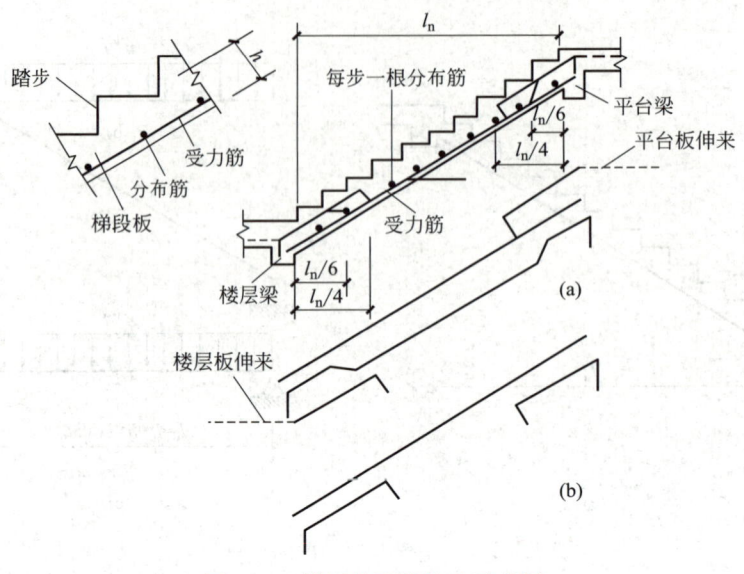

图 2-58　梯板的配筋构造示意图
（a）弯起式；（b）分离式

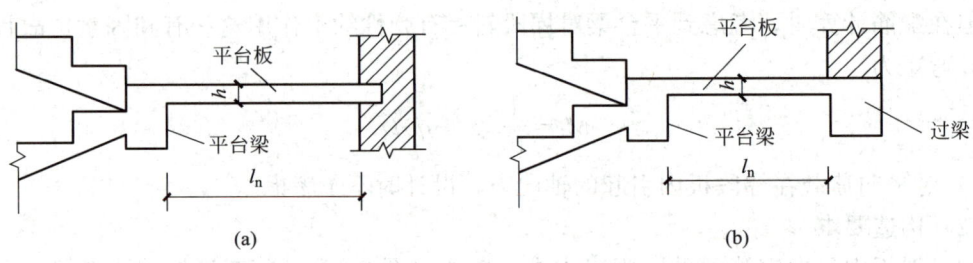

图 2-59　平台板的支承情况

（2）构造要求

在平台板与平台梁或过梁相交处，考虑到支座处有负弯矩作用，应配置承受负弯矩的钢筋。一般可将板的下部纵筋在支座附近弯起一半，也可以单独在板面支座处加短钢筋，其伸出支座边缘 $l_n/4$ 的直钩负筋；弯起钢筋上弯点距支座 $l_n/10$，且 $\geqslant 300\text{mm}$（图 2-60）。

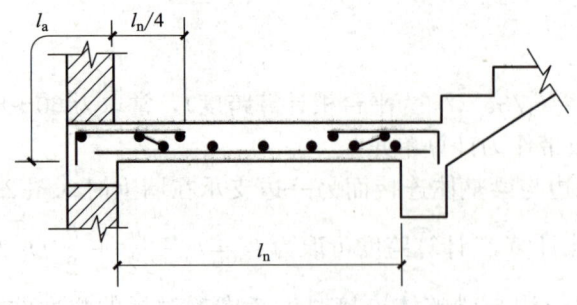

图 2-60　平台板支承及配筋

当平台板的跨度远比梯段板的水平跨度小时，平台板中可能出现负弯矩的情况，此时板中负弯矩钢筋应拉通布置。

3. 平台梁

（1）计算要点

1）平台梁一般按简支梁考虑，其计算简图如图 2-61 所示。

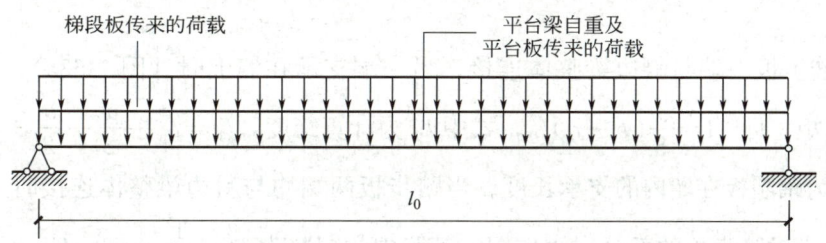

图 2-61 板式楼梯平台梁计算简图

2）平台梁内力计算时，可忽略上下梯段斜板之间的空隙，按荷载满布于全跨的简支梁计算。

3）平台梁的截面高度 $h \geqslant l_0/12$，l_0 为平台梁的计算跨度，$l_0 = l_n + a \leqslant 1.05 l_n$，$l_n$ 为平台梁的净跨，a 为平台梁的支承长度。平台梁与平台板为整体现浇，配筋计算时按倒 L 形截面计算。

（2）构造要求

平台梁的构造要求同一般简支受弯构件。但如果平台梁两侧荷载（梯段斜板传来）不一致而引起扭矩，应酌量增加其配箍量。

2.5.2 现浇梁式楼梯的计算与构造

1. 踏步板

（1）计算要点

1）梁式楼梯的踏步板由三角形踏步和其下的斜板组成。踏步板为一单向板，每个踏步的受力情况相同，计算时可取一个踏步作为计算单元，其截面形式为梯形。计算踏步板正截面受弯承载力时，为简化计算，常可近似地按宽度为 b，高度为折算高度 h 的矩形截面计算（图 2-62）。截面折算高度为：

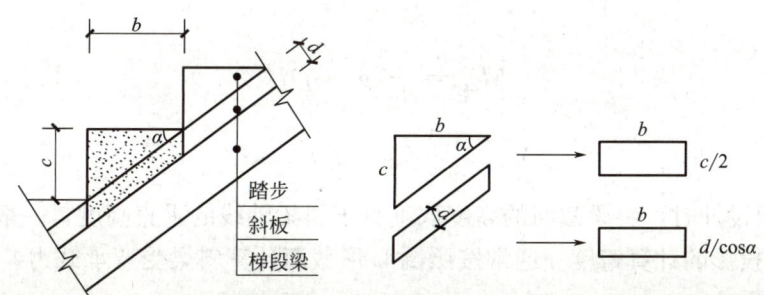

图 2-62 踏步板的截面换算示意图

$$h = \frac{c}{2} + \frac{d}{\cos\alpha} \tag{2-31}$$

式中 c 为踏步高度；d 为斜板厚度。这样，踏步板就可按截面宽度为 b、高度为 h 的矩形板进行内力及配筋计算。这种受弯的假定，同实际受力情况是不一致，但配筋计算结果偏于安全。

2）当踏步板一端与斜边梁整体连接，另一端支承在墙上时（图 2-63a），可按简支板计算跨中弯矩，即 $M = \frac{1}{8}(p+q)l_0^2$，式中 l_0 为计算跨度，$l_0 = l_n + \frac{a}{2} + \frac{b}{2}$，$l_n$ 为踏步板的净跨，a 为踏步板在墙内的支承长度。当踏步板两端均与斜边梁整体连接时（图 2-63b），考虑到斜边梁对踏步板的部分嵌固作用，其跨中弯矩取为 $M = \frac{1}{10}(p+q)l_0^2$，$l_0 = l_n + b$。

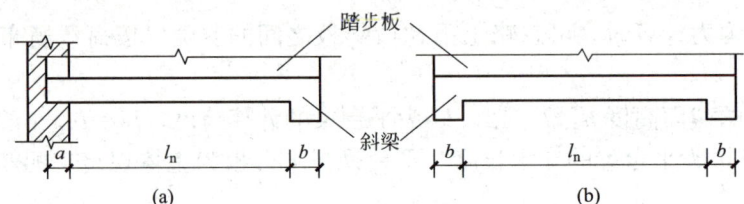

图 2-63　踏步板的支承情况

（2）构造要求

梁式楼梯的踏步板厚度 d 一般取 $30\sim40\text{mm}$。每一踏步的受力钢筋不得少于 $2\phi6$，同时为使踏步板在支座处承受可能出现的负弯矩，每 2 根受力钢筋中应有 1 根伸入支座后弯向上部作支座（斜梁）负筋，如图 2-64 所示。沿斜向应布置间距不大于 300mm 的 $\phi6$ 分布钢筋。

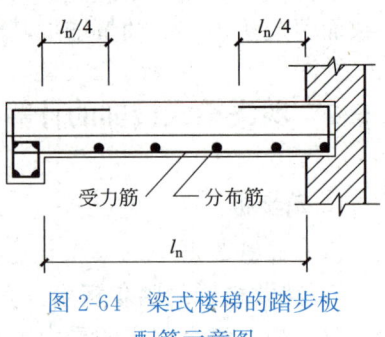

图 2-64　梁式楼梯的踏步板
配筋示意图

2. 斜梁

（1）计算要点

1）梁式楼梯段斜梁两端支承在平台梁上，与前述板式楼梯斜板的内力分析相同。斜边梁的计算中不考虑平台梁的约束作用，按简支梁计算，按水平简支梁算得的跨中截面弯矩即为斜梁的实际跨中截面弯矩，但算得的支座截面剪力应乘以 $\cos\alpha$，才是实际的支座截面剪力，即

$$M_{max} = \frac{1}{8}(g+q)l_0^2 \tag{2-32}$$

$$V_{max} = \frac{1}{2}(g+q)l_0\cos\alpha \tag{2-33}$$

2）在截面设计时，斜梁截面的高度取垂直于斜梁轴线的垂直高度，一般取 $h \geqslant l_0/15$，l_0 为斜梁水平投影的计算跨度。通常按照倒 L 形截面计算斜梁受弯承载力。

（2）构造要求

斜梁的构造要求同一般简支受弯构件，但应注意的是：1）斜梁的纵筋在平台梁中应有足够的锚固长度（图 2-65）；2）斜梁的主筋必须放在平台梁的主筋之上。

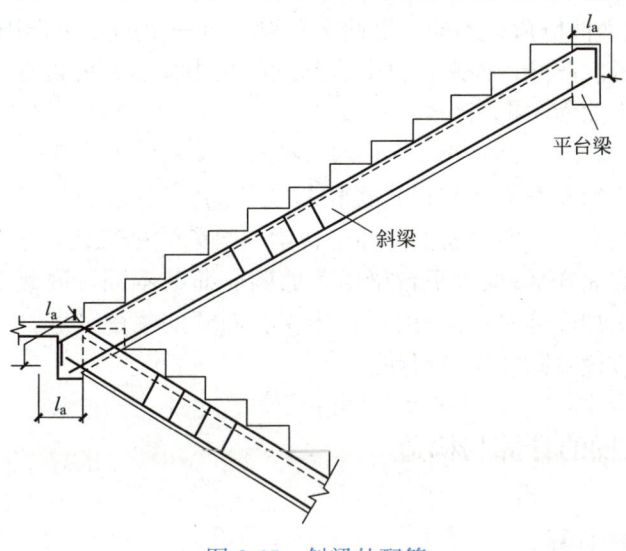

图 2-65　斜梁的配筋

3. 平台板

梁式楼梯的平台板与前述的板式楼梯平台板的计算及构造相同。

4. 平台梁

（1）计算要点

1）梁式楼梯的平台梁承受斜梁传来的集中荷载、平台板传来的均布荷载以及平台梁自重。其计算简图如图 2-66 所示。

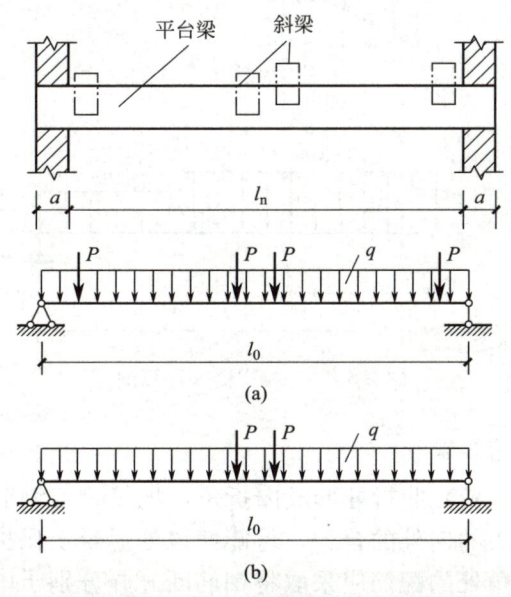

图 2-66　梁式楼梯平台梁的计算简图

(a) 有双边梁时；(b) 有单边梁时

2）平台梁的计算截面按倒 L 形截面计算。

3）平台梁横截面两侧荷载不同，因此平台梁受有一定的扭矩作用，但一般不需计算，只需适当增加配箍量。此外，因平台梁受有斜梁的集中荷载，所以在平台梁中位于斜梁支座两侧处，应设置附加横向钢筋。

（2）构造要求

梁式楼梯平台梁的配筋构造与板式楼梯基本相同。但应注意：1）平台梁的高度应保证斜梁的主筋能放在平台梁的主筋上，即平台梁与斜梁的相交处，平台梁底面应低于斜梁的底面，或与斜梁底面齐平；2）平台梁横截面两侧荷载不同，因此平台梁受有一定的扭矩作用，故需适当增加配箍量；3）因平台梁受有斜梁的集中荷载，所以在平台梁中位于斜梁支座两侧处，应设置附加横向钢筋。

2.5.3 折线形楼梯的计算与构造

1. 折线形楼梯的计算

当无平台梁时，即形成折线形楼梯。对于折线形梁也可按水平简支梁计算内力，如图 2-67 所示，图中的 p_1 值为斜梁段上的总荷载除以该梁段的斜长；由于其上作用的荷载值不同，须将梯段上的荷载化成水平投影长度上的均布荷载，并求出最大弯矩发生的截面位置，然后求出最大弯矩值。对于折线形板式楼梯，其内力计算方法同折线形梁。

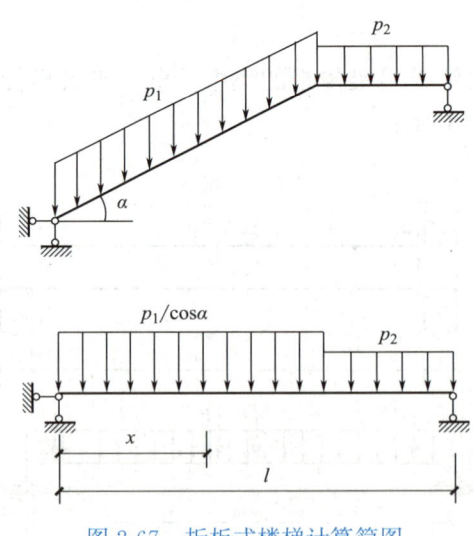

图 2-67 折板式楼梯计算简图

2. 折线形楼梯的构造要求

因折线形楼梯在梁（板）曲折处形成内折角，配筋时若钢筋沿内折角连续配置，则此处受拉钢筋将产生较大的向外的合力，可能使该处混凝土保护层崩落，钢筋被拉出而失去作用，因此，在折角处的配筋应采取将钢筋断开并分别予以锚固的措施。在折梁的内折角处，箍筋应适当加密。楼梯折梁和折板的配筋构造示例分别如图 2-68、图 2-69 所示。

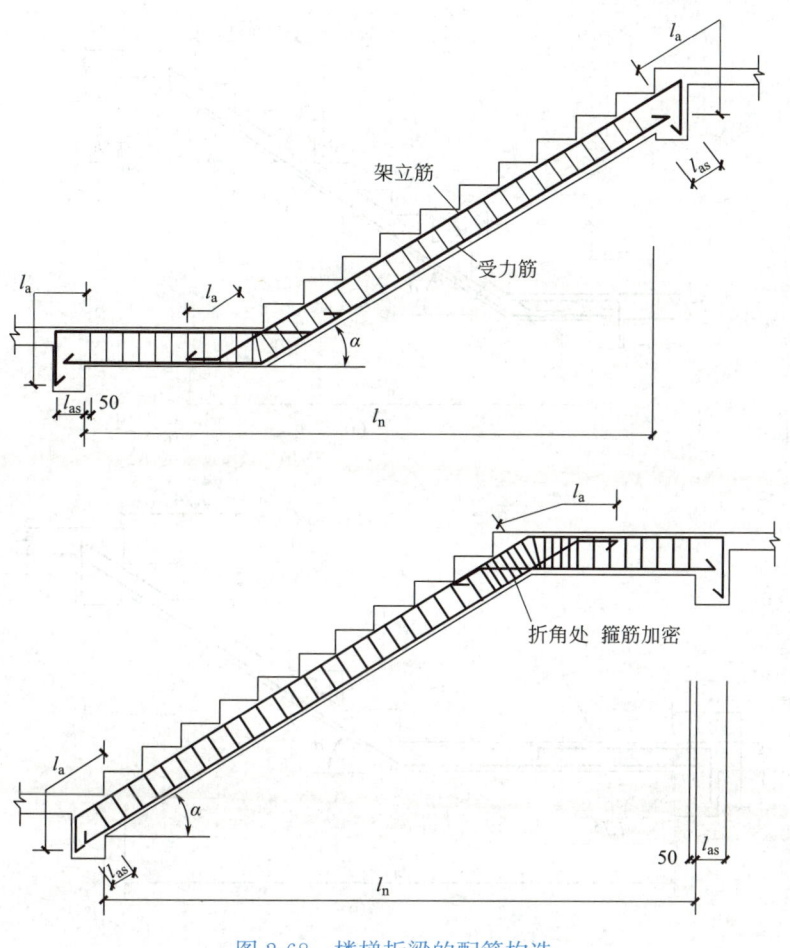

图 2-68　楼梯折梁的配筋构造

2.5.4　装配式楼梯的类型与构造

为加快施工进度，降低造价，有的民用建筑采用预制装配式钢筋混凝土楼梯。根据预制构件的不同，装配式楼梯可分为小型构件装配式楼梯和大、中型构件装配式楼梯两种类型。

小型构件装配式楼梯是将踏步、斜梁、平台梁、平台板分别预制，然后进行组装，其主要优点是构件小而轻，制作、运输和吊装方便，缺点是施工烦琐，进度较慢，目前已较少使用。

大、中型构件装配式楼梯是将若干个构件合并预制成一个构件，如将整个梯段和平台分别预制成大型构件，甚至将梯段与平台合并为一个构件。其主要优点是构件少，可简化施工过程，提高施工速度，但构件制作较困难，且需要较大起重设备，在混合结构民用房屋中应用较少。常见的大、中型构件装配式楼梯有板式和梁板式两种（图 2-70）。

装配式楼梯各地均编有通用图，不必自行设计。

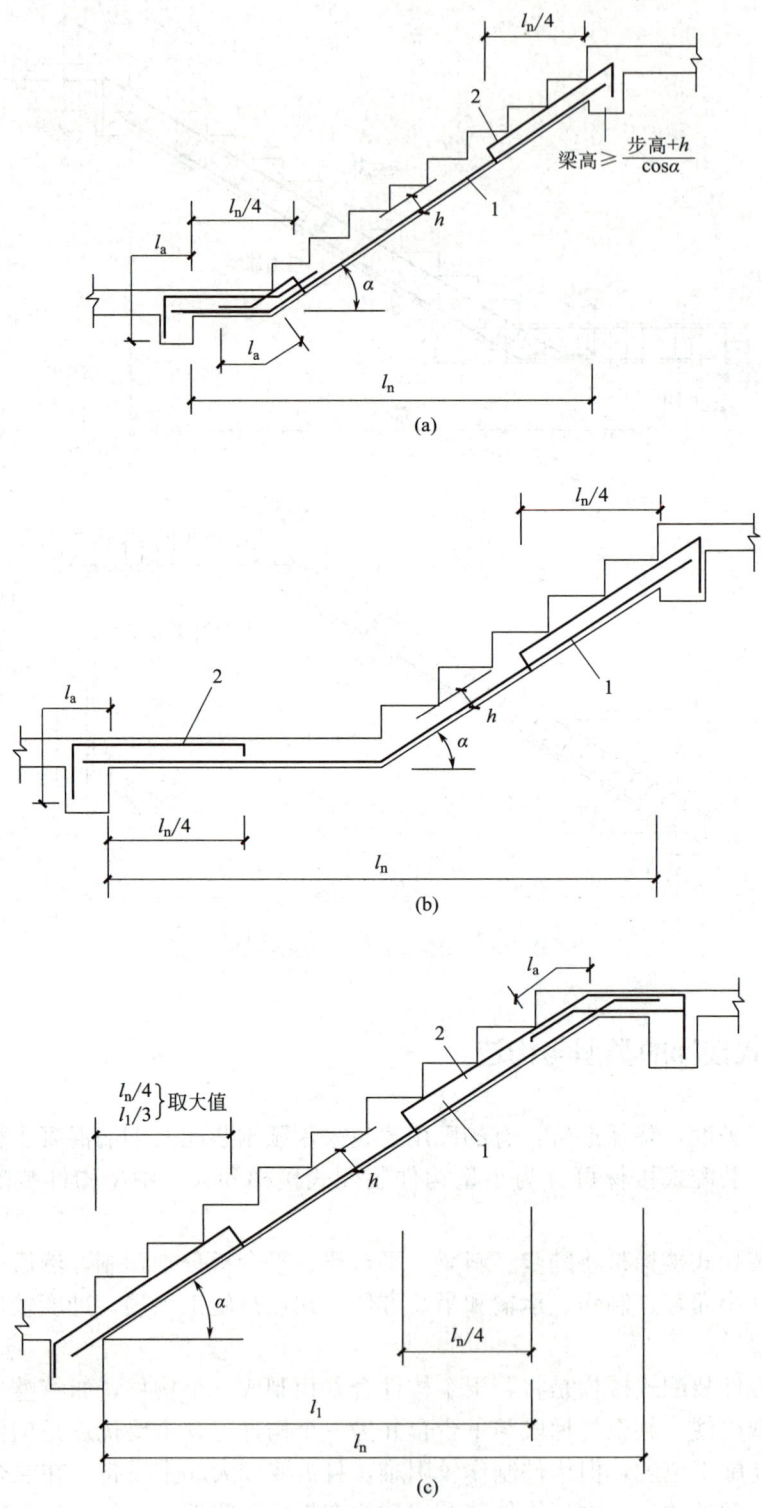

图 2-69　楼梯折板的配筋构造
1—受力筋；2—板面构造负筋，数量同受力筋

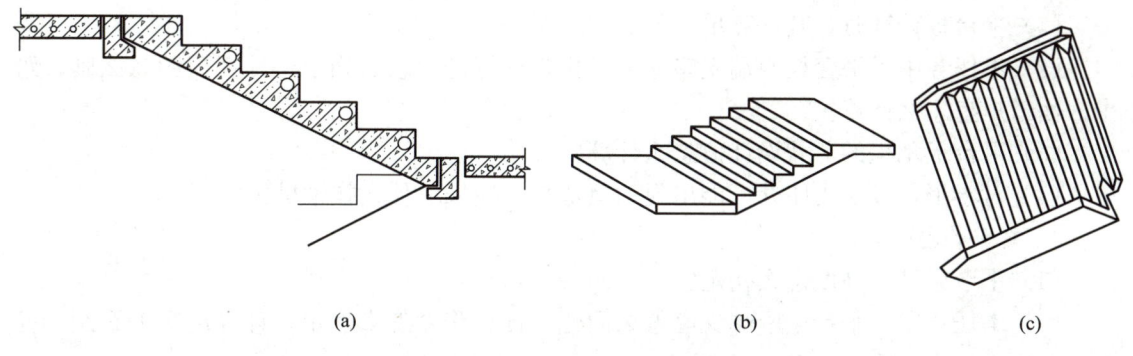

(a)   (b)   (c)

图 2-70　大、中型构件装配式楼梯

(a)、(b) 板式楼梯；(c) 梁板式楼梯（梯段）

提示：以前述楼梯设计任务为载体，学生在教师指导下分组进行方案设计，即如何进行楼梯设计的方案。

参考答案

现浇梁式楼梯的设计案例

提示：根据前述方案，学生在教师的指导下完成钢筋混凝土现浇梁式楼梯的设计。

引导性问题：

1. 关于踏步板设计

（1）梁式楼梯踏步板计算时，取一个踏步宽还是取 1m 宽板带作为计算单元更方便？

（2）梁式楼梯踏步板厚度宜为多少，其折算高度怎么计算？

（3）本任务中，梁式楼梯踏步板两端支座怎么简化，计算跨度怎么确定，计算简图怎么画，跨中截面弯矩宜怎么计算？

（4）板承担的荷载设计值怎么计算？

（5）对于踏步板在支座处承受可能出现的负弯矩，应采取什么技术措施？

（6）踏步板的受力钢筋、分布钢筋布置应满足什么构造要求？

2. 关于斜梁设计

（1）斜梁计算高度怎么初定？

（2）本任务中，斜梁两端支座怎么简化，计算跨度怎么确定，计算简图怎么画，控制截面内力怎么计算？

（3）斜梁承担的荷载设计值怎么计算？

（4）斜梁正截面承载力计算时，应按矩形截面、T 形截面还是按倒 L 形截面计算？若是按非矩形截面计算，则其翼缘宽度怎么计算？

（5）框架次梁上部纵向受力钢筋可以在什么位置截断？

（6）进行次梁斜截面承载力的计算时，需要计算哪些内容？

3. 关于平台板设计

（1）平台板计算时，其计算单元怎么选取？

（2）本任务中，平台板两端支座怎么简化，计算跨度怎么确定，计算简图怎么画，跨中截面弯矩宜怎么计算？

（3）平台板承担的荷载设计值怎么计算？

（4）对于平台板在支座处可能出现的负弯矩，应采取什么技术措施？

4. 关于平台梁设计

（1）平台梁计算高度怎么初定？

（2）本任务中，平台梁两端支座怎么简化，计算跨度怎么确定，计算简图怎么画，控制截面内力怎么计算？

（3）梁式楼梯与板式楼梯平台梁承担的荷载有何区别？本任务中平台梁承担的荷载设计值怎么计算，按均布线荷载还是集中荷载考虑？

（4）平台梁因两侧荷载不同而受有一定的扭矩作用，一般需要进行抗扭承载力计算吗？若不验算则应采取什么技术措施？

（5）斜梁与平台梁交接处附加横向钢筋怎么确定，需要满足哪些构造要求？

 **任务评价**

提示：由学生本人、小组同学、教师按表 2-9 要素分别评价。

任务 2.6 学习活动评价表 表 2-9

评价项目	评价内容及标准				学习得分			
	优秀（85～100 分）	良好（75～85 分）	中等（60～75 分）	尚需努力（60 分以下）	学生自评	小组评分	教师评分	平均分
方案设计	方案设计合理，团队成员任务分工明确	方案设计较合理，团队成员任务分工较明确	方案设计基本合理，团队成员任务分工基本明确	方案设计不合理，需重新设计，否则得分为零				
学习态度	学习积极性高，态度端正，学习兴趣浓	学习积极性中，态度较端正	学习积极性低，态度不端正	学习积极性很低，态度很不端正				
团结协作意识	团队意识强，分工合作优秀	团队意识较强	团队意识中等	团队意识较差				
规范标准意识	积极主动查询楼梯设计中涉及的相关工程规范标准、图集	查询楼梯设计中涉及的相关工程规范标准、图集较积极	有查询楼梯设计中涉及的相关工程规范标准、图集的意识	不重视对相关工程规范标准、图集的查阅				
严谨务实	高标准完成布置的楼梯设计工作任务，解决设计过程中遇到问题的能力较强	较好完成布置的楼梯设计工作任务，解决设计过程中遇到问题的能力较好	基本能够完成布置的楼梯设计工作任务，解决设计过程中遇到问题的能力一般	不能够完成布置的楼梯设计工作任务，解决设计过程中遇到问题的能力较差				

续表

评价项目	评价内容及标准				学习得分			
	优秀(85~100分)	良好(75~85分)	中等(60~75分)	尚需努力(60分以下)	学生自评	小组评分	教师评分	平均分
学用结合能力	熟练掌握楼梯设计的基本知识,设计成果完全达到教学要求	较好掌握楼梯设计的基本知识,设计成果较好地达到教学要求	基本掌握楼梯设计的基本知识,设计成果基本达到教学要求	不熟悉楼梯设计的基本知识,设计成果达不到教学要求				
理论联系实际	能够很好地为结构整体设计、施工图识读等后续课程学习做铺垫	能够为后续课程学习做铺垫	基本能够为后续课程学习做铺垫	对为后续课程学习铺垫的认识体会不够				
备注	学生最终考核得分为平均分＝(学生自评＋小组评分＋教师评分)/3							

提示:由学生完成。可从细不细致、耐不耐心以及专业知识是否缺乏等方面进行反思总结。

■ 任务小结

钢筋混凝土现浇楼梯本质上就是梁板结构,故其设计方法类似于单向板肋形楼盖结构。楼梯梯段板为斜向结构,计算其内力时,其跨度取水平投影长度,并沿水平长度的布置均布线荷载,由此可得实际弯矩值,但剪力应乘以 $\cos\alpha$。

思考题

1. 常用楼梯有哪几种类型?各有何优缺点?
2. 试述梁式及板式楼梯荷载的传递途径。
3. 试述梁式及板式楼梯各组成部分的构造要求。

任务2.6 装配式混凝土楼盖设计

■ 任务描述

1. 学习装配式混凝土楼盖的类型及布置;
2. 学习装配式混凝土楼盖部品部件的类型;
3. 学习无梁楼盖的设计要点。

2.6.1 装配式混凝土楼盖的类型及布置

1. 装配式楼盖类型

装配式建筑楼盖可采用叠合楼盖、全预制楼盖，也可采用现浇楼盖。

叠合楼盖适用于装配整体式建筑，其是在预制混凝土底板上，后续配置钢筋并现浇混凝土，叠合层与现浇层可靠连接而形成一个整体共同承受外力的楼板，可应用于各种结构体系中；叠合板又包括普通叠合板和预应力叠合板，二者的主要区别在于预制混凝土底板上是否配置预应力钢筋。

全预制楼盖主要用于全装配式建筑，多适用于 3 层以下，非地震地区或低地震烈度地区的建筑；普通预制楼板适用于住宅等小跨度的建筑，预应力板适用于厂房、停车场等大跨度空间公共建筑。

现浇楼盖适用于装配整体式建筑需要的现浇部分，如屋顶、转换层、作为上部结构嵌固部位的楼层、卫生间和管线较多的前室等不适宜预制的部位。

2. 叠合楼盖的布置

叠合板应根据接缝构造、支座构造、长宽比，同时考虑制作、运输的限制以及施工安装的便利性等因素，按叠合单向板或叠合双向板拆分布置设计。《装配式混凝土规程》规定，当预制板之间采用分离式接缝（图 2-71a）时按单向板设计。对长宽比不大于 3 的四边支承叠合板，当其预制板之间采用整体式接缝（图 2-71b）或无接缝（图 2-71c）时，可按双向板布置设计。

叠合板拆分布置时，从结构合理性考虑，其拆分布置宜按下列基本原则进行：

（1）按单向板布置设计时，应沿板的次要受力方向拆分，此时板缝垂直于板的长边

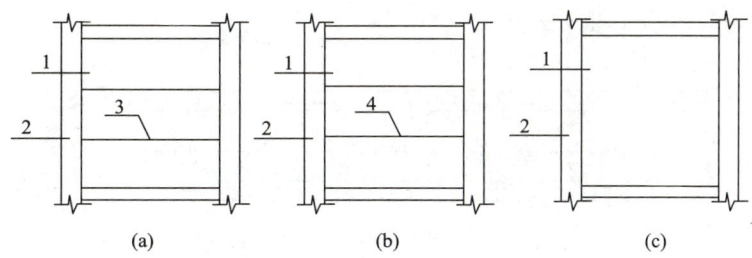

图 2-71　叠合板的布置形式示意图

(a) 单向叠合板；(b) 带接缝的双向叠合板；(c) 无接缝的双向叠合板

1—预制板；2—梁或墙；3—板侧分离式接缝；4—板侧整体式接缝

(图 2-71a)。

(2) 按双向板设计时，在板的最小受力部位拆分，双向叠合板板侧的整体式接缝宜设置在叠合板的次要受力方向上（图 2-71b），避开最大弯矩截面；如双向板尺寸不大，则可以采用无接缝双向叠合板，仅在板四周与梁或墙交接处拆分（图 2-71 c）。

(3) 板的宽度不超过运输超宽的限制和工厂生产线模台宽度的限制，一般不应超过 3.5m。

(4) 尽可能统一或减少板的规格，以降低生产成本。如双向叠合板，拆分时可适当通过板缝调节，将预制板宽度调成一致。

(5) 如果有管线穿过楼板，拆分时应考虑避免与钢筋或桁架筋的冲突。

(6) 如果顶棚无吊顶，板缝宜避开灯具、接线盒或吊扇位置。

与单向板相比较，双向板在配筋上较节省，但板侧四周要出筋，而且还有混凝土后浇带，增加了现场施工的工作量，给工业化和自动化生产带来很大的不便，故现在日本和欧洲等地的叠合楼板均为单向板，都是规格化的生产，板侧不用出筋，即便是满足双向板条件的叠合楼板也同样做成单向板。

2.6.2　部品部件的类型

1. 板

装配整体式楼盖宜用叠合板，常用楼板包括有以下几种：

(1) 普通叠合楼板

普通叠合楼板在装配整体式建筑中应用最为广泛，适用于框架结构、框-剪结构、剪力墙结构、筒体结构等结构体系的 PC 建筑，也可用于钢结构建筑，包括有桁架筋预制底板和无桁架筋预制底板（图 2-72）。对于叠合板的预制板，考虑到预制板在脱模、吊装、运输、施工过程中的承载力及安全等因素，厚度不宜小于 60mm；对于叠合板的后浇混凝土，应考虑到楼板的整体性要求、钢筋铺设、设备管线预埋、施工误差等因素，其厚度不应小于 60mm，可采用 70mm、80mm、90mm 厚，工程中大多采用 70mm。

(2) 预应力叠合楼板

跨度大于 6m 的叠合板，采用预应力混凝土预制板具有较好的经济性。预应力叠合板由预制预应力底板与现浇非预应力混凝土叠合而成，包括无架立筋和有架立筋两种（图 2-73）。预应力叠合楼板适用于跨度较大的各类结构体系（板跨一般不超过 12m）的 PC 建筑。

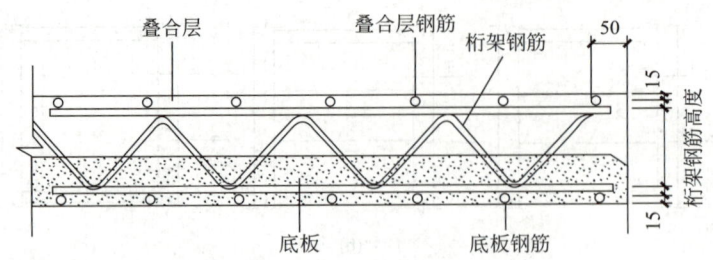

图 2-72　普通叠合楼板示意图

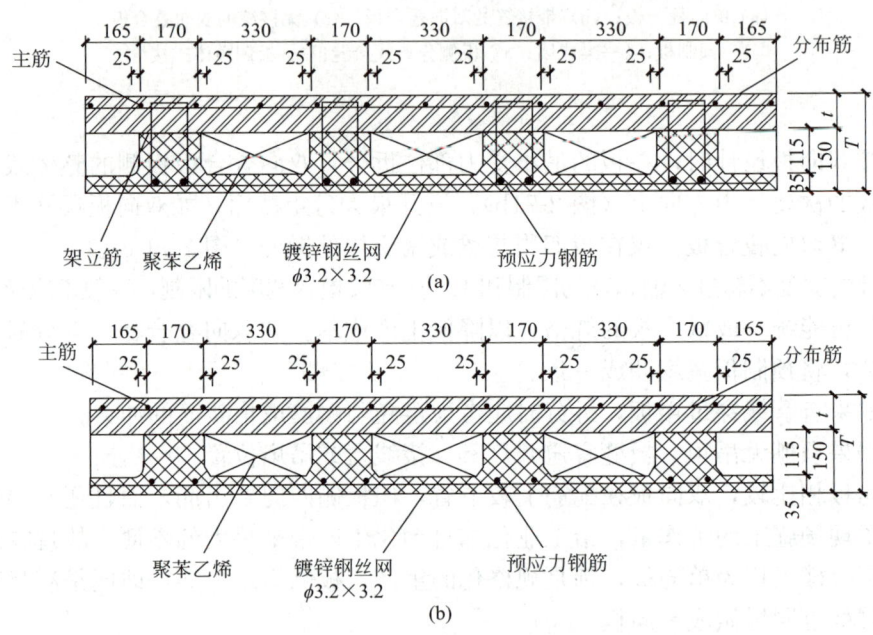

图 2-73　预应力叠合板示意图

（a）预应力叠合板（有架立筋）；（b）预应力叠合板（无架立筋）

（3）空心板

空心板包括空心叠合板和全预制空心板。

1）空心叠合板。为了节约材料、减轻自重，总厚大于 180mm 的叠合板宜采用混凝土空心板；当叠合板的预制板采用空心板时，板端空腔应封堵。预应力空心叠合楼板是预应力空心楼板与现浇混凝土叠合层的结合（图 2-74），比较适用于低层大跨 PC 建筑（板跨一般不超过 18m）。

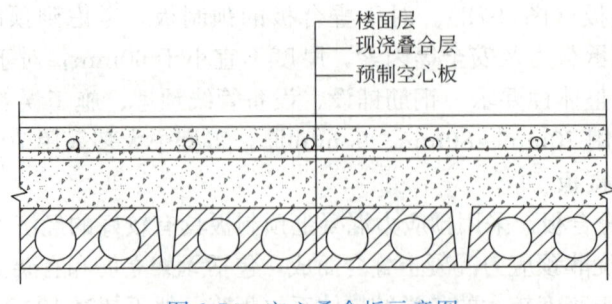

图 2-74　空心叠合板示意图

2）全预制空心板。预应力空心板多用于多层框架结构建筑，可适用于大跨度的住宅、写字楼等建筑。

（4）双 T 板

双 T 板包括双 T 叠合板及全预制双 T 板，比较适用于跨度不大于 24m 的工业厂房、车库等大跨空间结构。预应力双 T 板可用作底板，在板面上浇筑混凝土形成叠合板（图 2-75）；预应力双 T 板也可以直接作为全预制楼板使用。

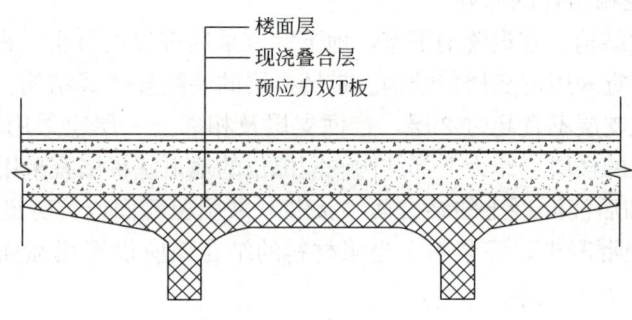

图 2-75　双 T 叠合板示意图

（5）圆孔箱形板

圆孔箱形板可直接作为全预制楼板使用，比较适用于大跨度、大空间的公共建筑。

2. 梁

装配整体式楼盖中叠合梁与叠合板一般同时采用，梁与板的后浇层一起浇筑。叠合梁预制部分高度一般不小于梁高的 40%，后浇层的厚度不宜小于 100mm，当板的总厚不小于梁后浇层厚度时，可采用矩形截面预制梁；当板的总厚小于梁后浇层厚度时，可采用凹口形截面预制梁，凹口截面预制梁与后浇混凝土结合面大，新旧混凝土连接性能好。为了施工方便，预制梁有些情况也可采用倒 T 形截面、花篮梁形等其他截面形式。

《装配式混凝土规程》规定，在装配整体式框架结构中，当采用叠合梁时，框架梁的后浇混凝土叠合层厚度不宜小于 150mm（图 2-76a），次梁的后浇混凝土叠合层厚度不宜小于 120mm；当采用凹口截面预制梁时（图 2-76b），凹口深度不宜小于 50mm，凹口边厚度不宜小于 60mm。

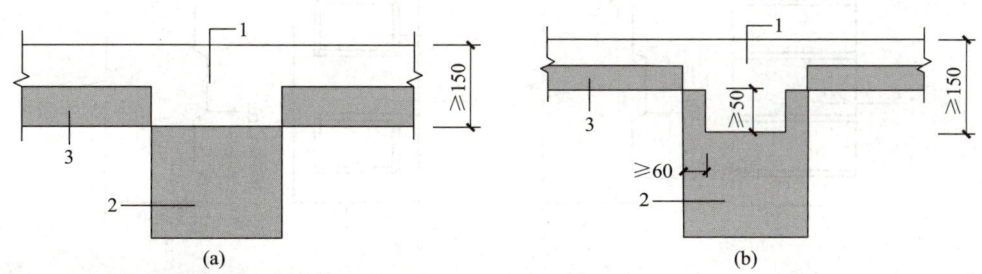

图 2-76　叠合梁截面示意

（a）矩形截面预制梁；（b）凹口截面预制梁

1—后浇混凝土叠合层；2—预制梁；3—预制板

2.6.3 设计要点

1. 设计基本原则

为了使装配式混凝土结构具有与现浇混凝土结构基本等同的整体性能、稳定性能、抗震性能和耐久性能，装配式楼盖结构在设计时应遵循一定的原则。

（1）预制和现浇相结合的原则

高层装配整体式结构：宜设置地下室，地下室宜采用现浇混凝土；框架结构首层柱宜采用现浇混凝土，顶层宜采用现浇楼盖结构。带转换层的装配整体式结构：当采用部分框支剪力墙结构时，底部框支层不宜超过2层，且框支层及相邻上一层应采用现浇结构；转换层、平面复杂或开洞较大的楼层、作为上部结构嵌固部位的地下室楼层宜采用现浇楼盖。

（2）预制构件和后浇混凝土的结合面（接缝）采用粗糙面或抗剪键槽

预制构件与后浇混凝土、灌浆料、坐浆材料的结合面应设置粗糙面、键槽，并应符合下列规定：

1）预制板与后浇混凝土叠合层之间的结合面应设置粗糙面，见图2-77。

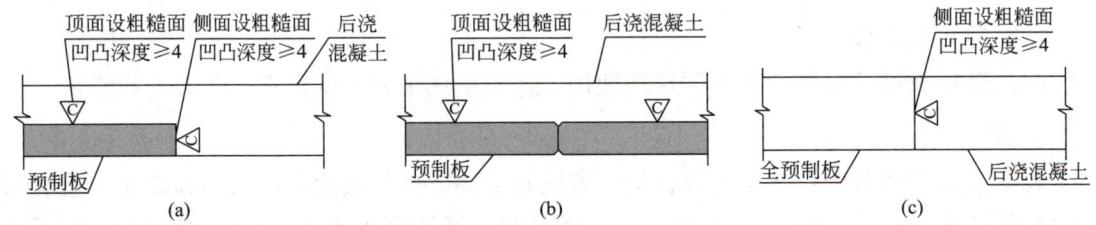

图 2-77　预制板与后浇混凝土的结合面示意图

（a）采用后浇段连接；（b）采用密拼接缝；（c）全预制板

2）预制梁与后浇混凝土叠合层之间的结合面应设置粗糙面；预制梁端面应设置键槽（图 2-78），且宜设置粗糙面。键槽的深度 t 不宜小于 30mm，宽度 w 不宜小于深度的 3 倍且不宜大于深度的 10 倍；键槽可贯通截面，当不贯通时槽口距离截面边缘不宜小于 50mm；键槽间距宜等于键槽宽度；键槽端部斜面倾角不宜大于 30°。

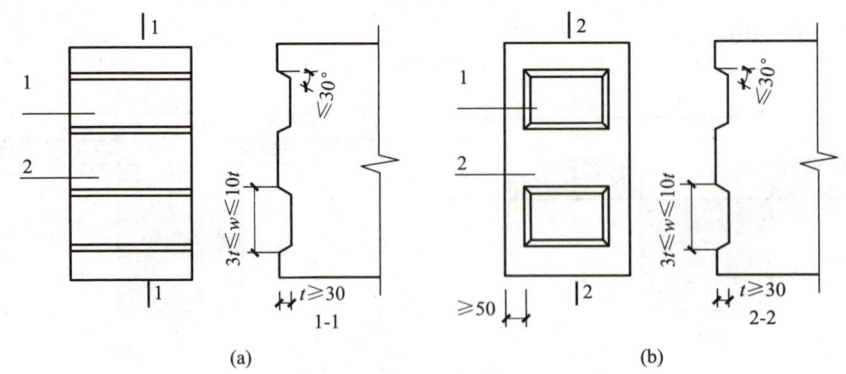

图 2-78　预制梁端键槽构造示意图

（a）键槽贯通截面；（b）键槽不贯通截面

1—键槽；2—梁端面

3）粗糙面的面积不宜小于结合面的 80％，预制板的粗糙面凹凸深度不应小于 4mm，预制梁端的粗糙面凹凸深度不应小于 6mm。

2. 装配式楼盖的计算要点

装配式楼盖在使用阶段，其承载力计算、变形和裂缝宽度验算等可采用与现浇整体式结构构件相同的分析方法。现将其有别于现浇整体式结构计算的内容作一简要介绍。

（1）作用及作用组合的确定

装配式结构作用及作用组合的确定，在使用阶段同现浇整体式结构，但在施工阶段要满足以下要求：

1）预制构件在翻转、运输、吊运、安装等短暂设计状况下的施工验算，应将构件自重标准值乘以动力系数后作为等效静力荷载标准值。构件运输、吊运时，动力系数宜取 1.5；构件翻转及安装过程中就位、临时固定时，动力系数可取 1.2。

2）预制构件进行脱模验算时，等效静力荷载标准值应取构件自重标准值乘以动力系数后与脱模吸附力之和，且不宜小于构件自重标准值的 1.5 倍。动力系数与脱模吸附力应符合下列规定：①动力系数不宜小于 1.2；②脱模吸附力应根据构件和模具的实际状况取用，且不宜小于 $1.5kN/m^2$。

（2）结构内力计算

在各种设计状况下，装配整体式结构可采用与现浇混凝土结构相同的方法进行结构分析。装配整体式结构承载能力极限状态及正常使用极限状态的作用效应分析可采用弹性方法。在结构内力与位移计算时，对现浇楼盖和叠合楼盖，均可假定楼盖在其自身平面内为无限刚性；楼面梁的刚度可计入翼缘作用予以增大；梁刚度增大系数可根据翼缘情况近似取为 1.3～2.0。

（3）预制构件设计要求

预制构件设计时，对使用阶段，应对预制构件进行承载力、变形、裂缝控制验算。对施工阶段的预制构件验算，主要包括：1）应按构件在制作、运输和吊装各个阶段的支点位置及吊点位置分别确定计算简图，并取最不利情况计算内力，验算承载力、变形以及裂缝宽度；2）在进行施工阶段的承载力验算时，结构重要性系数应较使用阶段承载力计算降低一级使用，但不得低于三级；3）在构件的运输和吊装阶段，荷载为构件自重，但考虑到该阶段的动力作用，除应乘以永久荷载分项系数外，其自重尚应乘以动力系数 1.5。

（4）叠合板的计算

叠合板的承载力计算及变形和裂缝宽度验算方法同现浇混凝土板，但因其具有二次成型、二次加载的特点，故其承载力计算应该分两个阶段进行：

第一阶段是叠合板后浇叠合层混凝土未达强度设计值前的阶段，荷载全部由预制板承担，预制板根据支撑按简支或多跨连续梁计算，荷载包括预制板自重、后浇叠合层自重以及本阶段的施工活荷载。

第二阶段是后浇叠合层混凝土达到强度设计值后的阶段，叠合板按整体结构计算，荷载按照两种情况考虑并取较大值：①施工阶段：考虑叠合板自重、面层、吊顶等自重以及本阶段的施工活荷载；②使用阶段：考虑叠合板自重、面层、吊顶等自重以及使用阶段的可变荷载。

3. 叠合式混凝土楼盖的构造要求

（1）一般构造要求

1）叠合楼板厚度要求

叠合楼板的最小厚度为 120mm；叠合板的预制底板厚度不宜小于 60mm，后浇混凝土厚度不应小于 60mm。在实际工程中，因考虑到叠合楼板预制底板上需要预留电气、消防管线盒等多种预埋件，设计要求叠合楼板的厚度最小为 130mm；60mm 厚预制底板＋70mm 后浇混凝土叠合层。

2）板边角构造

叠合板侧边上部边角做成 45°倒角。单向板和双向板的上部都做倒角，主要是为了满足连接部位钢筋保护层厚度要求以及减小后浇混凝土转角部位应力集中的情况。为了便于接缝处理，单向板侧边下部边角也可做成倒角，如图 2-79 所示。

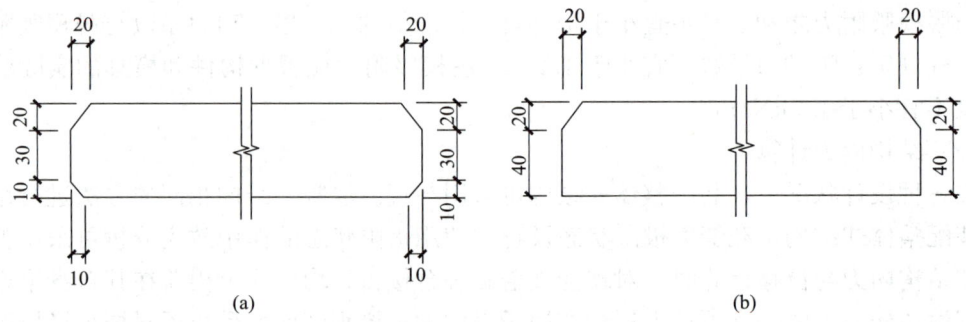

图 2-79　叠合板边角构造示意图

（a）单向板断面图；（b）双向板断面图

小问题

如果采取吊顶，单向板侧下部还需要做倒角吗？

3）叠合板桁架钢筋及抗剪钢筋构造要求

为了提高预制板的整体刚度和水平界面抗剪性能，跨度大于 3m 的叠合板，宜在预制板内设置桁架钢筋（图 2-80）。桁架钢筋应沿主要受力方向布置，其弦杆钢筋直径不宜小于 8mm，腹杆钢筋直径不宜小于 4mm，桁架钢筋间距不宜大于 600mm，距板边不应大于 300mm；钢筋桁架的下弦钢筋可视情况作为楼板下部的受力钢筋使用。

当未设置桁架钢筋时，在叠合板的预制板与后浇混凝土叠合层之间应设置抗剪构造钢筋的情形包括：①单向叠合板跨度大于 4.0m 时，距支座 1/4 跨范围内；②双向叠合板短向跨度大于 4.0m 时，距四边支座 1/4 短跨范围内；③悬挑叠合板；④悬挑叠合板的上部纵向受力钢筋在相邻叠合板的后浇混凝土锚固范围内。抗剪构造钢筋应符合：①抗剪构造钢筋宜采用马镫形状，间距不大于 400mm，钢筋直径 d 不应小于 6mm；②马镫钢筋宜伸到叠合板上、下部纵向钢筋处，预埋在预制板内的总长度不应小于 15d，水平段长度不应小于 50mm（图 2-81）。

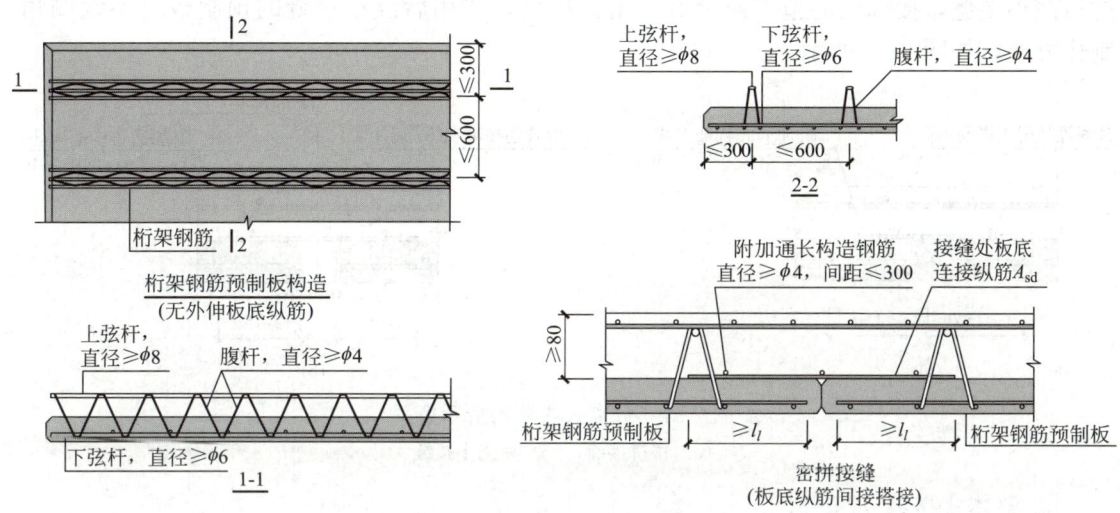

图 2-80 叠合板的预制板设置桁架钢筋构造示意

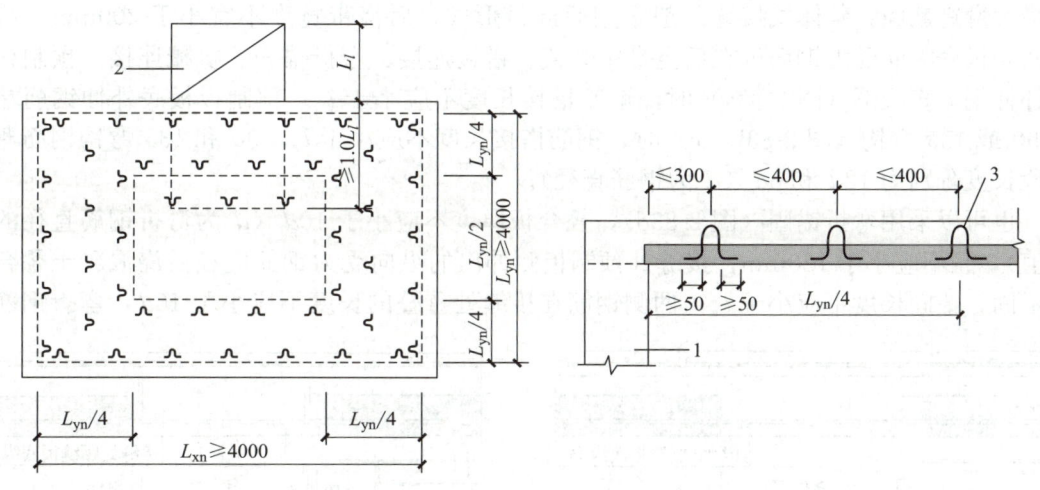

图 2-81 叠合板设置抗剪构造钢筋示意

1—梁或墙;2—悬挑板;3—抗剪构造钢筋

(2) 连接构造要求

构件间的连接,对于保证楼盖的整体工作以及楼盖与其他构件间的共同工作至关重要。叠合式混凝土楼盖的连接包括板缝连接、支座处连接、主次梁之间的连接等,其连接构造应按施工图或选用的构件标准图集采用,下面做一简要介绍。

1) 板缝连接构造

① 分离式接缝

单向叠合板板侧的分离式接缝宜配置附加钢筋,并应符合下列规定:a. 接缝处紧邻预制板顶面宜设置垂直于板缝的附加钢筋,附加钢筋伸入两侧后浇混凝土叠合层的锚固长度不应小于 15d (d 为附加钢筋直径);b. 附加钢筋截面面积不宜小于预制板中该方向钢筋面积,钢筋直径不宜小于 6mm,间距不宜大于 250mm;实际工程中,考虑到施工误差,一般较少采用密缝,为弥补构件公差及施工误差导致的施工困难,多采用拉开 30~50mm

的后浇小接缝，接缝处的施工质量好于密拼接缝，采用后浇小接缝的预制板可不设倒角，制作方便，如图 2-82 所示。

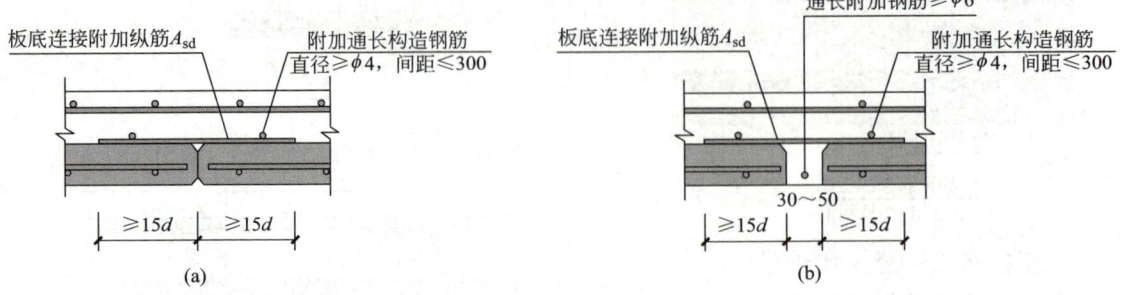

图 2-82　分离式拼缝构造示意图

（a）密拼接缝；（b）后浇小接缝

② 整体式接缝

双向叠合板板侧采用整体式接缝时，接缝宜设置在叠合板的次要受力方向上，且宜避开最大弯矩截面；整体式接缝一般采用后浇带形式；后浇带宽度不宜小于 200mm，后浇带两侧板底纵向受力钢筋可在后浇带中焊接、搭接连接、弯折锚固、机械连接。预制板板底外伸钢筋直线形（图 2-83a）时，钢筋搭接长度不应小于 l_l；预制板板底外伸钢筋端部为 90°或 135°弯钩（图 2-83b、c）时，钢筋搭接长度不应小于 l_a，90°和 135°弯钩钢筋弯后直段长度分别为 $12d$ 和 $5d$（d 为钢筋直径）。

也可以采用弯折锚固（图 2-83d），叠合板厚度不应小于 $10d$（d 为弯折钢筋直径的较大值），且不应小于 120mm；接缝处预制板侧伸出的纵向受力钢筋应在后浇混凝土叠合层内锚固，锚固长度不应小于 l_a，两侧钢筋在接缝处重叠的长度不应小于 $10d$，弯折钢筋角

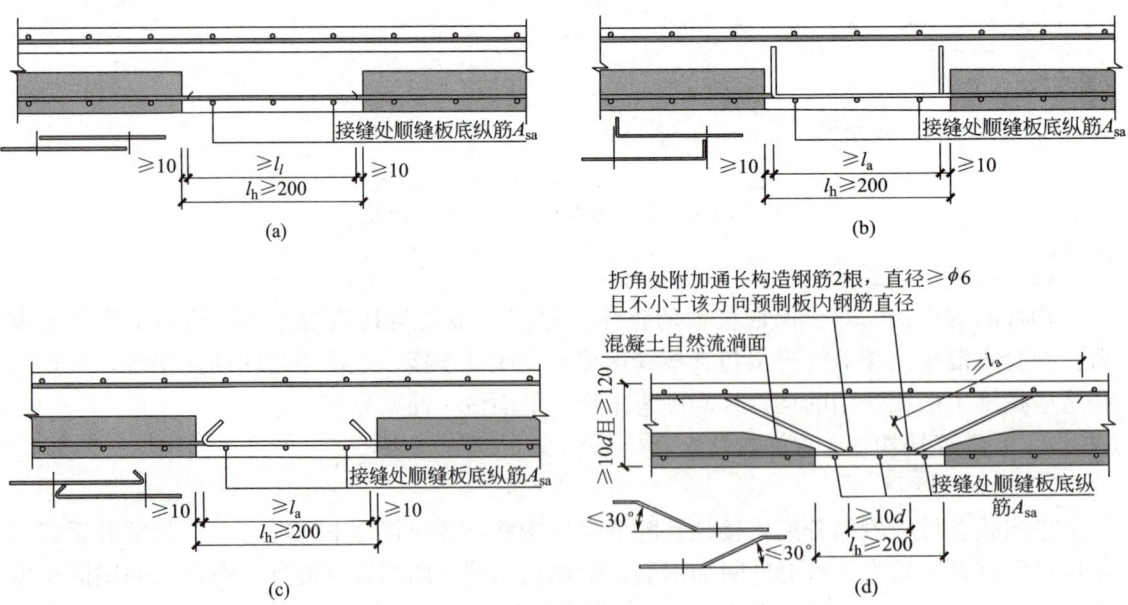

图 2-83　整体式接缝构造示意图

（a）板底纵筋直线搭接；（b）板底纵筋末端带 90°弯钩搭接；

（c）板底纵筋末端带 135°弯钩搭接；（d）板底纵筋弯折锚固

度不应大于 30°，弯折处沿接缝方向应配置不少于 2 根通长构造配筋，其直径不应小于该
方向预制板内钢筋直径。

2）支座处连接构造

① 叠合板板端支座

单向板和双向板的板端支座的节点做法是一样的，预制板内的纵向受力钢筋从板端伸
出并锚入支承梁或墙的后浇混凝土中，锚固长度不应小于 5d（d 为纵向受力钢筋的直
径），且宜伸过支座中心线（图 2-84a）。

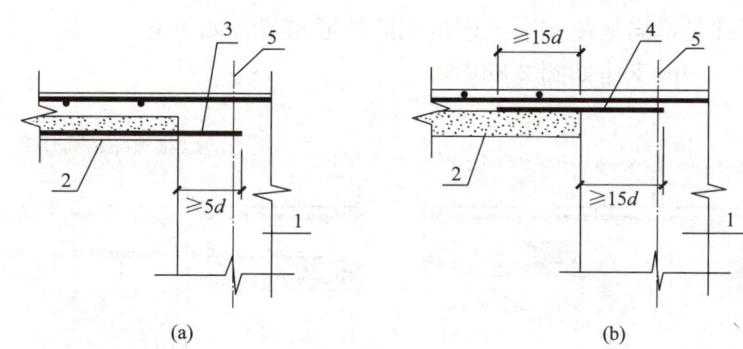

图 2-84 叠合板板端及板侧支座构造示意图

（a）板端支座；（b）板侧支座

1—支承梁或墙；2—预制板；3—纵向受力钢筋；4—附加钢筋；5—支座中心线

② 叠合板板侧支座

单向板的板侧支座做法：当预制板内的板底分布钢筋伸入支承梁或墙的后浇混凝土中
时，锚固长度不应小于 5d（d 为纵向受力钢筋的直径），且宜伸过支座中心线；当板底分
布钢筋不伸入支座时，宜在紧邻预制板顶面的后浇混凝土叠合层中设置附加钢筋，其截面
面积不宜小于预制板内的同向分布钢筋面积，间距不宜大于 600mm，在板的后浇混凝土
叠合层内锚固长度不应小于 15d，在支座内锚固长度不应小于 15d（d 为附加钢筋直径）
且宜伸过支座中心线（图 2-84b）。

③ 桁架钢筋混凝土叠合板板端支座

当桁架钢筋混凝土叠合板的后浇混凝土叠
合层厚度不小于 100mm 且不小于预制板厚度的
1.5 倍时，支承端预制板内纵向受力钢筋可采
用支座附加钢筋间接搭接方式锚入支承梁或墙
的后浇混凝土中（图 2-85），并应符合：a. 附加
钢筋的面积应通过计算确定，且不应少于受力
方向跨中板底钢筋面积的 1/3；b. 附加钢筋直
径不宜小于 8mm，间距不宜大于 250mm；
c. 当附加钢筋为构造钢筋时，伸入楼板的长度
不应小于与板底钢筋的受压搭接长度，伸入支
座的长度不应小于 15d（d 为附加钢筋直径）

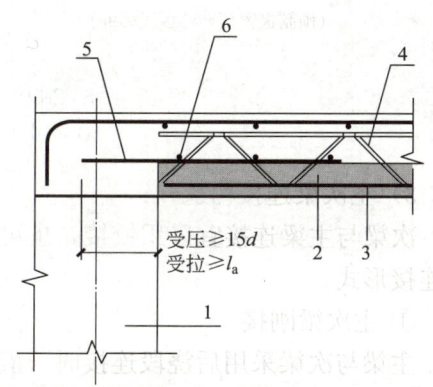

图 2-85 桁架钢筋混凝土叠合板板端构造示意图

1—支承梁或墙；2—预制板；3—板底钢筋；
4—桁架钢筋；5—附加钢筋；6—横向分布钢筋

且宜伸过支座中心线；当附加钢筋承受拉力时，伸入楼板的长度不应小于与板底钢筋的受拉搭接长度，伸入支座的长度不应小于受拉钢筋锚固长度；d. 垂直于附加钢筋的方向应布置横向分布钢筋，在搭接范围内不宜少于 3 根，且钢筋直径不宜小于 6mm，间距不宜大于 250mm。

④ 中间支座构造

中间支座分多种情况：支座两侧是单向板还是双向板，两侧板支座是端支座还是侧支座，侧支座是无缝支座还是有缝支座。中间支座构造做法有以下几个基本原则：a. 上部负弯矩钢筋在支座处应拉通布置；b. 底部伸入支座的钢筋做法同端部支座或侧支座；c. 如果支座两边的板都是单向板侧支座，连接钢筋拉通布置；如果有一个板不是，则连接钢筋伸到中心线位置。中间支座如图 2-86 所示。

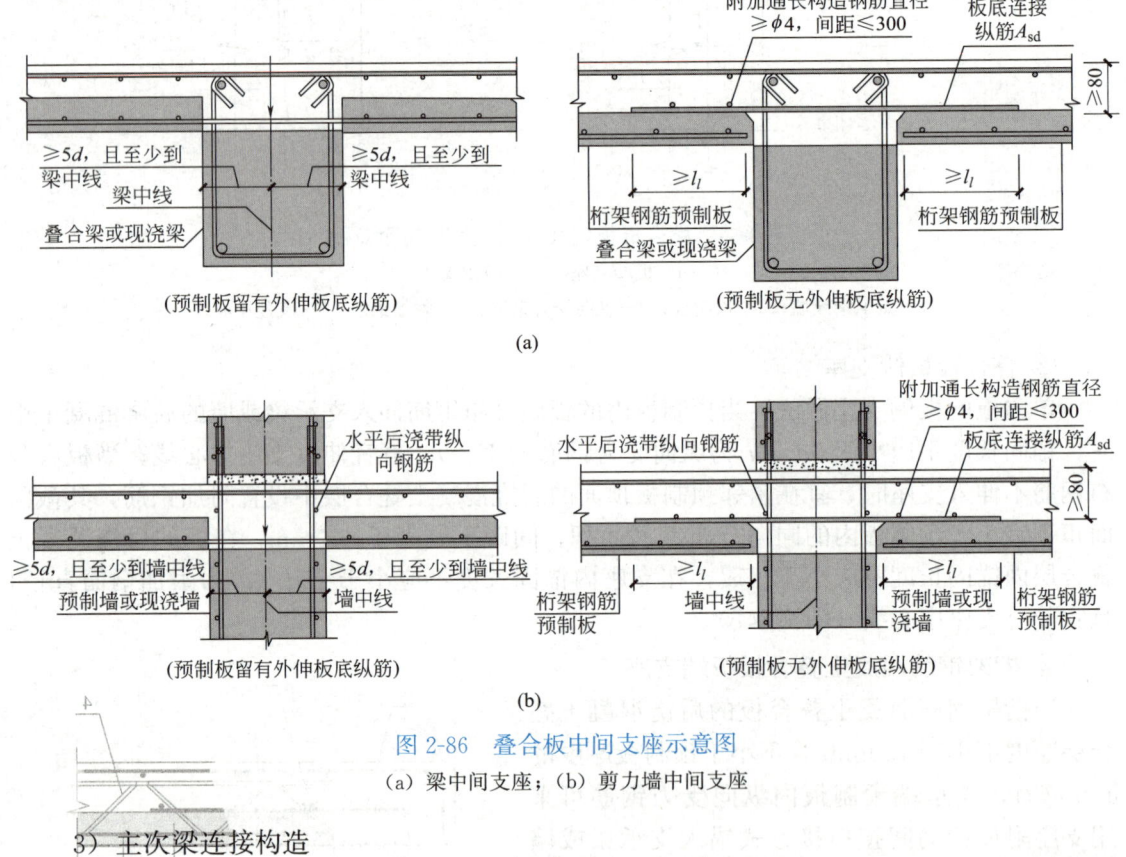

图 2-86　叠合板中间支座示意图
(a) 梁中间支座；(b) 剪力墙中间支座

3）主次梁连接构造

次梁与主梁连接宜采用铰接，也可采用刚接。当采用铰接时，可采用企口连接或钢企口连接形式。

① 主次梁刚接

主梁与次梁采用后浇段连接时，应符合下列规定：

a. 在端部节点处，次梁下部纵向钢筋伸入主梁后浇段内的长度不应小于 12d（d 为纵向钢筋直径）。次梁上部纵向钢筋应在主梁后浇段内锚固。当采用弯折锚固或锚固板时，锚固直段长度不应小于 0.6l_{ab}；当钢筋应力不大于钢筋强度设计值的 50% 时，锚固直段长

度不应小于 $0.35l_{ab}$；弯折锚固的弯折后直段长度不应小于 $12d$（图 2-87）。

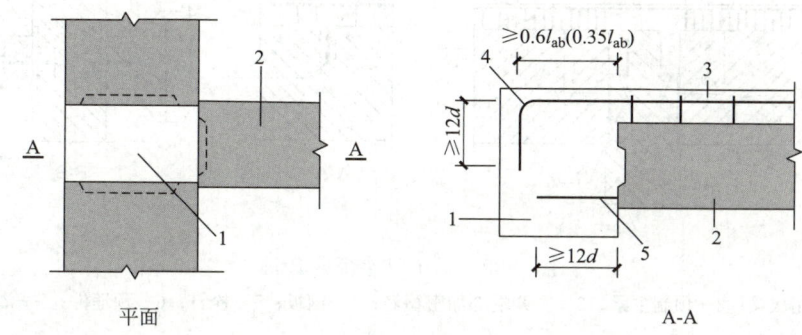

平面   A-A

图 2-87　主次梁中间节点连接构造示意图
1—主梁后浇段；2—次梁；3—后浇混凝土叠合层；4—次梁上部纵向钢筋；5—次梁下部纵向钢筋

b. 在中间节点处，两侧次梁的下部纵向钢筋伸入主梁后浇段内长度不应小于 $12d$（d 为纵向钢筋直径）；次梁上部纵向钢筋应在后浇层内贯通（图 2-88）。

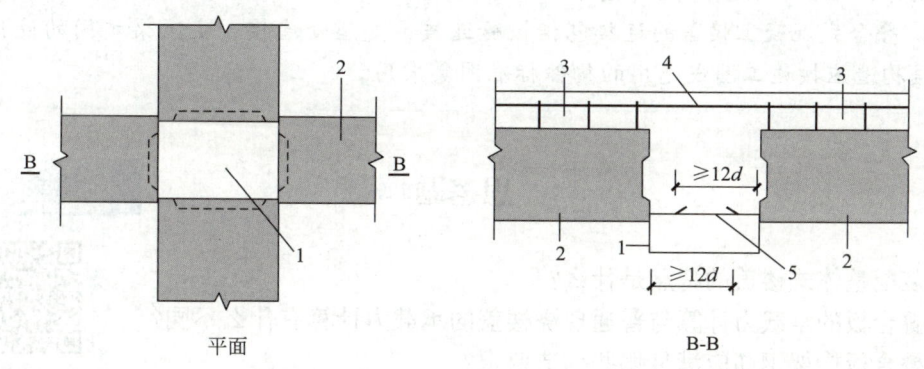

平面   B-B

图 2-88　主次梁端部节点连接构造示意图
1—主梁后浇段；2—次梁；3—后浇混凝土叠合层；4—次梁上部纵向钢筋；5—次梁下部纵向钢筋

② 主次梁铰接

当次梁不直接承受动力荷载且跨度不大于 9m 时，可采用钢企口连接（图 2-89），并应符合下列规定：

a. 钢企口两侧应对称布置抗剪栓钉，钢板厚度不应小于栓钉直径的 0.6 倍；预制主梁与钢企口连接处应设置预埋件；次梁端部 1.5 倍梁高范围内，箍筋间距不应大于 100mm。

b. 抗剪栓钉的布置，应符合下列规定：栓钉杆直径不宜大于 19mm，单侧抗剪栓钉排数及列数均不应小于 2；栓钉间距不应小于杆件直径的 6 倍且不宜大于 300mm；栓钉至钢板边缘的距离不宜小于 50mm，至混凝土构件边缘的距离不应小于 200mm；栓钉钉头内表面至连接钢板的净距不宜小于 30mm；栓钉顶面的保护层厚度不应小于 25mm。

c. 主梁与钢企口连接处应设置附加横向钢筋。

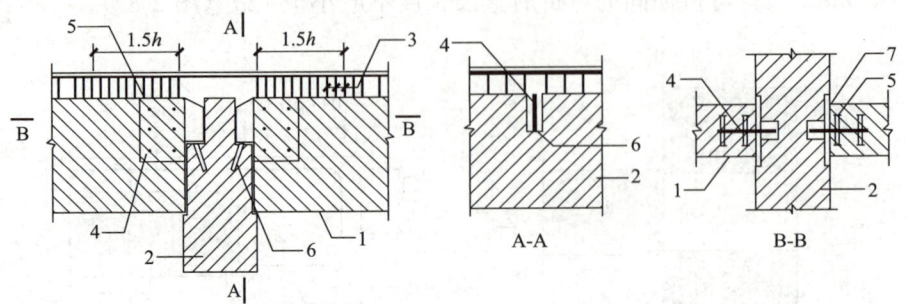

图 2-89　钢企口连接示意图

1—预制次梁；2—预制主梁；3—次梁端部加密箍筋；4—钢板；5—栓钉；6—预埋件；7—灌浆料

任务小结

1. 叠合板应根据接缝构造、支座构造、长宽比，同时考虑制作、运输的限制以及施工安装的便利性等因素，按照叠合单向板或双向板拆分布置设计。

2. 装配式楼盖在使用阶段，其计算方法与现浇整体式结构构件相同；但这种结构在制作、运输和安装阶段的受力状态与使用阶段不同，还需进行施工阶段的验算。

3. 叠合式混凝土楼盖的连接包括板缝连接、支座处连接、主次梁之间的连接等，其连接构造应按施工图或选用的构件标准图集采用。

思考题

1. 装配整体式楼盖的特点是什么？
2. 叠合板的承载力计算与普通现浇楼盖的承载力计算有什么不同？
3. 叠合板桁架钢筋应满足哪些构造要求？
4. 叠合板分离式接缝与整体式接缝有何不同？

微课

项目2小结

拓展阅读

经典书籍推介

项目 3　混凝土结构设计

微课

项目3学习指引

思维导图

混凝土结构设计
- 框架结构设计
  - 框架结构布置
  - 框架结构计算
  - 框架结构构造要求
- 剪力墙结构设计
  - 剪力墙结构受力特点
  - 剪力墙结构设计要点
  - 剪力墙结构构造要求
- 框架-剪力墙结构设计
  - 框架-剪力墙结构受力特点
  - 框架-剪力墙结构设计要点
  - 框架-剪力墙结构构造要求
- 筒体结构设计
  - 筒体结构受力特点
  - 筒体结构设计要点
  - 筒体结构构造要求
- 装配式混凝土结构设计
  - 结构体系
  - 部品部件类型
  - 设计要点

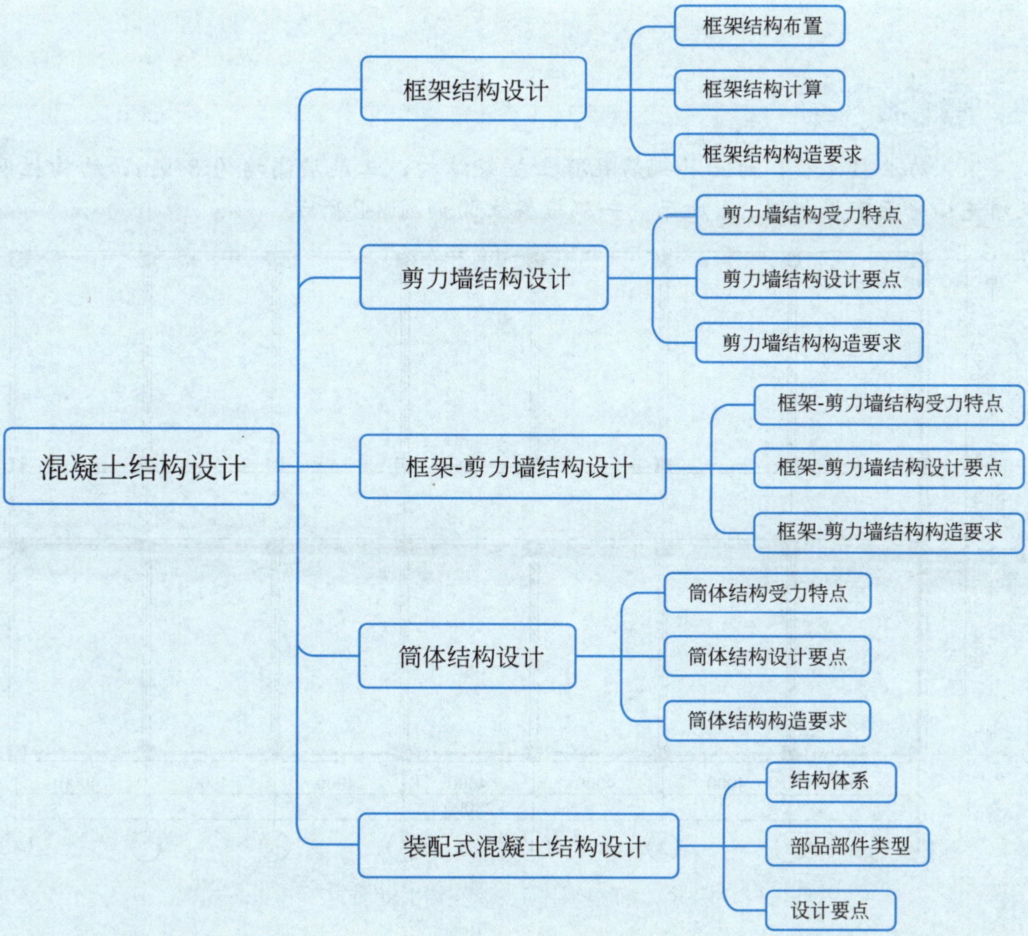

引入案例

上海金茂大厦是位于中国上海陆家嘴的一栋摩天大楼，是以办公为主，集商贸、宾馆、观光、会议等设施于一体的综合型大厦，该建筑占地面积 2.4 万 m^2，总建筑面积 29 万 m^2，主楼 88 层，高度 420.5m，建筑外观属塔型建筑。

本工程主体结构形式为框架-核心筒，中间的核心筒呈八边形布置。主体外侧有 16 根巨型型钢-钢筋混凝土柱，结构分别在 24~26 层、51~53 层、85~87 层设置 3 道钢结构外伸桁架将巨型柱与核心筒相互连接成为一个整体，进而提高结构的整体抗侧移刚度。

常见的钢筋混凝土结构体系包括哪些结构形式？每种混凝土结构形式的设计要点和构造要求又是什么呢？

任务 3.1 现浇混凝土多层框架结构设计

任务描述

××办公楼工程，为三层钢筋混凝土框架结构，三层层高均为 3.9m，结构柱网及填充墙平面布置如图 3-1 所示，一榀框架立面如图 3-2 所示。

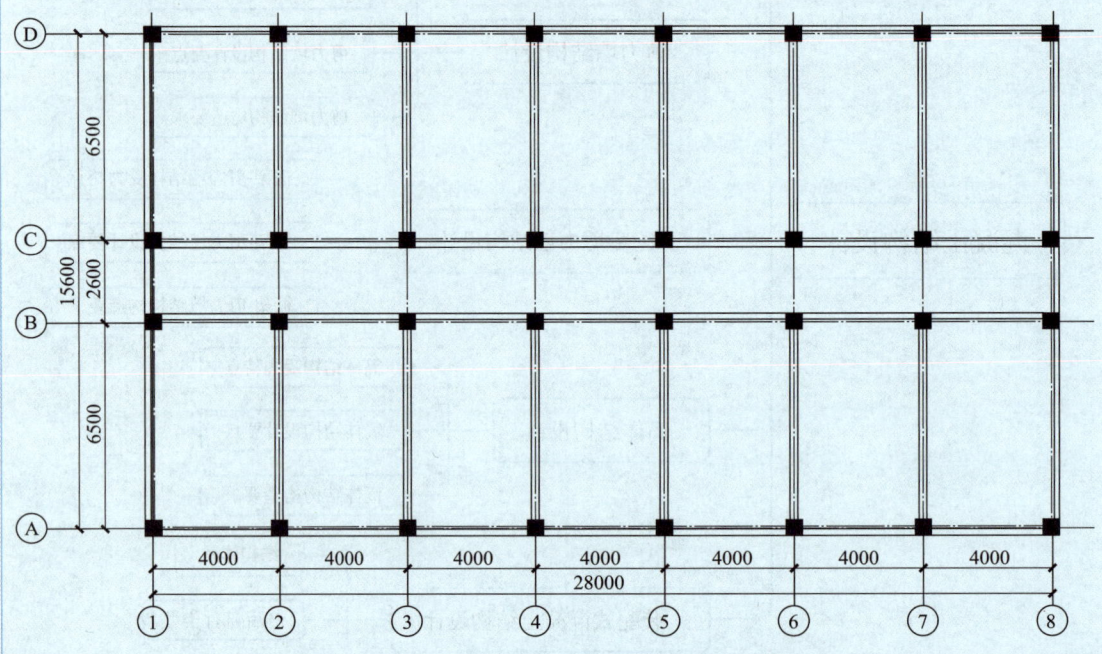

图 3-1 结构柱网及填充墙平面布置

（1）屋盖做法：100mm 厚现浇钢筋混凝土屋面板，120mm 厚 1:8 水泥珍珠岩，20mm 厚水泥砂浆找平层，二毡三油绿豆砂保护层，15mm 厚纸筋石灰抹底，不上人屋面。

（2）楼板做法：100mm 厚现浇钢筋混凝土楼板，25mm 厚水泥砂浆面层，15mm 厚纸筋石灰抹底。

（3）室内所有门均为木门，窗户为钢窗。

（4）场地粗糙度为 B 类，基本风压为 0.40kN/m²。雪荷载标准值为 0.30kN/m²。

（5）内、外墙厚均为 200mm，采用粉煤灰轻渣空心砌块，墙体两侧抹灰厚 15mm。室内外高差为 450mm，基础顶至室外地面高为 550mm，屋面檐口处女儿墙高 500mm，灰砂砖砌筑，平均厚为 100mm，钢筋混凝土浇筑。

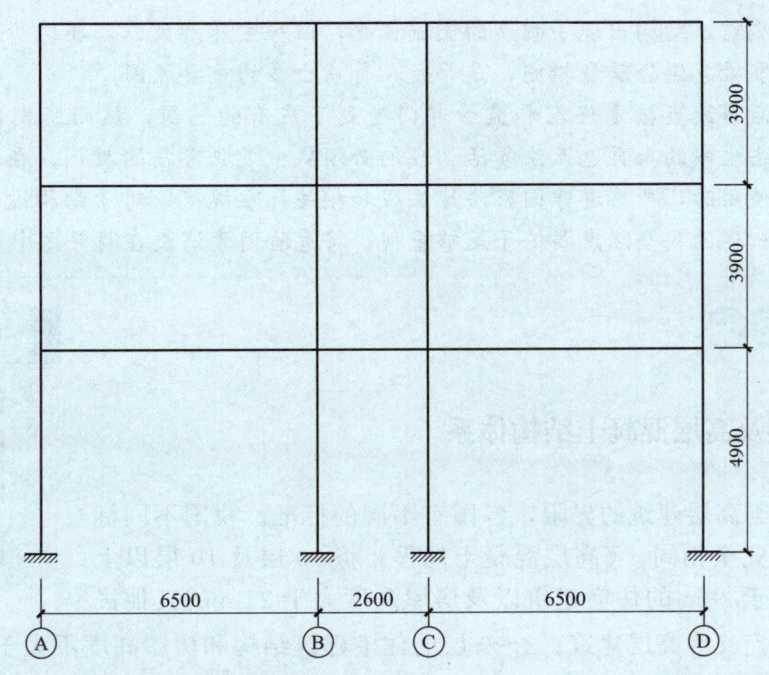

图 3-2　一榀框架立面

试对该框架结构进行设计。

 学习目标

知识目标：

1. 了解多层和高层结构体系。

2. 熟悉多层框架结构布置方式。

3. 掌握框架结构计算简图、竖向荷载和水平荷载作用下的内力近似计算、作用效应组合原理及框架配筋计算。

能力目标：

具备简单多层框架结构设计的能力。

育人目标：

培养学生规范意识、安全意识、精益求精和团结协作的能力。

 典型案例

"4·29"长沙自建房坍塌事故

2022年4月29日，湖南长沙市望城区金山桥街道金坪社区一居民自建房发生倒塌事故。事故导致54人死亡，9人受伤。事故调查组查明，事故的主要原因是房主违法违规将原五层（局部六层）房屋扩建到八层（局部九层）后，荷载大幅度增加，导致二层东侧柱和墙超出了极限承载力，出现了受压破坏并持续发展，最终造成房屋整体倒塌。

　　房屋倒塌前，结构出现了明显的倒塌征兆，但房主麻痹大意，拒绝听从劝告，并没有及时采取紧急避险疏散措施，是导致人员伤亡多的重要原因。

　　虽然最后事故直接责任人和监管部门受到了应有的惩罚，然而悲剧已经不可挽回，那些失去生命的人再也无法复活。我们必须从中吸取惨痛的教训，在进行结构设计、施工和使用时，严格遵守国家法律法规和相关标准规范，对于结构设计、施工和使用过程中出现的安全隐患要给予足够重视，将危险因素消灭在萌芽之中。

　相关知识

微课

多层及高层混凝土结构体系

3.1.1　多层及高层混凝土结构体系

　　关于多层与高层建筑的界限，各国有不同的标准。我国不同标准的定义也不完全相同。《高层混凝土规程》将 10 层及 10 层以上或房屋高度大于 28m 的住宅建筑以及房屋高度大于 24m 的其他民用建筑混凝土定义为高层建筑。2～9 层的住宅建筑结构和房屋高度不大于 28m 的住宅建筑及房屋高度不大于 24m 的其他民用建筑结构定义为多层建筑。

　　高层建筑结构具有以下特点：

　　（1）高层建筑可以利用较小的占地面积获得更大的建筑面积，缓解城市中用地紧张的局面，提供更多的空闲场地，以便用作绿化和休闲场地，有利于美化环境，但是过于密集的高层建筑也会对城市造成热岛效应或影响建筑物周边地域的采光。

　　（2）高层建筑还需满足房屋的竖向交通、消防、设备（水暖电）运行要求，公摊率增加，用户实际使用建筑面积减小。

　　（3）建筑自重和楼面活荷载在竖向构件中所引起的轴力和弯矩与楼房的高度一次方成正比，而水平荷载对结构产生的倾覆力矩和在竖向杆件中产生的轴力，却与楼房高度的二次方成正比，因此水平荷载（即风荷载和地震作用）通常起控制作用。

　　（4）结构侧向位移是控制高层建筑结构的重要因素。随着建筑物高度增加，水平荷载下结构侧移迅速增大，将导致承重构件或非承重构件（填充墙等）出现不同程度的损坏；而且摆动幅度过大，会使在高层建筑中工作或居住的人感到不适，因而结构在水平荷载作用下层间位移应控制在规范规定的某一限值范围内。

　　（5）采用框架体系或框架-剪力墙体系的高层建筑中，框架中柱的轴压应力往往大于边柱的轴压应力，中柱的轴向压缩变形大于边柱的轴向压缩变形。当房屋很高时，这种轴向变形的差异将会达到较大的数值，其后果相当于连续梁中间支座沉陷，从而使连续梁中间支座处的负弯矩值减小，跨中正弯矩值和端支座负弯矩值增大。

　　目前，多层房屋多采用砌体结构和钢筋混凝土结构，高层房屋常采用钢筋混凝土结构、钢结构、钢-混凝土混合结构。本项目学习钢筋混凝土多层与高层房屋。

　　1. 框架结构

　　框架结构是由板、梁、柱、基础组成的空间受力体系（图 3-3）。其中板、梁属于水平

构件，柱属于竖向构件，梁柱交接处的框架节点应为刚接，构成双向梁柱抗侧力体系。

框架结构建筑平面布置灵活，结构构件类型少，易于满足生产工艺和使用要求，具有较高的承载力和较好的整体性，因此，广泛应用于多高层办公楼、医院、旅馆、教学楼、住宅和多层工业厂房。但由于框架在水平荷载作用下其侧向刚度小、水平位移较大，因此建筑高度受到限制。非抗震设计最大适用高度 70m。

图 3-3 框架结构

2. 剪力墙结构

剪力墙结构是由纵向和横向钢筋混凝土墙体互相连接构成的承重空间结构体系（图 3-4），用以抵抗竖向及水平作用，剪力墙具有较高的抗侧移能力。

一般情况下，剪力墙结构楼盖内不设梁，楼板直接支承在墙上，剪力墙既承受水平荷载作用，又承受全部的竖向荷载作用，同时也兼作建筑物的围护构件（外墙）和内部各房间的分隔构件（内墙）。

钢筋混凝土剪力墙结构横墙多，侧向刚度大，整体性好，对承受水平力有利；无凸出墙面的梁柱，整齐美观，特别适合居住建筑，并可使用大模板、隧道模、滑升模板等先进施工方法，利于缩短工期，节省人力。但剪力墙体系的房间划分受到较大限制，因而一般用于住宅、公寓、旅馆等开间要求较小的建筑，非抗震设计最大适用高度 150m。

当高层剪力墙结构的底部要求有较大空间时，可将底部一层或几层部分落地剪力墙取消，再用框支梁代替，形成部分框支-剪力墙体系（图 3-5）。但这种墙结构属竖向不规则结构，抵抗水平荷载能力较差。

由钢筋混凝土墙体整体浇筑成的建筑叫剪力墙结构建筑

图 3-4 剪力墙结构

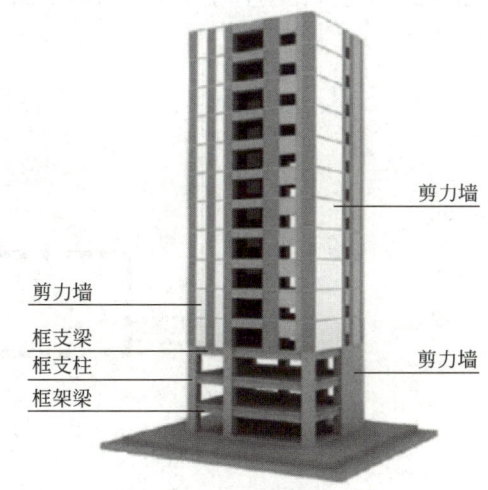

剪力墙

剪力墙

框支梁

框支柱

剪力墙

框架梁

图 3-5 部分框支-剪力墙体系

3. 框架-剪力墙结构

当框架结构的抗侧移能力不足时，在框架结构中增设钢筋混凝土剪力墙，使框架和剪

图 3-6　框架-剪力墙结构

力墙结合在一起共同承受竖向和水平力，这种结构即框架-剪力墙结构，简称框-剪结构（图 3-6）。在框-剪结构中，剪力墙可以是单片墙体，也可以是电梯井、楼梯井、管道井组成的封闭式井筒。

框架-剪力墙结构中绝大部分水平力由剪力墙承担，而竖向荷载主要由框架承受，因此其房屋适用高度比框架结构更高；同时由于它只在部分位置上有剪力墙，保持了框架结构平面布置灵活、立面处理易于变化等优点；此外，这种结构体系的侧向刚度比框架结构大，因此其抗震性能也较好。所以，框架-剪力墙结构在多层及高层办公楼、旅馆等建筑中得到了广泛应用，非抗震设计最大适用高度 150m。

4. 筒体结构

当建筑物的层数多、高度大、抗震设防烈度高时，需要采用抗侧刚度更大、空间受力性能更强的结构体系，筒体结构体系就是其中之一。

筒体结构是由剪力墙体系和框架-剪力墙体系演变发展而成的，是将剪力墙或密柱框架（框筒）围合成侧向刚度更大的筒状结构，以筒体承受竖向荷载和水平荷载的结构体系。其受力与一个固定于基础上的筒形悬臂构件相似。

根据开孔的多少，筒体有空腹筒和实腹筒之分。实腹筒一般由电梯井、楼梯间、管道井等形成，开孔少，因其常位于房屋中部，故又称核心筒（图 3-7a）。空腹筒又称框筒（图 3-7b），由布置在房屋四周的密排立柱（柱距一般 2.0～3.0m，不宜大于 4.0m）和截面高度很大的横梁（称为窗裙梁，梁高一般 0.6～1.2m，截面宽度为 0.3～0.5m）组成，整个结构高宽比不宜小于 3，结构平面的长度比不宜大于 2。

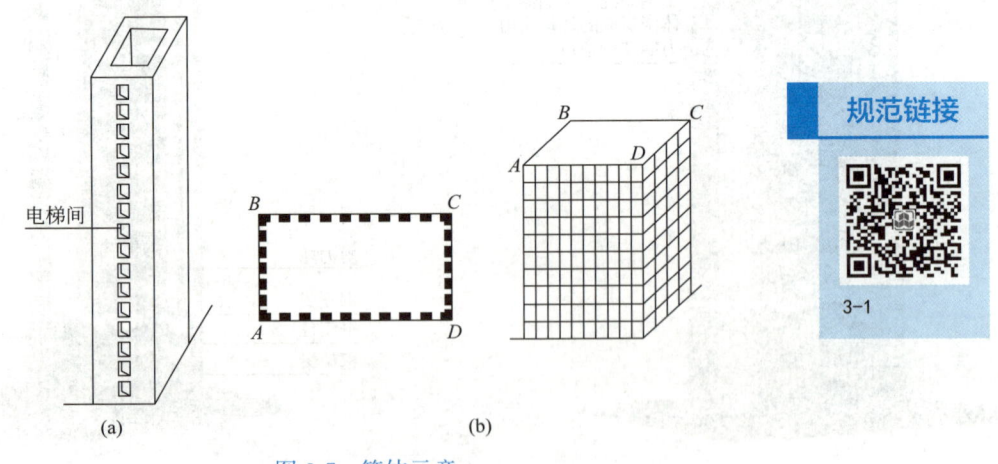

规范链接

3-1

图 3-7　筒体示意
（a）实腹筒；（b）空腹筒

根据房屋高度及其所受水平力的不同，筒体体系可以布置成核心筒结构、框筒结构、筒中筒结构、框架-核心筒结构、成束筒结构和多重筒结构等形式（图 3-8）。筒中筒结构通常用框筒作外筒，实腹筒作内筒。

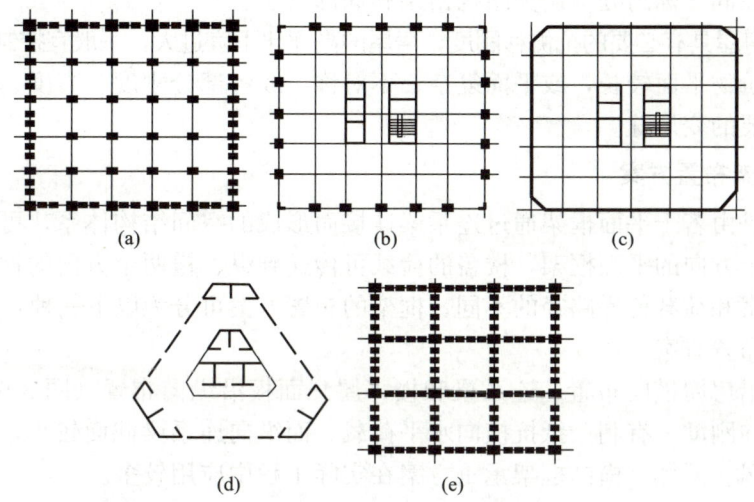

(a)   (b)   (c)

(d)   (e)

图 3-8 筒体体系的类型

（a）典型框筒；（b）框架-核心筒；（c）筒中筒；（d）多重筒；（e）成束筒

混合结构体系

　　混合结构体系是指将传统混凝土结构和现代钢结构结合在一起的一种建筑结构体系。它通常采用混凝土基础和钢柱、钢梁、钢板等组成的钢结构，而建筑物的立面、屋顶等部位则采用混凝土结构。这种结构体系具有钢结构的轻盈、高强度和混凝土结构良好的耐久性、保温隔热性等优点，同时避免了传统混凝土结构重量大、施工周期长等问题。因此，混合结构体系在现代建筑工程中得到了广泛的应用，如：广东深圳湾超级总部大楼、江苏南京紫峰大厦等。

3.1.2 多层框架结构布置

微课

多层框架结构布置

1. 框架结构布置原则

　　框架结构房屋的结构布置，包括柱网的布置和梁的布置。关于梁的布置，在项目 2 钢筋混凝土楼盖设计中已经学习。需要注意的是，框架结构应设计为双向梁柱抗侧力体系，因此相邻柱之间纵横方向一般均应有框架梁连接。下面主要讲述柱网的布置。

　　框架结构房屋的柱网布置是结构方案的一个重要组成部分。框架结构平面布置既要考虑建筑规划用地、使用功能要求，又要兼顾结构受力合理、方便施工、经济等因素。

　　（1）房屋开间、进深宜尽可能统一，使房屋中构件类型、规格尽可能减少，以便于工程设计和施工。

　　（2）房屋平面应力求简单、规则、对称，减少偏心，以使受力更合理。

（3）房屋的竖向布置应使结构刚度沿高度分布比较均匀，避免结构刚度突变。同一楼面应尽量设置在同一标高处，避免结构错层和局部夹层。

（4）为使房屋具有必要的抗侧移刚度，房屋的高宽比不宜过大，一般宜控制在 $H/B \leqslant 5$。

（5）当建筑物平面较长，或平面复杂、不对称，或各部分刚度、高度、重量相差悬殊时，须设置必要的变形缝。

2. 承重框架布置方案

框架结构是由若干平面框架通过连系梁连接而形成的空间结构体系，可将空间框架分解成纵、横两个方向的平面框架，楼盖的荷载可传递到纵、横两个方向的框架上。根据框架楼板布置方案和荷载传递路径的不同，框架的布置方案可分为以下三种：

（1）横向布置方案

框架主梁沿房屋横向布置，连系梁和楼（屋）面板沿纵向布置（图3-9a）。横向框架具有较大的横向刚度，有利于抵抗横向水平荷载。而纵向连系梁截面较小，有利于房屋室内的采光和通风。因此，横向框架承重方案在实际工程中应用较多。

（2）纵向布置方案

框架主梁沿房屋纵向布置，楼板和连系梁沿横向布置（图3-9b）。纵向框架承重方案中，横向连系梁的高度较小，有利于设备管线的穿行，可获得较高的室内净空，且开间布置较灵活，室内空间可以有效地利用。但其横向刚度较差，在民用建筑中一般采用较少。

（3）纵横向布置方案

沿房屋的纵向和横向都布置框架主梁（图3-9c）。采用这种布置方案，可使两个方向都获得较大的刚度，因此，柱网尺寸为正方形或接近正方形，适用于地震区的多层框架房屋，以及由于工艺要求需双向承重的厂房。

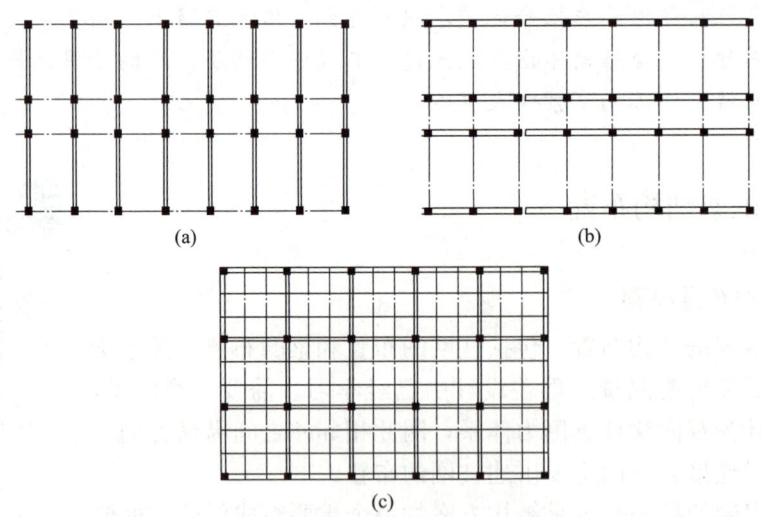

(a)　　　　　　　　(b)

(c)

图3-9　承重框架布置方案

（a）横向布置；（b）纵向布置；（c）纵横向布置

3. 柱网尺寸及层高

框架结构的柱网尺寸为平面框架的跨度（进深）及其间距（开间）的平面尺寸。框架结构房屋的柱网和层高，既要满足建筑功能和生产工艺的要求，又要使结构受力合理，施工方便经济，有利于装配化、定型化和工业化。

（1）柱网布置应满足生产工艺的要求

在多层工业厂房设计中，生产工艺的要求是柱网布置的主要依据。柱网布置方式主要有内廊式、等跨度和对称不等跨度组合式等几种（图3-10a～c）。

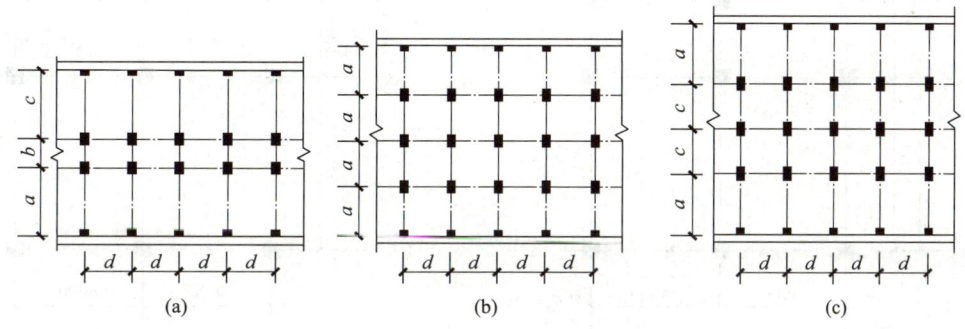

图 3-10　框架结构柱网布置

（a）内廊式；（b）等跨度组合式；（c）对称不等跨度组合式

内廊式柱网一般为对称三跨，边跨跨度一般采用 6m、6.6m 和 6.9m 三种，中间走廊跨度常为 2.4m、2.7m、3m 三种，开间方向柱距为 3.6～7.2m。等跨度组合式具有较大的空间，便于布置生产流水线。等跨度组合式柱网常用跨度为 6m、7.5m、9m 和 12m 四种，柱距采用 6m。对称不等跨度组合式柱网一般用于建筑平面宽度较大的厂房，常用柱网尺寸有（5.8m＋6.2m＋6.2m＋5.8m）×6.0m、（8m＋12m＋8m）×6m、（7.5m＋7.5m＋12m＋7.5m＋7.5m）×6m 等。

工业建筑底层往往有较大设备和产品，甚至有起重运输设备，故底层层高一般较大。多层厂房的层高一般为 3.9m、4.5m、4.8m、5.4m，民用房屋的常用层高为 3m、3.6m、3.9m 和 4.2m。柱网和层高通常以 300mm 为模数。

（2）柱网布置应满足建筑平面布置的要求

在旅馆、办公楼等民用建筑中，建筑平面一般布置成两边为客房或办公用房，中间为走道的内廊式平面（图3-11a）。这时可将中柱布置在走道两侧，或者取消一排柱子，布置成两跨框架（图3-11b）。因此，柱网布置应与建筑分隔墙的布置相协调。

（3）柱网布置要使结构受力合理

多层框架主要承受竖向荷载。柱网布置时，应考虑使结构在竖向荷载作用下内力分布均匀合理，各构件材料均能充分利用。

（4）柱网布置应便于施工

建筑设计及结构布置时应考虑到施工方便，以加快施工进度、降低工程造价、保证施工质量。对于装配式建筑，在满足运输及吊装的前提下，要考虑构件尺寸的模数化、标准化，尽量减少规格种类，以满足工业化生产要求，加快施工进度。对于现浇框架，可不受建筑模数和构件标准的限制，在结构布置时尽可能使梁板布置简单规则，以方便施工。

4. 变形缝的设置

变形缝根据设置原理不同分为伸缩缝、沉降缝、防震缝三种。

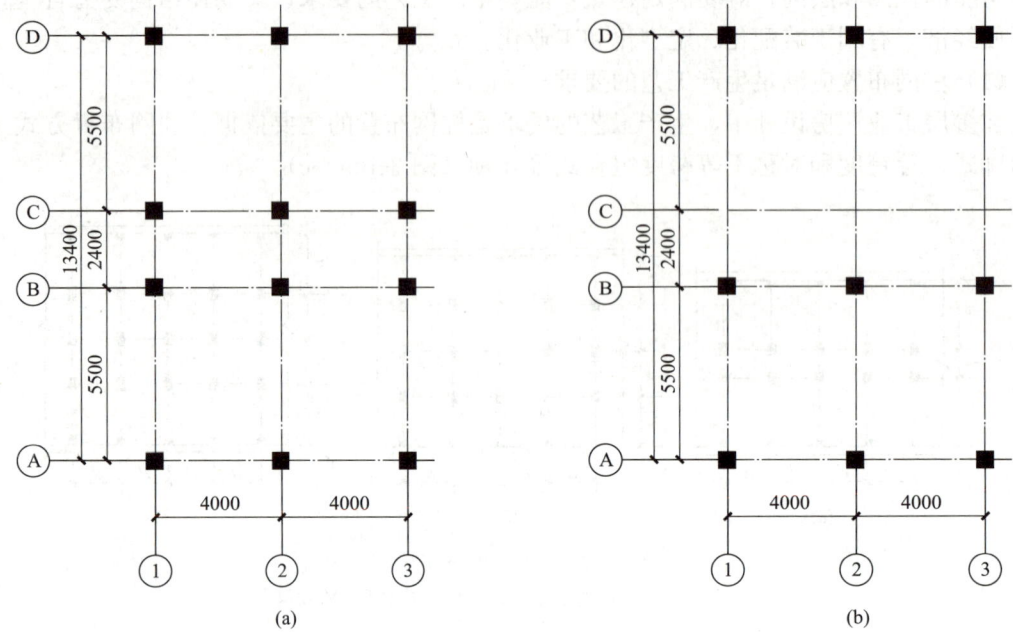

图 3-11　某办公楼柱网布置

（a）三跨；（b）两跨

伸缩缝是为了避免温度应力和混凝土收缩应力使房屋产生裂缝而设置的，主要与结构的长度有关。《混凝土标准》对钢筋混凝土结构伸缩缝的最大间距作了规定，见表 3-1。

钢筋混凝土结构伸缩缝最大间距（m）　　　　　　　　表 3-1

结构类别		室内或土中	露天
排架结构	装配式	100	70
框架结构	装配式	75	50
	现浇式	55	35
剪力墙结构	装配式	65	40
	现浇式	45	30
挡土墙、地下室墙壁等类结构	装配式	40	30
	现浇式	30	20

注：1. 装配整体式结构的伸缩缝间距，可根据结构的具体情况取表中装配式结构与现浇式结构之间的数值；
　　2. 框架剪力墙结构或框架核心筒结构房屋的伸缩缝间距，可根据结构的具体情况取表中框架结构与剪力墙结构之间的数值；
　　3. 当屋面无保温或隔热措施时，框架结构、剪力墙结构的伸缩缝间距宜按表中露天栏的数值取用；
　　4. 现浇挑檐、雨罩等外置结构的局部伸缩缝间距不宜大于 12m。

沉降缝是为了避免地基不均匀沉降使房屋构件中产生裂缝而设置的，由沉降不均匀导致的裂缝主要发生在以下部位：土层的物理力学指标相差较大处；基础形式或地基处理方法不同处；房屋高度、竖向荷载或基础刚度有较大变化处；新旧建筑结合处等。对于以上情况，沉降缝必须将建筑物从基础到屋顶全部分开。

在地震区还需要按规定设置防震缝。防震缝的设置应使各结构单元简单规则，刚度和质量分布均匀，以避免地震作用下的扭转效应。为避免各单元之间的结构在地震发生时互相碰撞，防震缝的宽度不得小于100mm，同时，对于框架结构房屋，当高度超过15m时，6度、7度、8度和9度相应每增加高度5m、4m、3m和2m，防震缝宽度宜加宽20mm。

在非地震区的沉降缝和伸缩缝可以合并设置；在地震区的伸缩缝或沉降缝可以代替防震缝，但应符合防震缝的要求。当仅需设置防震缝时，地下室、基础可不设，但在防震缝处应加强构造和连接。

在多高层建筑中，由于变形缝的设置会给建筑设计带来一系列的困难，如屋面防水处理、地下室渗漏、立面效果处理等，因此应尽量少设缝或不设缝，这可简化构造、方便施工、降低造价、增强结构整体性和空间刚度。可采取以下措施来减少设缝：

（1）建筑结构设计措施：在进行建筑设计时，设计师可以通过调整建筑平面形状、尺寸、体型等措施，或者在结构设计时，设计师通过选择节点连接方式、配置构造钢筋、设置刚性层等措施来减少设缝。

（2）施工措施：在施工方面，可通过分段施工、设置后浇带、做好保温隔热层等措施，来防止由于混凝土收缩、不均匀沉降、地震作用等因素所引起的结构或非结构构件的损坏。

当建筑物平面较狭长，或形状复杂、不对称，或各部分刚度、高度、重量相差悬殊，且上述措施都无法解决时，则需要设置伸缩缝、沉降缝、防震缝。

伸缩缝、沉降缝、防震缝三者的关系是什么？是否可以合并布置？

3.1.3 框架结构计算简图

微课

框架结构计算简图

1. 框架梁柱的截面尺寸

（1）框架梁

框架梁的截面形式，现浇框架多做成矩形，装配整体式框架多做成花篮形，装配式框架可做成矩形、T形或花篮形等（图3-12a）。连系梁的截面多做成T形、Γ形、L形、⊥形、Z形等（图3-12b）。

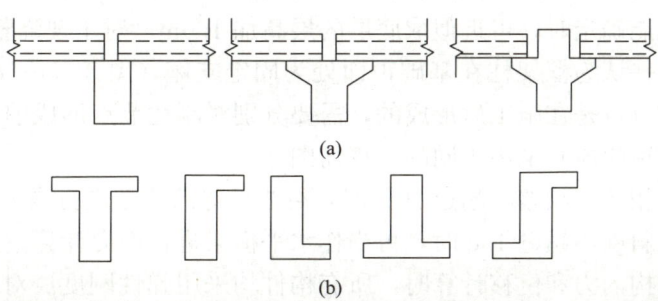

(a)

(b)

图3-12 梁的截面形状

（a）框架梁；（b）连系梁

在初步设计时，设计师通过估算或经验选定梁柱截面尺寸，然后根据承载力及变形验算检查所选尺寸是否合理。框架梁截面高度 h_b 可根据跨度 l_0（l_0 为框架梁的计算跨度）确定，h_b 一般取（$1/18\sim1/10$）l_0；为防止梁发生剪切破坏，梁高 h_b 不宜大于 $l_n/4$（l_n 为梁净跨）。

框架梁截面宽度取 $b_b=$（$1/3\sim1/2$）. h_b，为了使端部节点传力可靠，框架梁宽 b_b 不宜小于柱宽的 $1/2$，截面高宽比不宜大于 4。《混凝土通规》规定，**矩形截面框架梁的截面宽度不应小于 200mm**。为了便于施工，一般梁的截面高度和宽度应符合模数要求，通常取 50mm 的倍数。框架梁底部通常较非框架梁底部低 50mm 以上，以避免框架节点处纵、横钢筋相互干扰。

（2）框架柱

框架柱的截面形式一般做成矩形、方形、圆形或多边形。错层处框架柱的截面高度不应小于 600mm。柱的截面高度与宽度之比不宜大于 3，柱的净高与截面高度之比不宜小于 4。《混凝土通规》规定，**矩形截面框架柱的边长不应小于 300mm，圆形截面柱的直径不应小于 350mm**。

框架柱的截面尺寸宜考虑框架梁纵向钢筋的锚固要求（纵向钢筋伸入边柱节点的水平长度不小于 $0.4l_{ab}$）。此外，还应满足轴压比的限值要求。工程中常用的框架柱截面尺寸是 $400mm\times400mm$、$450mm\times450mm$、$500mm\times500mm$、$550mm\times550mm$、$600mm\times600mm$ 等。

2. 框架结构计算简图

实际工程中，框架结构是由横向框架和纵向框架组成的空间受力体系，为简化计算，常忽略结构的空间联系，并忽略各构件的抗扭作用，将纵向框架和横向框架分别按平面框架进行分析和计算（图 3-13）。由于作用在楼面和屋面的荷载一般是均匀分布的，因此可以单独选取一榀有代表性的框架作为计算单元进行结构计算。取出来的平面框架承受阴影范围内计算单元的水平荷载（图 3-13b），而竖向荷载则需按楼盖结构的布置方案确定，当采用现浇楼盖时，楼面分布荷载一般可按 45°平分线传至两侧相应的梁上。

在框架结构计算简图中，杆件用几何轴线来定位，杆件之间的连接用节点表示，杆件长度用节点间的距离表示。框架梁的跨度取柱子轴线之间的距离，当上下层柱截面尺寸变化时，一般以最小截面的形心线来确定。框架柱的实际长度可取相应的结构层高，即本层楼盖顶面至上层楼盖顶面的高度，但底层的层高则应取基础顶面到一层楼盖顶面之间的距离，当基础标高未能确定时，可近似取底层的层高加 1.0m。对于现浇整体式框架，将梁、柱节点视为刚接，并认为框架柱在基础顶面处为固定支座（图 3-13c、d）。对于装配整体式框架，由于刚性节点是在施工后形成的，需要分别对刚性节点形成前（施工阶段）和刚性节点形成后（使用阶段）采用不同的计算简图。

框架各跨跨度相等或相差不超过 10% 时，可当作等跨框架进行内力计算；屋面斜梁或折线形横梁，当倾斜度不超过 1/8 时，可当作水平横梁进行内力计算。

在进行框架结构内力和位移计算时，所有构件均采用弹性刚度。对于现浇楼板，需要考虑楼板作为翼缘对梁的有利影响；对于装配整体式楼面，其整体性相对现浇楼板稍弱；对于无现浇面层的装配式楼板，梁、板、柱未形成整体，故板的作用不予考虑。

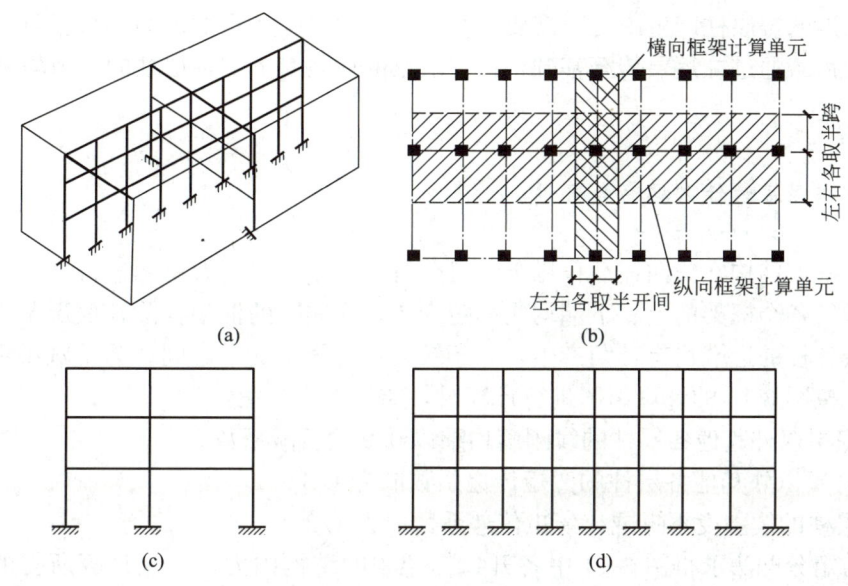

图 3-13 框架结构的计算简图

（a）空间框架；（b）框架平面图；（c）横向框架；（d）纵向框架

通常假定截面惯性矩沿轴线不变，并考虑楼板与梁的共同工作，框架梁截面惯性矩可按以下规定计算：

① 对现浇楼盖，中间榀框架梁 $I_b=2.0I_0$，边榀框架梁 $I_b=1.5I_0$，其中 I_0 为矩形梁的截面惯性矩；

② 对装配整体式楼盖，中间榀框架梁 $I_b=1.5I_0$，边榀框架梁 $I_b=1.2I_0$；

③ 对装配式楼盖，则取 $I_b=I_0$。

3. 框架结构上的荷载

作用于框架结构上的荷载有竖向荷载和水平荷载两种。竖向荷载包括结构与构造层自重、楼（屋）面活荷载，一般为均布荷载，有时也有集中荷载；水平荷载包括风荷载和水平地震作用，一般均简化成作用于框架节点的水平集中力。

荷载计算的具体方法见项目1建筑结构设计入门。

3.1.4 框架结构内力与变形

1. 竖向荷载下框架结构内力与变形

竖向荷载作用下内力与变形的近似手算方法有分层法、弯矩二次分配法和迭代法等。对于规则框架，常采用弯矩二次分配法、分层法计算；对于不规则框架，可采用迭代法进行计算。下面重点介绍分层法计算。

框架结构在竖向荷载作用下的内力计算可近似地采用分层法。为简化计算，作如下假定：

① 框架结构在竖向荷载作用下没有水平侧移。

② 每一楼层的竖向荷载对其他各层框架梁、柱内力的影响忽略不计，只对本层框架

微课

竖向框架结构
内力计算

梁及与其相连的楼层柱产生内力。需要注意，上述假定中所指的内力不包括柱的轴力，因为横梁上的荷载通过柱逐层传至基础，任一层梁的荷载对下部各层柱的轴力均有影响。

请思考该假定为什么具有合理性。

这样，框架结构在竖向荷载作用下，可分解为各个开口框架单元进行计算，如图 3-14 所示。这里，各个框架的上、下端均为固定支承，而实际的框架柱除在底层基础处为固定端外，其余各柱的远端均有转角产生，介于铰支承与固定支承之间。为了减小由此所引起的误差，在按图 3-14 的计算简图进行计算时，应作以下修正：

a. 除底层以外其他各层柱的线刚度均乘以 0.9 的折减系数。

b. 除底层以外其他各层柱的弯矩传递系数取为 1/3。

c. 底层柱的线刚度不折减，弯矩传递系数取为 1/2。

采用力矩分配法求得图 3-14 中各开口框架中的结构内力，分层计算所得的各层框架梁的梁端内力即为其最后内力，将相邻上、下两层框架中同层同柱号的柱端内力代数和叠加即为柱的最后内力。注意上述楼层柱的内力不包括柱的轴力，因为框架梁上的荷载通过柱逐层传至基础，任一层梁的荷载对下部各层柱的轴力均有影响。

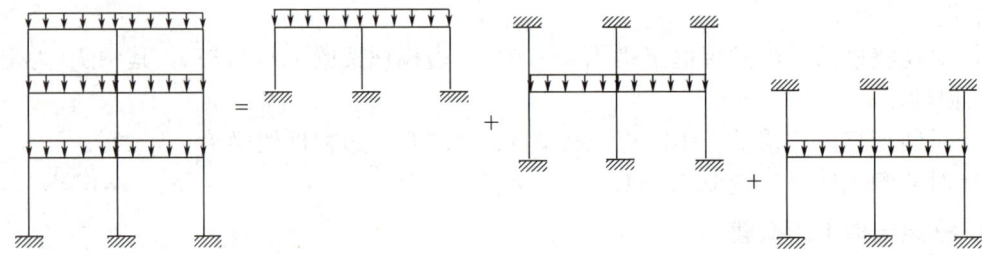

图 3-14　分层法的计算思路与计算简图

由分层法计算所得的框架节点处的弯矩之和常常不等于零。这是由于分层计算单元与实际结构不符所带来的误差。若欲提高精度，可对节点，特别是边节点不平衡弯矩进行二次分配，予以修正。

分层法计算内力的具体步骤如下：

① 绘制出框架结构计算简图；

② 分别计算梁柱的线刚度及相对线刚度，除底层以外其他各层柱的线刚度均乘以 0.9 的折减系数；

③ 根据梁、柱的转动刚度计算各杆件节点弯矩分配系数；

④ 用力矩分配法自上而下分层计算各跨梁在竖向荷载作用下的固端弯矩；

⑤ 从不平衡弯矩较大的节点开始同时进行分配并向远端传递后，再将各节点上的不平衡弯矩进行第二次分配；

⑥ 将各节点对应弯矩代数和相加即为各杆端最终弯矩。

微课

水平荷载下框架结构内力与变形

2. 水平荷载下框架结构的内力与变形

水平荷载在计算时可以转化为作用在框架结构上楼层处的集中力。根据结构力学知识分析得到框架结构在水平作用下的弯矩图（图3-15），各构件的弯矩图均为直线形，在所有杆件内均有一个弯矩为零的点（剪力不为零），称为反弯点。框架结构在水平荷载作用下忽略梁的轴向变形，因此同一层内各节点具有相同的水平侧移，这样同一层内的各柱具有相同的层间位移，注意最后计算的层间位移需要满足规范限值要求。

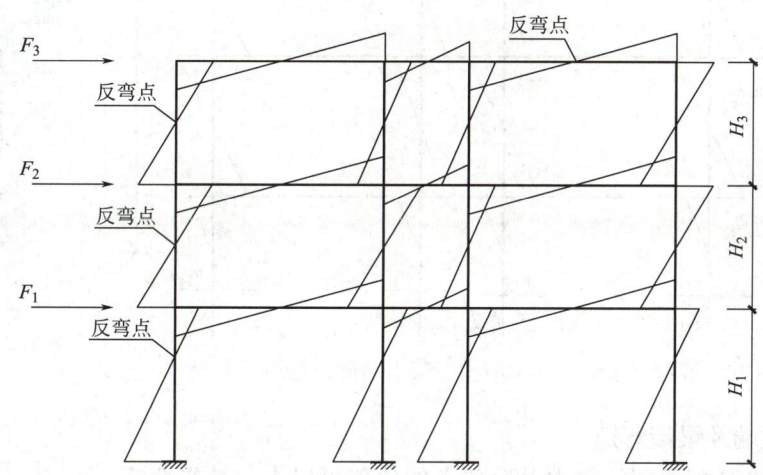

图 3-15　框架结构在水平作用下的弯矩简图

框架结构在水平荷载作用下的内力采用近似计算方法，有反弯点法和 D 值法（修正反弯点法）。这些方法采用的假设不同，计算结果有所差异，但一般都能满足工程设计要求的精度。

（1）反弯点法

根据图 3-15 得出，每层柱都有一个反弯点。如果能确定各柱反弯点的具体位置及其剪力大小，则可以快速方便地算出各柱端弯矩，再根据力的平衡条件求解出梁端弯矩及梁、柱的其他内力。所以对水平荷载作用下的框架内力近似计算，需解决两个主要问题：一是确定各层柱中反弯点处的剪力；二是确定各层柱的反弯点位置。

为便于求得反弯点位置和各柱的剪力，作如下假定：

① 求解柱的剪力时，认为梁的刚度与柱的刚度比无限大，假定各柱上、下端都无转角。

② 底层柱的反弯点位于柱高 2/3 处，其他层的反弯点位于柱高 1/2 处。

③ 梁端弯矩可以根据力的平衡条件可以求解，并按节点左右梁的线刚度比进行分配。

一般认为梁的线刚度与柱的线刚度比大于 3 时，由上述假定求解的结果能够满足工程设计精度要求。

现以图 3-15 框架为例，对反弯点法的具体思路说明如下：

① 确定反弯点的高度

底层柱的反弯点位于柱高 2/3 处，其他层的反弯点位于柱高 1/2 处。

② 求解每根柱的侧移刚度 D

$$D = \frac{12i_c}{h^2}, \quad 其中 \ i_c = \frac{EI}{h} \ 称为柱的线刚度，h \ 为柱高。$$

③ 求解各楼层剪力，并分配到该层每个柱，求出该层各柱剪力

在求解底层各柱剪力时，将框架沿该层各柱的反弯点处切开，即以底层柱反弯点以上部分为隔离体，计算简图如图 3-16 所示。

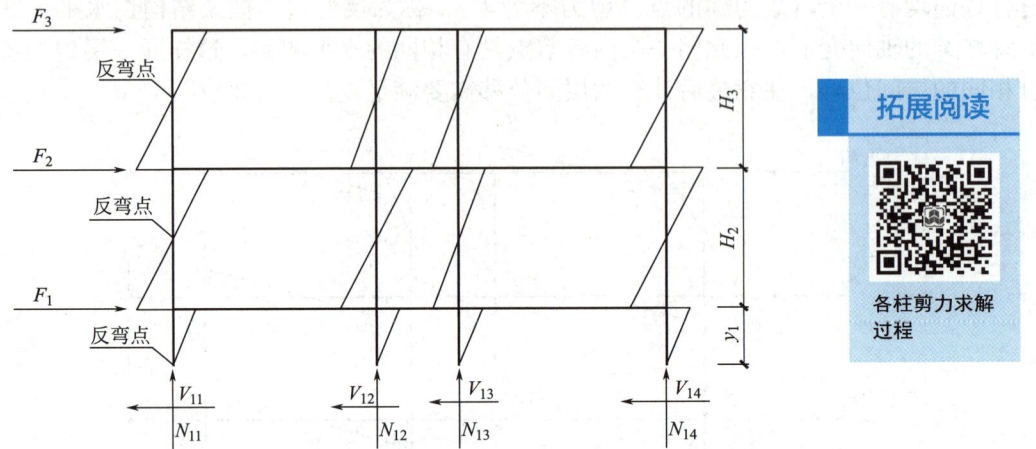

拓展阅读

各柱剪力求解过程

图 3-16　反弯点法求解框架结构底层水平荷载作用下剪力

④ 求解柱端及梁端弯矩

由楼层各柱分配得到的剪力及反弯点的位置可以求出柱端弯矩。

底层柱：上端弯矩为
$$M_{1\pm} = V_{1j} \times \frac{H_1}{3} \tag{3-1a}$$

下端弯矩为
$$M_{1\mathrm{F}} = V_{1j} \times \frac{2H_1}{3} \tag{3-1b}$$

其他楼层：$M_{i\pm} = M_{i\mathrm{F}} = V_{ij} \times \dfrac{H_i}{2}$（$H_i$ 表示其他楼层层高） $\tag{3-2}$

⑤ 根据节点平衡原理求解梁端弯矩

由图 3-17 可知，对于边柱：　$M_b = M_{i\pm} + M_{i+1\mathrm{F}}$ $\tag{3-3}$

对于中柱：
$$M_{b左} = (M_{i\pm} + M_{i+1\mathrm{F}}) \frac{i_{b左}}{i_{b左} + i_{b右}} \tag{3-4a}$$

$$M_{b右} = (M_{i\pm} + M_{i+1\mathrm{F}}) \frac{i_{b右}}{i_{b左} + i_{b右}} \tag{3-4b}$$

式中 $i_{b左}$、$i_{b右}$ 分别为节点左、右端横梁线刚度；$M_{i\pm}$、$M_{i+1\mathrm{F}}$ 为节点处柱上、下端弯矩；M_b 为边节点处梁端弯矩；$M_{b左}$、$M_{b右}$ 为中间节点处梁左端、右端弯矩。

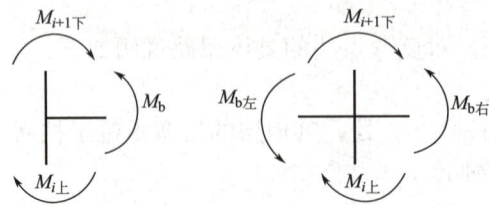

图 3-17　节点处梁端、柱端弯矩

⑥ 以各个梁为隔离体，根据力的平衡原理，求梁端剪力和柱内轴力

按下式梁端剪力：

$$V_b = \frac{M_{b左} + M_{b右}}{l_n} \tag{3-5}$$

式中 l_n 为横梁净跨。

然后自上而下逐层叠加节点左右的梁端剪力，即可得到柱内轴力。

（2）D 值法（修正反弯点法）

框架柱的线刚度不仅和柱本身的线刚度有关，还和与之相交的梁线刚度有关，并且水平荷载作用下各层柱的反弯点并不是固定不变的，因此反弯点的假定与实际情况并不完全相符合，需要对反弯点法中的框架柱侧移刚度进行修正。修正反弯点法也称为 D 值法，是在反弯点法的基础上，考虑了框架梁的线刚度对柱的抗侧移刚度和反弯点高度的影响，是对反弯点法求框架内力时的一种改进计算方法。D 值法的计算精度比反弯点法更高。

① 柱侧移刚度 D 的修正

D 值法考虑了梁的线刚度以后，认为梁柱节点均有转角，柱的侧移刚度有所降低，降低后的侧移刚度为

$$D = \alpha_c \frac{12 i_c}{h^2} \tag{3-6}$$

其中 α_c 为柱侧移刚度修正系数，它反映了节点转动对柱侧向刚度的降低影响，一般情况下 $\alpha_c < 1$。而节点转动的大小取决于梁对节点的转动约束程度，梁线刚度越大，对柱转动的约束能力越大；当梁的线刚度无限大时，节点转角为 0，α_c 就等于 1。表 3-2 列出了各种情况下的柱侧移刚度修正系数 α_c 的计算公式。

柱侧移刚度修正系数 α_c 表 3-2

层别	边柱	中柱	α_c
一般层	i_1 i_c i_3 $\overline{K} = \dfrac{i_1 + i_3}{2 i_c}$	$i_1 \mid i_2$ i_c $i_3 \mid i_4$ $\overline{K} = \dfrac{i_1 + i_2 + i_3 + i_4}{2 i_c}$	$\alpha_c = \dfrac{\overline{K}}{2 + \overline{K}}$
底层	i_5 i_c $\overline{K} = \dfrac{i_5}{i_c}$	$i_5 \mid i_6$ i_c $\overline{K} = \dfrac{i_5 + i_6}{i_c}$	$\alpha_c = \dfrac{0.5 + \overline{K}}{2 + \overline{K}}$

② 柱反弯点高度的修正

实际每层反弯点的位置并不是固定不变的，它与柱上、下端转角有关。当柱上、下端转角相同时，柱反弯点位于层高中点位置。当柱上、下端的转角不同时，反弯点的位置会偏向转角较大的一端，即反弯点向横梁刚度较小、层高较大的一端移动。因此影响反弯点

位置的因素主要有：梁柱线刚度比、上下层梁相对线刚度比、总层数、层高、柱所在楼层位置等，下面分别讨论这些影响因素。

a. 标准反弯点高度比 y_0

规则框架结构在等高、等跨、各层梁和柱的线刚度都相同的情况下，在节点水平集中荷载作用下求得的反弯点高度比称为标准反弯点高度比 y_0。其值与框架的总层数 m、该柱所在层次 n 以及梁柱线刚度比 $\bar{K}$ 以及荷载形式有关，具体数值可以查表 3-3 得到。

规则框架承受均布水平力作用时标准反弯点高度比 y_0 值　　　　表 3-3

m	n	$\bar{K}$ 0.1	0.2	0.3	0.4	0.5	0.6	0.7	0.8	0.9	1.0	2.0	3.0	4.0	5.0
1	1	0.80	0.75	0.70	0.65	0.65	0.60	0.60	0.60	0.60	0.55	0.55	0.55	0.55	0.55
2	2	0.45	0.40	0.35	0.35	0.30	0.35	0.40	0.40	0.40	0.40	0.45	0.45	0.45	0.45
	1	0.95	0.80	0.75	0.70	0.65	0.65	0.65	0.60	0.60	0.60	0.55	0.55	0.55	0.55
3	3	0.15	0.20	0.20	0.25	0.30	0.30	0.30	0.35	0.35	0.35	0.40	0.45	0.45	0.45
	2	0.55	0.50	0.45	0.45	0.45	0.45	0.45	0.45	0.45	0.45	0.50	0.50	0.50	0.50
	1	1.00	0.85	0.80	0.75	0.70	0.70	0.65	0.65	0.65	0.60	0.55	0.55	0.55	0.55
4	4	−0.05	0.05	0.15	0.20	0.25	0.30	0.30	0.30	0.30	0.30	0.40	0.45	0.45	0.45
	3	0.25	0.30	0.30	0.35	0.35	0.40	0.40	0.40	0.40	0.45	0.45	0.50	0.50	0.50
	2	0.65	0.55	0.50	0.50	0.45	0.45	0.45	0.45	0.45	0.45	0.50	0.50	0.50	0.50
	1	1.10	0.90	0.80	0.75	0.70	0.70	0.65	0.65	0.65	0.60	0.55	0.55	0.55	0.55
5	5	−0.20	0.00	0.15	0.20	0.25	0.30	0.30	0.30	0.35	0.35	0.40	0.45	0.45	0.45
	4	0.10	0.20	0.25	0.30	0.35	0.35	0.40	0.40	0.40	0.40	0.45	0.50	0.50	0.50
	3	0.40	0.40	0.40	0.40	0.45	0.45	0.45	0.45	0.45	0.45	0.50	0.50	0.50	0.50
	2	0.65	0.55	0.50	0.50	0.50	0.50	0.50	0.50	0.50	0.50	0.50	0.50	0.50	0.50
	1	1.20	0.95	0.80	0.75	0.75	0.70	0.70	0.65	0.65	0.65	0.55	0.50	0.55	0.55
6	6	−0.30	0.00	0.10	0.20	0.25	0.25	0.30	0.30	0.35	0.35	0.40	0.45	0.45	0.45
	5	0.00	0.20	0.25	0.30	0.35	0.35	0.40	0.40	0.40	0.40	0.45	0.50	0.50	0.50
	4	0.20	0.30	0.35	0.35	0.40	0.40	0.40	0.45	0.45	0.45	0.50	0.50	0.50	0.50
	3	0.40	0.40	0.40	0.45	0.45	0.45	0.45	0.45	0.45	0.50	0.50	0.50	0.50	0.50
	2	0.70	0.60	0.55	0.50	0.50	0.50	0.50	0.50	0.50	0.50	0.50	0.50	0.50	0.50
	1	1.20	0.95	0.85	0.80	0.75	0.70	0.70	0.65	0.65	0.65	0.55	0.55	0.55	0.55
7	7	−0.35	−0.05	0.10	0.20	0.20	0.25	0.30	0.30	0.35	0.35	0.40	0.45	0.45	0.45
	6	−0.10	0.15	0.25	0.30	0.35	0.35	0.35	0.40	0.40	0.40	0.45	0.45	0.50	0.50
	5	0.10	0.25	0.30	0.35	0.40	0.40	0.40	0.45	0.45	0.45	0.45	0.50	0.50	0.50
	4	0.30	0.35	0.40	0.40	0.40	0.45	0.45	0.45	0.45	0.45	0.50	0.50	0.50	0.50
	3	0.50	0.45	0.45	0.45	0.45	0.45	0.45	0.45	0.45	0.45	0.50	0.50	0.50	0.50
	2	0.75	0.60	0.55	0.50	0.50	0.50	0.50	0.50	0.50	0.50	0.50	0.50	0.50	0.50
	1	1.20	0.95	0.85	0.80	0.75	0.70	0.70	0.65	0.65	0.65	0.55	0.55	0.55	0.55
8	8	−0.35	−0.15	0.10	0.15	0.25	0.25	0.30	0.30	0.35	0.35	0.40	0.45	0.45	0.45
	7	−0.10	0.15	0.25	0.30	0.35	0.35	0.40	0.40	0.40	0.45	0.45	0.50	0.50	0.50
	6	0.05	0.25	0.30	0.35	0.40	0.40	0.40	0.45	0.45	0.45	0.45	0.50	0.50	0.50
	5	0.20	0.30	0.35	0.40	0.40	0.45	0.45	0.45	0.45	0.45	0.50	0.50	0.50	0.50
	4	0.35	0.40	0.40	0.45	0.45	0.45	0.45	0.45	0.45	0.50	0.50	0.50	0.50	0.50
	3	0.50	0.45	0.45	0.45	0.45	0.45	0.45	0.50	0.50	0.50	0.50	0.50	0.50	0.50
	2	0.75	0.60	0.55	0.55	0.50	0.50	0.50	0.50	0.50	0.50	0.50	0.50	0.50	0.50
	1	1.20	1.00	0.85	0.80	0.75	0.70	0.70	0.65	0.65	0.65	0.55	0.55	0.55	0.55

b. 上下层梁线刚度变化时的柱反弯点高度比修正值 y_1

如果中间层柱的上下端横梁线刚度不同，那么该层柱的上下节点转角不同，反弯点位置就会向横梁线刚度小的位置移动，此时应将 y_0 加以修正，修正值为 y_1。y_1 可根据柱上下端横梁线刚度之比 α_1 及梁柱线刚度比 $\overline{K}$ 查表 3-4 得到。

令 i_1、i_2 分别为柱上端横梁的线刚度，i_3、i_4 分别为柱下端横梁的线刚度：

当 $i_1+i_2 < i_3+i_4$ 时，令 $\alpha_1 = \dfrac{i_1+i_2}{i_3+i_4}$，这时，反弯点应向上移，$y_1$ 取正值；

当 $i_1+i_2 > i_3+i_4$ 时，令 $\alpha_1 = \dfrac{i_3+i_4}{i_1+i_2}$，这时，反弯点应向下移，$y_1$ 取负值；

对于框架结构底层，不考虑 y_1 修正值，即取 $y_1=0$。

上下层横梁线刚度比对 y_0 的修正值 y_1 表 3-4

α_1 \ $\overline{K}$	0.1	0.2	0.3	0.4	0.5	0.6	0.7	0.8	0.9	1.0	2.0	3.0	4.0	5.0
0.4	0.55	0.40	0.30	0.25	0.20	0.20	0.20	0.15	0.15	0.15	0.05	0.05	0.05	0.05
0.5	0.45	0.30	0.20	0.20	0.15	0.15	0.15	0.10	0.10	0.10	0.05	0.05	0.05	0.05
0.6	0.30	0.20	0.15	0.15	0.10	0.10	0.10	0.10	0.10	0.10	0.05	0.05	0.05	0.05
0.7	0.20	0.15	0.10	0.10	0.10	0.10	0.10	0.05	0.05	0.05	0.05	0.05	0.05	0.05
0.8	0.15	0.10	0.05	0.05	0.05	0.05	0.05	0.05	0.05	0.05	0.00	0.00	0.00	0.00
0.9	0.05	0.05	0.05	0.05	0.00	0.00	0.00	0.00	0.00	0.00	0.00	0.00	0.00	0.00

③ 上下层层高变化时柱反弯点高度比修正值 y_2 和 y_3

当某层柱的层高不同于相邻上、下层层高时，反弯点位置会向刚度弱的一端移动，即 y_0 需要修正。

表 3-5 是反弯点位置由上下层层高变化引起的修正。令 α_2 为上层层高与本层层高之比，即 $\alpha_2 = h_上/h$，由表 3-5 可查得修正值 y_2。当 $\alpha_2 > 1$ 时，y_2 为正值，反弯点向上移动；当 $\alpha_2 < 1$ 时，y_2 为负值，反弯点向下移动。

令 α_3 为下层层高与本层层高之比，即 $\alpha_3 = h_下/h$，由表 3-5 可查得修正值 y_3。当 $\alpha_3 < 1$ 时，y_3 为正值，反弯点向上移动；当 $\alpha_3 > 1$ 时，y_3 为负值，反弯点向下移动。

上下层层高变化对 y_0 的修正值 y_2 和 y_3 表 3-5

α_2	α_3	0.1	0.2	0.3	0.4	0.5	0.6	0.7	0.8	0.9	1.0	2.0	3.0	4.0	5.0
2.0		0.25	0.15	0.15	0.10	0.10	0.10	0.10	0.10	0.05	0.05	0.05	0.05	0.00	0.00
1.8		0.20	0.15	0.10	0.10	0.10	0.05	0.05	0.05	0.05	0.05	0.05	0.00	0.00	0.00
1.6	0.4	0.15	0.10	0.10	0.05	0.05	0.05	0.05	0.05	0.05	0.05	0.00	0.00	0.00	0.00
1.4	0.6	0.10	0.05	0.05	0.05	0.05	0.05	0.05	0.05	0.05	0.00	0.00	0.00	0.00	0.00
1.2	0.8	0.05	0.05	0.05	0.00	0.00	0.00	0.00	0.00	0.00	0.00	0.00	0.00	0.00	0.00
1.0	1.0	0.00	0.0	0.00	0.00	0.00	0.00	0.00	0.00	0.00	0.00	0.00	0.00	0.00	0.00
0.8	1.2	−0.05	−0.05	−0.05	0.00	0.00	0.00	0.00	0.00	0.00	0.00	0.00	0.00	0.00	0.00
0.6	1.4	−0.10	−0.05	−0.05	−0.05	−0.05	−0.05	−0.05	−0.05	0.00	0.00	0.00	0.00	0.00	0.00
0.4	1.6	−0.15	−0.10	−0.10	−0.05	−0.05	−0.05	−0.05	−0.05	−0.05	−0.05	0.00	0.00	0.00	0.00
	1.8	−0.20	−0.15	−0.10	−0.10	−0.10	−0.05	−0.05	−0.05	−0.05	−0.05	0.00	0.00	0.00	0.00
	2.0	−0.25	−0.15	−0.15	−0.10	−0.10	−0.10	−0.10	−0.05	−0.05	−0.05	−0.05	0.00	0.00	0.00

注意：顶层柱不考虑 y_2 修正值，即取 $y_2=0$；底层柱不考虑 y_3 修正值，即取 $y_3=0$。

综上，框架各层柱的反弯点高度 yh 可由下式求出：

$$yh=(y_0+y_1+y_2+y_3)h \tag{3-7}$$

由式（3-6）求出各层框架柱的侧移刚度 D 和由式（3-7）求出各层柱反弯点位置 yh 后，同反弯点法一样，就可确定各柱在反弯点处的剪力值和柱端弯矩值，进而根据节点平衡条件，求出梁柱内力。

（3）框架结构在水平荷载作用下的侧移计算

① 侧移的组成

框架结构在水平荷载作用下（图 3-18a）产生的侧移通常由两部分组成，分别为由梁、柱弯曲变形所引起的侧移和由框架柱轴向变形所引起的侧移。

由于柱和梁都有反弯点，由梁、柱弯曲变形所引起的侧移称为总体剪切变形（图 3-18b）。从图中可以看出框架下部楼层层间侧移较大，上部楼层层间侧移越来越小。

由柱的弯矩引起框架变形而形成的侧移，称为总体弯曲变形（图 3-18c），其特点是在框架上部层间侧移较大，下部层间侧移越来越小。

对于多层框架结构，柱轴向变形引起的侧移很小，可以忽略不计，结构侧移主要是以总体剪切变形为主，即只考虑由梁、柱的弯曲变形所引起的侧移。

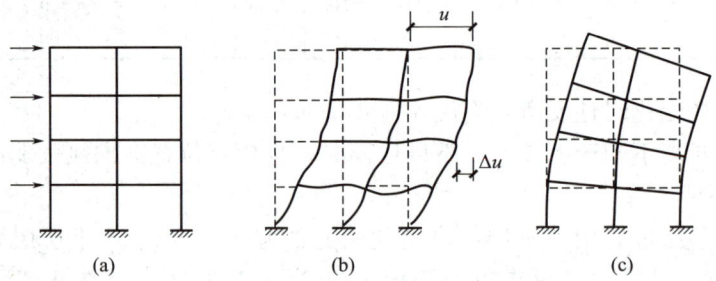

(a)　　　　　　　(b)　　　　　　　(c)

图 3-18　框架结构在水平荷载下的侧向位移

(a) 框架结构作用水平荷载；(b) 总体剪切变形；(c) 总体弯曲变形

② 框架结构侧移计算

a. 层间侧移

层间侧移是指第 i 层柱上、下节点间的相对位移，其计算公式为：

$$\Delta u_i=\frac{V_i}{\sum D_{ij}} \tag{3-8}$$

式中 Δu_i 为第 i 层层间侧移；V_i 为第 i 层的楼层剪力标准值；$\sum D_{ij}$ 为第 i 层所有柱的侧移刚度 D_{ij} 值的总和。

b. 框架顶点的最大位移 u

将式（3-8）求得的各层层间位移相加后得到框架顶点的总位移为：

$$u=\sum_{i=1}^{m}\Delta u_i \tag{3-9}$$

式中 m 为框架结构的总层数。

③ 弹性层间位移的限值

在正常使用条件下，为保证人体感觉舒适、填充墙不开裂以及外墙装饰面不脱落等，框架结构应具有足够的刚度，结构侧移应有限制，框架结构层间位移限值为：

$$\Delta u/h \leqslant [\Delta u/h] \tag{3-10}$$

式中 Δu 为按弹性法计算所得最大层间位移；h 为产生最大层间位移结构层的层高；$[\Delta u/h]$ 为框架结构允许的最大层间位移，《高层混凝土规程》规定取值为 $1/550$。

3.1.5　框架的内力组合

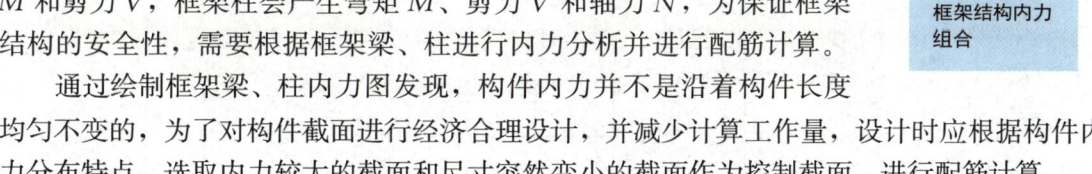
微课

框架结构内力组合

1. 控制截面及最不利内力

框架结构在受到水平荷载和竖向荷载作用时，框架梁会产生弯矩 M 和剪力 V，框架柱会产生弯矩 M、剪力 V 和轴力 N，为保证框架结构的安全性，需要根据框架梁、柱进行内力分析并进行配筋计算。

通过绘制框架梁、柱内力图发现，构件内力并不是沿着构件长度均匀不变的，为了对构件截面进行经济合理设计，并减少计算工作量，设计时应根据构件内力分布特点，选取内力较大的截面和尺寸突然变小的截面作为控制截面，进行配筋计算。

通过内力组合可以求出各构件在控制截面处对截面配筋起决定作用的最不利内力，作为构件的配筋计算依据。对于某一种控制截面，由于内力往往是两种或者两种以上，因此最不利内力组合可能有多种。下面分别分析框架梁、柱的控制截面及最不利内力。

（1）框架梁

框架梁的内力主要是弯矩 M 和剪力 V，由于框架梁在竖向荷载作用下的弯矩图是抛物线形状，在梁端和跨中弯矩最大，因此框架梁的控制截面是梁端支座截面和跨中截面。

框架梁在竖向荷载作用下，支座截面可能产生最大负弯矩和最大剪力，在水平荷载作用下还会出现正弯矩；跨中截面一般产生最大正弯矩，有时也可能出现负弯矩。故框架梁的控制截面最不利内力组合有以下几种：

① 梁端支座截面：$-M_{\max}$、$+M_{\max}$ 和 $V_{\max}$；

② 梁跨中截面：$+M_{\max}$、$-M_{\max}$（可能出现）。

一般情况下，设计框架梁端支座截面时，应按梁端 $-M_{\max}$ 确定梁端顶部的纵向受力钢筋配筋面积，按梁端 $+M_{\max}$ 确定梁端底部的纵向受力钢筋配筋面积，按 $V_{\max}$ 确定梁中箍筋配筋面积；设计框架梁跨中截面时，应按跨中 $+M_{\max}$ 确定梁下部纵向受力钢筋面积，当跨中 $-M_{\max}$ 较大时，还需要按 $-M_{\max}$ 确定梁上部纵向受力钢筋面积。

（2）框架柱

框架柱的内力主要有弯矩 M、剪力 V 和轴力 N，同一根柱的上、下两端弯矩值很大，而柱内剪力和轴力变化较小，因此，框架柱的控制截面位于柱的上、下端截面。

同一柱端截面在不同内力组合时，有可能出现 $+M_{\max}$ 或 $-M_{\max}$，由于实际工程中框架柱一般采用对称配筋，组合时只需选择 $|+M_{\max}|$ 和 $|-M_{\max}|$ 中最大的弯矩。且框架柱属于偏心受压构件，当为大偏心受压构件时，$N_{\min}$ 及对应的 M、V 属于最不利内力；当为小偏心受压构件时，$N_{\max}$ 及对应的 M、V 属于最不利内力。故框架柱的控制截面最不利内力组合有以下三种：

① ｜M_{max}｜及相应的 N、V；

② N_{max} 及相应的 M、V；

③ N_{min} 及相应的 M、V。

注意：在截面配筋计算时，应采用构件端部截面的内力，而不是轴线处的内力（图 3-19）。梁端柱边的剪力和弯矩应按下式计算：

$$V' = V - (g + p)\frac{b}{2} \tag{3-11a}$$

$$M' = M - V'\frac{b}{2} \tag{3-11b}$$

式中 V'、M' 分别为梁端柱边截面处的剪力和弯矩；V、M 分别为梁端柱轴线截面处的剪力和弯矩；g、p 分别为作用于梁上的竖向均布永久荷载、活荷载。

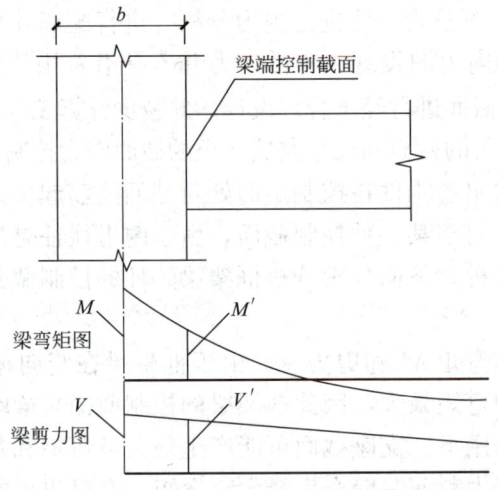

图 3-19　梁端控制截面弯矩及剪力

根据最不利内力组合计算出框架梁、柱的纵向受力钢筋及箍筋配筋面积后，还需要与梁、柱构造要求最小配筋面积进行比较，取最大值作为最后的配筋面积。

2. 楼面活荷载的最不利布置

（1）竖向活荷载的最不利布置

框架结构上的竖向荷载主要包括永久荷载和活荷载两种。永久荷载的值在设计基准期内几乎不变，因此需要将永久荷载全部作用在框架结构上，参与荷载组合。而活荷载的值在设计基准期内会发生变化，因此计算时应考虑不利布置。

① 活荷载分跨布置

这种方法是将活荷载逐层逐跨单独地作用在结构上，分别计算出整个结构的内力，根据不同的构件、不同的截面、不同的种类，组合出最不利内力。因此，对于一个多层多跨框架，共有（跨数×层数）种不同的活荷载布置方式，亦即需要计算（跨数×层数）次结构的内力，其计算工作是非常烦冗的。用结构设计软件计算出每种活荷载作用下的框架内力，然后针对各控制截面最不利内力的几种类型，分别进行组合，计算精度较高。

② 满布荷载法

当活荷载产生的内力远小于永久荷载及水平力所产生的内力时（$q/g < 1.0$），可不考虑活荷载的最不利布置，即把活荷载同时作用于所有的框架梁上，这样求得的内力在支座处与按最不利荷载位置法求得的内力极为相近，可直接进行内力组合。但算得的梁跨中弯矩宜乘以 $1.1 \sim 1.2$ 的增大系数。

③ 分层组合法

分层组合法是以分层法为依据的，比较简单，适合手算，对活荷载的最不利布置作以下简化：

a. 对于梁的内力计算，只考虑本层活荷载的不利布置，忽略其他层活荷载的影响，所以活荷载布置方法和连续梁的活荷载最不利布置方法相同。

b. 对于柱端弯矩计算，仅考虑柱相邻上、下层的活荷载的不利作用，而不考虑其他层活荷载的影响。

c. 对于柱最大轴力，按楼层以上所有层中与该柱相邻的梁上布满活荷载情况计算，而与该柱不相邻的上层活荷载，只考虑其轴向力的传递而忽略对其弯矩的影响。

手算时对于活荷载与永久荷载之比小于3的情况，为方便计算，常采用方法②和③进行活荷载布置。

3. 荷载组合方式

对于不考虑抗震设计的框架结构，承受的荷载类型主要有永久荷载、活荷载、风荷载。这几种荷载的组合方式有以下几种：

① $1.3 \times$ 永久荷载 $+ 1.5 \times$ 活荷载；

② $1.3 \times$ 永久荷载 $+ 1.5 \times$ 风荷载；

③ $1.3 \times$ 永久荷载 $+ 1.5 \times$ 风荷载 $+ 1.5 \times$ 活荷载组合系数 $\times$ 活荷载；

④ $1.3 \times$ 永久荷载 $+ 1.5 \times$ 活荷载 $+ 1.5 \times$ 风荷载组合系数 $\times$ 风荷载。

4. 弯矩调幅

按照框架结构的合理破坏形式，梁端是允许出现塑性铰的，而且在施工时为了便于混凝土的振捣，在框架梁柱节点处支座负筋尽量放置少些。对于装配式或装配整体式框架，节点并非绝对刚性，梁端实际弯矩小于理论计算值。因此在进行框架结构设计时，一般均对梁端弯矩进行调幅，即人为地减少梁端负弯矩，进而减少梁支座处截面顶部钢筋的配筋面积。

现浇框架梁的支座弯矩调幅系数可采用 $0.8 \sim 0.9$，对于装配整体式框架梁，由于接头焊接不牢或节点区混凝土灌注不够密实，节点不能达到绝对刚性，因此梁端实际弯矩比理论计算值更小，梁端的支座弯矩调幅系数取 $0.7 \sim 0.8$。注意塑性内力重分布仅在竖向荷载作用下调幅，水平荷载作用下产生的弯矩不参与调幅，故弯矩调幅应在内力组合之前进行，且调整后梁跨中弯矩设计值不应小于按简支梁计算的跨中弯矩的一半。

小问题

框架柱弯矩是否可以调幅？

3.1.6 钢筋混凝土框架一般构造要求

1. 节点构造

梁、柱节点构造是保证框架结构整体空间受力性能的重要措施。节点构造应保证整个框架结构安全可靠、经济合理且便于施工。在非地震地区，框架结构节点承载力一般通过采取适当的措施来保证，下面分别从以下四个方面阐述。

（1）节点处材料强度

框架节点区混凝土强度等级，不应低于与之相交框架梁、柱的混凝土强度等级。

（2）截面尺寸

当梁柱相交节点处截面尺寸太小，而梁顶部纵筋与柱外侧纵筋配置数量太高时，以承受静力荷载为主的顶层节点由于核心区压力过大而导致混凝土的斜向压碎，因此应对顶层梁端负弯矩处上部钢筋配筋面积加以限制，防止节点发生超筋破坏。根据《混凝土标准》规定，在框架顶层端节点处，梁上部配筋面积 A_s 应满足下式要求：

$$A_s \leqslant \frac{0.35\beta_c f_c b_b h_0}{f_y} \tag{3-12}$$

式中 A_s 为顶层端节点处梁上部纵向钢筋配筋面积；b_b 为梁腹板宽度；h_0 为梁截面的有效高度。

（3）梁、柱纵筋在节点区的锚固

根据构造做法不同，框架结构的节点可分为如图 3-20 所示的 4 种类型。

① 中间层中间节点

框架梁上部纵向钢筋应贯穿中间节点（图 3-21）。

框架梁下部纵向钢筋在中间节点处应满足下列锚固要求：

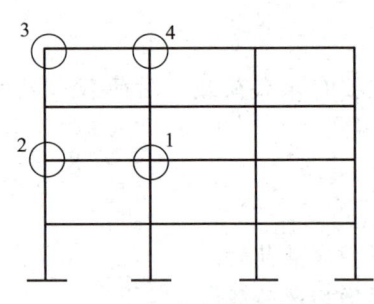

图 3-20　框架节点类型

1—中间层中间节点；2—中间层端节点；
3—顶层端节点；4—顶层中间节点

当计算中不利用该钢筋强度时，其伸入节点的锚固长度 l_a 取值：对于带肋钢筋不应小于 12d，光面钢筋不应小于 15d（d 为纵向钢筋直径）。

当计算中充分利用钢筋的抗拉强度时，下部纵向钢筋应锚固在节点范围内。此时，可采用直线锚固形式（图 3-21a）或带 90°弯折的锚固形式（图 3-21b），也可伸过节点范围并在梁中弯矩较小处设置搭接接头，搭接长度为 l_l（图 3-21c）；

当计算中充分利用钢筋的抗压强度时，下部纵向钢筋应按受压钢筋锚固在中间节点内。此时，其直线锚固长度不应小于 $0.7l_a$；下部纵向钢筋也可伸过节点范围并在梁中弯矩较小处设置搭接接头。

框架柱的纵向钢筋应贯穿中间层中间节点和中间层端节点，柱纵向钢筋接头应设在节点区外（图 3-22）。在搭接接头范围内，箍筋间距应不大于 5d（d 为柱较小纵向钢筋的直径），且不应大于 100mm。

② 中间层端节点

框架梁上部纵向钢筋伸入中间层端节点的锚固长度不应小于 l_a，且应伸过柱中心线不宜小于 5d（d 为梁上部纵向钢筋的直径）（图 3-23a）。当上部纵向钢筋在节点内水平锚固

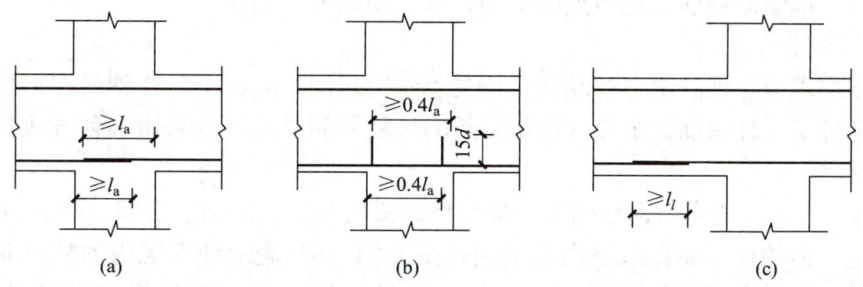

图 3-21　中间层中间节点的钢筋锚固与搭接

（a）节点中的直线锚固；（b）节点中的弯折锚固；（c）节点范围外的搭接

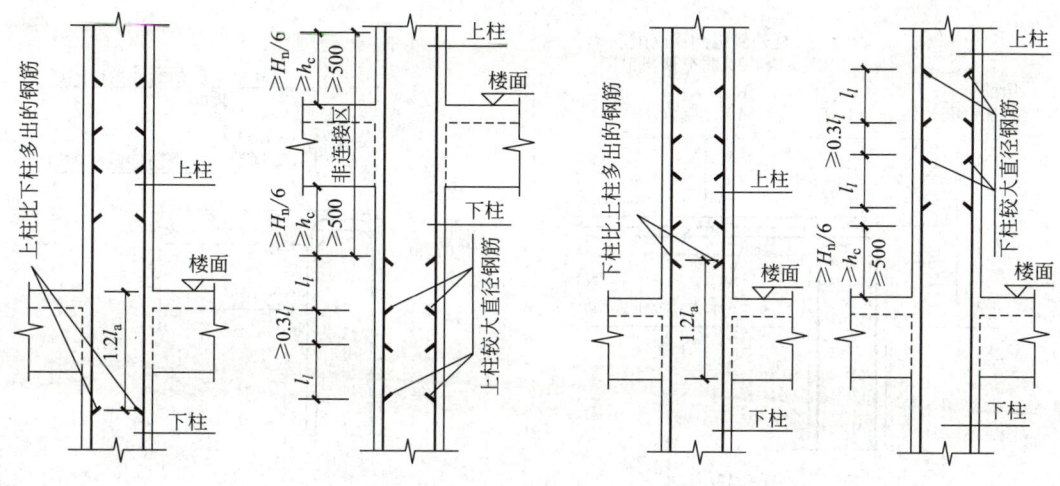

图 3-22　上、下层柱钢筋的搭接

长度不够时，应伸至节点对边并向下弯折，但弯折前的水平锚固长度（包括弯弧段在内）不应小于 $0.4l_a$，弯折后的竖直锚固长度（包括弯弧段在内）应取为 $15d$（图 3-23b）。弯折锚固时，锚固总长度允许小于 l_a。

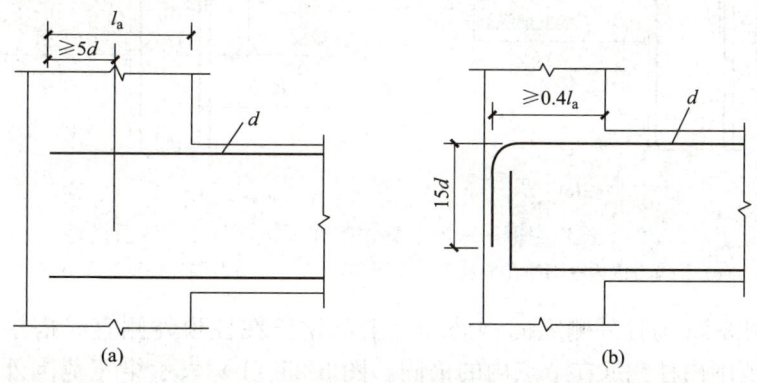

图 3-23　框架梁中间层端节点纵向钢筋的锚固

（a）直线锚固形式；（b）90°弯折的锚固形式

框架梁下部纵向钢筋在端节点的锚固要求与中间节点相同。

③ 顶层端节点

框架顶层端节点处的梁、柱端均主要受负弯矩作用，因此梁、柱钢筋在顶层端节点的搭接，应保证梁、柱钢筋在节点区的搭接传力。柱外侧纵筋可以采用多种方式与梁上部钢筋搭接。

方式1：将柱外侧纵向钢筋的相应部分弯入梁内与梁上部钢筋搭接。图 3-24（a）、（c）表示梁宽范围内的柱钢筋在节点内的锚固，图 3-24（a）表示伸入梁内的柱纵向钢筋从梁底算起 $1.5l_{ab}$ 超过柱内侧边缘，图 3-24（c）表示伸入梁内的柱纵向钢筋从梁底算起 $1.5l_{ab}$ 没有超过柱内侧边缘。图 3-24（b）、（d）则表示梁宽范围外柱钢筋在节点内的锚固。柱内侧纵筋同中柱柱顶钢筋构造。

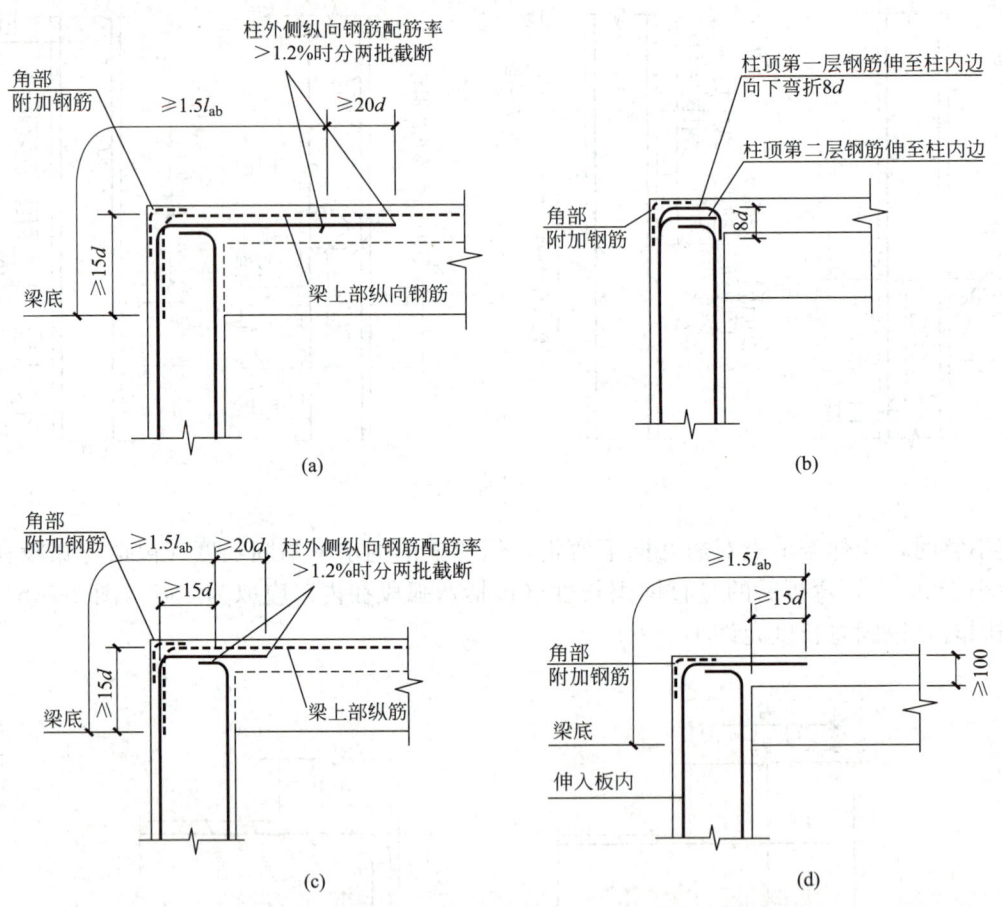

图 3-24　柱外侧钢筋和梁上部钢筋在顶层端节点处弯折搭接

（a）、（c）梁宽范围内柱钢筋在节点内锚固；（b）、（d）梁宽范围外柱钢筋在节点内锚固

方式2：图 3-25 为柱外侧纵向钢筋和梁上部钢筋在柱顶外侧直线搭接构造，图 3-25（a）表示梁宽范围内柱钢筋在节点内的锚固。图 3-25（b）表示梁宽范围外柱钢筋在节点内的锚固。柱内侧纵筋同中柱柱顶钢筋构造。

④ 顶层中间节点

顶层中间节点的柱纵向钢筋及顶层端节点的内侧柱纵向钢筋可用直线方式锚入顶层节

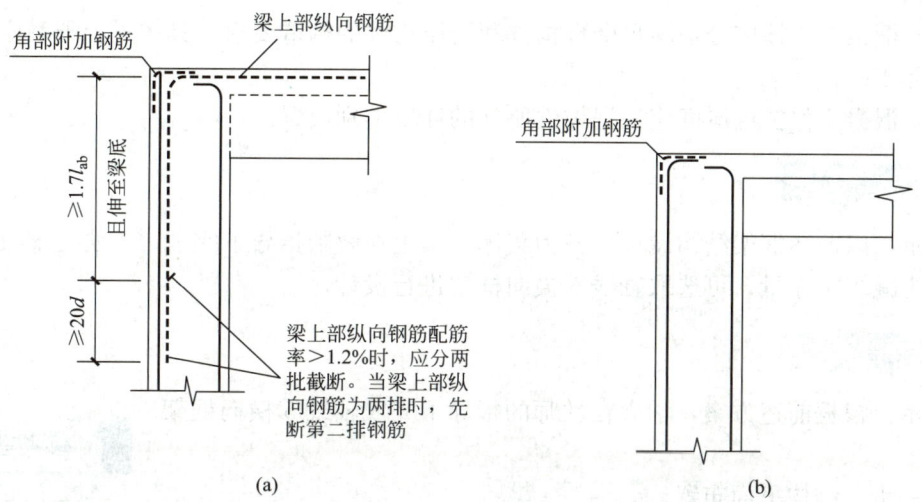

图 3-25　柱外侧纵向钢筋和梁上部钢筋在柱顶外侧直线搭接构造

（a）梁宽范围内柱钢筋在节点内锚固；（b）梁宽范围外柱钢筋在节点内锚固

点，其自梁底标高算起的锚固长度不应小于 l_a，且必须伸至柱顶（图 3-26a）。当顶层节点处梁截面高度不足时，柱纵向钢筋应伸至柱顶并向节点内水平弯折。当充分利用柱纵向钢筋的抗拉强度时，其锚固段弯折前的竖直投影长度不应小于 $0.5l_a$，弯折后的水平投影长度不应小于 $12d$（图 3-26b）。当柱顶有现浇板且板厚不小于 $100mm$ 时，柱纵向钢筋也可向外弯折，弯折后的水平投影长度不应小于 $12d$（图 3-26c）。

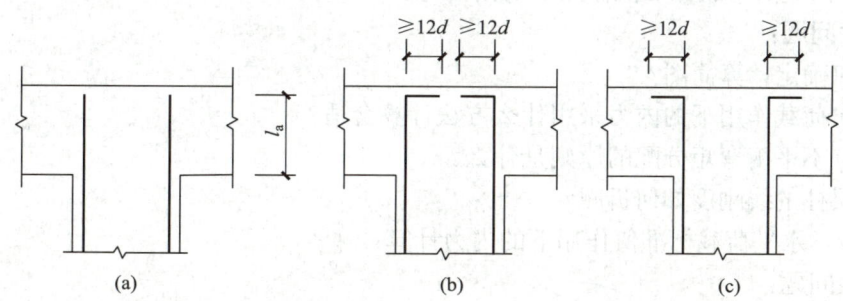

图 3-26　顶层中间节点柱纵向钢筋的锚固

（a）直线锚固；（b）向节点内弯折；（c）向外弯折

⑤ 框架节点内的箍筋设置

在框架节点内应设置水平箍筋，箍筋应符合上册中柱箍筋的构造规定，但间距不宜大于 $250mm$。对四边均有梁与之相连的中间节点，由于除四角以外的柱纵向钢筋外，均不存在过早压屈的危险，故节点内可只设置沿周边的矩形箍筋，不必设置复合箍筋。

2. 一般构造要求

（1）材料强度

梁、柱纵向受力钢筋宜选用 HRB400，箍筋不宜小于 HPB300，节点区混凝土强度等级不应小于柱混凝土强度等级。《混凝土通规》规定，**梁、柱的混凝土强度等级不应低**

于 C25。

（2）框架梁、柱应分别满足受弯构件和受压构件的构造要求，具体见上册教学单元 3、教学单元 4。

（3）混凝土保护层厚度应根据构件所处的环境类别设置。

 **方案设计**

提示：以前述框架结构设计任务为载体，学生在教师指导下完成××办公楼工程结构设计。为减少工作量，可选取轴线⑤横向框架进行设计。

 **任务实施**

提示：根据前述方案，学生在教师的指导下完成轴线⑤横向框架设计。

第一步：结构平面布置

引导性问题：

1. 梁、柱采用的混凝土强度等级和钢筋级别如何确定？

2. 梁、柱截面尺寸如何确定？梁、柱线刚度如何计算？

第二步：荷载标准值计算

提示：确保荷载类型和数量考虑全面，无遗漏。

引导性问题：

如何确定梁上永久荷载和活荷载大小？取值依据是什么？

第三步：竖向荷载标准值作用下的内力计算

引导性问题：

1. 如何确定计算简图？

2. 竖向荷载作用下的内力采用什么方法计算合适？

3. 节点不平衡弯矩分配的原则是什么？

4. 各层柱的线刚度如何折减？

第四步：水平荷载标准值作用下的内力计算

引导性问题：

1. 水平荷载作用下的内力采用什么方法计算合适？

2. 各层柱的反弯点高度如何确定？

第五步：风荷载作用下的侧移计算

引导性问题：

1. 如何确定各层柱抗侧移刚度？

2. 框架结构进行弹性分析时侧移限制取值多少？依据是什么？

第六步：内力组合

引导性问题：

1. 进行梁、柱内力组合时，恒荷载和活荷载效应分项系数取值分别为多少？依据是什么？

2. 梁、柱控制截面如何选取？

3. 框架柱属于偏心受压构件，内力最大值该如何选取？

参考答案

现浇混凝土多层框架结构设计

第七步：框架梁、柱配筋计算

引导性问题：

1. 框架梁受弯和受剪承载力计算截面在哪里？计算公式分别是什么？
2. 框架柱受压承载力计算时，是否需要考虑附加弯矩影响？
3. 如何判别框架柱属于大、小偏心受压？
4. 框架柱大、小偏心受压承载力计算公式分别是什么？

提示：由学生本人、小组同学、教师按表 3-6 中的要素分别评价。

任务 3.1 学习活动评价表　　　表 3-6

评价项目	评价内容及标准				学习得分			
	优秀（85～100 分）	良好(75～85 分)	中等(60～75 分)	尚需努力（60 分以下）	学生自评	小组评分	教师评分	平均分
学习态度	学习积极性高,态度端正,学习兴趣浓	学习积极性中等,态度较端正	学习积极性低,态度不端正	学习积极性很低,态度很不端正				
团结协作意识	团队意识强,分工合作优秀	团队意识较强	团队意识中等	团队意识较差				
规范标准意识	积极主动查询框架结构设计中涉及的相关工程规范标准	查询框架结构设计中涉及的相关工程规范标准较积极	有查询框架结构设计中涉及的相关工程规范标准的意识	不重视对相关工程规范标准的查阅				
严谨务实	高标准完成布置的框架结构设计工作任务,解决设计过程中遇到问题的能力较强	较好完成布置的框架结构设计工作任务,解决设计过程中遇到问题的能力较好	基本能够完成布置的框架结构设计工作任务,解决设计过程中遇到问题的能力一般	不能够完成布置的框架结构设计工作任务,解决设计过程中遇到问题的能力较差				
学用结合能力	熟练掌握框架结构设计的基本知识,设计成果完全达到教学要求	较好掌握框架结构设计的基本知识,设计成果较好地达到教学要求	基本掌握框架结构设计的基本知识,设计成果基本达到教学要求	不熟悉框架结构设计的基本知识,设计成果达不到教学要求				
理论联系实际	能够很好地为后续的毕业设计做铺垫	能够为后续的毕业设计做铺垫	基本能够为后续的毕业设计做铺垫	为后续设计做铺垫的认识体会不够				
备注	学生最终考核得分为平均分＝(学生自评＋小组评分＋教师评分)/3							

提示：学生对设计任务完成情况进行自我反思，可从细不细致、耐不耐心以及专业知识是否缺乏等方面进行反思总结。

任务小结

1. 钢筋混凝土多层与高层房屋的结构体系包括框架结构、剪力墙结构、框架-剪力墙结构、简体结构。

2. 框架结构房屋的结构布置，包括柱网的布置和梁的布置，应遵循一定原则。承重框架的布置方案有三种：横向布置、纵向布置和纵横向布置。

3. 竖向荷载作用下规则框架内力与变形的近似手算，常采用弯矩二次分配法和分层法，水平荷载作用下的计算则主要采用反弯点法和 D 值法。

4. 框架梁的控制截面最不利内力组合有以下几种：（1）梁端支座截面：$-M_{max}$、$+M_{max}$ 和 V_{max}；（2）梁跨中截面：$+M_{max}$、$-M_{max}$（可能出现）。

框架柱的控制截面最不利内力组合有以下三种：（1）$|M_{max}|$ 及相应的 N、V；（2）N_{max} 及相应的 M、V；（3）N_{min} 及相应的 M、V。

5. 对于不考虑抗震设计的框架结构，承受的荷载类型主要有永久荷载、活荷载、风荷载。其组合方式有以下几种：（1）1.3×永久荷载＋1.5×活荷载；（2）1.3×永久荷载＋1.5×风荷载；（3）1.3×永久荷载＋1.5×风荷载＋1.5×活荷载组合系数×活荷载；（4）1.3×永久荷载＋1.5×活荷载＋1.5×风荷载组合系数×风荷载。

6. 框架结构设计的步骤如下：（1）结构平面布置；（2）荷载标准值计算；（3）竖向荷载标准值作用下的内力计算；（4）水平荷载标准值作用下的内力计算；（5）风荷载作用下的侧移计算；（6）内力组合；（7）框架梁、柱配筋计算。

思考题

1. 多层建筑与高层建筑的定义分别是什么？

2. 高层建筑混凝土结构的结构体系有哪几种？每种结构的优缺点及适用范围是什么？

3. 随着房屋高度的增加，竖向荷载与水平荷载对结构设计所起的作用是如何变化的？

4. 钢筋混凝土框架结构布置方案有几种？各有什么特点？

5. 框架结构设置的变形缝有几种？每种变形缝设置要求是什么？

6. 在竖向和水平荷载作用下，在框架梁、柱截面中分别产生哪些内力？其内力分布规律如何？

7. 在竖向和水平荷载作用下，框架梁、柱截面内力计算分别采用什么方法？

8. 框架梁、柱的控制截面在哪里？其最不利内力组合如何选择？

参考答案

任务3.1习题
解答

习题

1. 某框架结构在竖向荷载作用下的计算简图如图 3-27 所示，各杆件线刚度比值均为 1，$q = 4\mathrm{kN/m}$，$l = 7\mathrm{m}$。试用分层法计算并画出该框架结构的弯矩图。

2. 某框架结构在水平荷载作用下的计算简图如图 3-28 所示，用 D 值法求该框架的弯矩图，其中括号内数字为各杆的相对线刚度。

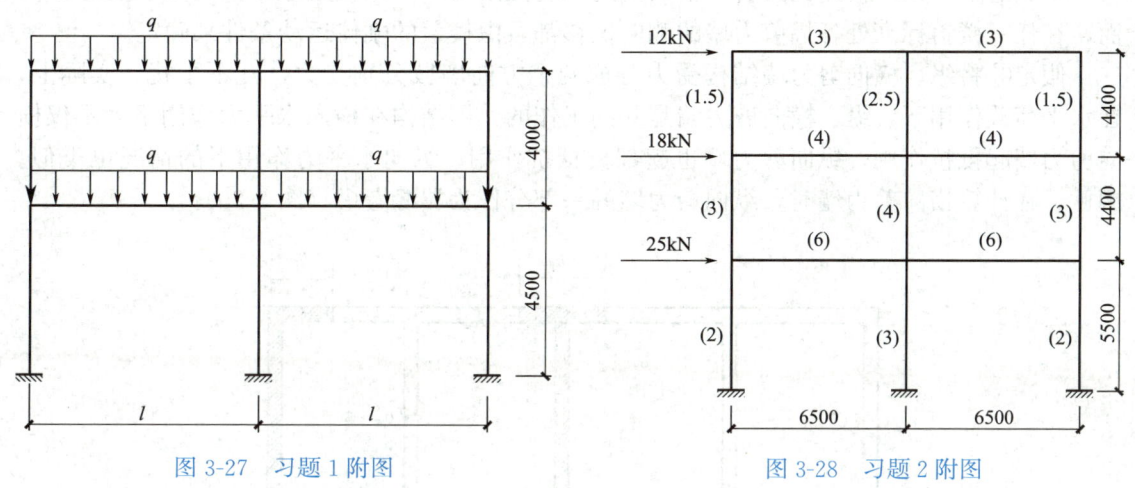

图 3-27 习题 1 附图   图 3-28 习题 2 附图

任务 3.2　剪力墙结构设计

知识目标：

1. 了解剪力墙结构的受力特点。

2. 掌握剪力墙结构设计要点。

3. 理解剪力墙结构的主要构造要求。

能力目标：

具备进行简单的剪力墙肢及连梁设计的能力。

育人目标：

培养学生的规范意识、终身的学习态度和创新意识。

3.2.1　受力特点

1. 基本假定

剪力墙结构是由一系列纵、横向剪力墙和楼盖组成的空间受力体系，计算剪力墙结构在水平荷载作用下的内力和侧移时，通常把空间问题简化为平面问题，做以下基本假定：

① 楼盖在自身平面内的刚度无限大，而在平面外的刚度很小，可忽略不计；

② 各榀剪力墙主要在自身平面内发挥作用，而在平面外的作用很小，可忽略不计。

由假定①可知，楼盖在其自身平面内的刚度无限大，所以楼盖在平面内没有变形，因而，在任一楼盖标高处各榀剪力墙的侧向位移都可由楼盖的刚体运动条件来确定。

假定②将纵、横向剪力墙结构受力分成两个方向墙肢分别受力，互不干扰。实际上，在水平荷载作用下，纵、横向剪力墙是共同工作的，即结构在横向水平力作用下，不仅横向剪力墙起抵抗作用，纵向剪力墙也起部分抵抗作用；纵向水平力作用下的情况也类似。因此，在计算横向剪力墙时，纵向剪力墙的一部分作为翼缘考虑（图 3-29）。

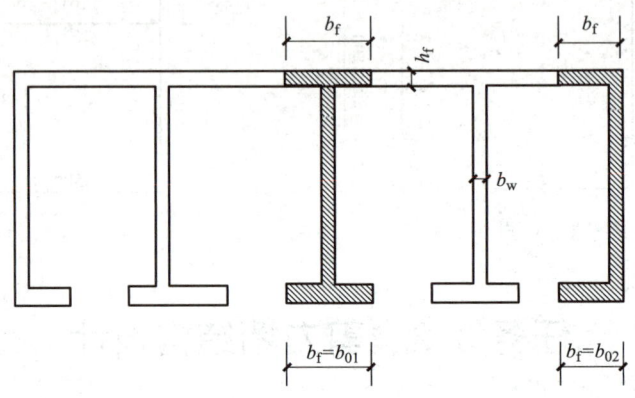

图 3-29　剪力墙的有效翼缘宽度

2. 剪力墙的受力特性

剪力墙结构在水平荷载作用下的内力和位移与墙体开洞情况有关。根据墙体的开洞大小和截面应力的分布特点，可将剪力墙分为整截面剪力墙、整体小开口剪力墙、联肢剪力墙和壁式框架四类（图 3-30）。不同类型的剪力墙又具有不同的受力状态和特点，现做简单介绍。

（1）整截面剪力墙

不开洞或仅有小洞口的剪力墙，当洞口面积小于整墙截面面积的 15%，且孔洞间距及洞口至墙边距离均大于洞口长边尺寸时，在水平荷载作用下，整截面剪力墙如同一片整体的悬臂墙，墙肢沿水平截面内的正应力呈线性分布，在墙肢的整个高度上，弯矩图既不突变，也无反弯点，剪力墙的变形以弯曲型为主，在结构上部层间侧移较大，越到底部层间侧移越小。墙的整体性很好，这种墙体称为整截面剪力墙（图 3-30a）。

（2）整体小开口剪力墙

若门窗洞口总面积虽超过了墙体总面积的 15%，但墙肢都较宽，洞口仍较小，相对于墙肢刚度而言连梁刚度又很大时，墙的整体性仍然较好，这种开洞剪力墙称为整体小开口剪力墙（图 3-30b）。

整体小开口剪力墙由于开洞很小，连梁的刚度很大且对墙肢的约束作用很强，整个剪力墙的整体性依然很好。在水平荷载作用下，其受力状态与整截面剪力墙相接近，截面正应力沿水平截面呈线性分布，剪力墙变形仍以弯曲变形为主，沿墙肢高度上的弯矩图在连续梁处有突变，个别楼层中还会出现反弯点。

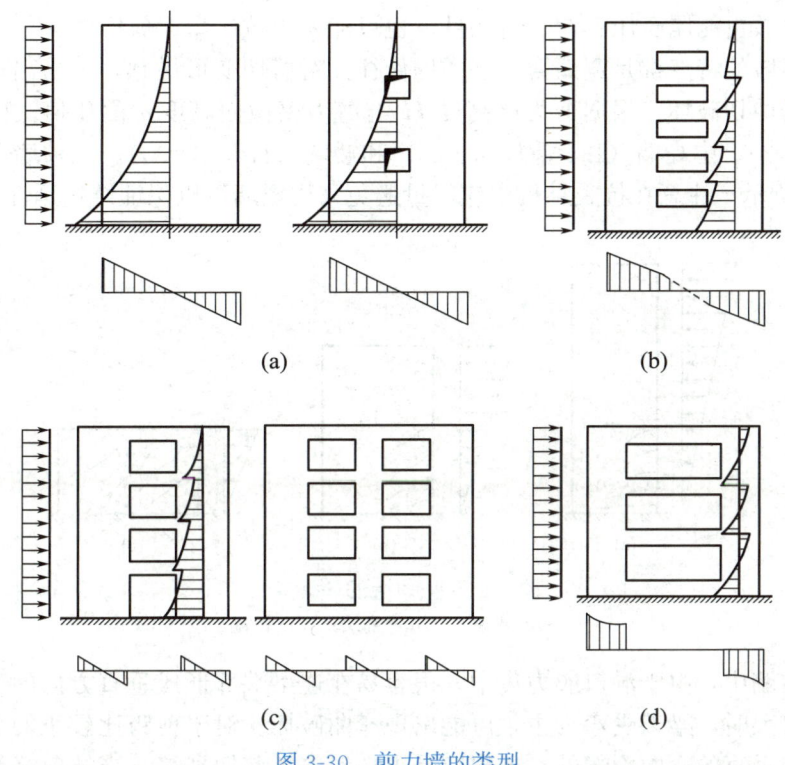

图 3-30　剪力墙的类型

（a）整截面剪力墙；（b）整体小开口剪力墙；（c）联肢剪力墙；（d）壁式框架

（3）联肢剪力墙

当剪力墙上开洞规则且洞口面积较大时，剪力墙已被分割成彼此联系较弱的若干墙肢，这种墙体称为联肢剪力墙，墙面上开有一排洞口的剪力墙称为双肢剪力墙（简称双肢墙），墙面上开有多排洞口的剪力墙称为多肢剪力墙（图 3-30c）。

在联肢剪力墙中，整个剪力墙截面中正应力已不再呈线性分布，但在每个墙肢截面中正应力仍基本呈线性分布，且在每个墙肢两端部达到较大值。联肢剪力墙在水平荷载作用下，沿墙肢高度上的弯矩图在连续梁处有突变，个别楼层中还会出现反弯点，其变形仍以弯曲变形为主。

（4）壁式框架

当剪力墙有多列洞口且洞口尺寸很大时，由于连梁的线刚度接近于框架梁的线刚度，整个剪力墙的受力性能接近于框架，故将这类剪力墙称作壁式框架（图 3-30d）。

在水平荷载作用下，墙肢弯矩沿高度在连梁标高范围内有突变，几乎在所有连梁之间的墙肢都有反弯点出现；沿水平截面的正应力已不再呈线性分布，在墙肢截面中产生较大的局部弯曲正应力。此时，剪力墙的变形以剪切变形为主，其特点是在结构上部层间侧移较小，越到底部层间侧移越大。整个剪力墙的受力特点与框架相似。

剪力墙结构在竖向荷载作用下，连梁内将产生弯矩，而墙肢内主要产生轴力。当纵墙和横墙整体连接时，荷载可以相互扩散。因此，在楼板下一定距离以外，可认为竖向荷载在纵、横墙内均匀分布。

剪力墙在竖向荷载和水平荷载共同作用下，悬臂墙的墙肢属于压、弯、剪构件，而开洞剪力墙的墙肢可能属于压、弯、剪构件，也可能属于拉、弯、剪构件。

连梁及墙肢的特点都是宽而薄，这类构件往往对剪切变形敏感，容易出现斜裂缝，容易出现脆性的剪切破坏。根据剪力墙高度 H 与剪力墙截面高度 h 的比值，剪力墙可分为高墙（$H/h \geqslant 3$）、中高墙（$1.5 \leqslant H/h < 3$）和矮墙（$H/h < 1.5$）。三种墙典型的裂缝分布如图 3-31 所示。注意在抗震结构中应尽量避免采用矮墙，以保证结构延性。

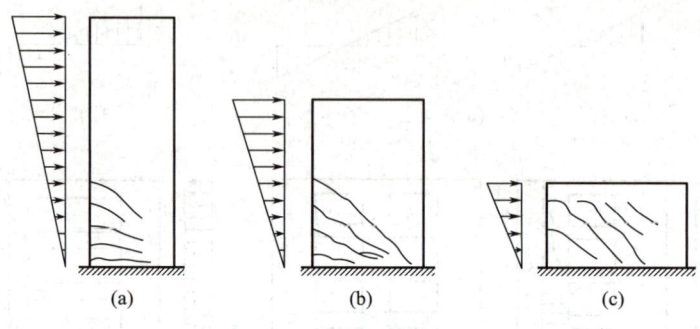

图 3-31　剪力墙的裂缝分布
（a）高墙；（b）中高墙；（c）矮墙

开洞剪力墙中，由于洞口应力集中，很容易在连梁端部形成垂直方向的弯曲裂缝。当连梁跨高比较大时，梁以受弯为主，可能出现弯曲破坏。对于剪跨比较小的高梁，除了端部很容易出现垂直的弯曲裂缝外，还很容易出现斜向的剪切裂缝。当抗剪箍筋不足或剪应力过大时，可能很早就出现剪切破坏，使墙肢间丧失联系，剪力墙承载能力降低。开口剪力墙的底层墙肢内力最大，容易在墙肢底部出现裂缝及破坏。在水平力作用下受拉的墙肢往往轴压力较小，有时甚至出现拉力，墙肢底部很容易出现水平裂缝。

3.2.2　设计要点

1. 剪力墙结构应具有适宜的侧向刚度，其布置应符合下列规定：

（1）平面布置宜简单、规则，宜沿两个主轴方向或其他方向双向布置，两个方向的侧向刚度不宜相差过大。

（2）宜自下到上连续布置，避免刚度突变。

（3）门窗洞口宜上下对齐、成列布置，形成明确的墙肢和连梁；宜避免造成墙肢宽度相差悬殊的洞口设置。

2. 剪力墙不宜过长，较长剪力墙宜设置跨高比较大的连梁将其分成长度较均匀的若干墙段，各墙段的高度与墙段长度之比不宜小于 3，墙段长度不宜大于 8m。

3. 跨高比小于 5 的连梁应按剪力墙的有关规定设计，而跨高比不小于 5 的连梁宜按框架梁设计。

4. 楼面梁不宜支承在剪力墙或核心筒的连梁上。

5. 当墙肢的截面高度与厚度之比不大于 4 时，宜按框架柱进行截面设计。

6. 剪力墙应进行平面内的斜截面受剪、偏心受压或偏心受拉、平面外轴心受压承载力验算。在集中荷载作用下，墙内无暗柱时还应进行局部受压承载力验算。

3.2.3　构造要求

1. 混凝土强度等级及墙厚

为保证钢筋混凝土剪力墙的承载能力和变形能力，剪力墙的混凝土强度等级不宜低于C25。

剪力墙的厚度不应太小，以保证墙体出平面的刚度和稳定性，以及浇筑混凝土的质量。《混凝土通规》规定，**高层建筑剪力墙的截面厚度不应小于160mm，多层建筑剪力墙的截面厚度不应小于140mm。**剪力墙底部加强部位的墙肢厚度不宜小于层高的1/16，且不宜小于200mm；无端柱或翼墙时不应小于层高的1/12。

采用装配式楼板时，剪力墙的厚度还应考虑预制板在墙上的搁置长度和剪力墙上、下层竖向钢筋贯通的要求。

2. 房屋的高度及高宽比限值

现浇钢筋混凝土剪力墙结构房屋的高度限值规定，非抗震设计时全部落地剪力墙不超过150m，部分框支剪力墙不超过130m，高宽比限值为7。

3. 剪力墙的边缘构件

在剪力墙墙肢水平截面两端边缘应力较大的部位，应集中配置直径较大的竖向钢筋，用于抵抗压（拉）弯作用；端部竖筋应位于由箍筋或水平分布钢筋和拉筋约束的边缘构件内，以提高墙肢端部混凝土极限压应变，改善剪力墙的延性。边缘构件由竖向钢筋和箍筋组成，每端竖筋不少于4根直径12mm或2根直径16mm的钢筋；沿竖筋方向宜配置直径不小于6mm、间距为250mm的拉筋。竖筋宜采用HRB400钢筋。

边缘构件又分为约束边缘构件和构造边缘构件两类，当边缘的压应力较大时采用约束边缘构件，其特点是约束范围大、箍筋较多、对混凝土的约束较强；当边缘的压应力较小时采用构造边缘构件，其箍筋数量和约束范围都小于约束边缘构件，对混凝土的约束程度较弱。边缘构件包括暗柱、端柱和翼墙。

暗柱及端柱内纵筋的连接和锚固要求宜与框架柱相同。

（1）剪力墙约束边缘构件构造要求

剪力墙约束边缘构件的形式如图3-32所示。但剪力墙的翼墙长度小于3倍墙厚或端柱截面边长小于2倍墙厚时，视为无翼墙、无端柱。

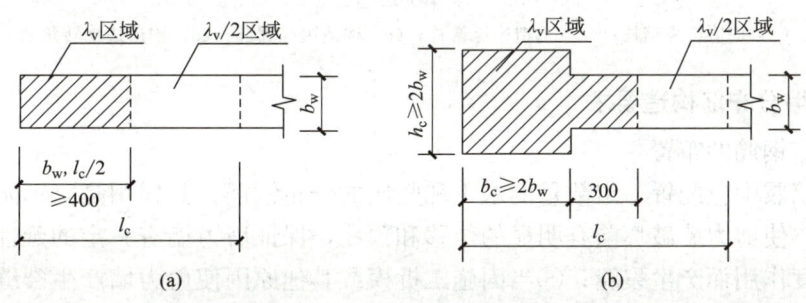

图 3-32　剪力墙的约束边缘构件（一）

（a）约束边缘暗柱；（b）约束边缘端柱

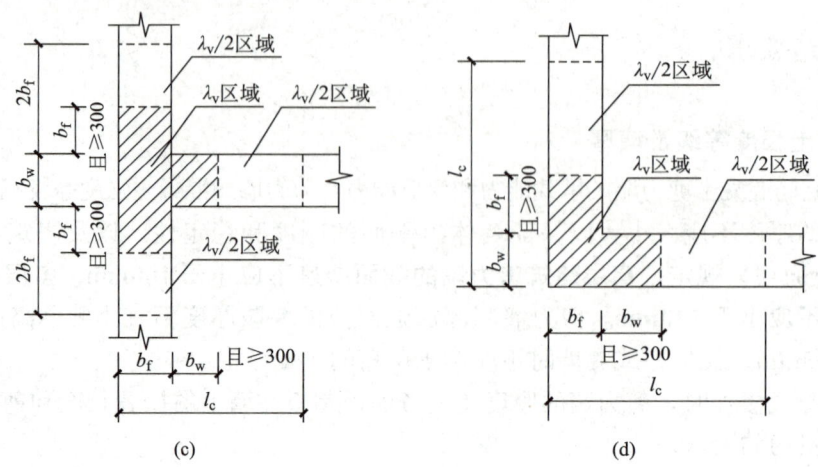

图 3-32 剪力墙的约束边缘构件（二）

（c）约束边缘翼墙；（d）约束边缘转角墙

（2）剪力墙构造边缘构件构造要求

剪力墙的构造边缘构件范围如图 3-33 所示，矩形端取墙厚与 400mm 的较大者，有翼墙时为翼墙厚加 300mm，有端柱时为端柱。

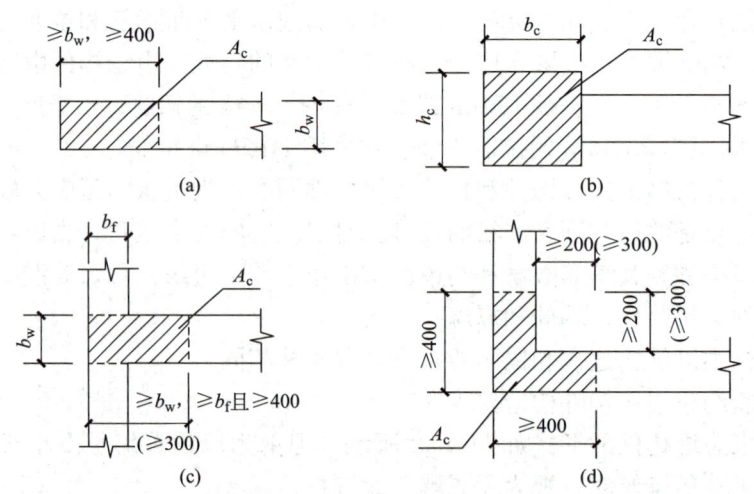

图 3-33 剪力墙的构造边缘构件

（a）构造边缘暗柱；（b）构造边缘端柱；（c）构造边缘翼墙；（d）构造边缘转角墙

4. 剪力墙分布筋构造要求

（1）分布钢筋的布置

剪力墙墙肢中应配置一定数量的水平和竖向的分布钢筋，其作用是：①防止剪力墙突然脆性破坏，使剪力墙破坏前有明显的位移和预兆，保证剪力墙有一定的延性；②减少和防止由于温度作用而产生裂缝；③当因施工拆模或其他原因使剪力墙产生裂缝时，能有效地控制和延缓裂缝发展。

剪力墙分布钢筋的配筋方式有多种。当剪力墙厚度不大于 400mm 时，竖向和水平方向分布钢筋应采用双排配筋（图 3-34a）；当剪力墙厚度大于 400mm，但不大于 700mm 时，宜采用三排配筋（图 3-34b）；当剪力墙厚度大于 700mm 时，宜采用四排配筋（图 3-34c）。为固定各排分布钢筋网的位置，分布筋之间还要设置拉结筋，拉筋应能勾住外皮钢筋，墙身拉筋布置有矩形和梅花形两种，拉筋间距不宜大于 600mm。

由于施工顺序是先放置竖向钢筋，再绑水平钢筋，为方便施工，竖向钢筋宜放在内侧，水平钢筋宜放在外侧。

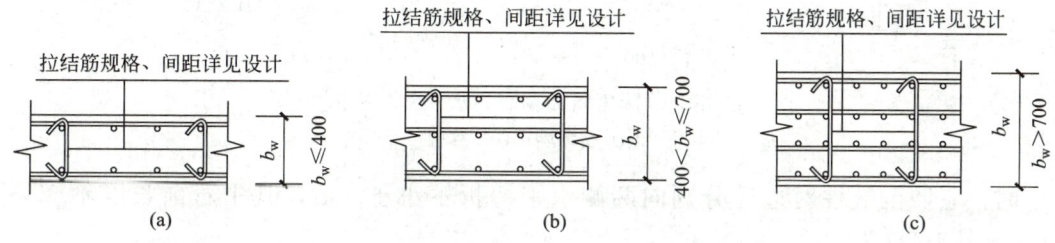

图 3-34　不同厚度剪力墙钢筋排数

（a）剪力墙双排钢筋；（b）剪力墙三排钢筋；（c）剪力墙四排钢筋

（2）分布钢筋的配筋构造

剪力墙在边缘构件之外的第一道竖向分布钢筋距边缘构件的距离为竖向分布钢筋间距的 1/2。

非抗震设计时，剪力墙中竖向和水平方向分布钢筋的最小配筋率均不应小于 0.20%；水平和竖向分布钢筋最大间距不宜大于 300mm，直径不应小于 8mm，不宜大于墙厚的 1/10。

（3）分布钢筋的锚固

① 水平钢筋的锚固

剪力墙水平分布钢筋应伸至墙端。当剪力墙端部有暗柱时，分布钢筋应伸至墙端暗柱竖向钢筋的内侧（图 3-35）。

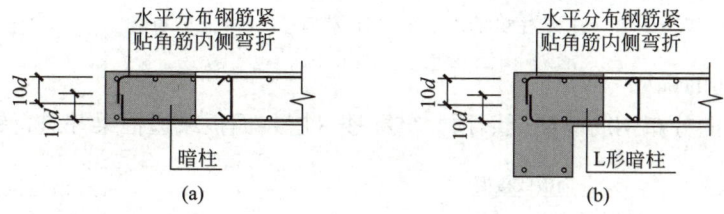

图 3-35　剪力墙端部分布钢筋构造

（a）端部有暗柱时剪力墙水平分布筋构造；（b）端部有 L 形暗柱时剪力墙水平分布筋构造

当剪力墙端部有翼墙或转角墙时，内墙两侧的水平分布钢筋和外墙内侧的水平分布钢筋应伸至翼墙或转角墙外边，并分别向两侧水平弯折不小于 15d 后截断，如图 3-36 所示。在转角墙部位，沿剪力墙外侧的水平分布钢筋应沿外墙边在翼墙内连续通过转弯。当需要在纵横墙转角处设置搭接接头时，沿外墙的水平分布钢筋应在墙端外角处弯入翼墙，并与翼墙外侧水平分布钢筋搭接，搭接长度应不小于 $1.2l_a$（图 3-36a）。

当剪力墙有端柱时，内墙两侧水平分布钢筋和外墙内侧水平分布钢筋应贯穿端柱并锚固在端柱内，其锚固长度不应小于 l_a，且必须伸至端柱对边；当伸至端柱对边的长度不满

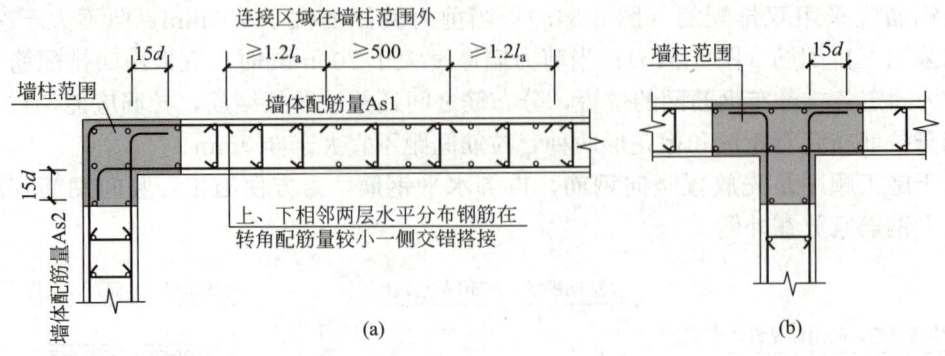

图 3-36 转角墙和翼墙的水平钢筋构造

（a）转角墙；（b）翼墙

足 l_a 时，应伸至端柱对边后分别向两侧水平弯折不小于 $15d$，其中弯前长度不应小于 $0.6l_{ab}$（图 3-37）。

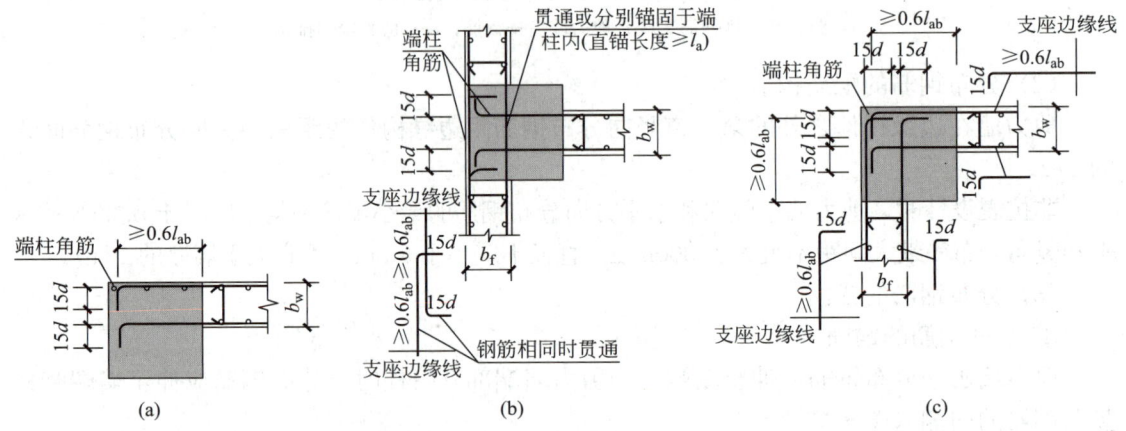

图 3-37 剪力墙有端柱时水平钢筋锚固构造

（a）端柱端部墙；（b）端柱翼墙；（c）端柱转角墙

② 竖向钢筋的锚固

剪力墙身竖向分布钢筋应伸至墙顶，贯穿楼（屋）面板或边框梁并进行锚固（图 3-38）。

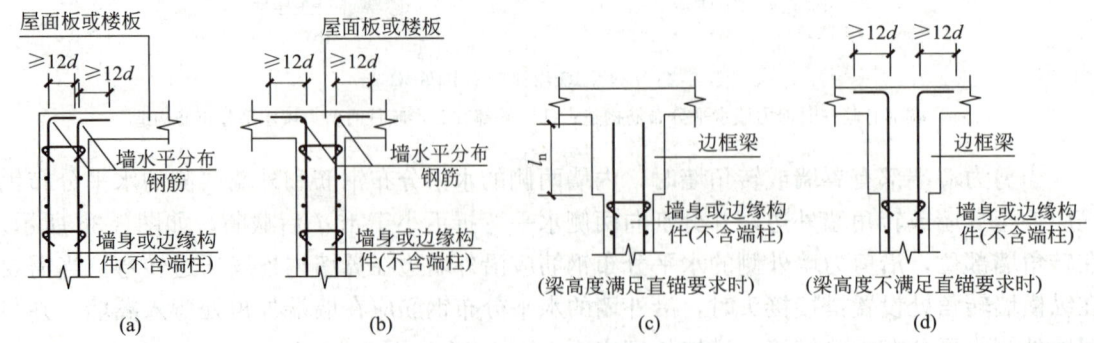

图 3-38 剪力墙竖向钢筋顶部构造

（a）剪力墙外墙墙顶钢筋构造；（b）剪力墙内墙墙顶钢筋构造；

（c）剪力墙顶钢筋在框架梁内直锚；（d）剪力墙顶钢筋在框架梁内弯锚

剪力墙身插筋应插入基础内并进行锚固（图 3-39）。

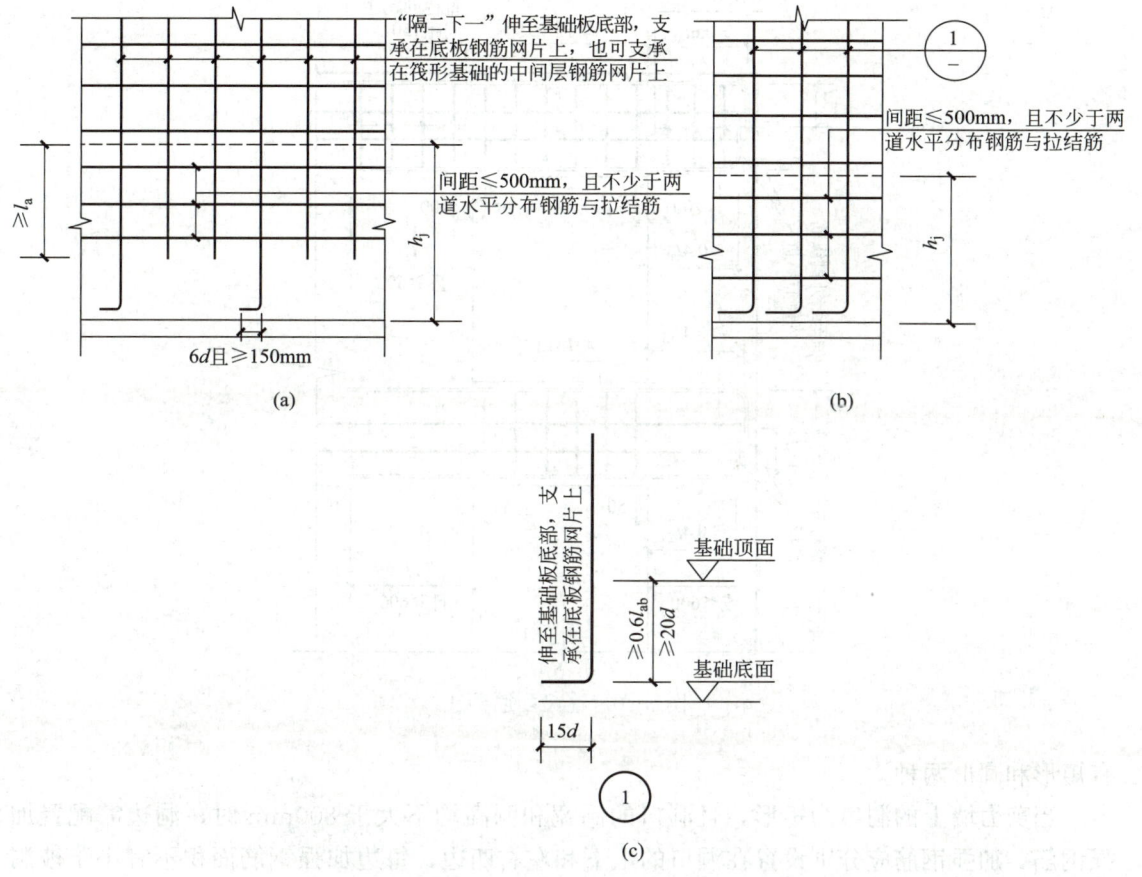

图 3-39　剪力墙插筋在基础内的锚固构造

（a）插筋在基础内直锚；（b）插筋在基础内弯锚；（c）插筋弯锚大样图

5. 连梁的配筋构造

连梁通常跨高比较小，属于深受弯构件，因而容易出现剪切斜裂缝。为防止斜裂缝出现后的脆性破坏，《高层混凝土规程》规定，连梁顶面、底面纵向受力钢筋伸入墙内的长度不应小于 l_a，且不应小于 600mm；沿连梁全长的箍筋直径不应小于 6mm，间距不应大于 150mm；顶层连梁纵向钢筋伸入墙体的长度范围内，应配置间距不大于 150mm 的构造箍筋，箍筋直径应与该连梁的箍筋直径相同（图 3-40）；墙体水平分布钢筋应作为连梁的腰筋在连梁范围内拉通连续配置；当连梁截面高度大于 700mm 时，其两侧面沿梁高范围设置的纵向构造钢筋（腰筋）的直径不应小于 8mm，间距不应大于 200mm；对跨高比不大于 2.5 的连梁，梁两侧的纵向构造钢筋（腰筋）的面积配筋率不应小于 0.3%。

由上述规定可知，顶层连梁纵向钢筋伸入墙体的长度范围内需配置构造箍筋，而楼层连梁不需配置。其原因是，顶层墙体竖向荷载较小，致使连梁纵向钢筋在墙体内的锚固较差，配置横向钢筋可以加强纵向钢筋的锚固。

6. 剪力墙洞口的补强措施

根据设备专业需求，剪力墙上通常需要为设备管道开洞，剪力墙上最常用的洞口形状

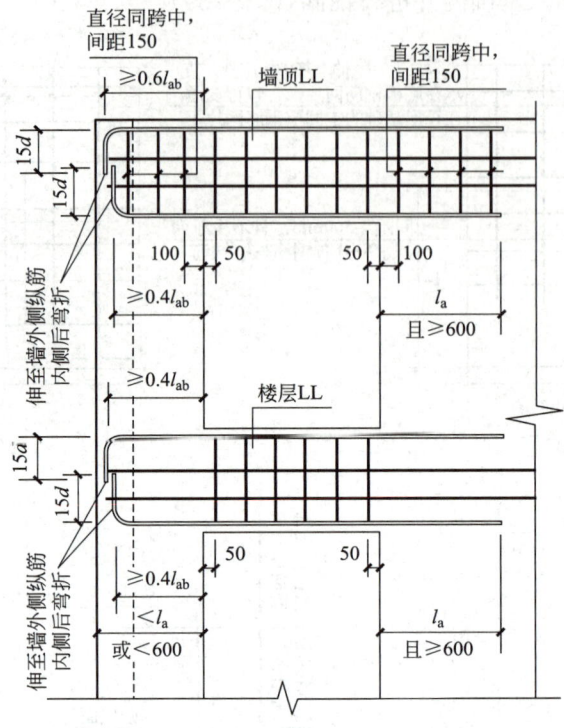

图 3-40　连梁配筋构造

有矩形和圆形两种。

　　当剪力墙上的洞口为矩形，且洞口的洞宽和洞高均不大于 800mm 时，洞边需配置加强钢筋，加强钢筋应分别设置在洞口的上下和左右四边，每边加强钢筋面积不宜小于被洞口截断的分布钢筋总面积的 1/2，且洞口每边加强筋不应少于 2 根，直径不应小于 12mm，该钢筋自洞口边伸入墙内的锚固长度应不小于 l_a（图 3-41a）；当矩形洞口的洞宽大于 800mm 时，应在洞口上、下两边设补强暗梁，洞口左、右设置边缘构件（图 3-41b）。

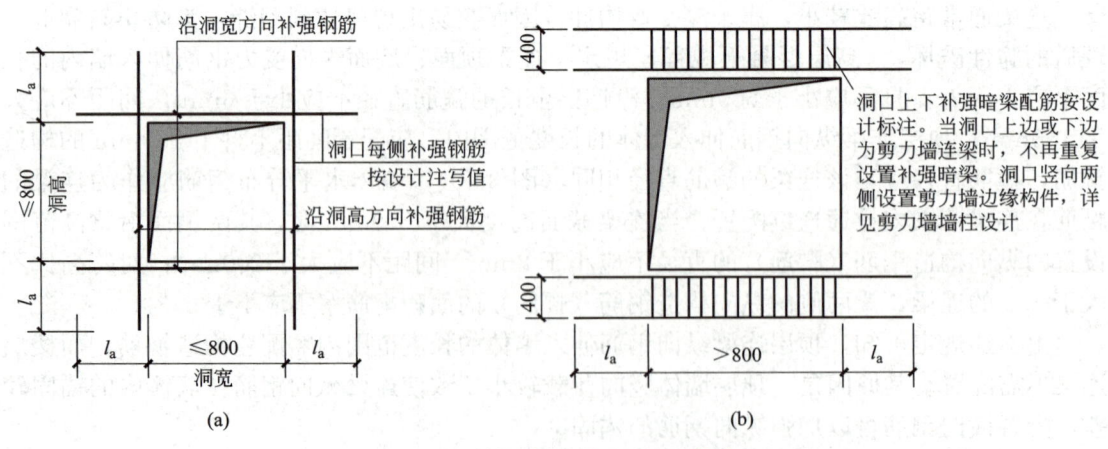

图 3-41　剪力墙矩形洞口补强构造

（a）洞宽、洞高均不大于 800mm；（b）洞宽、洞高均大于 800mm

　　当剪力墙上的洞口为圆形时，洞口补强纵筋构造根据洞口直径的大小可分为三种情况：①当洞口直径不大于 300mm 时，在洞口的上、下和左、右钢筋补强（图 3-42a）；②当洞口直径大于 300mm，且不大于 800mm 时，应在洞口上、下、左、右四边以及周围设置环向加强钢筋（图 3-42b）；③当洞口直径大于 800mm 时，洞口周围补强构造措施如图 3-42（c）所示。

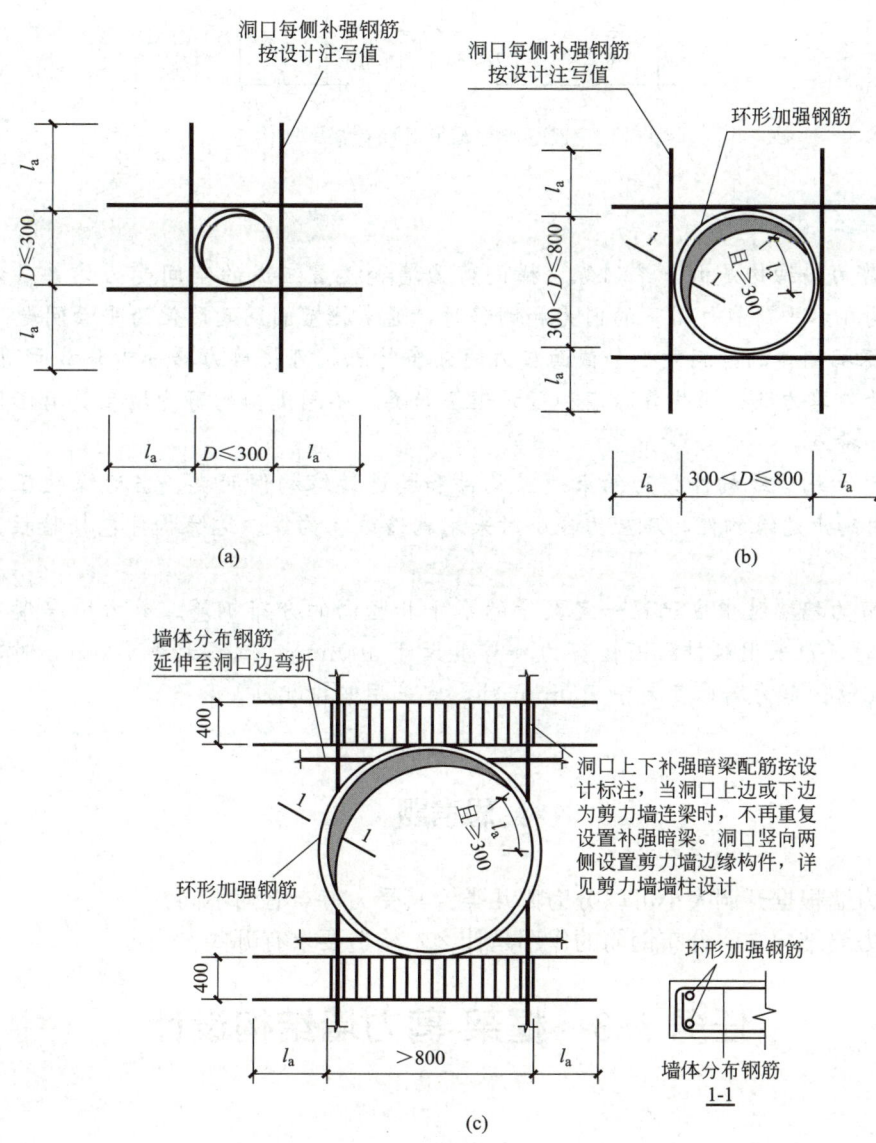

图 3-42　圆形洞口补强构造

（a）洞口直径≤300mm；（b）300mm＜洞口直径≤800mm；（c）洞口直径＞800mm

　　穿过连梁的管道宜预埋套管，洞口上、下的有效高度不宜小于梁高的 1/3，且不宜小于 200mm，洞口处宜配置补强钢筋如图 3-43 所示。

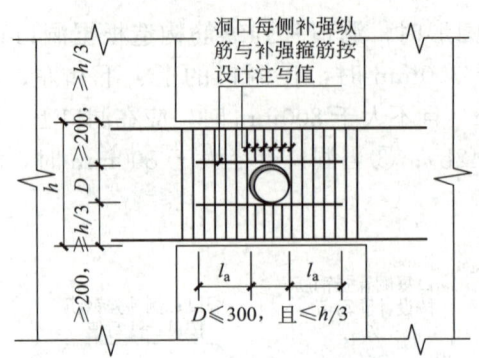

图 3-43　连梁中部圆形洞口补强钢筋构造

任务小结

1. 剪力墙结构是由一系列纵、横向剪力墙和楼盖组成的空间受力体系，计算剪力墙结构在水平荷载作用下的内力和侧移时，通常把空间问题简化为平面问题。

2. 根据墙体的开洞大小和截面应力的分布特点，可将剪力墙分为整截面剪力墙、整体小开口剪力墙、联肢剪力墙和壁式框架四类。不同类型的剪力墙又具有不同的受力状态和特点。

3. 剪力墙边缘构件分为约束边缘构件和构造边缘构件两类。当边缘的压应力较高时采用约束边缘构件，压应力较小时采用构造边缘构件。边缘构件包括暗柱、端柱和翼墙。

4. 剪力墙墙肢中应配置一定数量的水平和竖向的分布钢筋。剪力墙厚度不大于 400mm 时，应采用双排配筋；剪力墙厚度大于 400mm，但不大于 700mm 时，宜采用三排配筋；剪力墙厚度大于 700mm 时，宜采用四排配筋。

思考题

1. 剪力墙根据开洞大小可以分为哪几类？其受力特点有何不同？
2. 剪力墙结构中，分布钢筋的作用是什么？构造要求有哪些？

任务 3.3　框架-剪力墙结构设计

知识目标：
1. 了解框架-剪力墙结构的受力特点。
2. 熟悉框架-剪力墙结构的设计要点。
3. 理解框架-剪力墙结构的主要构造要求。

能力目标：

能够明确框架-剪力墙结构与框架结构、剪力墙结构受力的不同之处。

育人目标：

培养学生规范意识、终身学习态度、创新意识。

相关知识

3.3.1　受力特点

框架结构在水平荷载作用下，底部几层层间侧移增长较快，随着高度的增加，层间侧移增长逐步放缓，水平位移主要是由框架梁、柱的弯曲变形形成，变形曲线呈现整体剪切变形（图3-44a）。而剪力墙结构在水平荷载作用下，底部几层层间侧移增长缓慢，随着高度的增加，层间侧移的增长逐步加快，与悬臂梁类似，其水平位移主要是剪力墙的弯曲变形形成。变形曲线呈整体弯曲变形（图3-44b）。

框架-剪力墙结构通过各层的楼盖结构将框架和剪力墙联系在一起，使得两者在各楼层处具有相同的侧移，形成一个整体，共同承担水平和竖向荷载。在竖向荷载作用下，框架和剪力墙分别承担其受荷范围内的竖向力，受荷范围与楼盖布置有关。在水平力作用下，框架和剪力墙协同工作，共同抵抗。侧向力在框架和剪力墙之间的分配，不但与框架和剪力墙之间的刚度比有关，还与结构的整个高度有关。

框架-剪力墙结构在水平荷载作用下的变形曲线：底部附近框架的侧移缩小而剪力墙的侧移增大，剪力墙侧移被框架"拉出"，框架侧移被剪力墙"推进"；顶部附近框架的侧移增大而剪力墙的侧移缩小，剪力墙侧移被框架"推进"，框架侧移被剪力墙"拉出"，框架和剪力墙构件变形相互"制约"，从而达到变形相互"协调"，两者的协同工作使结构的层间变形趋于均匀，侧移曲线呈现弯剪型（图3-44c）。

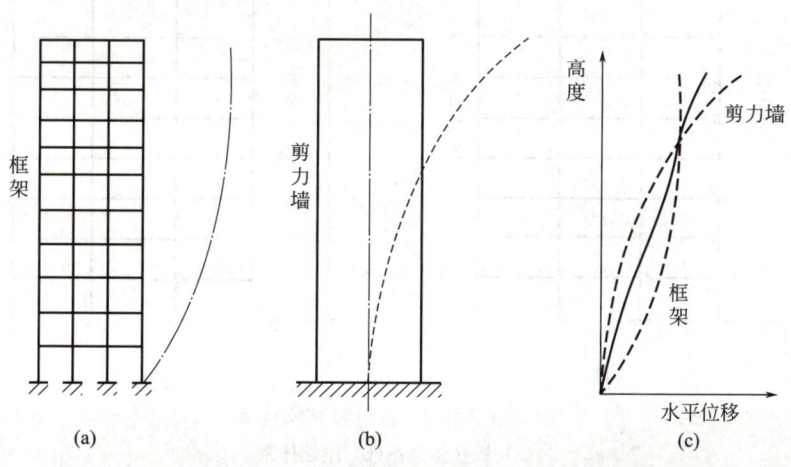

图 3-44　框架-剪力墙结构变形特性

（a）框架变形曲线；（b）剪力墙变形曲线；（c）框架-剪力墙协调变形

在框架-剪力墙结构中，由于剪力墙的侧向刚度大于框架，因此剪力墙承担大部分水平荷载；另外，框架和剪力墙分担水平荷载的比例根据上下位置关系会发生变化。在房屋下部，由于剪力墙变形增大，框架变形减小，使得下部剪力墙承担更多剪力，而框架下部承担的剪力较少。在上部情况恰好相反，剪力墙承担剪力减小，而框架承担剪力增大。这样，就使框架上部和下部所受剪力均匀化，如图 3-45 所示。从协同变形曲线可以看出，框架结构的层间变形在下部小于纯框架，在上部小于纯剪力墙，因此各层的层间变形也将趋于均匀化。

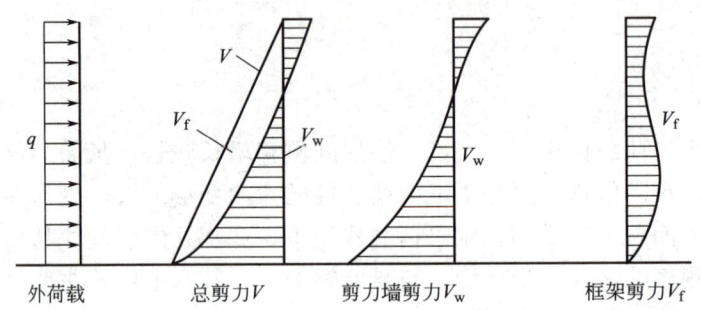

图 3-45　框架-剪力墙结构的剪力分配

在框架-剪力墙结构受力计算中，仅考虑剪力墙自身平面内的刚度，忽略剪力墙平面外的刚度。把同一方向的剪力墙合并在一起组成总剪力墙，同一方向的框架合并在一起组成总框架，通过平面内刚度无限大的楼板，将总剪力墙和总框架连接后形成一个整体，在各楼层处具有相同的位移。框架-剪力墙结构体系可简化为铰接体系（图 3-46a），也可简化为刚接体系（图 3-46b）。

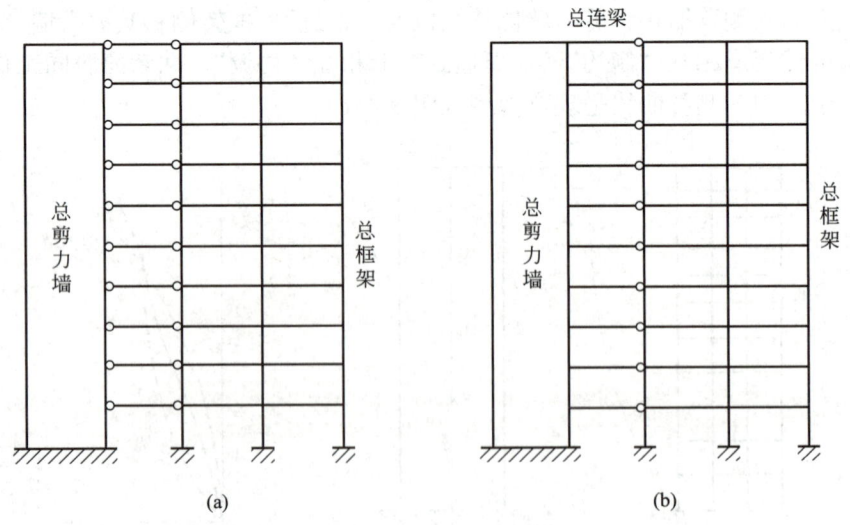

图 3-46　框架-剪力墙结构体系
（a）铰接体系；（b）刚接体系

3.3.2 设计要点

1. 框架-剪力墙结构可采用下列形式：

(1) 框架与剪力墙（单片墙、联肢墙或较小井筒）分开布置；

(2) 在框架结构的若干跨内嵌入剪力墙（带边框剪力墙）；

(3) 在单片抗侧力结构内连续分别布置框架和剪力墙；

(4) 上述两种或三种形式的混合。

2. 剪力墙布置

剪力墙在建筑平面上的布置宜均匀、对称。对于地震区的框架-剪力墙结构，剪力墙沿纵横两个方向都要布置，并应使两个方向的结构抗侧移刚度较为接近。对于非地震区的框架-剪力墙结构，风荷载为主要侧向力，因房屋纵向框架跨数较多且纵向受荷面较小，此时允许结构只设横向剪力墙，而不设置纵向剪力墙。

剪力墙宜布置在房屋的竖向荷载较大处、建筑平面形状变化处、楼梯间和电梯间的周围，同时应尽量布置在结构区段的两端或周边，以利于结构区段的整体抗扭。这是因为剪力墙有较大的侧向刚度，既可以承受较大的竖向荷载，也可以承担较大的水平荷载。把剪力墙布置在以上位置主要考虑到地震时，这些部位往往由于应力集中而容易发生较为严重的破坏，同时，楼梯间和电梯间四周布置剪力墙可以形成井筒（核心筒）结构，有利于提高结构的整体抗侧刚度，也不会影响建筑平面的空间使用效果。

由于框架与剪力墙的协同工作需要由楼盖结构来保证，因此，框架-剪力墙结构中宜采用现浇楼盖，以保证楼盖结构在其自身平面内有较大的刚度。

3.3.3 构造要求

1. 混凝土强度等级

为保证结构的承载能力和变形能力，框架-剪力墙结构的框架梁、柱和节点的混凝土强度等级不应低于C25。

2. 房屋的高度及高宽比限值

现浇钢筋混凝土框架-剪力墙结构房屋的高度限值规定，非抗震设计时最大高度为150m，高宽比限值为7。

3. 框架-剪力墙结构中，剪力墙承担着绝大部分剪力，是主要的抗侧力构件，因此构造上应加强。框架-剪力墙结构中的框架和剪力墙的构造要求，除满足一般框架和剪力墙结构的有关构造要求外，还应符合以下构造要求：

(1) 框架-剪力墙结构中，剪力墙的厚度不应小于160mm，且不应小于层高的1/20；底部加强部位的剪力墙的厚度不应小于200mm，且不应小于层高的1/16。剪力墙中线与墙端边柱中线宜重合，防止偏心。梁的截面宽度不小于2倍剪力墙厚度，梁的截面高度不小于3倍剪力墙厚度；柱的截面宽度不小于2.5倍剪力墙厚度，柱的截面高度不小于柱的宽度。

(2) 剪力墙钢筋至少双排布置，非抗震设计时，剪力墙中的竖向和水平向分布钢筋的配筋率均不应小于 0.2%，钢筋直径不宜小于 8mm，间距不宜大于 300mm。各排分布钢筋间应设置拉筋，拉筋直径不应小于 6mm，间距不宜大于 600mm，可采用矩形布置或者梅花形布置。

（3）剪力墙有端柱时，墙体在楼盖处周边宜设置暗梁，暗梁的截面宽同墙厚，截面高度可取墙厚的 2 倍；端柱截面宜与同层框架柱相同，构造要求也与同层框架柱相同；抗震墙底部加强部位的端柱和紧靠抗震墙洞口的端柱，宜按柱箍筋加密区的要求沿全高加密箍筋。

任务小结

1. 框架-剪力墙结构中，剪力墙在建筑平面上的布置宜均匀、对称，宜布置在房屋的竖向荷载较大处、建筑平面形状变化处、楼梯间和电梯间的周围，同时应尽量布置在结构区段的两端或周边，以利于结构区段的整体抗扭。

2. 框架-剪力墙结构中，剪力墙承担着绝大部分剪力，是主要的抗侧力构件，因此构造上应加强。

思考题

1. 在水平荷载作用下，框架结构、剪力墙结构、框架-剪力墙结构的水平位移曲线有什么特点？

2. 简述框架-剪力墙结构的受力特点。

任务 3.4　筒体结构设计

学习目标

知识目标：

1. 了解筒体结构的受力特点。

2. 熟悉筒体结构设计要点及其构造要求。

能力目标：

能够指出筒体结构和剪力墙结构的不同之处。

育人目标：

培养学生的规范意识、终身学习态度、创新意识。

3.4.1　受力特点

在竖向荷载作用下，筒体结构受力特点与剪力墙结构相同。在侧向力作用下，框筒结构的受力与薄壁箱形结构有些相似，但也有其自身的不同之处。根据材料力学可知，当侧向力作用于箱形结构时，箱形结构截面内的正应力呈线性分布，其在翼缘方向的应力图形为矩形，在腹板方向的应力图形为线性分布的两个三角形。但当侧向力作用于框筒结构时，框筒底部柱内的正应力沿框筒水平截面分布呈曲线关系（图3-47）。角柱正应力最大，中间最小，正应力呈曲线变化，这是由于翼缘框架中梁的剪切变形和梁、柱的弯曲变形所造成的，我们把这种现象称为剪力滞后效应。同时，在框筒顶部，翼缘框架中柱的正应力要大于角柱内的正应力，这种现象称为负剪力滞后效应，事实上，对于实腹式箱形截面，如果考虑板内纵向剪切变形的影响，其横截面内的正应力也会出现框筒的这两种现象。

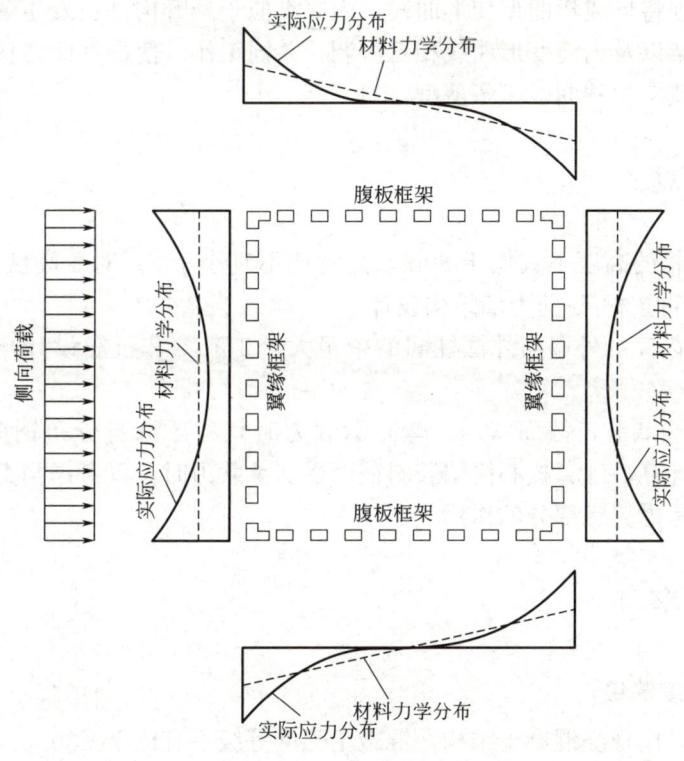

图 3-47 框筒结构底部柱正应力分布

角柱由于剪力滞后效应的存在轴力会加大。那些远离角柱的中柱则由于剪力滞后效应产生较小的轴力，不能充分发挥材料的作用，故使得框筒结构的空间抗侧刚度削弱。实际工程中，为了降低这种效应的不利影响，在进行结构布置时会采取一系列措施，如调整结构平面尺寸使之接近于正方形，控制结构的高宽比，或适当减少柱距，加大窗群梁的刚度。

不同的筒体结构形式，承担侧向力所产生的剪力构件不同。对于筒中筒结构，主要由外筒的腹板框架和内筒的腹板部分承担，外力所产生的总剪力在内外筒之间的分配比例与内外筒之间的抗侧刚度比有关，且在不同的高度部位，侧向力在内外筒之间的分配比例也是不同的。一般来说，在结构底部，内筒承担了大部分剪力，外筒承担的剪力很小。对于单筒结构，侧向力所产生的剪力主要由其腹板部分承担。

在框筒结构或筒中筒结构中，虽然侧向力所产生的弯矩由内外筒共同承担，但是外筒柱离建筑平面形心较远，而且在外筒中，翼缘框架又占了其中的主要部分，角柱也发挥了十分重要的作用，故外筒柱内的轴力所产生的抗倾覆弯矩较大，而外筒腹板框架柱及内筒腹板墙肢的局部弯曲所产生的弯矩较小。

由此可见，在框筒结构或筒中筒结构中，尽管受到剪力滞后效应或负剪力滞后效应的影响，翼缘框架柱内的应力比材料力学计算结果要小，但翼缘框架是结构抵抗侧向力的一个重要部分，这说明结构仍有良好的空间整体工作性能，受力性能合理。采用框筒结构或筒中筒结构可达到节省材料、降低造价的目的。

在侧向力作用下，腹板框架发生剪切型的侧向位移变形，而翼缘框架一侧受拉、一侧受压的受力模式则将形成弯曲型变形曲线，内筒类似于悬臂构件也发生弯曲型的变形。腹板框架、翼缘框架以及内筒变形曲线相互协调、共同工作，使得框筒结构或筒中筒结构在侧向力作用下的侧向位移曲线呈弯剪型。

3.4.2　设计要点

1. 筒中筒结构的高度不宜低于 80m，高宽比不宜小于 3。对于高度不超过 60m 的框架-核心筒结构，可按框架-剪力墙结构设计。

2. 核心筒或内筒的外墙与外框柱间的中距大于 15m（非抗震设计）时，宜采取增设内柱等措施。

3. 计算核心筒墙肢正截面（压、弯）承载力时宜考虑墙身分布钢筋与翼缘的作用，按双向偏心受压计算。计算核心筒墙肢斜截面受剪承载力时，仅考虑与剪力作用方向平行的肋部面积，不考虑翼缘部分的作用。

3.4.3　构造要求

1. 混凝土强度等级

筒体结构应采用现浇混凝土结构，混凝土强度等级不宜低于 C30。

2. 外框筒

当窗裙梁采用普通配筋时，腰筋直径不应小于 12mm，腰筋间距不应大于 300mm（非抗震设计）。箍筋直径不应小于 8mm；箍筋间距不应大于 $8d$ 及 150mm，d 为纵筋直径。箍筋直径沿梁长不变。

当窗裙梁的跨高比小于 1 时，可配置交叉斜筋，交叉斜筋每个方向各 4 根，直径不小于 14mm，并用直径不小于 8mm 的矩形箍筋或螺旋箍筋绑扎成小柱状，箍筋间距不应大于 200mm 且不大于 $b/2$（b 为窗裙梁截面宽度），在梁柱交接处，箍筋应加密，间距不应大于 100mm，加密区长度不应小于 600mm 及梁截面宽度的 2 倍。

窗裙梁配置交叉斜筋时，上、下侧纵向钢筋分别不应小于 2 根 16mm，腰筋直径不应小于 10mm，间距不应大于 200mm。窗裙梁箍筋直径不应小于 8mm，间距不应大于

200mm。配置交叉斜筋的窗裙梁，宽度不应小于300mm。

3. 核心筒

筒体结构核心筒或内筒墙肢设计应符合下列规定：

（1）墙肢宜均匀、对称布置；

（2）筒体角部附近不宜开洞，当不可避免时，筒角内壁至洞口距离不应小于500mm和开洞墙截面厚度的较大值；

（3）筒体外墙厚度不应小于200mm，内墙厚度不应小于160mm，必要时可设置按扶壁柱或扶壁墙；

（4）筒体墙的竖向、水平配筋不应少于两排，非抗震设计时，最小配筋率不应小于0.2%；

（5）核心筒墙肢和连梁的其他配筋构造要求可参考剪力墙结构，这里不再赘述。

1. 在竖向荷载作用下，筒体结构受力特点同剪力墙结构。在侧向力作用下，框筒结构的受力与薄壁箱形结构有些相似。

2. 筒体结构核心筒或内筒墙肢宜均匀、对称布置，筒体角部附近不宜开洞。

3. 窗裙梁的跨高比小于1时，可配置交叉斜筋。筒体墙的竖向、水平配筋不应少于两排。核心筒墙肢和连梁的配筋构造要求可参考剪力墙结构。

思考题

1. 简述筒体结构的受力特点。
2. 筒体结构核心筒或内筒墙肢设计应符合哪些规定？

任务3.5　装配式混凝土结构设计

学习目标

知识目标：
1. 了解装配整体式混凝土结构体系。
2. 熟悉装配式混凝土部品部件的类型及设计要点。

能力目标：
能够进行简单装配整体式框架结构构件的节点设计。

育人目标：
培养学生的规范意识、终身学习的态度和创新意识。

相关知识

3.5.1 结构体系

装配式混凝土结构是指由预制混凝土构件通过各种可靠的连接方式装配而成的混凝土结构，包括装配整体式混凝土结构和全装配式混凝土结构。其中，装配整体式混凝土结构是由预制混凝土构件通过后浇混凝土、水泥基灌浆料等可靠连接方式形成整体的装配式结构；全装配式混凝土结构是由预制混凝土构件通过连接部件、螺栓等"干式"连接方式装配而成的混凝土结构，这种连接形式简单，易施工，但结构整体性差。目前我国装配式混凝土结构多采用装配整体式混凝土结构。装配整体式混凝土结构主要包括以下结构形式：

（1）装配整体式混凝土框架结构；

（2）装配整体式剪力墙结构；

（3）装配整体式框架-现浇剪力墙结构；

（4）装配整体式部分框支剪力墙结构。

1. 装配整体式混凝土框架结构

装配整体式混凝土框架结构（图 3-48）是指全部或部分框架梁、柱采用预制构件建成的装配整体式混凝土结构，简称装配整体式框架结构。主要用于教学楼、宿舍、办公楼、商场等结构。装配整体式框架结构一般由预制柱或现浇柱、预制梁、预制楼板、预制楼梯和非承重墙组成，结合现浇节点或装配式节点组合成为整体。优点是整体性较好、抗震性能好、节省模板；缺点是需二次浇筑混凝土，预制与现浇部分连接处节点需要加强。

图 3-48 装配整体式混凝土框架结构

根据梁柱节点连接方式的不同，装配式混凝土框架可以划分为等同现浇结构和不等同现浇结构。其中，等同现浇结构是节点刚性连接，不等同现浇结构是节点柔性连接。在结构受力性能和设计方法方面，等同现浇结构和现浇结构基本一样，区别在于前者的节点连接施工方法更为复杂，后者则快速简单。而不等同现浇结构的耗能机制、整体受力性能和设计方法均具有不确定性。

2. 装配整体式剪力墙结构

装配整体式剪力墙结构是指剪力墙、梁、楼板全部或部分采用预制混凝土构件，再进行连接形成整体的结构体系（图 3-49）。预制构件主要包括：剪力墙、叠合楼板、叠合梁、楼梯、阳台等构件。预制构件在施工现场拼装后，上下层剪力墙的主要竖向受力钢筋采用灌浆套筒或浆锚连接，楼面梁板采用预制部分和现浇部分进行叠合。装配式剪力墙结构由于其对建筑空间的合理利用，以及较好的抗震性能，因此在国内多高层建筑中得到了广泛的应用。

装配整体式剪力墙结构体系主要包括：

（1）部分或者全部剪力墙预制的装配整体式剪力墙结构体系

该结构体系中，全部或部分剪力墙采用预制构件，预制剪力墙之间采用"湿"连接，水平接缝处钢筋可采用套筒灌浆连接、浆锚搭接连接和底部预留后浇区内钢筋搭接连接的形式，该结构体系主要用于高层建筑（图 3-50）。

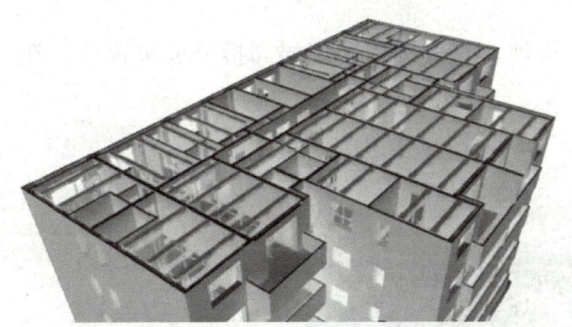

图 3-49　装配整体式剪力墙结构

图 3-50　装配整体式剪力墙结构的拼装形式

剪力墙全部采用预制构件，装配化效率高，但拼接缝多，且在拼接缝处施工处理难度大，目前较少采用。剪力墙部分采用预制构件，一般指外墙采用预制、内墙采用现浇的结构。这时内墙施工方法同现浇结构一样，而外墙可以与保温、装饰、防水、门窗等一体化生产，施工效率高，能够节省工期，国内装配式剪力墙结构均采用这种形式。

（2）叠合板式混凝土剪力墙结构体系

叠合板式混凝土剪力墙结构体系是由叠合式墙板和叠合式楼板，加上现浇的混凝土剪力墙、边缘构件、梁、板等构件，共同形成的装配整体式剪力墙结构（图 3-51）。叠合式墙板大部分采用双面叠合剪力墙，双面叠合剪力墙是一种由内外叶预制墙板和中间后浇混凝土层组成的竖向墙体构件，其中，内外叶预制墙板钢筋根据剪力墙受力要求及中间层后浇混凝土对预制墙板侧压力的影响配置，并通过设置桁架筋进行连接，现场安装完毕后浇筑中间层形成整体式剪力墙结构，共同承受水平和竖向荷载作用。研究表明，这种结构体系与现浇结构受力原理和设计方法相差较大，

上下预制墙的间距要求

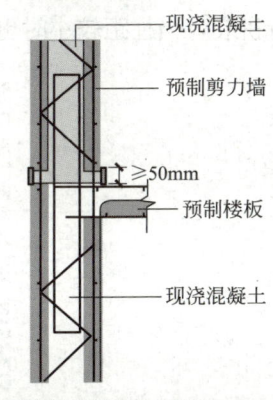

现浇混凝土

预制剪力墙

≥50mm

预制楼板

现浇混凝土

叠合墙的上下墙之间墙间距不小于50mm

图 3-51　叠合板式混凝土剪力墙

其适用高度较小。一般适用于非地震区和抗震设防烈度 7 度及以下地震区，房屋高度不超过 60m 及层数 18 层以下的高层建筑。

3. 装配整体式框架-现浇剪力墙结构

装配整体式框架-现浇剪力墙结构是指将框架部分的某些构件在工厂预制，如梁、柱预制后在现场拼装，将框架结构叠合部分与剪力墙在现场浇筑完成，从而形成共同承担水平荷载和竖向荷载的整体结构。这种体系中框架部分采用的预制构件装配技术与装配整体式框架结构预制构件相同，目前装配式整体式框架-现浇剪力墙结构中剪力墙基本都采用现浇形式。

3.5.2 部品部件的类型

装配式建筑中常见的部品部件有：预制柱、预制梁、预制叠合板、预制剪力墙、预制外挂墙板、预制楼梯、预制阳台板等，下面对其中的几种进行简单介绍。

1. 预制柱

预制柱是装配式混凝土结构中重要的竖向构件，一般按照楼层层高拆分成单根柱，在每层柱顶进行拼接（图 3-52）。

图 3-52 预制柱

2. 预制梁

预制梁是装配式混凝土结构中重要的水平构件，预制主梁一般按照柱网拆分为单跨梁进行拼装，当柱距较小时也可按双跨梁设计。预制次梁以主梁为支座拆分成单跨梁（图 3-53）。

图 3-53 预制梁

3. 预制叠合板

（1）根据装配式构件运输超宽限制，并考虑到工厂生产线模台的限制，预制板宽不宜大于 3m，拼接位置宜避开板受力较大部位（图 3-54）。

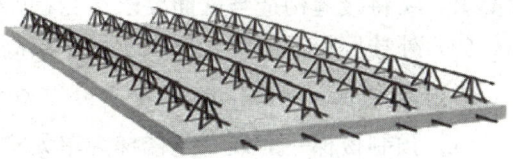

图 3-54　预制叠合板

（2）尽量按模数设计，以便统一或减少板的规格。

（3）楼板接缝按"0"缝宽设计，制作控制宜按负误差控制。

（4）楼板与柱相交处应预留切角。

（5）当四边支承叠合板长宽比小于或等于 3 时，宜按双向板设计，注意板缝应避开弯矩最大处截面；当预制板间采用分离式接缝时，宜按单向板设计，注意板缝垂直于长边。

4. 预制剪力墙

（1）预制剪力墙的竖向拆分宜设置在各层楼面处，水平拆分宜保证门窗洞口的完整性（图 3-55）。

（2）预制剪力墙结构最外部转角部位应采取加强措施，当拆分后无法满足设计构造要求时应采用现浇构件。

（3）竖向施工缝尽量避开结构主要受力部位（剪力墙、暗柱等），将其设置在填充墙部位，否则需要通过设置现浇节点确保结构的整体性。

5. 预制外挂墙板

预制外挂墙板是安装在主体结构上，起围护、装饰作用的非承重预制混凝土外墙板（图 3-56）。

图 3-55　预制剪力墙

图 3-56　预制外挂墙板

（1）外挂墙板的几何尺寸不宜过大，一般为 3m 左右，设计时要考虑到施工、运输条件限制等，而且当墙板尺寸过大时，主体结构层间位移对其内力的影响也较大。

（2）外挂墙板拆分的尺寸和接缝位置与建筑立面及造型相对应，既要满足墙板受力控制要求，又将接缝构造与立面要求结合起来。

（3）外挂墙板拆分单元仅限于一个层高和一个开间。

6. 预制楼梯

（1）预制楼梯一般以一跑楼梯为单元进行拆分（图3-57）。由于梁式楼梯重量小于板式楼梯，故可考虑将预制楼梯设计成梁式楼梯，进而减少预制混凝土楼梯板的重量。

（2）位于双跑楼梯半层高的休息平台板，可以与楼梯板一起预制，也可以现浇，还可以做成60mm+60mm的叠合板。

（3）预制楼梯板支座一般采用一端铰接，另一端设置滑动铰的搁置式简支连接，注意滑动铰的端部应采取防止滑落的构造措施，且其转动及滑动变形能力要满足结构层间位移的要求，同时预制楼梯端部在支承构件上的最小搁置长度应符合表3-7的要求。

图3-57　预制楼梯

预制楼梯在支承构件上的最小搁置长度			表 3-7
抗震设防烈度	6度	7度	8度
最小搁置长度（mm）	75	75	100

3.5.3　设计要点

装配整体式结构在采取了可靠的节点连接方式和合理的构造措施后，其性能等同于现浇混凝土结构，整体模型计算方法与传统的钢筋混凝土结构设计方法相同。

装配式结构与现浇结构最大的区别是：装配式结构是采用工厂生产的部品部件在工地拼装而成的建筑。因此装配式结构必然有与之相适应的设计要点及深度，装配式结构设计要点概括为以下几个方面：

1. 结构布置要求

结构平面布置规则、竖向构件宜连续设置。主体结构平面布置宜简单规则，竖向构件连续且刚度不发生突变，受力合理。突出或挑出部分不宜过大，平面凹凸变化不宜过多过深。

2. 截面尺寸构造要求

预制梁截面尺寸应满足承载力要求，截面形式宜采用矩形，截面宽度不宜小于200mm，截面高宽比 $h/b=2\sim3$，不宜大于4，且净跨与截面高度之比不宜小于4。

装配整体式混凝土框架结构宜采用叠合梁和叠合板，框架梁后浇混凝土叠合层厚度不宜小于150mm（图2-76a），非框架梁的后浇混凝土叠合层厚度不宜小于120mm；但当叠合梁的高度大于450mm时，后浇混凝土层的厚度不应小于1/3梁高，且不应小于150mm。当采用凹口截面预制梁时，凹口边厚度不宜小于60mm，凹口深度不宜小于

50mm（图 2-76b）。预制梁顶面应凿毛，粗糙面的深度不宜小于 6mm。

预制柱截面宜采用矩形或正方形，边长不宜小于 400mm，为了避免节点核心区梁柱纵向钢筋位置发生冲突，便于安装施工，规定柱截面尺寸不宜小于同方向梁宽的 1.5 倍，另外，框架柱剪跨比宜大于 2，柱截面长边与短边的边长比不宜大于 3。

3. 预制梁截面惯性矩的规定

在进行结构内力和位移计算时，所有构件均采用弹性刚度。对于装配整体式楼面，其整体性相对现浇楼板稍弱；对于无现浇面层的装配式楼板，梁、板、柱未形成整体，故板的作用不予考虑。

通常假定截面惯性矩沿轴线不变，并考虑楼板与梁的共同工作，装配式混凝土结构框架梁截面惯性矩可按以下规定计算：

① 对装配整体式楼盖，中间榀框架梁 $I_b = 1.5 I_0$，边榀框架梁 $I_b = 1.2 I_0$；

② 对装配式楼盖，则取 $I_b = I_0$。

4. 节点设计满足构造要求

装配式建筑的设计关键在于连接节点的构造设计。以装配式框架结构为例，节点主要包括梁-梁连接、柱-柱连接和梁-柱连接。

（1）梁-梁连接

1）叠合梁的对接连接节点宜设置在受力较小的位置（图 3-58），并应符合下列规定：

① 为了增强后浇混凝土和预制梁的粘结，梁端应设置粗糙面或键槽；

② 连接处应设置的后浇段长度应满足钢筋连接的作业空间需要；

③ 梁下部纵向受力筋在后浇段内宜采用焊接连接、机械连接、套筒灌浆连接，或者绑扎搭接；

④ 上部纵向受力钢筋应在后浇段内连接，后浇段内的箍筋应加密，箍筋间距不应大于 100mm，且不应大于 5d，d 指的是纵向受力钢筋的较小直径。

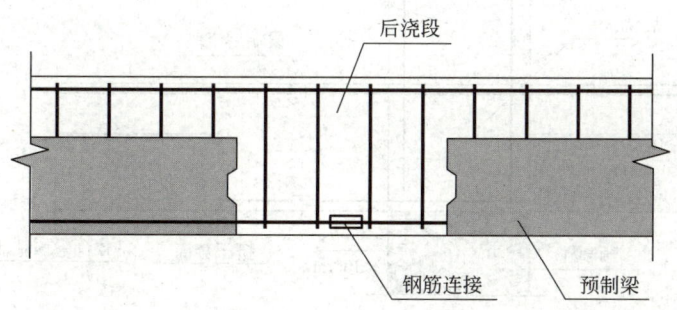

图 3-58 叠合梁对接节点构造示意

2）框架梁与非框架梁相交处连接节点

框架梁和非框架梁连接可采用刚接或铰接的方式，当采用刚接时，应符合下列要求：

① 框架梁在连接节点处应设置现浇段；

② 非框架梁在端支座处纵向钢筋应锚入框架梁内；

③ 非框架梁在中间节点处上部钢筋贯通，下部钢筋锚入框架梁内。

（2）柱-柱连接

柱-柱纵向钢筋连接宜根据受力性能、施工工艺选用套筒灌浆连接、浆锚搭接连接、机械连接、焊接连接、绑扎搭接等连接方式，并应符合《装配式混凝土规程》的要求。其中，钢筋套筒灌浆是指在预制构件中预埋的金属套筒中插入钢筋，并灌注水泥基灌浆料的连接方式。它是目前装配式节点中常采用的接头，也是形成各种装配式混凝土结构的重要基础。

（3）梁-柱连接

装配式混凝土结构常用的梁柱节点有整浇式连接、现浇柱预制梁连接、牛腿式连接等。下面主要介绍整浇式连接构造。

整浇式连接是预制柱和预制梁通过后浇混凝土形成刚性节点。采用这种连接方式的预制梁和柱优点是制作和吊装方便，外形简单，而且节点整体性能较好。缺点是穿过节点核心区的梁下部纵筋多而密，不利于核心区混凝土浇筑时振捣密实。

1）钢筋布置及连接要求

整浇式节点大多采用高强度大直径钢筋进而减少预制柱纵筋的根数，减少钢筋连接接头，从而避免与框架梁纵筋相碰撞，提高预制构件装配效率。梁、柱钢筋在后浇节点区锚固与现浇结构相同，可以采用直锚、弯锚和机械锚固方式，满足《混凝土标准》的要求。

对于预制柱叠合梁装配整体式框架结构节点，两侧叠合梁底部水平钢筋挤压套筒连接时，可在核心区外一侧梁端后浇段内连接（图 3-59），也可以在核心区外两侧梁端后浇段内连接（图 3-60）。连接接头距柱边不小于300mm，不小于 $0.5h_b$，叠合梁后浇段顶部钢筋应贯通节点。梁端后浇段的箍筋间距不宜大于75mm；抗震等级为一、二级时，箍筋直径不应小于10mm，抗震等级为三、四级时，箍筋直径不应小于8mm。

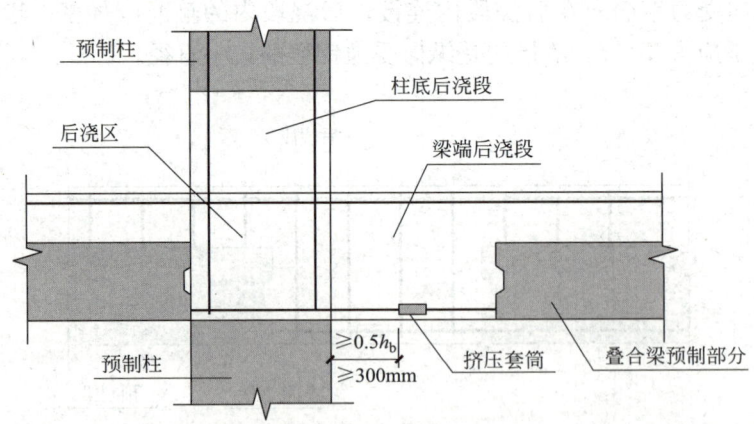

图 3-59　预制柱与叠合梁底部水平钢筋在一侧梁端后浇段内连接

2）粗糙面及键槽要求

由于预制构件的混凝土表面已经凝结硬化，新旧混凝土之间结合部位容易形成"薄弱环节"，为提高混凝土的抗剪承载力，保证新旧混凝土的结合面强度，通常应在预制混凝土构件与后浇混凝土、灌浆料、注浆材料的结合面设置粗糙面和键槽。

预制梁端、柱端、墙端的粗糙面凹凸深度均不应小于6mm，预制板的粗糙面凹凸深

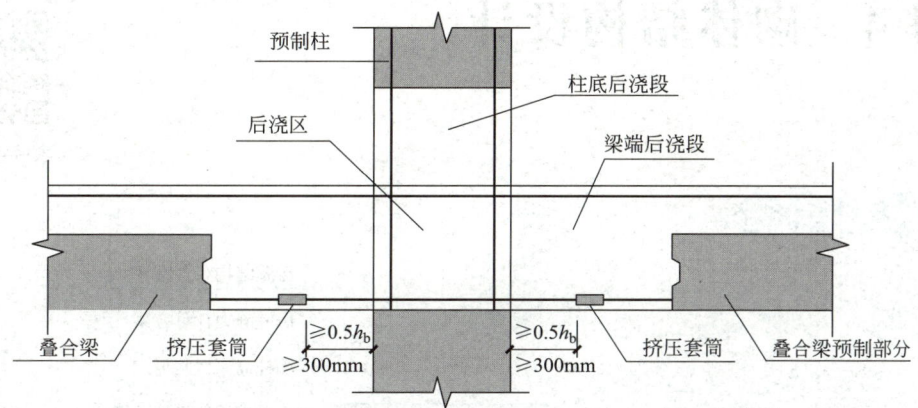

图 3-60　预制柱与叠合梁底部水平钢筋在两侧梁端后浇段内连接

度不应小于 4mm。粗糙面的面积不宜小于结合面的 80%。

剪力墙键槽深度 t 不宜小于 20mm，梁端、预制柱键槽的深度 t 不宜小于 30mm，键槽端部斜面倾角不宜大于 30°，键槽宽度 w 不宜大于深度的 10 倍，不宜小于深度的 3 倍，且键槽可贯通截面。当不贯通时，槽口距离截面边缘不宜小于 50mm，键槽间距宜等于键槽宽度（图 2-78）。

 任务小结

1. 目前我国装配式混凝土结构多采用装配整体式混凝土结构。装配整体式混凝土结构在采取了可靠的节点连接方式和合理的构造措施后，其性能等同于现浇混凝土结构，整体模型计算方法与传统的钢筋混凝土结构设计方法相同。

2. 装配式建筑的设计关键在于连接节点的构造设计，必须满足相关构造要求。

思考题

1. 简述装配整体式混凝土结构的类型及特点。
2. 装配式混凝土部品部件的类型有哪些？
3. 简述装配整体式混凝土框架结构节点设计的构造要求。

微课

项目3小结

拓展资料

混凝土框架结构施工图

拓展阅读

经典书籍推荐

项目4 砌体结构设计

微课

项目4学习指引

思维导图

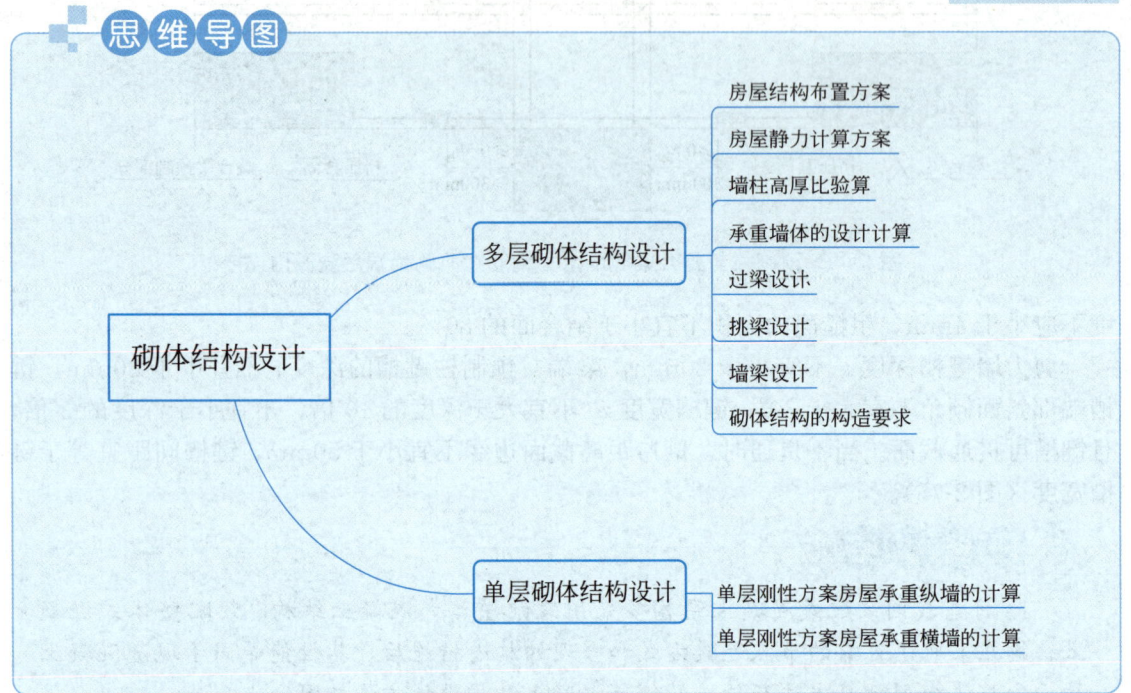

砌体结构设计
- 多层砌体结构设计
  - 房屋结构布置方案
  - 房屋静力计算方案
  - 墙柱高厚比验算
  - 承重墙体的设计计算
  - 过梁设计
  - 挑梁设计
  - 墙梁设计
  - 砌体结构的构造要求
- 单层砌体结构设计
  - 单层刚性方案房屋承重纵墙的计算
  - 单层刚性方案房屋承重横墙的计算

引入案例

2022年4月29日，湖南省长沙市望城区金山桥街道的一栋居民自建房忽然下坐式垮塌，从八层楼到变成一片废墟，仅仅4秒钟，死亡人数高达54人。

事故的直接原因是违法违规建设的原五层（局部六层）房屋建筑质量差、结构不合理、稳定性差、承载能力低，违法违规加层扩建至八层（局部九层）后，荷载大幅增加，致使二层东侧柱和墙超出极限承载力，出现受压破坏并持续发展，最终造成房屋整体倒塌。事发前，在出现明显倒塌征兆的情况下，房主拒不听从劝告，未采取紧急避险疏散措施，导致人员伤亡众多。

这起事故给我们敲响了警钟，我们深刻认识到，一栋建筑，如果没有坚实的根基和合理的结构，就无法保障居民的生命安全。在砌体结构设计中，应该要注意哪些问题？房屋有哪些结构布置方案？墙柱为什么要进行高厚比验算？如何进行承载力验算？为什么需要设置过梁、墙梁和挑梁等基本构件？

任务 4.1　多层砌体结构设计

任务描述

　　某高校六层砖混结构教学楼，其平面图、剖面图见图 4-1。墙面及梁侧抹灰均为 20mm，施工质量控制等级为 B 级，该地区基本风压为 0.4kN/m²。

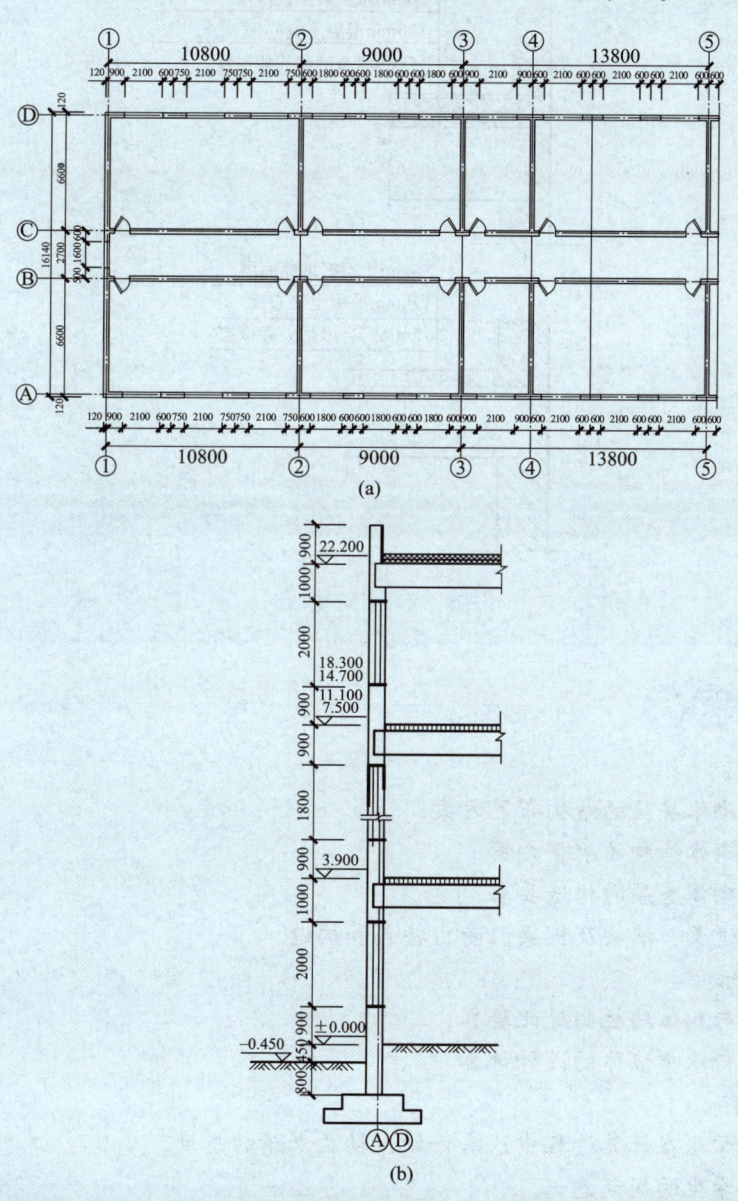

图 4-1　某高校教学楼平面、剖面图

（a）平面图；（b）剖面图

请进行六层砌体结构设计。设计成果为编写砌体结构设计计算书，包括确定房屋结构布置方案、确定房屋静力计算方案、进行房屋墙柱高厚比验算、进行墙体承载力计算等内容。建筑构造可参照图4-2。

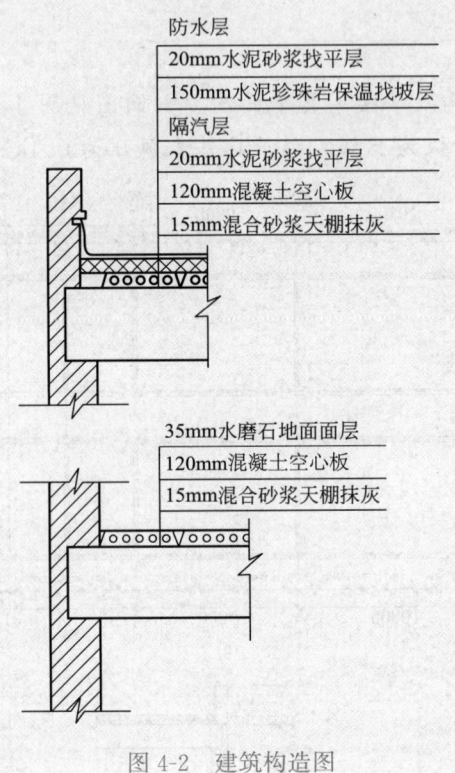

防水层
20mm水泥砂浆找平层
150mm水泥珍珠岩保温找坡层
隔汽层
20mm水泥砂浆找平层
120mm混凝土空心板
15mm混合砂浆天棚抹灰

35mm水磨石地面面层
120mm混凝土空心板
15mm混合砂浆天棚抹灰

图 4-2　建筑构造图

学习目标

知识目标：

1. 掌握砌体房屋的结构布置方案；

2. 掌握砌体结构的承重方案；

3. 熟悉砌体房屋的构造要求；

4. 熟悉过梁、墙梁及挑梁的受力特点和构造。

能力目标：

1. 能进行砌体墙柱高厚比验算；

2. 能进行承重墙体的设计计算。

育人目标：

1. 培养学生在计算过程中认真仔细、精益求精的态度。

2. 培养学生的规范意识。

相关知识

4.1.1　房屋结构布置方案

根据竖向荷载传递方式的不同，砌体房屋的结构布置方案可分为三种：横墙承重方案、纵墙承重方案和纵横墙承重方案。砌体结构的承重方案，会影响到房屋平面的划分和房间的大小，而且与房屋的荷载传递路线、承载的合理性、墙体的稳定性以及房屋的空间工作性能有着密切的关系。

1. 横墙承重方案

由横墙直接承受屋面、楼面等竖向荷载的方案，称为横墙承重方案（图4-3）。

横墙承重方案房屋的荷载传递路线为：楼（屋）盖荷载→横墙→基础→地基。

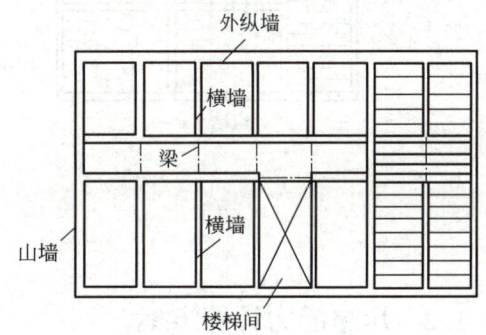

图4-3　横墙承重方案

这种承重方案的房屋横墙较密，横向刚度和整体性较好，抗风抗震及调整地基不均匀沉降的能力较强，屋盖楼盖材料用量较小，但墙体材料用量较多，房屋平面布置受限制，由于外纵墙不承重，建筑立面易处理，门窗布置及大小较灵活。

这种承重方案主要用于住宅、宿舍、招待所等横墙较密的建筑。

2. 纵墙承重方案

由纵墙直接承受屋面、楼面等竖向荷载的方案，称为纵墙承重方案（图4-4）。

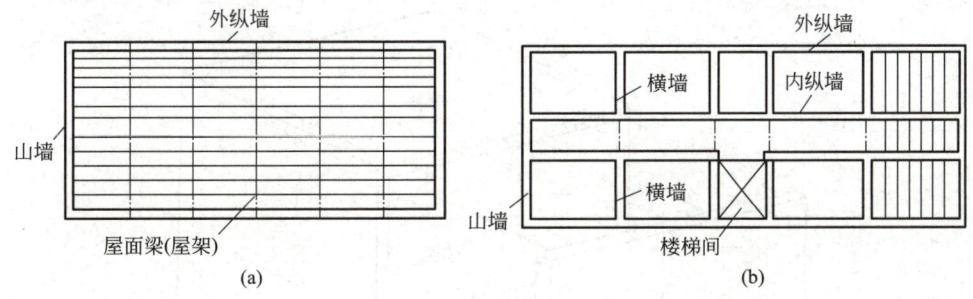

　　　　　(a)　　　　　　　　　　　　　　　　　　(b)

图4-4　纵墙承重方案

纵墙承重方案房屋的荷载传递路线是：楼（屋）盖荷载→梁（或纵墙）→纵墙→基础→地基。

纵墙承重方案房屋开间较大，建筑平面布局灵活，横向刚度较差，墙体材料用量较小，但楼盖材料用量较多，纵墙门窗布置和大小受到一定限制。

这种承重方案主要用于教学楼、试验楼、办公楼等要求有较大内部空间的房屋。

3. 纵横墙承重方案

由纵墙和横墙共同承担竖向荷载的方案，称为纵横墙承重方案（图4-5）。

纵横墙承重方案房屋的荷载传递路线是：楼（屋）盖荷载→纵墙或横墙→基础→地基。

纵横墙承重方案结构平面布置较灵活，纵横向刚度均较好，兼顾了上述两种承重方案的优点。这种承重方案在实际工程中得到了广泛的应用。

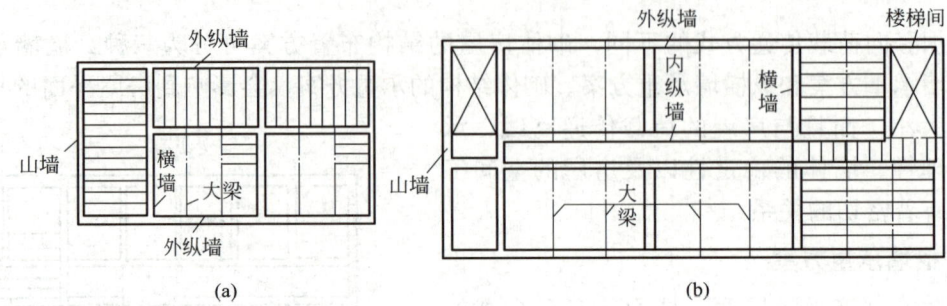

图 4-5　纵横墙承重方案

4.1.2　房屋静力计算方案

砌体结构是由楼盖、屋盖、墙、柱和基础构成的承重体系，它们互相影响、共同工作，承受作用于房屋上的竖向作用和水平作用（图 4-6），因此整个结构体系处于空间工作状态。当房屋受到局部荷载作用时，不仅在直接受荷构件（或单元）中产生内力，而且房屋所有构件（或单元）都将参加受力，并使直接受力构件（或单元）中的内力和侧移远远小于该构件（或单元）单独承受相同荷载时的内力和侧移。这种在房屋空间上的内力传播与分布，称为房屋的空间工作效应，相应的房屋整体刚度称为空间刚度。

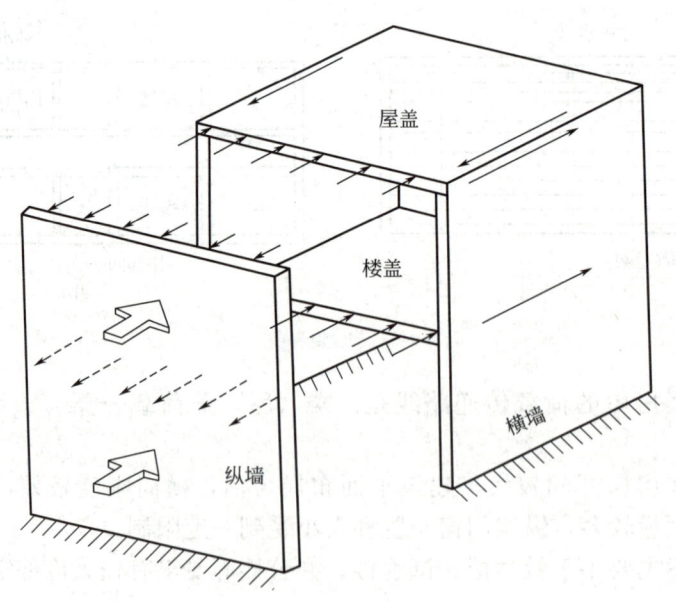

图 4-6　房屋水平荷载的传递

下面通过图 4-7、图 4-8 所示房屋加以比较说明。图 4-7 是一单层房屋，外纵墙承重，装配式钢筋混凝土屋盖，两端无山墙，在水平风荷载作用下，房屋各个计算单元将会产生相同的水平位移 u_p，可简化为一平面排架。如果在两端加设了山墙（图 4-8），由于山墙的约束，使得在均布水平荷载作用下，整个房屋墙顶的水平位移不再相同，距离山墙近的墙顶受到山墙的约束越大，水平位移越小。屋盖受力后在屋盖自身平面内的水平方向发生弯曲，跨中挠度为 u_1。山墙受力后在其自身平面内产生弯曲和剪切变形，顶点位移为 u_2（图 4-8c）。纵墙顶的最大位移为 $u_{max} = u_1 + u_2$（图 4-8）。显然，有山墙房屋纵墙顶点处沿纵墙各点的水平位移均小于无山墙房屋纵墙的顶点位移 u_p，也即 $u_{max} < u_p$。其原因是由于山墙的存在，增强了房屋的空间刚度，纵墙在横向水平荷载作用下由无山墙时的平面受力状态转变为有山墙时的空间受力状态，房屋的这种受力性能称为房屋的空间工作性能。

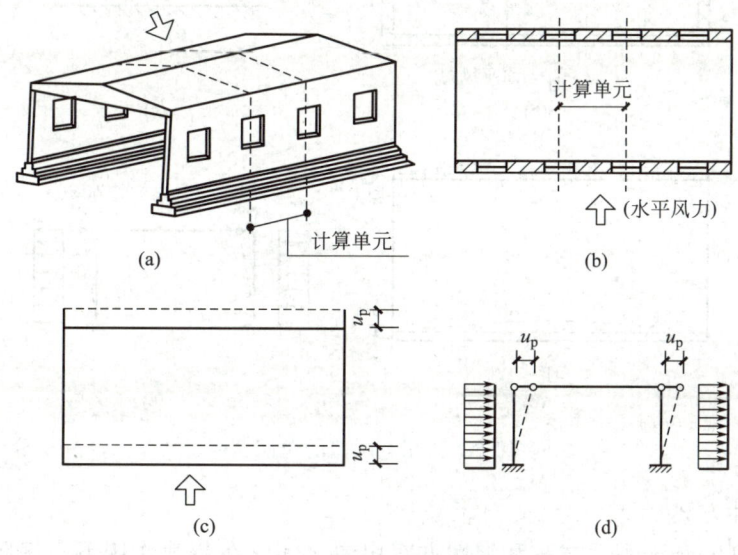

图 4-7　两端无山墙的单层房屋

1. 房屋的静力计算方案分类

根据房屋的空间工作性能将房屋的静力计算方案分为刚性方案、弹性方案和刚弹性方案。

（1）刚性方案

当房屋的横墙间距较小、楼盖（屋盖）的水平刚度较大时，房屋的空间刚度较大，在荷载作用下，房屋的水平位移很小，可视墙、柱顶端的水平位移等于零。在确定墙、柱的计算简图时，可将楼盖或屋盖视为墙、柱的水平不动铰支座，墙、柱内力按不动铰支承的竖向构件计算（图 4-9a），按这种方法进行静力计算的房屋为刚性方案房屋。一般多层砌体房屋都是属于这种方案。

（2）弹性方案

当房屋横墙间距较大、楼盖（屋盖）水平刚度较小时，房屋的空间刚度较小，在荷载作用下，房屋的水平位移较大。确定计算简图时，可按屋架或大梁与墙（柱）铰接的、不考虑空间工作性能的平面排架或框架计算（图 4-9b），按这种方法计算的房屋为弹性方案房屋。一般的单层厂房、仓库、礼堂多属此种方案。

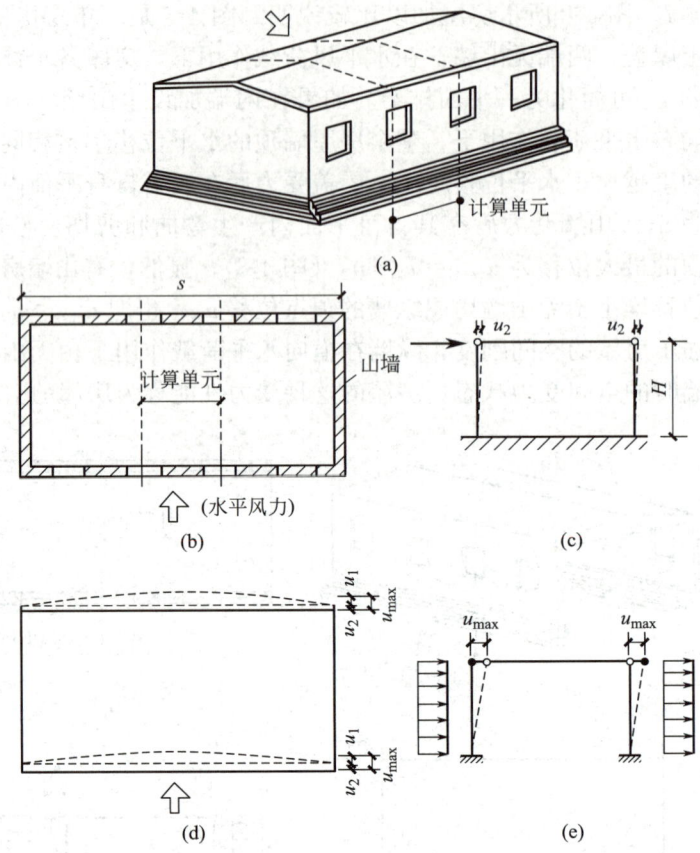

图 4-8　两端有山墙的单层房屋

（3）刚弹性方案

房屋空间刚度介于刚性方案和弹性方案房屋之间，在荷载作用下，房屋的水平位移也介于两者之间，这种房屋称为刚弹性方案房屋。在确定计算简图时，按在墙、柱有弹性支座（考虑空间工作性能）的平面排架或框架计算（图 4-9c）。

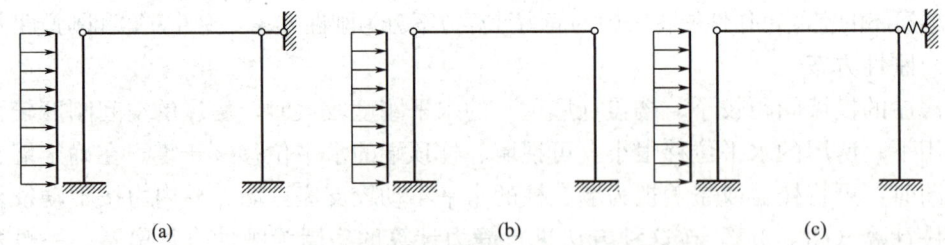

图 4-9　砌体房屋的计算简图

（a）刚性方案；（b）弹性方案；（c）刚弹性方案

比较上述三种方案，刚性方案不但能充分发挥构件的潜力，而且能取得较好的房屋刚性，一般来说砌体房屋均应尽量设计成刚性方案。

研究表明，房屋空间工作性能的主要影响因素为楼盖（屋盖）的水平刚度和横墙间距的大小。静力计算方案根据楼（屋）盖类型和横墙间距的大小，按表 4-1 确定。

房屋的静力计算方案   表 4-1

	屋盖或楼盖类别	刚性方案	刚弹性方案	弹性方案
1	整体式、装配整体式和装配式无檩体系钢筋混凝土屋盖或钢筋混凝土楼盖	$s<32$	$32{\leqslant}s{\leqslant}72$	$s>72$
2	装配式有檩体系钢筋混凝土屋盖、轻钢屋盖和有密铺望板的木屋盖或木楼盖	$s<20$	$20{\leqslant}s{\leqslant}48$	$s>48$
3	瓦材屋面的木屋盖和轻钢屋盖	$s<16$	$16{\leqslant}s{\leqslant}36$	$s>36$

注：1. 表中 s 为房屋横墙间距，其长度单位为 m。
　　2. 当多层房屋的楼盖、屋盖类别不同或横墙间距不同时，可按本表的规定分别确定各层（底层或顶部各层）房屋的静力计算方案。
　　3. 对无山墙或伸缩缝处无横墙的房屋，应按弹性方案考虑。

2. 刚性和刚弹性方案房屋对横墙的要求

房屋的静力计算方案是根据房屋空间刚度的大小确定的，而房屋的空间刚度由两个因素决定，一是房屋中楼（屋）盖的类别，二是房屋中横墙间距和刚度的大小，为保证房屋的刚度，规范规定，刚性和刚弹性方案房屋的横墙应符合下列要求：

① 横墙中开有洞口时，洞口的水平截面面积不应超过横墙截面面积的 50%。

② 横墙厚度不宜小于 180mm。

③ 单层房屋的横墙长度不宜小于其高度，多层房屋的横墙长度，不宜小于 $H/2$（H 为横墙总高度）。此外，横墙应与纵墙同时砌筑，如不能同时砌筑时，应采取其他措施以保证房屋的整体刚度。

当横墙不能同时符合上述要求时，如单边外廊式多层民用房屋，其跨度较小，横墙长度往往小于 $H/2$，应对横墙刚度进行验算，如其最大水平位移 $u_{\max}\leqslant\dfrac{H}{4000}$（$H$ 为横墙总高度）时，仍可视为刚性或刚弹性方案房屋的横墙。符合此刚度要求的一段横墙或其他结构构件（如框架等），也可视作刚性或刚弹性方案房屋的横墙。

单层房屋横墙在水平集中力 P_1 作用下的最大水平位移 $u_{\max}$，由弯曲产生的水平位移（弯曲变形）和剪力产生水平位移（剪切变形）两部分组成。横墙计算简图如图 4-10 所示，其墙顶最大水平位移，按下式计算：

$$u_{\max}=\frac{P_1 H^3}{3EI}+\frac{\tau}{G}H=\frac{nPH^3}{6EI}+\frac{2.5nPH}{EA} \tag{4-1}$$

式中 P_1 为作用于横墙顶端的集中水平荷载，$P_1=\dfrac{n}{2}P$，此处，$P=W+R$；n 为与该横墙相邻的两横墙的开间数（图 4-10）；W 为每开间中作用于屋架下弦、由屋面风荷载（包括屋盖下弦以上一段女儿墙上的风荷载）产生的集中风力；R 为假定排架无侧移时，每开间柱顶反力；H 为横墙高度；E 为砌体的弹性模量；I 为横墙的惯性矩，为简化计算，近似地取横墙毛截面惯性矩，当横墙与纵墙连接时可按 I 形或匚形截面考虑；与横墙共同工作的纵墙部分的计算长度 s，每边近似地取 $s=0.3H$；τ 为水平截面上的剪应力，$\tau=\zeta\dfrac{P}{A}$；ζ 为应力分布不均匀系数，可近似取 $\zeta=2.0$；A 为横墙水平截面面积，可近似取毛截面面积；G 为砖砌体剪切模量，$G=\dfrac{E}{2(1+\mu)}\approx0.4E$。

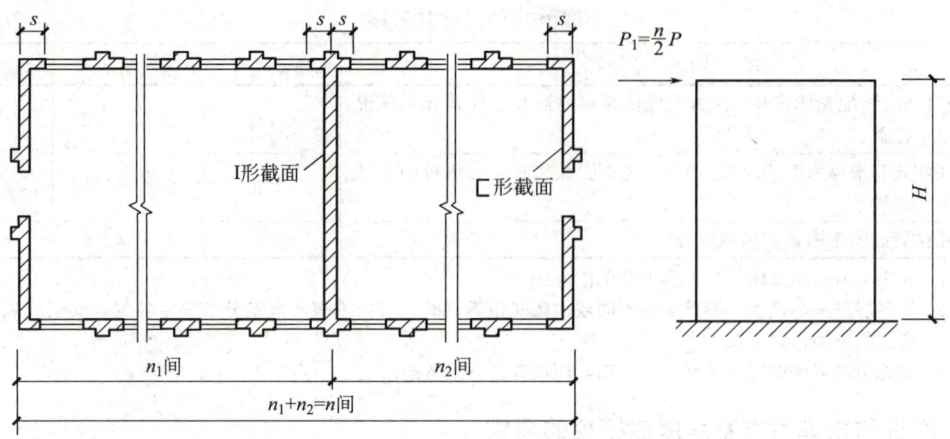

图 4 10 单层房屋横墙计算简图

多层房屋也可仿照上述方法进行计算，其墙顶最大水平位移按下式计算：

$$u_{\max} = \frac{n}{6EI}\sum_{i=1}^{m}P_iH_i^3 + \frac{2.5n}{EA}\sum_{i=1}^{m}P_iH_i \qquad (4\text{-}2)$$

式中 m 为房屋总层数；P_i 为假定每开间框架各层均为不动铰支座时，第 i 层的支座反力；H_i 为第 i 层楼面至基础上顶面的高度。

▪ 典型案例

　　某工程为三层砖混结构，长 24m，宽 7.8m，楼梯间局部四层，建筑面积 817m²。该工程于某年 7 月 23 日开工，后因资金和拆迁问题，甲方自行通知乙方分段施工，仅施工三个开间的纵墙（长约 12m），砌体施工到底层窗台面时停工近一年时间，后继续施工，第二年 10 月 25 日，三层屋面混凝土浇捣完毕，10 月 26 日下午房屋突然倒塌，仅剩下二层楼梯间和底层一些墙体。

　　事故原因分析为甲方擅自变更设计，引起房屋静力计算方案改变。甲方未经设计同意，擅自通知施工方将六个开间房屋分两段施工，先施工三个开间，导致静力计算方案改变，即空间工作性能发生变化。根据《砌体规范》4.2.1 条规定，对无山墙或伸缩缝处无横墙的房屋，应按弹性方案考虑，因此分段施工导致底层砌体由原设计的刚性方案改变为弹性方案。

　　对于原设计的刚性方案，二层以上的风荷载是通过纵墙→楼（屋）→盖→横墙→基础→地基的路线进行传递，纵墙设计可不考虑侧向位移，纵墙的弯矩较小。分段施工后，房屋静力计算变为弹性方案，在集中风载、底层均布风载和竖向偏心荷载的共同作用下，纵墙产生较大的侧向位移，大大削弱了房屋结构整体性及承载能力，因此导致房屋倒塌。

　　此案例充分说明了专业素质的重要性。一些施工企业技术人员专业素质较差，施工中不讲科学、盲目施工，不严格按技术规范和设计要求组织施工，甚至迎合业主无理要求擅自变更设计施工。如本案例中施工单位擅自改变施工方案，使建筑构件受力关系发生改变；将结构进行分段施工又未采取必要的技术措施，使结构计算方案发生改变，最终导致房屋的整体倒塌。

4.1.3 墙柱高厚比验算

高厚比 β 是指墙、柱计算高度 H_0 与对应计算高度方向的截面尺寸 h 之比，即 $\beta = \dfrac{H_0}{h}$。

墙、柱的高厚比验算是保证砌体房屋施工阶段和使用阶段稳定性与刚度的一项重要构造措施。墙柱的高厚比过大，其刚度过小，稳定性差，即使承载力足够，也可能在施工阶段因过度的偏差倾斜以及施工和使用过程中的偶然撞击、振动等因素而导致失稳。墙柱的高厚比过大，还可能使墙体发生过大的变形而影响正常使用。因此，必须对高厚比进行限制。

为什么积木堆得越高越容易倒

当我们堆叠积木时，会发现一个有趣的现象：随着积木层数的增加，整个结构变得越来越不稳定，最终在某一高度达到一个临界点，整个结构轰然倒塌。这是为什么呢？

首先，我们要明白一个基本的物理原理：重心位置对于稳定性的影响。一个物体的重心越低，它就越稳定，因为重力的作用点更靠近支撑点。而当我们将积木一块块往上叠时，整体的重心也随之升高。这就意味着，随着高度的增加，整体的稳定性逐渐降低。

其次，我们还要考虑到力的传递。在低矮的积木堆中，每一块积木都承载着较小的重量，并且每层之间通过摩擦力和重力作用相互支撑。但是，当积木堆的高度增加时，底部的积木需要承载更重的上层积木，这使得底部的压力逐渐增大。与此同时，由于积木之间的接触面积有限，摩擦力无法满足整体的稳定性需求。

此外，外部因素也容易导致高积木堆的倒塌。一阵微风吹来，或地面轻微的震动都可能打破原有的平衡状态。这是因为高积木堆的重心位置更高，意味着更大的势能。一旦受到足够大的扰动，这些能量就可能瞬间释放，导致整个结构的崩溃。

综上所述，我们可以得出结论：积木堆得越高越容易倒，主要是因为随着高度的增加，整体的重心位置上升，稳定性降低。同时，外部微小扰动也更容易导致结构失去平衡。因此，我们在搭积木时，应该特别注意保持整体的稳定性，以免造成意外的倒塌。

1. 一般墙、柱的高厚比验算

墙、柱高厚比应按下式验算：

$$\beta = \frac{H_0}{h} \leqslant \mu_1 \mu_2 [\beta] \tag{4-3}$$

式中 $[\beta]$ 为墙、柱的允许高厚比，按表 4-2 采用；H_0 为墙、柱的计算高度，由实际高度 H 并根据房屋类别和构件两端支承条件按表 4-3 确定；h 为墙厚或矩形柱与 H_0 相对应的边长；μ_1 为自承重墙允许高厚比的修正系数，按表 4-4 采用；μ_2 为有门窗洞口墙允许高厚比的修正系数，按下式计算：

$$\mu_2 = 1 - 0.4\frac{b_s}{s} \tag{4-4}$$

式中 b_s 为在宽度 s 范围内的门窗洞口总宽度（图 4-11）；s 为相邻窗间墙、壁柱或构造柱之间的距离。

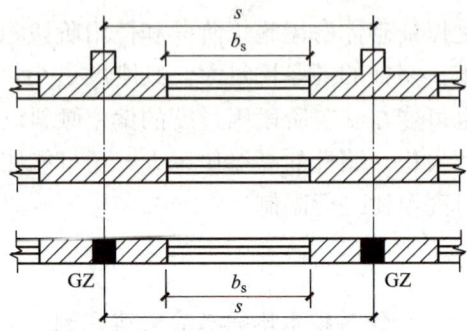

图 4-11　门窗洞口宽度示意图

墙、柱允许高厚比 [β] 值　　　　　　　　　　　　表 4-2

砂浆强度等级	墙	柱
M2.5	22	15
M5.0	24	16
≥M7.5	26	17

注：下列情况下墙、柱的允许高厚比应进行调整：
1. 毛石墙、柱的高厚比应按表中数字降低 20%；
2. 组合砖砌体构件的允许高厚比，可按表中数值提高 20%，但不得大于 28；
3. 验算施工阶段砂浆尚未硬化的新砌砌体高厚比时，允许高厚比对墙取 14，对柱取 11。

受压构件计算高度 H_0　　　　　　　　　　　　表 4-3

房屋类别			柱		带壁柱墙或周边拉结的墙		
			排架方向	垂直排架方向	$s>2H$	$2H \geqslant s>H$	$s \leqslant H$
有吊车的单层房屋	变截面柱上段	弹性方案	$2.5H_u$	$1.25H_u$	$2.5H_u$		
		刚性、刚弹性方案	$2.0H_u$	$1.25H_u$	$2.0H_u$		
	变截面柱下段		$1.0H_l$	$0.8H_l$	$1.0H_l$		
无吊车的单层和多层房屋	单跨	弹性方案	$1.5H$	$1.0H$	$1.5H$		
		刚弹性方案	$1.2H$	$1.0H$	$1.2H$		
	多跨	弹性方案	$1.25H$	$1.0H$	$1.25H$		
		刚弹性方案	$1.10H$	$1.0H$	$1.10H$		
	刚性方案		$1.0H$	$1.0H$	$1.0H$	$0.4s+0.2H$	$0.6s$

注：1. 表中 H 为构件高度；H_u 为变截面柱的上段高度，H_l 为变截面柱的下段高度；
2. 对于上端为自由端的 $H_0 = 2H$；
3. 独立砖柱，当无柱间支撑时，柱在垂直排架方向的 H_0 应按表中数值乘以 1.25 后采用；
4. s 为房屋横墙间距；
5. 自承重墙的计算高度应根据周边支撑或拉结条件确定。

当按式（4-4）计算得到的 μ_2 的值小于 0.7 时，应采用 0.7。当洞口高度等于或小于墙高的 1/5 时，可取 $\mu_2=1.0$。

自承重墙允许高厚比的修正系数 μ_1 表 4-4

墙厚 h	$h=240$mm	$h=90$mm	240mm$>h>$90mm
μ_1	1.2	1.5	$1.68-h/500$

注：1. 上端为自由端墙的允许高厚比，除按上述规定提高外，尚可提高 30%；

2. 对厚度小于 90mm 的墙，当双面用不低于 M10 的水泥砂浆抹面，包括抹面层的墙厚不小于 90mm 时，可按墙厚等于 90mm 验算高厚比。

上面提及的墙、柱允许高厚比 $[\beta]$，系指砌体墙、柱高厚比的限值，是根据实践经验和现阶段的材料质量以及施工技术水平综合确定的，与承载力无关。影响墙、柱允许高厚比的主要因素有：

① 砂浆强度。对同类构件，砂浆强度等级越高，$[\beta]$ 值越大。

② 构件类型。在相同的砂浆强度条件下，柱的 $[\beta]$ 值要比墙平均低 30%。

③ 砌体种类。不同的块材以及不同砌筑方式都会因块材搭接、砂浆粘结面大小的不同，使构件的刚度、稳定性有所不同，因此 $[\beta]$ 值不同。

④ 支承约束条件、截面形式。在其他条件相同时，支承约束强的构件的允许高厚比要比支承约束弱的构件大，《砌体规范》采用调整计算高度 H_0 来反映这一影响。当截面形式为非矩形时，应采用折算厚度 h_T。

⑤ 墙体开洞、承重墙和非承重墙。被洞口削弱得多的墙体的允许高厚比要比削弱少的小；非承重墙比承重墙的允许高厚比可以适当提高一些。对此，《砌体规范》通过相应的修正系数对允许高厚比 $[\beta]$ 予以降低和提高。

2. 带壁柱墙的高厚比验算

带壁柱墙的高厚比的验算包括两部分内容：整片墙的高厚比验算和壁柱间墙的高厚比验算。

（1）整片墙的高厚比验算

整片墙的高厚比验算时，将壁柱视为墙体的一部分，整片墙截面为 T 形截面。其高厚比应按下式验算：

$$\beta=\frac{H_0}{h_T}\leqslant\mu_1\mu_2[\beta] \tag{4-5}$$

式中 h_T 为带壁柱墙截面折算厚度，$h_T=3.5i$；i 为带壁柱墙截面的回转半径，$i=\sqrt{\dfrac{I}{A}}$；I 为带壁柱墙截面的惯性矩；A 为带壁柱墙截面的面积。

其余符号意义同前。

T 形截面的翼缘宽度 b_f，可按下列规定采用：

① 多层房屋，当有门窗洞口时，可取窗间墙宽度；当无门窗洞口时，每侧可取壁柱高度的 1/3；

② 单层房屋，可取壁柱宽加 2/3 壁柱高度，但不得大于窗间墙宽度和相邻壁柱之间的距离。

（2）壁柱间墙的高厚比验算

壁柱间墙的高厚比按式（4-3）验算。但计算 H_0 时，s 取相邻壁柱之间的距离，且不论房屋静力计算方案为何种方案，都按刚性方案考虑。

3. 带构造柱墙的高厚比验算

带构造柱墙的高厚比的验算包括两部分内容：整片墙的高厚比验算和构造柱间墙的高厚比验算。

（1）整片墙的高厚比验算

整片墙的高厚比按下式验算：

$$\beta = \frac{H_0}{h} \leqslant \mu_1 \mu_2 \mu_c [\beta] \tag{4-6}$$

式中 μ_c 为带构造柱墙允许高厚比 $[\beta]$ 的提高系数，可按下式计算：

$$\mu_c = 1 + \gamma \frac{b_c}{l} \tag{4-7}$$

γ 为系数，对细料石、半细料石砌体，$\gamma=0$；对混凝土砌块、粗料石及毛石砌体，$\gamma=1.0$；其他砌体，$\gamma=1.5$；b_c 为构造柱沿墙长方向的宽度；l 为构造柱间距。当 $b_c/l > 0.25$ 时，取 $b_c/l = 0.25$；当 $b_c/l < 0.05$ 时，取 $b_c/l = 0$。

需注意的是，考虑构造柱有利作用而对墙体允许高厚比的提高，只适用于构造柱与墙体形成整体后的使用阶段，并且构造柱与墙体有可靠的连接，不适用于施工阶段。

（2）构造柱间墙的高厚比验算

构造柱间墙的高厚比仍按公式（4-3）验算。验算时仍视构造柱为柱间墙的不动铰支点，计算 H_0 时，s 取相邻构造柱间距，并按刚性方案考虑。

【例 4-1】 某砖柱截面为 $490\text{mm} \times 370\text{mm}$，计算高度 5m，采用 M5.0 混合砂浆砌筑。试验算此砖柱的高厚比。

【解】 查表得 $[\beta]=16$

对于独立柱，$\mu_1 = \mu_2 = 1.0$

$$\beta = H_0/h = 5000/370 = 13.5 < \mu_1 \mu_2 [\beta] = 1.0 \times 1.0 \times 16 = 16$$

高厚比满足要求。

【例 4-2】 某办公楼承重外纵墙，开间为 4.2m，每开间开宽 1.8m 的窗，墙厚为 240mm，墙体计算高度为 4.5m，采用 M5 混合砂浆砌筑。试验算该外纵墙的高厚比。

【解】 查表得 $[\beta]=24$

该外纵墙为承重墙，则 $\mu_1 = 1.0$

$$\mu_2 = 1 - 0.4 \frac{b_s}{s} = 1 - 0.4 \times 1800/4200 = 0.829$$

$$\beta = \frac{H_0}{h} = \frac{4500}{240} = 18.75 < \mu_1 \mu_2 [\beta] = 1.0 \times 0.829 \times 24 = 19.90$$

高厚比满足要求。

【例 4-3】 如图 4-12 所示，某单层砌体房屋，采用 M5 混合砂浆砌筑，横墙间距为 15m，墙顶与屋盖系统有可靠拉结。带壁柱山墙的高度（基础顶面至壁柱顶面）$H=12\text{m}$，开有 4m 宽的门和 2m 宽的窗，壁柱截面如图 4-12（b）所示。试验算该山墙的高厚比。

【**解**】 查表得 $[\beta]=24$

（1）计算壁柱截面的几何特征

窗间墙宽度 $b_s=5000-4000/2-2000/2=2000\text{mm}$

$$A=370\times740+240(2000-370)=66500\text{mm}^2$$

$$y_1=y_2=370\text{mm}$$

$$I=\frac{370\times740^3}{12}+\frac{240^3\times(2000-370)}{12}=1.436\times10^{10}\text{mm}^4$$

$$i=\sqrt{\frac{I}{A}}=\sqrt{\frac{1.436\times10^{10}}{665000}}=147\text{mm}$$

$$h_T=3.5i=3.5\times147=515\text{mm}$$

（2）验算整片墙的高厚比

因横墙间距为 $s=15\text{m}$，则该单层房屋为刚性方案房屋。

因 $1.0<s/H=15000/12000=1.25<2.0$，则

$$H_0=0.4s+0.2H=0.4\times15000+0.2\times12000=8400\text{mm}$$

$$\mu_1=1.0,\ \mu_2=1-0.4\frac{b_s}{s}=1-0.4\times\frac{3000}{5000}=0.76$$

$$\mu_1\mu_2[\beta]=1.0\times0.76\times24=18.2>\beta=\frac{H_0}{h_T}=\frac{8400}{515}=16.3$$

整片墙的高厚比满足。

（3）验算壁柱间墙的高厚比

此时 s 取壁柱间距离，即 $s=5000\text{mm}$

因 $s=5000\text{mm}<H=12000\text{mm}$，则 $H_0=0.6s=0.6\times5000=3000\text{mm}$

$$\mu_1=1.0,\ \mu_2=1-0.4\frac{b_s}{s}=1-0.4\times\frac{4000}{5000}=0.68<0.7,\text{取}\ \mu_2=0.7$$

$$\mu_1\mu_2[\beta]=1.0\times0.7\times24=16.8>\beta=\frac{H_0}{h}=\frac{3000}{240}=12.5$$

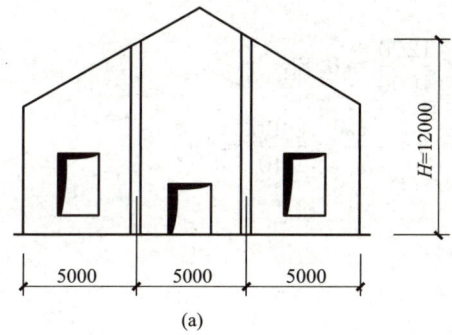
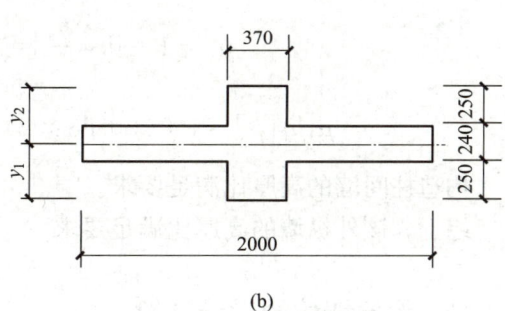

(a)　　　　　　　　　　　　　　　　　　　(b)

图 4-12　例 4-3 附图

（a）山墙立面示意；（b）壁柱截面

【**例 4-4**】 某单层仓库承重外纵墙，墙高 $H=5.1\text{m}$，墙厚 240mm，由 MU10 烧结页岩砖和 M5 水泥砂浆砌筑，沿墙长每 4m 设 1.2m 宽窗洞，同时沿墙长每 4m 设截面尺寸为

240mm×240mm 的钢筋混凝土构造柱（图 4-13），横墙间距为 24m，试验算该外纵墙的高厚比。

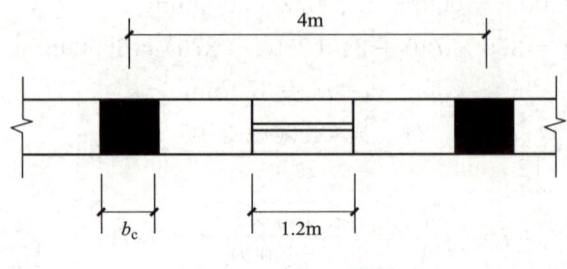

图 4-13　例 4-4 附图

【解】　查得 $[\beta]=24$

1. 整片墙的高厚比验算

因 $s=24$m，则该单层房屋为刚性方案房屋。

$s=24$m$>2H=2\times5.1=10.2$m，故由表 4-3 得 $H_0=1.0H=1.0\times5.1=5.1$m

$$\mu_1=1.0$$

$$\mu_2=1-0.4\frac{b_s}{s}=1-0.4\times\frac{1200}{4000}=0.88$$

$$\gamma=1.5, b_c=240\text{mm}, l=4000\text{mm}$$

$$\mu_c=1+\gamma\frac{b_c}{l}=1+1.5\times\frac{240}{4000}=1.09$$

$$\mu_1\mu_2\mu_c[\beta]=1.0\times0.88\times1.09\times24=23.0>\beta=\frac{H_0}{h}=\frac{4800}{240}=20$$

整片墙的高厚比满足要求。

2. 构造柱间墙的高厚比验算

此时 s 取构造柱间距离，即 $s=4$m

$s=4$m$<H=5.1$m，故由表 4-3 得 $H_0=0.6s=0.6\times4=2.4$m

$$\mu_1=1.0$$

$$\mu_2=1-0.4\frac{b_s}{s}=1-0.4\times\frac{1200}{4000}=0.88$$

$$\mu_1\mu_2[\beta]=1.0\times0.88\times24=21.1>\beta=\frac{H_0}{h}=\frac{2400}{240}=10$$

构造柱间墙的高厚比满足要求。

综上，该外纵墙的高厚比满足要求。

4.1.4　承重墙体的设计计算

多层砌体结构房屋的楼面梁与墙、柱的连接处不能形成类似于钢筋混凝土框架整体性好的节点，因此梁与墙的连接通常假设为铰接，在水平荷载作用下墙、柱水平位移很大，往往不能满足使用要求。另外，这类房屋空间刚度较差，容易引起连续倒塌。因此此类房屋应避免设计成弹性方案的房屋。

1. 多层刚性方案房屋承重纵墙的计算

对多层民用房屋，如住宅、教学楼、办公楼等，由于横墙间距较小，一般属于刚性方案。设计时既需验算墙体的高厚比，又要验算承重墙的承载力。

（1）选取计算单元

砌体结构房屋的纵墙一般比较长，设计时可仅取其中一段有代表性或较不利的开间墙、柱作为计算单元。如图4-14所示，一般情况下，计算单元的受荷宽度为 $\dfrac{l_1+l_2}{2}$。有门窗洞口时，内外纵墙的计算截面宽度 B 一般取一个开间的门间墙或窗间墙的宽度；无门窗洞口时，计算截面宽度 B 取 $\dfrac{l_1+l_2}{2}$；如壁柱的距离较大且层高较小时，B 可按下式取用：

$$B = b + \frac{2}{3}H \leqslant \frac{l_1+l_2}{2} \tag{4-8}$$

式中 b 为壁柱宽度。

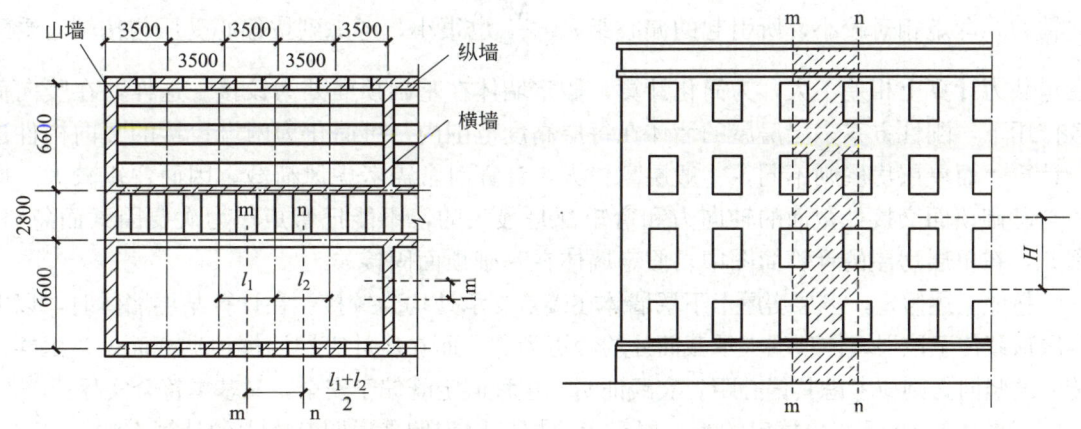

图 4-14　计算单元的选取

（2）竖向荷载作用下的计算

在竖向荷载作用下，多层房屋的墙、柱在每层高度范围内，可近似地视作两端铰支的竖向构件。

由于楼盖的梁或板嵌砌于墙体内，墙体在楼盖支承处截面被削弱，在支承点处被削弱的截面所能传递的弯矩是不大的，为简化计算，可假定墙体在楼盖处为铰接。在基础顶面，由于轴向压力较大，弯矩相对较小，因此墙体在基础顶面处也可假定为铰接。计算简图如图4-15所示。

应该指出的是，无论单层房屋或多层房屋，墙体与基础顶面的连接方式都是一样的。但在单层房屋的计算中，假定墙柱在基础顶面固接；而在多层房屋的计算中，假定墙柱和基础顶面铰接。这是因为在多层刚性方案房屋墙体与基础的连接面上，主要决定因素是竖

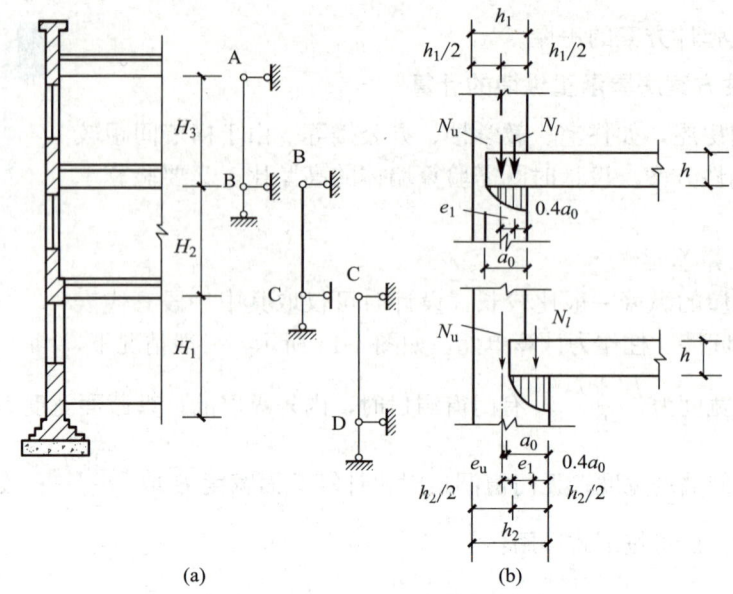

图 4-15　多层刚性方案房屋在竖向荷载作用下墙体计算简图

（a）纵墙计算简图；（b）梁端支承处受力示意图

向轴力，弯矩相对较小，所引起的偏心距 $e = \dfrac{M}{N}$ 也很小，考虑到按偏心受压与按轴心受压在承载力计算上相差不大，为简化计算，假定墙体在基础顶面处为铰接。这样，在竖向荷载作用下，刚性方案多层房屋的墙体在每层高度范围内，可简化为两端铰接的竖向构件进行计算。而单层房屋则不同，一般层高较大，计算时常需考虑风荷载，因而弯矩较大，墙体与基础顶面交接处截面的轴向力和弯矩都是最大的，不能把弯矩作为次要因素而忽略。因此，在单层房屋的计算简图中，假定墙体在基础顶面固接。

　　按照上述假定，多层房屋上下层墙体在楼盖支承处均为铰接。在计算某层墙体时，以上各层荷载传至该层墙体顶端支承截面处的弯矩为零；而在所计算层墙体顶端截面处，由楼盖传来的竖向力则应考虑其偏心距。实践证明，这种假定既偏于安全，又基本符合实际。

　　以图 4-16 所示三层楼房的第二层和第一层砖墙为例来说明其内力的计算方法。

　　对第二层墙，其受力情况如图 4-16（a）所示。

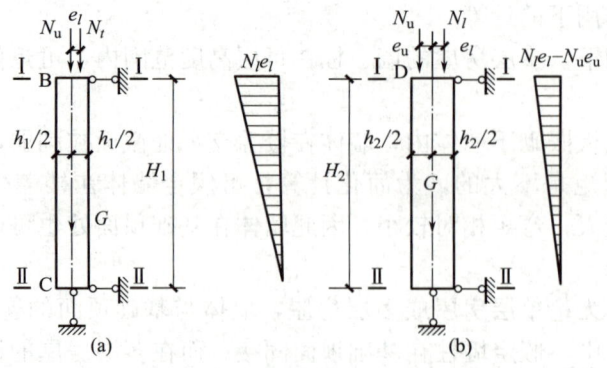

图 4-16　墙体受力分析

（a）二层墙体；（b）一层墙体

上端截面

$$N_{\text{I}} = N_{\text{u}} + N_l$$
$$M_{\text{I}} = N_l e_l$$

下端截面

$$N_{\text{II}} = N_{\text{u}} + N_{\text{I}} + G$$
$$M_{\text{II}} = 0$$

对底层墙，假定墙体在一侧加厚，则由于上下层墙厚不同，上下层墙轴线偏离 e_{u}。因此，由上层墙传来的竖向荷载将对下层墙产生弯矩，如图 4-16（b）所示。

上端截面

$$N_{\text{I}} = N_{\text{u}} + N_l$$
$$M_{\text{I}} = N_l e_l - N_{\text{u}} e_{\text{u}}$$

下端截面

$$N_{\text{II}} = N_{\text{u}} + N_{\text{I}} + G$$
$$M_{\text{II}} = 0$$

式中 N_l 为本层墙顶楼盖的梁或板传来的荷载，即支承压力；e_l 为 N_l 对本层墙体截面形心线的偏心距；N_{u} 为由上层墙传来的荷载；e_{u} 为 N_{u} 对本层墙体截面形心线的偏心距；G 为本层墙体自重（包括内外粉刷、门窗自重等）。

N_l 对本层墙体截面形心线的偏心距 e_l 可按下面方式确定。当梁、板支承在墙体上时，梁或板的有效支承长度为 a_0，由于梁或板砌入墙内，上部墙体压在梁或板的上面阻止其端部上翘使 N_l 作用点内移。规范规定这时取 N_l 作用点距墙体内边缘 $0.4a_0$ 处（图 4-16）。因此，梁或板反力对本层墙体截面形心线的偏心距 e_l 为：

$$e_l = y - 0.4a_0 \tag{4-9}$$

式中 y 为墙截面形心到受压最大边缘的距离，对矩形截面墙体，$y = \dfrac{h}{2}$，h 为墙厚，如图 4-16 所示。

当墙体在一侧加厚时，上下墙形心线间的距离为：

$$e_{\text{u}} = \frac{1}{2}(h_2 - h_1) \tag{4-10}$$

式中 h_1、h_2 分别为上、下层墙体的厚度。

当楼面梁支承于墙上时，梁端上下的墙体对梁端转动有一定的约束作用，因而梁端也有一定的约束弯矩。当梁的跨度较小时，约束弯矩可以忽略；但当梁的跨度较大时，约束弯矩不可忽略。约束弯矩将在梁端上、下墙体内产生弯矩，使墙体偏心距增大，为防止这种情况发生，《砌体规范》规定对于梁跨度大于 9m 的墙承重的多层房屋，除按上述方法计算墙体内力外，应考虑梁端约束弯矩的影响，按梁两端固结计算梁端弯矩，再将其乘以修正系数 γ 后，按墙体线刚度分到上层墙底部和下层墙顶部。此时若墙柱下端截面弯矩不为零，也应按偏心受压截面计算。修正系数 γ 可按下式计算：

$$\gamma = 0.2\sqrt{\frac{a}{h}} \tag{4-11}$$

式中 a 为梁端实际支承长度；h 为支承墙体的墙厚，当上下墙厚不同时取下部墙厚，当有

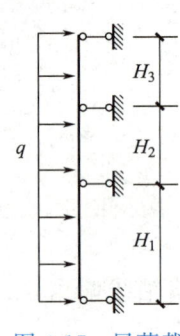

图 4-17　风荷载
作用计算简图

壁柱时取 h_T。

（3）水平荷载作用下的计算

在水平荷载作用下，墙柱可视作竖向连续梁（图 4-17）。为了简化起见，风荷载引起的弯矩 M 可按下式计算：

$$M = \frac{wH_i^2}{12} \tag{4-12}$$

式中 w 为沿楼层高度均布的风荷载设计值（kN/m）；H_i 为第 i 层高（m）。

当刚性方案多层房屋的外墙符合下列要求时，静力计算可不考虑风荷载的影响：

① 洞口水平截面面积不超过全截面面积的 2/3。

② 层高和总高不超过表 4-5 的规定。

③ 屋面自重不小于 $0.8 kN/m^2$。

外墙不考虑风荷载影响时的最大高度　　　　　　　　　　　　　　表 4-5

基本风压值（kN/m^2）	层高（m）	总高（m）
0.4	4.0	28
0.5	4.0	24
0.6	4.0	18
0.7	3.5	18

注：对于多层混凝土砌块房屋，当外墙厚度不小于 190mm，层高不大于 2.8m，总高不大于 19.6m，基本风压不大于 $0.7 kN/m^2$ 时，可不考虑风荷载的影响。

2. 多层刚性方案房屋承重横墙的计算

在以横墙承重的房屋中，纵墙长度较大，但其间距（一般为房间的进深）不大。符合表 4-1 中刚性方案房屋对横墙间距的要求（计算横墙时则为纵墙间距），属于刚性方案房屋。在计算这类房屋的横墙时，楼（屋）盖可作为墙体的不动铰支座。因此承重横墙的计算简图和内力分析和刚性方案承重纵墙相同，但有以下特点：

（1）计算单元和计算简图

横墙一般承受屋盖、楼盖传来的均布荷载，通常取 $b=1m$ 宽度作为计算单元，每层横墙视为两端不动铰接的竖向构件（图 4-18）。

构件的高度 H 取值和纵墙相同，对于房屋底层，为楼板顶面到基础顶面的距离，当基础埋置较深且有刚性地坪时，可取室外地面下 500mm 处；对于房屋其他层，为楼板或其他水平支承点间的距离（即层高）；但当顶层为坡屋顶时，则取层高加上山墙高度的一半。

（2）承载力验算

横墙承受的荷载也和纵墙一样计算，但对中间墙则承受两边楼盖传来的竖向力，即 N_u、N_{l1}、N_{l2}、G（图 4-18），其中 N_{l1}、N_{l2} 分别为横墙左、右两侧楼板传来的竖向力。当由横墙两边的恒荷载和活荷载引起的竖向力相同时，沿整个墙体高度都承受轴心压力，这时控制截面应取墙体底部。如果横墙两边楼板的构造不同或开间不等，则作用于墙顶上的荷载为偏心荷载，尚应按偏心受压构件来验算横墙上部截面的承载力；当活荷载很大时，

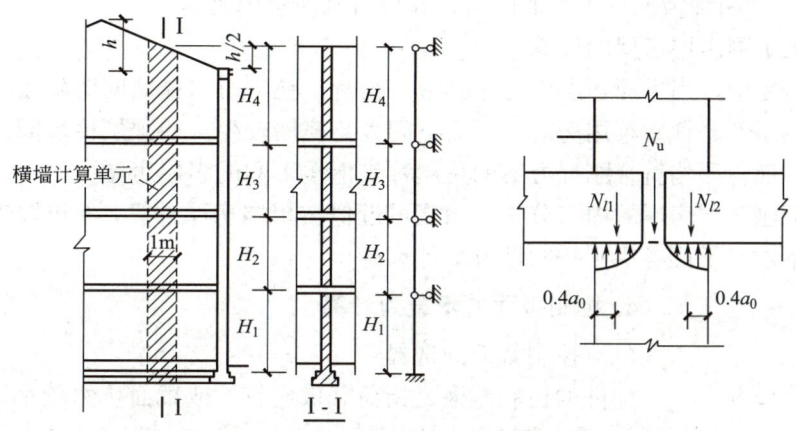

图 4-18　横墙计算简图

也应考虑只有一边作用着活荷载的情况，按偏心受压构件来验算横墙上部截面的承载力。

当有楼面或屋面大梁支承于横墙上时，应验算大梁底面墙体的局部受压承载力；在验算墙体下部截面的轴心受压承载力时，和无洞口的纵墙一样，取 $B = b + \dfrac{2}{3} H \leqslant \dfrac{l_1 + l_2}{2}$，此处 b 为壁柱宽度，无壁柱时为大梁截面宽度。

当横墙上有洞口时，应考虑洞口削弱的影响。对直接承受风荷载的山墙，其计算方法和纵墙相同。

3. 多层刚弹性方案房屋的计算

（1）多层刚弹性方案房屋的静力计算方法

多层房屋由屋盖、楼盖和纵、横墙组成空间承重体系，除了在纵向各开间与单层房屋相似有空间作用之外，多层之间亦有相互约束的空间作用。

在水平风荷载作用下，刚弹性多层房屋墙、柱的内力分析，可仿照单层刚弹性方案房屋，考虑空间性能影响系数 η（表 4-1 与单层取值相同），取一个开间的多层房屋为计算单元，作为平面排架的计算简图（图 4-19a），按下述方法进行：

① 在平面计算简图的多层横梁与柱联结处加一水平铰支杆，计算其在水平荷载作用下无侧移时的内力和各支杆反力 R_i（$i=1$，2，$\cdots$，n）（图 4-19b）；

② 考虑房屋的空间作用，将支杆反力 R_i 乘以 η，反向施加于节点上，计算出排架内力（图 4-19c）；

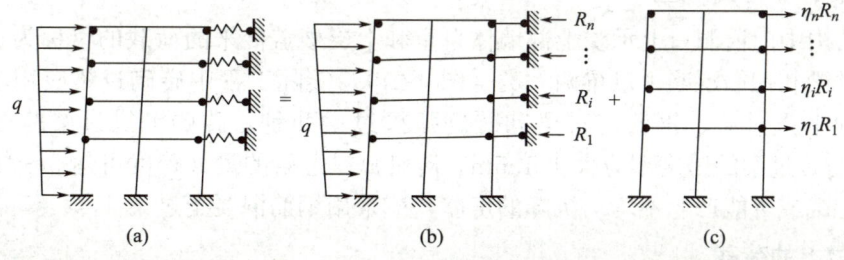

图 4-19　刚弹性方案计算简图

③ 叠加上述两种情况下求得的内力，即可得到所求内力。

（2）上柔下刚多层房屋的计算

在多层房屋中，当下面各层作为办公室、宿舍、住宅时，横墙间距较小；而当顶层作为会议室、俱乐部、食堂等用房时，所需空间大，横墙较少。如顶层横墙间距超过刚性方案限值，而下面各层均符合刚性方案的房屋称为上柔下刚的多层房屋。

对上柔下刚多层房屋的内力分析，顶层可近似按单层房屋计算，η 仍取单层房屋的空间性能影响系数，下面各层则按刚性方案计算。

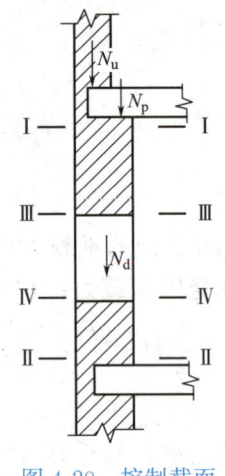

图 4-20　控制截面

4. 控制截面的承载力计算

（1）控制截面的选择

构件的控制截面是指荷载效应较大或截面抗力较小，对整个构件的可靠度起控制作用的截面。

在图 4-20 中，Ⅰ-Ⅰ 截面（梁底截面）在 N_p 的作用下局部受压，且弯矩 M 最大；Ⅱ-Ⅱ 截面（墙底截面）受到的轴力最大，且窗下砌体抗剪能力较弱，压应力分布不均匀；Ⅲ-Ⅲ 截面（窗洞上口截面）和 Ⅳ-Ⅳ 截面（窗洞下口截面）位于窗洞的上下，受到削弱，抗力较弱，因此这四个截面都是控制截面。《砌体规范》规定：对于有门窗洞的墙体，承载力计算时一律取窗间墙面积，所以只需取 Ⅰ-Ⅰ 截面和 Ⅱ-Ⅱ 截面为计算截面。

（2）承载力计算内容

墙、柱属于偏心受压构件，需要进行偏心受压的承载力计算，当墙体承受楼面大梁传来的集中荷载时，还需要对大梁底面墙体进行局部受压承载力计算。受压构件沿水平灰缝的受剪承载力一般不起控制作用，可以忽略不计算。

图 4-20 中，Ⅰ-Ⅰ 截面应分别按 M_{max}、N_{min} 进行偏心受压承载力计算和按照 M_u、N_p 进行局部受压承载力计算；对于 Ⅱ-Ⅱ 截面按照 M_{max}、N_{min} 进行偏心受压承载力计算。

（3）荷载效应组合

在确定控制截面内力时，需要按照荷载的组合效应计算：控制截面内力＝1.3×永久荷载的内力标准值＋1.5×其中一项可变荷载的内力标准值＋其余可变荷载的内力组合值。

4.1.5　过梁设计

1. 过梁的种类及构造

砌体结构中门窗洞口上承受上部墙体自重和上层楼盖传来的荷载的梁称为过梁。过梁分为砖砌过梁和钢筋混凝土过梁两大类（图 4-21），实际工程中砖砌过梁应用较少。砖砌过梁有砖砌平拱过梁、钢筋砖过梁和砖砌弧拱过梁几种，砖砌平拱过梁跨度不应大于 1.2m，钢筋砖过梁的跨度不应大于 1.5m，砖砌弧拱过梁的最大跨度可达 3～4m。对于有较大振动荷载或可能产生不均匀沉降的房屋，应采用钢筋混凝土过梁。

2. 过梁上的荷载

作用于过梁的荷载，除过梁自重外，还有墙体荷载和梁板荷载。过梁的工作不同于一

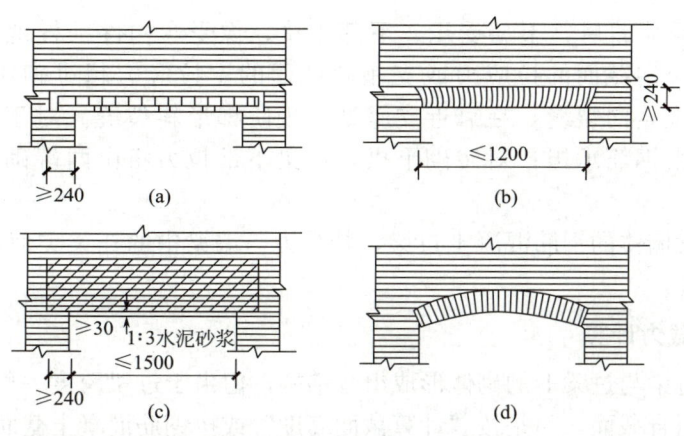

图 4-21　过梁的常用类型

(a) 钢筋混凝土过梁；(b) 砖砌平拱过梁；(c) 钢筋砖过梁；(d) 砖砌弧拱过梁

般的简支梁，砖砌过梁由于过梁与其上部砌体砌筑成一整体，彼此共同工作。当过梁上的墙体达到一定高度且砂浆硬化后，由于砌体与过梁的组合作用，过梁上的墙体形成内拱将产生卸载作用，使一部分荷载直接传递给支座，从而减轻过梁的荷载。试验表明，作用于过梁上的砌体当量荷载仅相当于高度等于跨度的 1/3 的砌体重量。

　　作用在过梁上的荷载，精确计算较困难。考虑到过梁的跨度通常不大，故《砌体规范》将过梁按简支梁计算，荷载取值见表 4-6。

过梁上的荷载取值　　　　　　　　　　　　　　　　　　　　　　表 4-6

荷载类型	简图	砌体种类	荷载取值	
墙体荷载	注：h_w 为过梁上墙体高度	砖砌体	$h_w < \dfrac{l_n}{3}$	应按墙体的均布自重采用
			$h_w \geqslant \dfrac{l_n}{3}$	应按高度为 $\dfrac{l_n}{3}$ 的墙体的均布自重采用
		混凝土砌块砌体	$h_w < \dfrac{l_n}{2}$	应按墙体的均布自重采用
			$h_w \geqslant \dfrac{l_n}{2}$	应按高度为 $\dfrac{l_n}{2}$ 的墙体的均布自重采用
梁板荷载	注：h_w 为梁、板下墙体高度	砖砌体、混凝土砌块砌体	$h_w < l_n$	应计入梁、板传来的荷载
			$h_w \geqslant l_n$	可不考虑梁、板荷载

注：1. 墙体荷载的取值与梁、板的位置无关；
　　2. l_n 为过梁的净跨。

砖砌过梁承受荷载后，上部受压、下部受拉，像受弯构件一样地受力。随着荷载的增大，当跨中竖向截面的拉应力或支座斜截面的主拉应力超过砌体的抗拉强度时，将先后在跨中出现竖向裂缝，在靠近支座处出现阶梯形斜裂缝。对于钢筋砖过梁，过梁下部的拉力将由钢筋承担；对砖砌平拱，过梁下部拉力将由两端砌体提供的推力来平衡。

砌有一定高度墙体的钢筋混凝土过梁，其受力与墙梁中的托梁类似，并非受弯构件，而是偏心受拉构件。

3. 过梁的承载力计算

如前所述，过梁与过梁上的砌体形成组合结构，但由于过梁跨度一般很小，为简化计算，过梁不是按组合截面，而是按"计算截面高度"或按钢筋混凝土截面计算。

（1）钢筋混凝土过梁

钢筋混凝土过梁的承载力，应按混凝土受弯构件计算，考虑到砌体和混凝土的组合作用，应按上述方法进行荷载取值，并按两端简支进行跨中正截面受弯承载力和支座斜截面受剪承载力计算。计算弯矩时，计算跨度取 $1.1 l_n$ 与 $l_n +$ 两端支座宽度一半二者中较大者；计算剪力时，计算跨度取净跨度。钢筋混凝土过梁还应进行梁端下砌体的局部承压验算。在验算过梁下砌体局部受压承载力时，考虑到过梁与上部砌体的组合作用使其变形减小，梁端底面压应力图形完整系数 $\eta = 1.0$；又由于过梁跨度一般很小，因而过梁端部以外尚有足够的截面可供上部荷载卸荷及提高局部抗压强度，因此可不考虑上层荷载的影响，取上部荷载折减系数 $\psi = 0$。

钢筋混凝土过梁相关图集

《钢筋混凝土过梁（烧结普通砖、蒸压灰砂砖和蒸压粉煤灰砖砌体）》13G322-1

《钢筋混凝土过梁（烧结多孔砖砌体）》13G322-2

《钢筋混凝土过梁（混凝土小型空心砌块砌体）》13G322-3

《钢筋混凝土过梁（夹心墙）》13G322-4

（2）砖砌平拱过梁

砖砌平拱应进行跨中正截面受弯承载力计算，可按式（4-13）进行验算。但其中取沿齿缝截面的弯曲抗拉强度设计值，因为支座水平推力可延缓过梁沿正截面的破坏。

$$M \leqslant f_{tm} W \tag{4-13}$$

式中 M 为弯矩设计值；f_{tm} 为砌体弯曲抗拉强度设计值；W 为截面抵抗矩，对于矩形截面 $W = bh^2/6$。

砖砌平拱的受剪承载力按下式计算：

$$V \leqslant f_v bz \tag{4-14}$$

式中 V 为剪力设计值；f_v 为砌体的抗剪强度设计值；b 为截面宽度；z 为内力臂，当截面为矩形时取 z 等于 $2h/3$（h 为截面高度）。

根据简支梁受弯承载力的计算特点，可以得到不同墙厚、不同砂浆强度的砖砌平拱过梁允许均布荷载设计值，见表4-7。

砖砌平拱过梁允许均布荷载设计值 $[q]$　　　　　　　　表 4-7

墙厚(mm)	240			370			490		
砂浆等级	M5	M7.5	≥M10	M5	M7.5	≥M10	M5	M7.5	≥M10
$[q]$(kN/m)	8.17	10.31	11.73	12.61	15.90	18.09	16.70	21.05	23.96

注：1. 砖砌平拱的计算高度按 $l_n/3$ 考虑，在此范围内不允许开设门窗洞口和布置集中力。

2. 本表允许均布荷载设计值适用于烧结普通砖、多孔砖与混合砂浆砌筑而成的砖砌平拱。

（3）钢筋砖过梁

钢筋砖过梁同样需要进行跨中正截面受弯承载力和支座斜截面受剪承载力验算，其中受剪承载力计算不考虑钢筋在支座处的有利作用，仍按式（4-14）计算，其受弯承载力按下式验算：

$$M \leqslant 0.85h_0 f_y A_s \tag{4-15}$$

式中 M 为按简支梁计算的跨中弯矩设计值；f_y 为受拉钢筋的强度设计值；A_s 为受拉钢筋的截面面积；h_0 为过梁截面的有效高度，$h_0 = h - a_s$，a_s 为受拉钢筋重心至截面下边缘的距离，h 为过梁的截面计算高度，取过梁底面以上的墙体高度，但不大于 $l_n/3$，当考虑梁板传来的荷载时，则按梁、板下的高度采用；式中 0.85 为内力臂系数。

【**例 4-5**】已知砖砌平拱过梁的构造高度为 240mm，墙厚为 240mm，过梁净跨 $l_n = 1.2$m，采用 MU7.5 烧结普通砖、M5 混合砂浆砌筑，求砖砌平拱过梁能承受的均布荷载。

解：查表得 M5 砂浆弯曲抗拉强度设计值 $f_{tm} = 0.23$MPa。平拱截面计算高度 $h = l_n/3 = 1.2/3 = 0.4$m $= 400$mm。

过梁的抗弯承载力由式（4-13）得

$$M = f_{tm}W = 0.23 \times 240 \times 400^2/6 = 1472000 \text{N} \cdot \text{mm} = 1.472 \text{kN} \cdot \text{m}$$

由 $M = q_1 l_n^2/8$，得

$$q_1 = 8M/l_n^2 = 8 \times 1.472/1.2^2 = 8.178 \text{kN/m}$$

过梁的抗剪承载力由式（4-14）得

$$V = f_v bz = 0.11 \times 240 \times 400 \times 2/3 = 7040 \text{N} = 7.04 \text{kN}$$

由 $V = q_2 l_n/2$ 得

$$q_2 = 2V/l_n = 2 \times 7.04/1.2 = 11.733 \text{kN/m}$$

取 q_1 和 q_2 中的较小值，则

$$q = 8.178 \text{kN/m}$$

所以，砖砌平拱过梁能承受的最大均布荷载 $q = 8.178$kN/m。

4. 过梁的构造要求

砖砌过梁的跨度不应超过下列规定：钢筋砖过梁为 1.5m，砖砌平拱为 1.2m。对有较大振动荷载或可能产生不均匀沉降的房屋，应采用钢筋混凝土过梁。

砖砌弧拱的最大跨度 l，当矢高 $f = l/12 \sim l/8$ 时为 2.5～3.5m，矢高 $f = l/6 \sim l/5$ 时为 3～4m。砖砌弧拱由于施工较复杂，目前较少采用。

砖砌平拱过梁的高度不应小于 240mm，砂浆强度等级不应低于 M5。

钢筋砖过梁底面砂浆层处的钢筋，其直径不应小于 5mm，间距不宜大于 120mm，钢筋伸入支座砌体内的长度不宜小于 240mm，砂浆层厚度不宜小于 30mm；过梁截面高度

内砂浆强度等级不应低于 M5；砖的强度等级不应低于 MU10。

砖砌弧拱过梁竖放砌筑砖的高度不应小于 120mm。

钢筋混凝土过梁的端部支承长度不宜小于 240mm，当墙厚不小于 370mm 时，钢筋混凝土过梁宜做成 L 形。

4.1.6 挑梁设计

1. 挑梁的受力特点

挑梁是指嵌固在砌体中的悬挑式钢筋混凝土梁，一般有阳台挑梁、雨篷挑梁和外走廊挑梁。挑梁承受的荷载通常有悬挑端集中力 F、挑梁自重、挑梁埋入长度上部墙体重量以及通过墙体传来的上部荷载，有时还有挑梁悬挑部分的其他荷载，如阳台栏板重量等。

挑梁在挑出段荷载和埋入段上下界面分布压力作用下的内力分布如图 4-22（a）所示。可见，挑梁最大弯矩发生在计算倾覆点处（图中距墙边 x_0 处）的截面，至尾端减为零；最大剪力发生在墙边截面。

挑梁从加载到破坏，经历弹性工作阶段、带裂缝工作阶段和破坏阶段三个阶段。图 4-22（b）为挑梁弹性工作阶段埋入墙体部分的上、下界面应力分布情况，图 4-22（c）为裂缝分布情况。

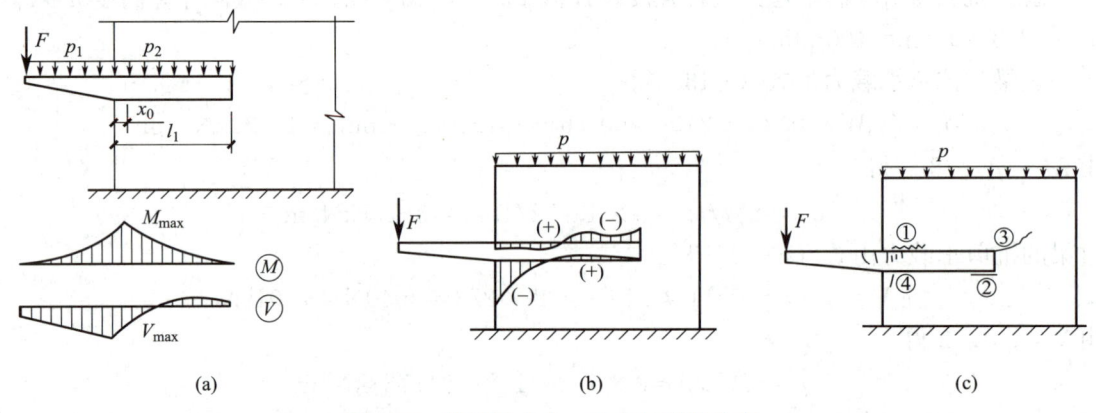

图 4-22 挑梁的内力、应力与裂缝分布

（a）内力分布；（b）弹性工作阶段界面应力（σ_y）分布；（c）裂缝分布

挑梁可能发生以下三种破坏形态：

① 挑梁倾覆破坏。挑梁倾覆力矩大于抗倾覆力矩，挑梁尾端墙体斜裂缝不断开展，挑梁绕倾覆点发生倾覆破坏（图 4-23a）。

② 梁下砌体局部受压破坏。当挑梁埋入墙体较深、梁上墙体高度较大时，挑梁下靠近墙边小部分砌体由于压应力过大发生局部受压破坏（图 4-23b）。

③ 挑梁自身弯曲破坏或剪切破坏。

2. 挑梁的构造要求

由于挑梁埋入端仍有弯矩存在，并逐步减少到尾端为零，故挑梁上部纵向受力钢筋至少应有 1/2 的钢筋面积伸入梁尾端，且不少于 $2\phi12$。其余钢筋伸入支座的长度不应小于 $2l_1/3$。

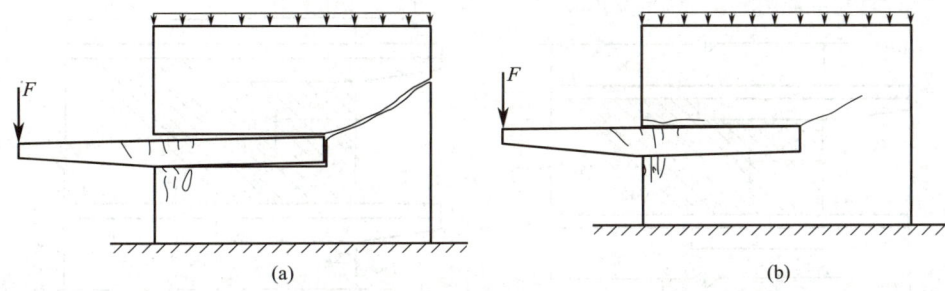

图 4-23 挑梁的破坏形态

（a）倾覆破坏；（b）挑梁下砌体局部受压或挑梁破坏

为了从构造上保证挑梁的稳定性，避免倾覆破坏，《砌体通规》规定，**挑梁埋入砌体长度 l_1 与挑出长度 l 之比应大于 1.2；当挑梁埋入段上无砌体时，l_1 与 l 之比宜大于 2。**

规范链接

4-1

3. 挑梁的承载力验算

对于挑梁，需要进行抗倾覆验算、挑梁下砌体局部受压承载力验算以及挑梁本身的承载力验算。

（1）抗倾覆验算

挑梁发生倾覆破坏是由于外力产生的倾覆力矩 M_{ov} 大于砌体及上部荷载所产生的抗倾覆力矩 M_r。计算简图如图 4-24 所示。

砌体中钢筋混凝土挑梁的抗倾覆可按下式进行验算：

$$M_{ov} \leqslant M_r \tag{4-16}$$

$$M_r = 0.8 G_r (l_2 - x_0) \tag{4-17}$$

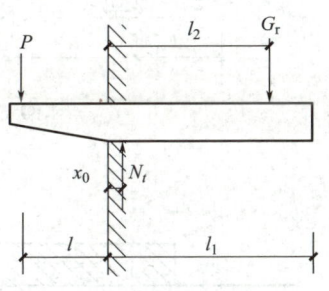

图 4-24 挑梁抗倾覆计算简图

式中 M_{ov} 为挑梁的荷载设计值对计算倾覆点产生的倾覆力矩；M_r 为挑梁的抗倾覆力矩设计值；G_r 为挑梁的抗倾覆荷载，为挑梁尾端上部 45° 扩展角的阴影范围（其水平长度为 l）内本层的砌体与楼面恒荷载标准值之和（图 4-25），当上部楼层无挑梁时，抗倾覆荷载中可计及上部楼层的楼面永久荷载；l_2 为 G_r 作用点至墙外边缘的距离（mm）；x_0 为计算倾覆点至墙外边缘的距离（mm）。

（2）挑梁下砌体局部受压承载力验算

挑梁下砌体局部受压承载力可按下式验算：

$$N_l \leqslant \eta \gamma f A_l \tag{4-18}$$

式中 N_l 为挑梁下的支承压力，可取 $N_l = 2R$，R 为挑梁的倾覆荷载设计值；η 为梁端底面压应力图形的完整系数，可取 0.7；γ 为砌体局部抗压强度提高系数，对图 4-26（a）可取 1.25，对图 4-26（b）可取 1.5；A_l 为挑梁下砌体局部受压面积，$A_l = 1.2 b h_b$，b、h_b 为挑梁的截面宽度、高度。

图 4-26（a）称为挑梁支承在一字墙上，是指在埋入段前端没有垂直于挑梁方向的墙体；图 4-26（b）称为挑梁支承在丁字墙上，是指在埋入段前端有垂直于挑梁方向的墙体。

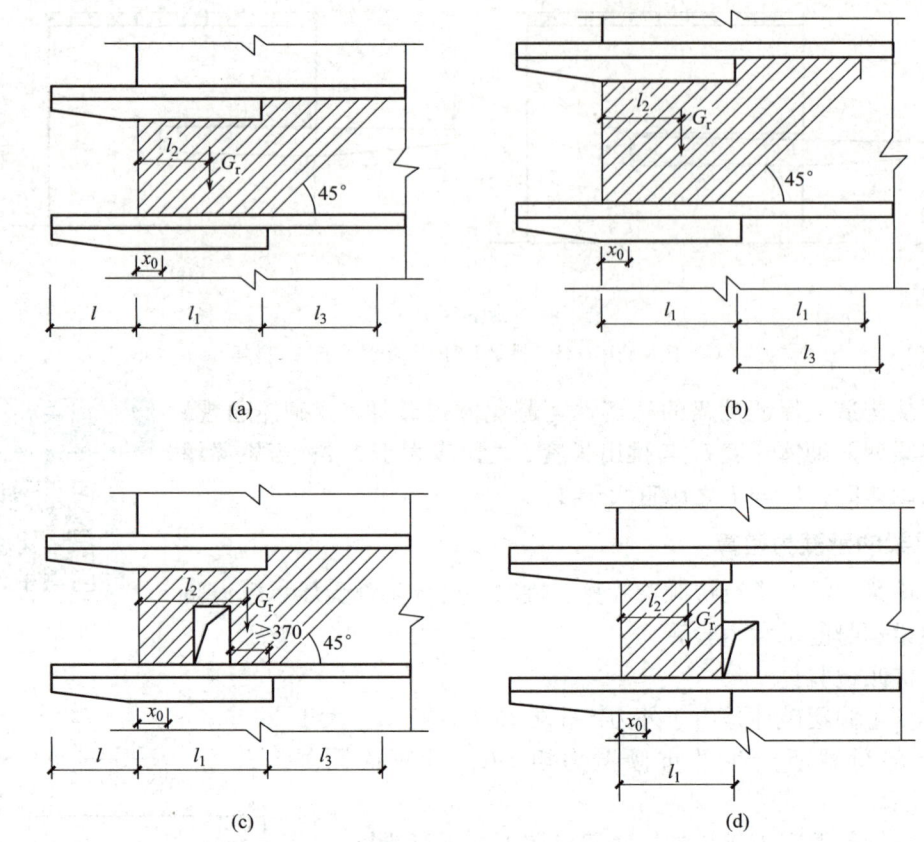

图 4-25　挑梁的抗倾覆荷载

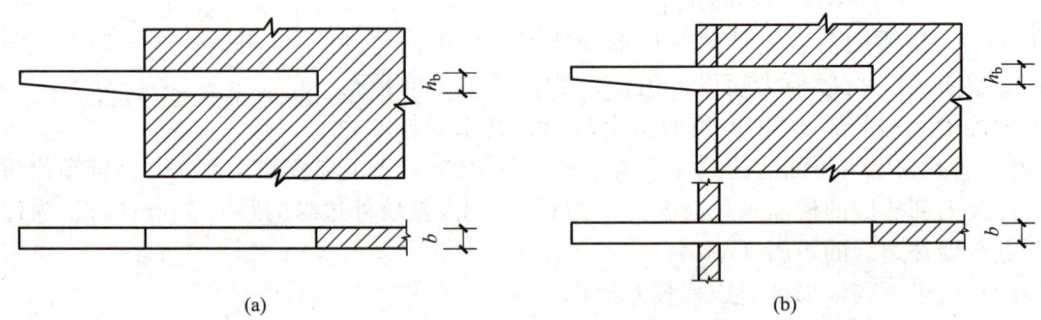

图 4-26　挑梁下砌体局部受压

（3）挑梁本身的承载力验算

挑梁按混凝土受弯构件计算。由于挑梁倾覆点不在墙外边缘而在离墙边 x_0 处，挑梁最大弯矩设计值 M_{max} 在接近 x_0 处，最大剪力设计值 V_{max} 在墙边，故挑梁内力可按下式计算：

$$M_{max} = M_0 \tag{4-19}$$

$$V_{max} = V_0 \tag{4-20}$$

式中 M_{max} 为挑梁最大弯矩设计值；V_{max} 为挑梁最大剪力设计值；M_0 为挑梁的荷载设计值对计算倾覆点截面产生的弯矩；V_0 为挑梁的荷载设计值在挑梁墙外边缘处截面产生的剪力。

【例4-6】 承托阳台的钢筋混凝土挑梁（图4-27）埋置于T形截面墙段，挑出长度 $l = 1.5$m，埋入长度 $l_1 = 1.65$m，挑梁根部断面 $b_b \times h_b = 240$mm $\times$ 300mm，挑梁上部墙体净高2.86m，墙厚240mm，采用MU10砖与M5.0混合砂浆砌筑，墙体自重标准值为5.24kN/m²。墙体及屋面楼盖传给挑梁的荷载：活 荷 载 $q_1 = 4.13$kN/m，$q_2 = 4.95$kN/m，$q_3 = 1.65$kN/m，活荷载组合值系数 $\psi_c = 0.7$；静荷载 $g_1 = 4.85$kN/m，$g_2 = 9.70$kN/m，$g_3 = 15.2$kN/m。挑梁自重标准值约为1.35kN/m，埋入部分自重标准值为2.20kN/m，恒荷载集中力标准值 $F = 4.5$kN。试设计该挑梁。

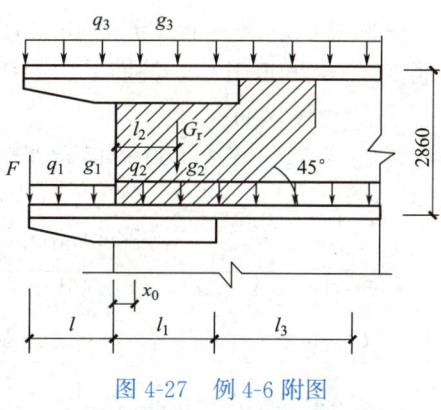

图4-27　例4-6附图

解：（1）抗倾覆验算

① x_0 的计算

$l_1 = 1.65$m $> 2.2h_b = 2.2 \times 300 = 660$mm $= 0.66$m

$x_0 = 0.3h_b = 0.3 \times 0.3 = 0.09$m $< 0.13l_1 = 0.13 \times 1.65 = 0.2145$m

② 挑梁的倾覆力矩设计值 M_{ov}

$M_{ov} = \gamma_G M_{ovGk} + \gamma_Q \psi_c M_{ovQk}$

$= 1.3 \times [4.5 \times (1.5 + 0.9) + (1.35 + 4.85) \times 1.5 \times (1.5/2 + 0.09)] + 1.5 \times 0.7$
$\times 4.13 \times 1.5 \times (1.5/2 + 0.09) = 24.2 + 5.46 = 29.66$kN·m

③ 挑梁的抗倾覆力矩设计值 M_r

$M_r = 0.8 \times G_r(l_2 - x_0)$

$= 0.8 \times [(9.7 + 2.2) \times 1.65 \times (1.65/2 - 0.09) + 5.24 \times 1.65 \times 2.86 \times (1.65/2 -$
$0.09) + 5.24 \times 1.65^2/2 \times (1.65 - 0.09 + 1.65/3) + 5.24 \times 1.65 \times (2.86 - 1.65)$
$\times (1.65 - 0.09 + 1.65/2)]$

$= 0.8 \times [14.43 + 18.17 + 15.05 + 24.95]$

$= 58.08$kN·m $> M_{ov} = 29.66$kN·m

满足抗倾覆要求。

注意：在计算 M_r 时，G_r 仅考虑楼盖静荷载标准值。

（2）挑梁下砌体的局部受压承载力验算

已知 $\eta = 0.7$，$\gamma = 1.50$（对T形截面墙段），$f = 1.5$MPa

$A_l = 1.2b_b h_b = 1.2 \times 240 \times 300 = 86400$mm²

$R = 1.3 \times [1.5 \times (4.85 + 1.35) + 4.5] + 1.5 \times 1.50 \times 4.13 = 27.23$kN

$N_l = 2R = 54.46$kN

$\eta\gamma f A_l = 0.7 \times 1.5 \times 1.50 \times 86400 \times 10^{-3} = 136.08$kN $> N_l = 54.46$kN

故满足要求。

（3）挑梁本身的承载力计算

由于倾覆点不在墙边而在离墙边 x_0 处以及墙内挑梁上下界面压应力的作用，最大弯矩设计值 M_{max} 在接近 x_0 处，最大剪力设计值 V_{max} 在墙边，即 $M_{max} = M_{ov}$，$V_{max} = R$。

$$M_{max} = M_{ov} = 29.66 \text{kN} \cdot \text{m}$$

选用 C30 混凝土（$f_c = 14.3\text{MPa}$，$f_t = 1.43\text{MPa}$，$\beta_c = 1.0$），纵筋采用 HRB400 钢筋（$f_y = 360\text{MPa}$），箍筋采用 HPB300 级钢筋（$f_{yv} = 270\text{MPa}$）。

① 计算纵筋：

$$h_{b0} = h_b - 45 = 300 - 45 = 255\text{mm}$$

$$\alpha_s = \frac{M}{\alpha_1 f_c b h_{b0}^2} = \frac{25.31 \times 10^6}{1.0 \times 14.3 \times 240 \times 255^2} = 0.133$$

$$\xi = 1 - \sqrt{1 - 2\alpha_s} = 1 - \sqrt{1 - 2 \times 0.113} = 0.12 < \xi_b = 0.550$$

$$A_s = \xi \frac{\alpha_1 f_c b h_{b0}}{f_y} = 0.12 \times \frac{1 \times 14.3 \times 240 \times 255}{360} = 291.72\text{mm}^2$$

选 $2 \Phi 14$，$A_s = 308\text{mm}^2$

② 计算箍筋：

$$V \leq 0.25\beta_c f_c b h_{b0} = 0.25 \times 1.0 \times 14.3 \times 240 \times 255 \times 10^{-3} = 218.79\text{kN} > 27.23\text{kN}$$

故截面尺寸符合要求。

$$0.7 f_t b h_{b0} = 0.7 \times 1.43 \times 240 \times 255 \times 10^{-3} = 87.52\text{kN} > V_{max} = 27.23\text{kN}$$

故只需按构造配置箍筋，选双肢箍 $\phi 6@200$。

4.1.7　墙梁设计

由钢筋混凝土托梁及支承在托梁上计算高度范围内的砌体墙组成的组合构件称为墙梁。按支承情况不同，墙梁分为简支墙梁、框支墙梁、连续墙梁（图 4-28）。按承受荷载情况，墙梁可分为承重墙梁和自承重墙梁。承重墙梁除了承受托梁和托梁以上的墙体自重外，还承受由屋盖或楼盖传来的荷载，自承重墙梁只承受托梁以及托梁以上墙体的自重。按墙体计算高度范围内有无洞口，墙梁分为有洞口墙梁和无洞口墙梁。

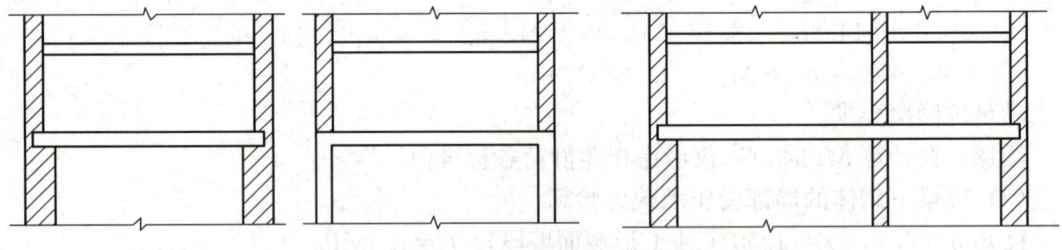

图 4-28　墙梁的类型
（a）简支墙梁；（b）框支墙梁；（c）连续墙梁

墙梁中承托砌体墙和楼盖（屋盖）的混凝土简支梁、连续梁和框架梁，称为托梁。墙梁中考虑组合作用的计算高度范围内的砌体墙，称为墙体。墙梁的计算高度范围内墙体顶面处的现浇混凝土圈梁，称为顶梁。墙梁支座处与墙体垂直相连的纵向落地墙，称为翼墙。

1. 受力特点

对于简支墙梁，当无洞口或跨中开洞时，作用于简支墙梁顶面的荷载通过墙体拱的作用向两边支座传递（图 4-29a）。此时托梁上、下部钢筋全部受拉，沿跨度方向钢筋应力分布比较均匀，处于小偏心受拉状态。托梁与计算高度范围内的墙体组成一拉杆拱机构。

偏开洞墙梁，由于墙梁顶部荷载通过墙体的大拱和小拱作用向两端支座及托梁传递，托梁既作为大拱的拉杆承受拉力，又作为小拱一端的弹性支座，承受小拱传来的竖向压力，产生较大的弯矩，一般处于大偏心受拉状态。托梁与计算范围内的墙体两者组成梁-拱组合受力机构（图 4-29b）。

连续墙梁的托梁与计算高度范围内的墙体组成了连续组合拱受力体系。托梁大部分区段处于偏心受拉状态，而托梁中间支座附近小部分区段处于偏心受压状态。框支墙梁将形成框架组合拱结构，托梁的受力与连续墙梁类似。

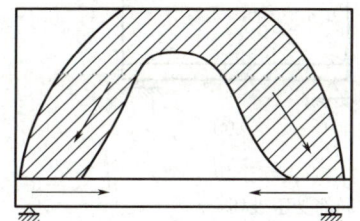 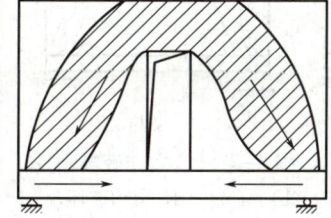 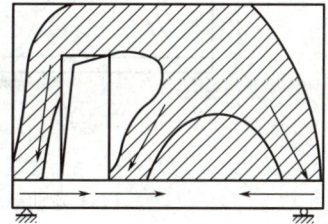

图 4-29　墙梁的受力机构

(a) 无洞口；(b) 跨中有门洞；(c) 有偏开门洞

简支墙梁、连续墙梁和框支墙梁的破坏形态不完全相同，有洞口墙梁和无洞口墙梁的破坏形态也不完全相同，但都可以归纳为以下三种：

（1）弯曲破坏（图 4-30a）。弯曲破坏主要发生在跨中截面。托梁处于偏心受拉（小偏心受拉或大偏心受拉）状态，托梁纵向受力钢筋配置相对较少时，下部和上部纵向受力钢筋先后屈服，进而发生沿跨中竖向截面的弯曲破坏。

（2）剪切破坏（图 4-30b、c、d）。剪切破坏可能发生在支座斜截面，也可能发生在洞口处斜截面；当托梁的箍筋配置不足时，可能发生托梁斜截面剪切破坏；当托梁的配筋较强，且两端砌体局部受压承载力得到保证时，一般发生墙体剪切破坏。墙体剪切破坏的具体形式有斜拉破坏、斜压破坏、劈裂破坏等。

（3）局部受压破坏（图 4-30e）。托梁支座上方砌体中由于竖向正应力的聚集而形成较大的应力集中。当该处应力超过砌体的局部抗压强度时，将发生托梁支座上方较小范围砌体的局部压碎甚至个别砖压酥的现象。

2. 构造要求

墙梁除应符合《砌体规范》和《混凝土标准》有关构造外，尚应符合下列构造要求：

（1）材料

托梁的混凝土强度等级不应低于 C30，纵向钢筋宜采用 HRB400、RRB400 级钢筋。

承重墙梁的块材强度等级不应低于 MU10，计算高度范围内墙体的砂浆强度等级不应低于 M10。

（2）墙体

计算高度范围内的墙体厚度，对砖砌体不应小于 240mm，对混凝土小型砌块不应小于 190mm。

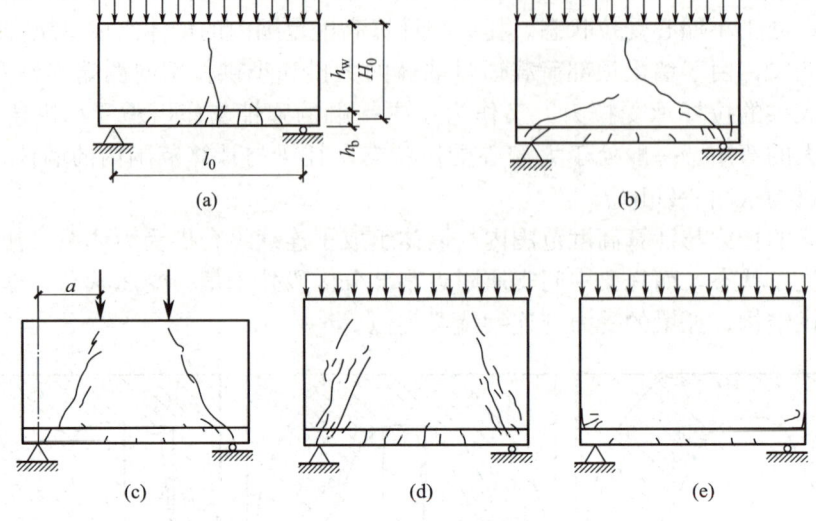

图 4-30　墙梁的破坏形态
（a）弯曲破坏；（b）、（c）、（d）剪切破坏；（e）局部受压破坏

墙梁洞口上方应设置混凝土过梁，其支承长度不应小于 240mm，洞口范围内不应施加集中荷载。

承重墙梁的支座处应设置落地翼墙，翼墙厚度，对砖砌体不应小于 240mm，对混凝土砌块砌体不应小于 190mm，翼墙宽度不应小于墙梁墙体厚度的 3 倍，并与墙梁墙体同时砌筑。当不能设置翼墙时，应设置落地且上、下贯通的构造柱。

当墙梁墙体在靠近支座 1/3 跨度范围内开洞时，支座处应设置上、下贯通的构造柱，并与每层圈梁连接。

墙梁计算高度范围内的墙体，每天砌筑高度不应超过 1.5m，否则，应加设临时支撑。

（3）托梁

有墙梁的房屋的托梁两边各一个开间及相邻开间处应采用现浇混凝土楼盖，楼板厚度不宜小于 120mm，当楼板厚度大于 150mm 时，宜采用双层双向钢筋网，楼板上应少开洞，洞口尺寸大于 800mm 时应设置洞边梁。

托梁每跨底部的纵向受力钢筋应通长设置，不得在跨中段弯起或截断。钢筋接长应采用机械连接或焊接。

托梁跨中截面纵向受力钢筋总配筋率不应小于 0.6%。托梁距边支座边 $l_0/4$ 范围以内，上部纵向钢筋截面面积不应小于跨中下部纵向钢筋截面面积的 1/3。连续墙梁或多跨框支墙梁的托梁中支座上部附加纵向钢筋从支座算起每边延伸不得少于 $l_0/4$。

承重墙梁的托梁在砌体墙、柱上的支承长度不应小于 350mm。纵向受力钢筋伸入支座应符合受拉钢筋的锚固要求。

当托梁高度 $h_b \geqslant 500mm$ 时，应沿梁高设置通长水平腰筋，直径不得小于 12mm，间距不应大于 200mm。

墙梁偏开洞口的宽度及两侧各一个梁高 h_b 范围内直至靠近洞口支座边的托梁箍筋直径不宜小于 8mm，间距不应大于 100mm（图 4-31）。

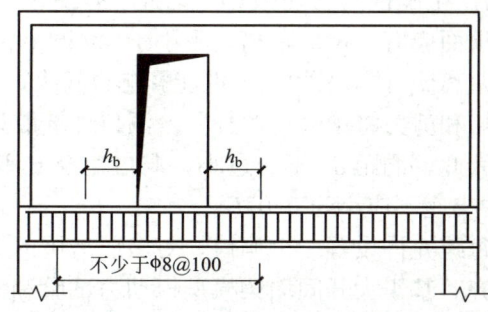

图 4-31　偏开洞时托梁箍筋加密区

3. 墙梁计算的一般规定

（1）设计规定

《砌体规范》规定，采用烧结普通砖砌体、混凝土普通砖砌体、混凝土多孔砖砌体和混凝土砌块砌体的墙梁设计应符合表 4-8 的规定。

墙梁的一般规定　　　　　　　　　　　　　　　表 4-8

墙梁类别	墙体总高度（m）	跨度（m）	墙体高跨比 h_w/l_{0i}	托梁高跨比 h_b/l_{0i}	洞宽比 b_h/l_{0i}	洞高 h_h
承重墙梁	≤18	≤9	≥0.4	≥1/10	≤0.3	$\leqslant 5h_w/6$ 且 $h_w - h_h \geqslant 0.4\mathrm{m}$
自承重墙梁	≤18	≤12	≥1/3	≥1/15	≤0.8	—

注：1. 墙体总高度指托梁顶面到檐口的高度，带阁楼的坡屋面应算到山尖 1/2 高度处。

2. h_w 为墙体计算高度，h_b 为托梁截面高度，l_{0i} 为墙梁计算跨度，b_h 为洞口宽度，h_h 为洞口高度。

① 墙体总高度和墙梁跨度

根据工程实践经验，墙梁的墙体总高度和跨度不宜过大，为了安全、稳妥起见，应控制在表 4-8 范围。

② 墙体高跨比和托梁高跨比

试验表明，当墙体高跨比 $h_w/l_{0i} < 0.4$ 时，易发生承载力较低的斜拉破坏，为此墙体高跨比 h_w/l_{0i} 不应小于 0.4（承重墙梁）或 1/3（自承重墙梁）。

托梁是墙梁的关键受力构件，应具有足够的承载力和刚度。托梁刚度越大，对改善墙体的抗剪性能和托梁支座上部砌体的局部受压性能越有利，因此托梁的高跨比 h_b/l_{0i} 不应小于 1/10（承重墙梁）或 1/15（自承重墙梁）。另一方面，托梁的高跨比 h_b/l_{0i} 也不宜过大，理由是随着 h_b/l_{0i} 的增大，竖向荷载不是向支座集聚而是向跨中分布，墙体与托梁的组合作用将受到削弱。

③ 洞口的设置

墙上设置洞口，尤其是设置偏开洞口，对墙梁组合作用的发挥十分不利，墙梁的刚度和承载能力均受到不同程度的影响，墙梁将由无洞时的拉杆拱组合受力机构变成梁-拱组合受力机构。当洞口过宽（b_h/l_{0i} 过大）时，将明显降低墙梁的组合作用，因此，洞的宽跨比 b_h/l_{0i} 不应大于 0.3（承重墙梁）或 0.8（自承重墙梁）。另外，当洞口过高（h_h/h_w

过大），洞顶部位砌体极易产生脆性的剪切破坏，因此，承重墙梁的洞高比 h_h/h_w 不应大于 5/6 且洞口顶面至墙梁顶面应有一定的距离，不小于 0.4m。

洞口边至支座中心的距离 a_i 对墙梁的受力性能影响也较大，随着洞距 a_i/l_{0i} 减小，托梁在洞口内侧截面上的变矩和剪力将增大。此外，当洞口外墙肢过小时，墙肢非常容易发生剪切破坏甚至被推出。因此，洞距 a_i 不宜过小，洞口边至支座中心的距离 a_i，距边支座不应小于 $0.15l_{0i}$，距中支座不应小于 $0.07l_{0i}$。

墙梁计算高度范围内每跨允许设置一个洞口，对多层房屋的墙梁，各层洞口宜设置在相同位置，并宜上、下对齐。基于大开间墙梁模型拟动力试验和深梁试验，对称开两个洞的墙梁和偏开一个洞的墙梁在受力性能上是相似的，因此对多层房屋的纵向连续墙梁每跨对称开两个窗洞时亦可参照表 4-8 使用。

④ 自承重墙梁

自承重墙梁所受的荷载比承重墙梁的小，因而其适用条件也就规定得较宽些。

4.1.8 砌体结构的构造要求

1. 墙、柱的一般构造要求

（1）最小截面规定

为了避免墙柱截面过小导致稳定性能变差，以及局部缺陷对构件的影响增大，承重的独立砖柱截面尺寸不应小于 240mm × 370mm；毛石墙的厚度不宜小于 350mm；毛料石柱截面较小边长不宜小于 400mm。当有振动荷载时，墙、柱不宜采用毛石砌体。

（2）连接构造

砌体结构房屋的整体性取决于砌体的整体性和砌体与非砌体构件间连接的可靠程度。前者由砌体块体的组砌搭接措施保证，而后者则主要靠连接构造，如设置梁垫或垫梁、壁柱以及锚固连接措施保证。因此，为了增强砌体房屋的整体性，砌体与非砌体构件间应有可靠连接。

1）梁垫、壁柱设置要求

跨度大于 6m 的屋架和跨度大于下列数值的梁，应在支承处砌体设置混凝土或钢筋混凝土垫块：对砖砌体为 4.8m，对砌块和料石砌体为 4.2m，对毛石砌体为 3.9m。当墙中设有圈梁时，垫块与圈梁宜浇成整体。

当梁的跨度大于或等于下列数值时，其支承处宜加设壁柱或采取其他加强措施：对 240mm 厚的砖墙为 6m，对 180mm 厚的砖墙为 4.8m；对砌块、料石墙为 4.8m。

2）构件支承长度

《砌体通规》规定，**预制钢筋混凝土板的支承长度，在内墙上不应小于 100mm，在外墙上不应小于 120mm；在钢筋混凝土圈梁上不应小于 80mm。**

3）构件的锚固与拉结

支承在墙、柱上的吊车梁、屋架以及跨度大于或等于下列数值的预制梁的端部，应采用锚固件与墙、柱上的垫块锚固：砖砌体为 9m；砌块和料石砌体为 7.2m。

　　填充墙、隔墙应采取措施与周边构件可靠连接。一般是在钢筋混凝土结构中预埋拉结筋，在砌筑墙体时，将拉结筋砌入水平灰缝内。

　　山墙处的壁柱宜砌至山墙顶部，屋面构件应与山墙可靠拉结。

　　4）砌块砌体房屋的构造

　　① 砌块砌体应分皮错缝搭砌，上下皮搭砌长度不得小于90mm。当搭砌长度不满足上述要求时，应在水平灰缝内设置不少于2φ4的焊接钢筋网片（横向钢筋间距不宜小于200mm），网片每段均应超过该垂直缝，其长度不得小于300mm。

　　② 砌块墙与后砌隔墙交接处，应沿墙高每400mm在水平灰缝内设置不少于2φ4、横筋间距不大于200mm的焊接钢筋网片（图4-32）。

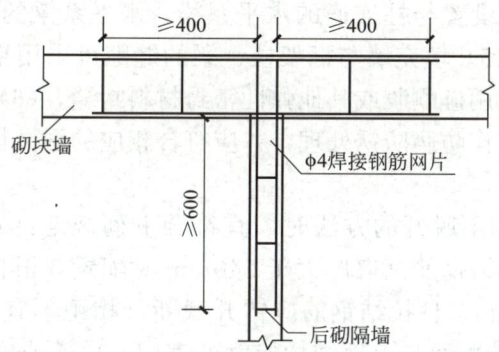

图4-32　砌块墙与后砌隔墙交接处钢筋网片

　　③ 混凝土砌块房屋，宜将纵横墙交接处、距墙中心线每边不小于300mm范围内的孔洞，采用不低于Cb20灌孔混凝土将孔洞灌实，灌实高度应为墙身全高。

　　④ 混凝土砌块墙体的下列部位，如未设圈梁或混凝土垫块，应采用不低于Cb20灌孔混凝土将孔洞灌实：

　　a. 搁栅、檩条和钢筋混凝土楼板的支承面下，高度不应小于200mm的砌体；

　　b. 屋架、梁等构件的支承面下，高度不应小于600mm，长度不应小于600mm的砌体；

　　c. 挑梁支承面下，距墙中心线每边不应小于300mm，高度不应小于600mm的砌体。

　　⑤ 不应在截面长边小于500mm的承重墙体、独立柱内埋设管线；不宜在墙体中穿行暗线或预留、开凿沟槽，无法避免时应采取必要的措施或按削弱后的截面验算墙体承载力。对受力较小或未灌孔砌块砌体，允许在墙体的竖向孔洞中设置管线。

2. 框架填充墙的构造

　　在正常使用和正常维护条件下，填充墙的使用年限宜与主体结构相同，结构的安全等级可按二级考虑。

　　填充墙的构造设计应符合下列规定：（1）填充墙宜选用轻质块体材料，其强度等级应符合自承重墙的规定；（2）填充墙砌筑砂浆的强度等级不宜低于M5（Mb5、Ms5）；（3）填充墙墙体墙厚不应小于90mm；（4）用于填充墙的夹心复合砌块，其两肢块体之间应有拉结。

　　填充墙与框架的连接，可根据设计要求采用脱开或不脱开方法。有抗震设防要求时宜采用填充墙与框架脱开的方法。

当填充墙与框架采用脱开的方法时，宜符合下列规定：（1）填充墙两端与框架柱，填充墙顶面与框架梁之间留出不小于 20mm 的间隙。（2）填充墙端部应设置构造柱，柱间距宜不大于 20 倍墙厚且不大于 4000mm，柱宽度不小于 100mm。柱竖向钢筋直径不宜小于 10mm，箍筋直径宜为 6mm，竖向间距不宜大于 400mm。竖向钢筋与框架梁或其挑出部分的预埋件或预留钢筋连接，绑扎接头时不小于 30d，焊接时（单面焊）不小于 10d（d 为钢筋直径）。柱顶与框架梁（板）应预留不小于 15mm 的缝隙，用硅酮胶或其他弹性密封材料封缝。当填充墙有宽度大于 2100mm 的洞口时，洞口两侧应加设宽度不小于 50mm 的单筋混凝土柱。（3）填充墙两端宜卡入设在梁、板底及柱侧的卡口铁件内，墙侧卡口板的竖向间距不宜大于 500mm，墙顶卡口板的水平间距不宜大于 1500mm。（4）墙体高度超过 4m 时宜在墙高中部设置与柱连通的水平系梁，水平系梁的截面高度不小于 60mm，填充墙高不宜大于 6m。（5）填充墙与框架柱、梁的缝隙可采用聚苯乙烯泡沫塑料板条或聚氨酯发泡材料填充，并用硅酮胶或其他弹性密封材料封缝。（6）所有连接用钢筋、金属配件铁件、预埋件等均应作防腐防锈处理，并应符合相应的耐久性规定。嵌缝材料应能满足变形和防护要求。

当填充墙与框架采用不脱开的方法时，宜符合下列规定：（1）沿柱高每隔 500mm 配置 2 根直径 6mm 的拉结钢筋（墙厚大于 240mm 时配置 3 根直径 6mm），钢筋伸入填充墙长度不宜小于 700mm，且拉结钢筋应错开截断，相距不宜小于 200mm。填充墙墙顶应与框架梁紧密结合。顶面与上部结构接触处宜用一皮砖或配砖斜砌楔紧。（2）当填充墙有洞口时，宜在窗洞口的上端或下端、门洞口的上端设置钢筋混凝土带，钢筋混凝土带应与过梁的混凝土同时浇筑，其过梁的断面及配筋由设计确定。钢筋混凝土带的混凝土强度等级不小于 C20。当有洞口的填充墙尽端至门窗洞口边距离小于 240mm 时，宜采用钢筋混凝土门窗框。（3）填充墙长度超过 5m 或墙长大于 2 倍层高时，墙顶与梁宜有拉结措施墙体中部应加设构造柱；墙高度超过 4m 时宜在墙高中部设置与柱连接的水平系梁，墙高超过 6m 时，宜沿墙高每 2m 设置与柱连接的水平系梁，梁的截面高度不小于 60mm。

3. 防止或减轻墙体开裂的主要措施

引起墙体裂缝的原因主要有三个：外荷载、温度变化和砌体干缩变形、地基不均匀沉降。墙体因外荷载而可能产生的裂缝通过承载力计算避免。

（1）因温度变化和砌体干缩变形引起的墙体裂缝

1）裂缝原因与形态

结构构件由温度变化引起热胀冷缩的变形为温度变形。在砌体房屋中，钢筋混凝土构件与砌体构件的线膨胀系数相差悬殊（钢筋混凝土一般为 10×10^{-4}，砖砌体为 5×10^{-4}）。此外，钢筋混凝土结构还有较大的收缩值，为 $(2 \sim 4) \times 10^{-4}$，28d 龄期约完成 50%，而砖砌体在正常湿度下的收缩不明显。由于构件间的相互约束，温度变化或材料发生收缩时，各自的变形不能自由地进行而引起应力。两种材料均为抗拉强度较低的脆性材料，当拉应力超过其抗拉强度时，就出现不同形式的裂缝。房屋较长时，当大气温度改变，墙体的伸缩变形受到基础的约束，也会产生裂缝。对于砌块砌体房屋，虽然线膨胀系数相差较小（混凝土小型砌块砌体为 10×10^{-4}），但干缩较大，而且即使干缩稳定后，当再次被雨水或潮气浸湿后还会产生较大的再次干缩。因此由于温度变形和砌块的干缩而引起的墙体裂缝比较普遍。

温度变形和收缩引起房屋裂缝的主要形态有：①平屋顶下边外墙的水平裂缝和包角裂缝（图4-33）；②顶层内外纵墙和横墙的八字形裂缝（图4-34）；③房屋错层处墙体的局部垂直裂缝（图4-35）；④对砌块砌体房屋，由于基础的约束，使房屋的底部几层较长的实墙体的中部，即山墙、楼梯的墙中部出现竖向干缩裂缝，此裂缝越向顶层也越轻。

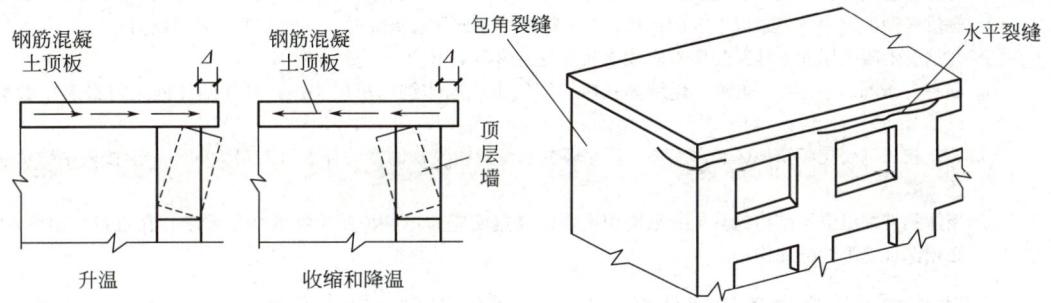

图 4-33　平屋顶下边外墙的水平裂缝和包角裂缝

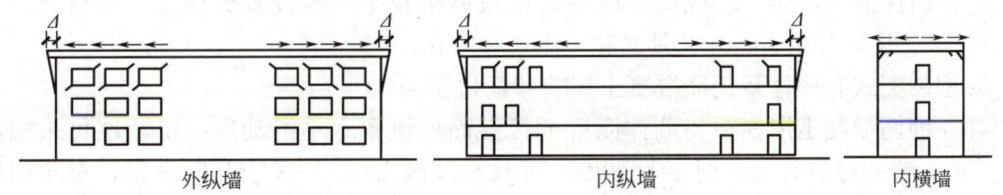

图 4-34　顶层内外纵墙和横墙的八字形裂缝

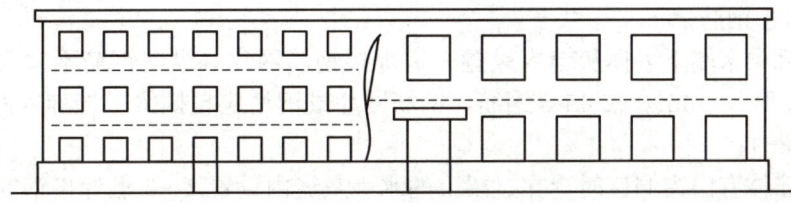

图 4-35　房屋错层处墙体的局部垂直裂缝

2）防止或减轻措施

为了防止或减轻房屋在正常使用条件下，由温度和砌体干缩引起的墙体竖向裂缝，应在墙体中设置伸缩缝。伸缩缝应设置在因温度和收缩变形可能引起应力集中、砌体产生裂缝可能性最大的地方。伸缩缝的间距可按表4-9采用。

砌体房屋伸缩缝的最大间距（m）　　　　　　　　　　表 4-9

屋盖或楼盖类别		间距
整体式或装配整体式钢筋混凝土结构	有保温层或隔热层的屋盖、楼盖	50
	无保温层或隔热层的屋盖	40

续表

屋盖或楼盖类别		间距
装配式无檩体系钢筋混凝土结构	有保温层或隔热层的屋盖、楼盖	60
	无保温层或隔热层的屋盖	50
装配式有檩体系钢筋混凝土结构	有保温层或隔热层的屋盖	75
	无保温层或隔热层的屋盖	60
瓦材屋盖、木屋盖或楼盖、轻钢屋盖		100

注：1. 对烧结普通砖、多孔砖、配筋砌块砌体房屋取表中数值；对石砌体、蒸压灰砂砖、蒸压粉煤灰砖和混凝土砌块房屋取表中数值乘以 0.8 的系数，当墙体有可靠外保温措施时，其间距可取表中数值；

2. 在钢筋混凝土屋面上挂瓦的屋盖应按钢筋混凝土屋盖采用；

3. 层高大于 5m 的烧结普通砖、烧结多孔砖、配筋砌块砌体结构单层房屋，其伸缩缝间距可按表中数值乘以 1.3；

4. 温差较大且变化频繁地区和严寒地区不采暖的房屋及构筑物墙体的伸缩缝的最大间距，应按表中数值予以适当减小；

5. 墙体的伸缩缝应与结构的其他变形缝相重合，缝宽度应满足各种变形缝的变形要求；在进行立面处理时，必须保证缝隙的伸缩作用。

为了防止和减轻房屋顶层墙体的开裂，可根据情况采取下列措施：

① 屋面设置保温、隔热层；

② 屋面保温（隔热）层或屋面刚性面层及砂浆找平层应设置分格缝，分格缝间距不宜大于 6m，并与女儿墙隔开，其缝宽不小于 30mm；

③ 用装配式有檩体系钢筋混凝土屋盖和瓦材屋盖；

④ 在钢筋混凝土屋面板与墙体圈梁的接触面处设置水平滑动层，滑动层可采用两层油毡夹滑石粉或橡胶片等；对于长纵墙，可只在其两端的 2～3 个开间设置，对于横墙可只在其两端 $l/4$ 范围内设置（l 为横墙长度）；

⑤ 顶层屋面板下设置现浇钢筋混凝土圈梁，并与外墙拉通，房屋两端圈梁下的墙体宜适当设置水平钢筋；

⑥ 顶层挑梁末端下墙体灰缝内设置 3 道焊接钢筋网片（纵向钢筋不宜少于 2φ4，横筋间距不宜大于 200mm）或 2φ6 钢筋，钢筋网片或钢筋应自挑梁末端伸入两边墙体不小于 1m（图 4-36）；

⑦ 顶层墙体有门窗洞口时，在过梁上的水平灰缝内设置 2～3 道焊接钢筋网片或 2φ6 钢筋，并应伸入过梁两边墙体不小于 600mm；

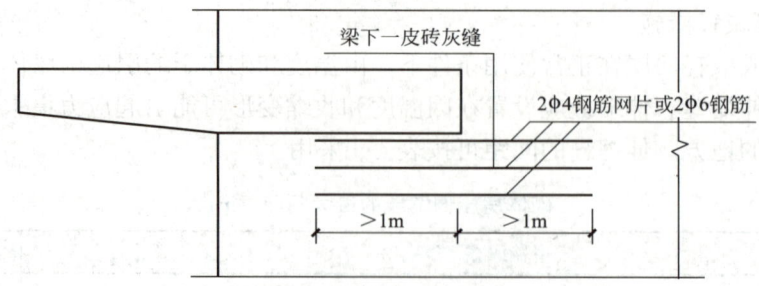

图 4-36 顶层挑梁末端钢筋网片或钢筋

⑧ 女儿墙应设置构造柱，构造柱间距不宜大于 4m，构造柱应伸至女儿墙顶并与现浇钢筋混凝土压顶整浇在一起；

⑨ 房屋顶层端部墙体内应适当增设构造柱。

（2）因地基不均匀沉降引起的裂缝

因地基过大不均匀沉降引起的墙体裂缝往往为由下而上指向沉降较大处，主要有正八字裂缝、倒八字形裂缝和斜向裂缝，当底层门窗洞口较大时还可能出现窗台下墙体的垂直裂缝等（图 4-37）。

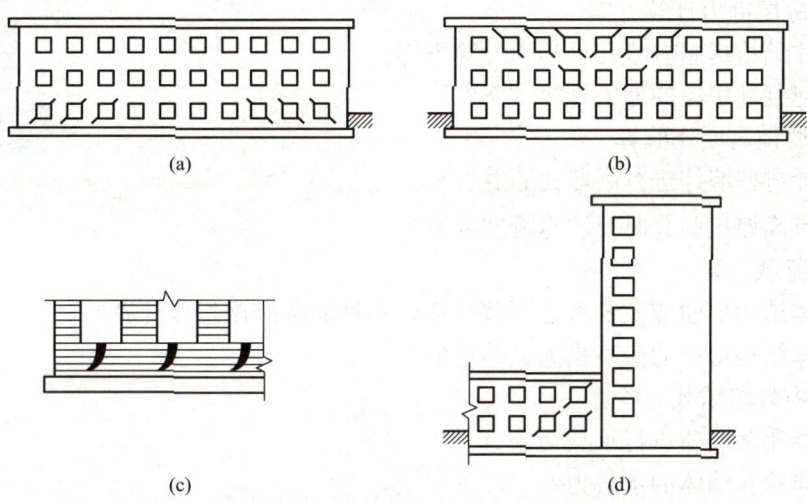

图 4-37　由地基不均匀沉降引起的裂缝
（a）正八字裂缝；（b）倒八字裂缝；（c）、（d）斜向裂缝

为了防止由于不均匀沉降引起的墙体裂缝可以采取下列措施：

① 设置沉降缝。在地基土性质相差较大处，房屋高度、荷载、结构刚度变化较大处，房屋结构形式变化处，高低层的施工时间不同处设置沉降缝，将房屋分割为若干长高比较小、体型规则、整体刚度较好的独立单元。

② 加强房屋整体刚度。如合理布置承重墙体、增大基础圈梁刚度、增设钢筋混凝土圈梁等。

③ 对处于软土地区或土质变化较复杂地区，利用天然地基建造房屋时，房屋体型力求简单，采用对地基不均匀沉降不敏感的结构形式和基础形式。

④ 合理安排施工顺序，先施工层数多、荷载大的单元，后施工层数少、荷载小的单元。

⑤ 在底层的窗台下墙体灰缝内设置 3 道焊接钢筋网片或 2φ6 钢筋，并伸入两边窗间墙内不小于 600mm。

⑥ 采用钢筋混凝土窗台板，窗台板嵌入窗间墙内不小于 600mm。

 方案设计

以前述砌体结构设计任务为载体，学生在教师指导下分组进行方案设计，可选择最不利墙体进行高厚比及承载力计算。

 **任务实施**

提示：根据前述方案，学生在教师的指导下完成××教学楼工程结构设计。

引导性问题：

1. 关于房屋结构布置方案

（1）砌体结构的房屋承重方案有哪些类型？

（2）每种类型的优缺点是什么？

2. 关于房屋静力计算方案

（1）砌体结构房屋有哪几种静力计算方案？

（2）如何判断房屋的静力计算方案？

3. 关于墙体高厚比验算

（1）选择哪些墙体进行高厚比验算？

（2）进行高厚比验算时要注意哪些问题？

4. 关于荷载计算

（1）砌体结构房屋应该要考虑哪些荷载，每种荷载应该怎么计算？

（2）砌体结构房屋的荷载是怎么传递的？

5. 关于内外墙承载力验算

（1）选择哪些墙体进行承载力验算？

（2）如何验算墙体的承载力？

参考答案

多层砌体结构
设计案例

 **任务评价**

提示：由学生本人、小组同学、教师按表 4-10 要素分别评价。

学习活动评价表　　　　　　　表 4-10

评价项目	评价内容及标准				学习得分			
	优秀 （85～100分）	良好 （75～85分）	中等 （60～75分）	尚需努力 （60分以下）	学生自评	小组评分	教师评分	平均分
方案设计	方案设计合理,团队成员任务分工明确	方案设计较合理,团队成员任务分工较明确	方案设计基本合理,团队成员任务分工基本明确	方案设计不合理,需重新设计,否则得分为零				
学习态度	学习积极性高,态度端正,学习兴趣浓	学习积极性中,态度较端正	学习积极性低,态度不端正	学习积极性很低,态度很不端正				
团结协作意识	团队意识强,分工合作优秀	团队意识较强	团队意识中等	团队意识较差				
严谨务实	高标准完成布置的设计工作任务,解决设计过程中遇到问题的能力较强	较好完成布置的设计工作任务,解决设计过程中遇到问题的能力较好	基本能够完成布置的设计工作任务,解决设计过程中遇到问题的能力一般	不能够完成布置的楼盖设计工作任务,解决设计过程中遇到问题的能力较差				

续表

评价项目	评价内容及标准				学习得分			
	优秀 (85~100分)	良好 (75~85分)	中等 (60~75分)	尚需努力 (60分以下)	学生自评	小组评分	教师评分	平均分
学用结合能力	能选择合适的房屋结构布置方案，能判断房屋的静力计算方案，能进行墙体承载力验算并且结果正确	能选择合适的房屋结构布置方案，能判断房屋的静力计算方案，能进行墙体承载力验算，结果出现少许错误	基本能选择合适的房屋结构布置方案，基本能判断房屋的静力计算方案，能进行墙体承载力验算，结果出现错误较多	不能选择合适的房屋结构布置方案，不能判断房屋的静力计算方案，不能进行墙体承载力验算				
备注	学生最终考核得分为平均分＝(学生自评＋小组评分＋教师评分)/3							

学习反思

提示：由学生完成。可从细不细致、耐不耐心以及专业知识是否缺乏等方面进行反思总结。

任务小结

1. 砌体房屋的结构布置方案可分为三种：横墙承重方案、纵墙承重方案和纵横墙承重方案。

2. 根据房屋的空间工作性能将房屋的静力计算方案分为刚性方案、弹性方案和刚弹性方案。

3. 墙、柱的高厚比验算是保证砌体房屋施工阶段和使用阶段稳定性与刚度的一项重要构造措施。墙、柱高厚比应按下式验算：$\beta = \dfrac{H_0}{h} \leqslant \mu_1 \mu_2 [\beta]$。

带壁柱墙的高厚比的验算包括整片墙的高厚比验算和壁柱间墙的高厚比验算。带构造柱墙的高厚比的验算包括整片墙的高厚比验算和构造柱间墙的高厚比验算。

4. 多层刚性方案房屋承重纵墙承载力计算时可取其中一段有代表性或较不利的开间墙、柱作为计算单元。在竖向荷载作用下，多层房屋的墙、柱在每层高度范围内可近似地视作两端铰支的竖向构件；在水平荷载作用下，墙柱可视作竖向连续梁。

5. 多层刚性方案房屋承重横墙的承载力计算时，通常取 $b = 1\text{m}$ 宽度作为计算单元，每层横墙视为两端不动铰接的竖向构件。构件的控制截面取梁底截面和墙底截面。梁底截面应进行偏心受压承载力计算和局部受压承载力计算；墙底截面应进行偏心受压承载力计算。控制截面内力＝1.3×永久荷载的内力标准值＋1.5×其中一项可变荷载的内力标准值＋其余可变荷载的内力组合值。

6. 引起墙体裂缝的原因主要有三个：外荷载、温度变化和砌体干缩变形、地基不均匀沉降。因外荷载而可能产生的裂缝通过承载力计算避免，其余通过构造措施防止或减轻。

任务 4.2　单层砌体结构设计

4.2.1　单层刚性方案房屋承重纵墙的计算

对于刚性方案单层房屋，纵墙顶端的水平位移很小，静力分析时可以认为水平位移为零，计算时采用下列假定：

在荷载作用下，墙、柱可视为上端不动铰支承于屋盖，下端嵌固于基础的竖向构件（图 4-38）。除非地基很差，这样的假定一般是与实际情况比较符合的。按照上述假定，每片纵墙就可以按上端支承在不动铰支座和下端支承在固定支座上的竖向构件单独计算，使计算工作大为简化。

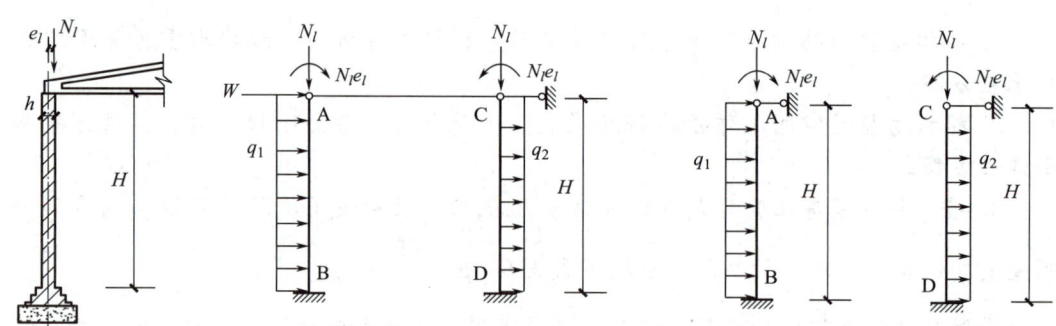

图 4-38　单层刚性方案房屋纵墙计算简图

作用于结构上的荷载及内力计算如下：

（1）竖向荷载作用

竖向荷载包括屋盖构件自重、屋面活荷载（或雪荷载），这些荷载通过屋架或屋面大梁以集中力的形式作用于墙体顶端。在通常情况下，屋架或屋面大梁传至墙体顶端集中力 N_l 的作用点，对墙体中心线有一个偏心距 e_l，所以作用于墙体顶端的屋面荷载可视为由轴心压力 N_l 和弯矩 $M = N_l e_l$ 组成，由此可计算出其内力为（图 4-39）：

$$R_A = -R_B = -\frac{3M}{2H} \qquad (4-21)$$

$$M_A = M \qquad (4-22)$$

$$M_B = -\frac{M}{2} \qquad (4-23)$$

图 4-39　竖向荷载作用下内力图

$$M_{x} = \frac{M}{2}\left(2 - 3\frac{x}{H}\right) \tag{4-24}$$

（2）水平荷载作用

水平荷载包括作用于墙面上和屋面上的风荷载，屋面上的风荷载（包括作用在女儿墙上的风荷载）一般简化为作用于墙、柱顶端的集中荷载 W，对于刚性方案房屋，W 已通过屋盖直接传至横墙，再由横墙传至基础后传给地基，所以在纵墙上不产生内力。墙面风荷载为均布荷载，应考虑两种风向，迎风面为压力，背风面为吸力。在均布风荷载 q 作用下，墙体的内力为（图 4-40）：

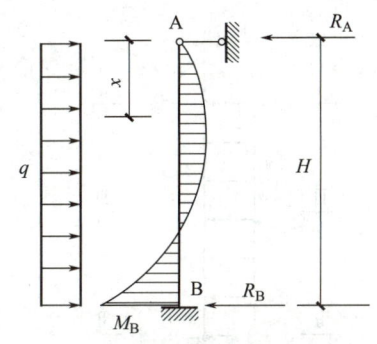

图 4-40　水平荷载作用下内力图

$$R_{A} = \frac{3qH}{8} \tag{4-25}$$

$$R_{B} = \frac{5qH}{8} \tag{4-26}$$

$$M_{B} = \frac{qH^{2}}{8} \tag{4-27}$$

$$M_{x} = -\frac{qH}{8}x\left(3 - 4\frac{x}{H}\right) \tag{4-28}$$

当 $x = \frac{3}{8}H$ 时，$M_{max} = -\frac{9qH^{2}}{128}$。对迎风面，$q = q_1$；对背风面，$q = q_2$。

（3）墙体自重作用

墙体自重包括砌体、内外粉刷及门窗的自重，作用于墙体的轴线上。当墙柱为等截面时，自重不引起弯矩；当墙柱为变截面时，上阶柱自重 G_1 对下阶柱各截面产生弯矩 $M_1 = G_1 e_1$（e_1 为上下阶柱轴线间距离）。因 M_1 在施工阶段就已存在，应按悬柱计算。

（4）控制截面及内力组合

在进行承重墙、柱设计时，应先求出多种荷载作用下控制截面的内力，然后根据荷载规范考虑多种荷载组合，并取其最不利者进行验算。

墙截面宽度一般取窗间墙宽度，其控制截面为：墙柱顶端 I-I 截面、墙柱下端 II-II 截面和风荷载作用下最大弯矩 M_{max} 对应的 III-III 截面（图 4-41）。I-I 截面既有轴力 N 又有弯矩 M，按偏心受压验算承载力，同时还应验算梁下砌体的局部受压承载力；II-II 和 III-III 截面均应按偏心受压验算承载力。

1. 单层弹性方案房屋的计算

（1）基本假定

弹性方案单层房屋的静力计算，可按屋架或大梁与墙（柱）为铰接的、不考虑空间作用的平面排架进行。计算采用以下假定：

① 纵墙、柱上端与屋架（或屋面梁）铰接，下端在基础顶面处固接。

② 屋架（或屋面梁）可视作刚度无限大的系杆，在荷载作用下不产生拉伸或压缩变形，因此柱顶水平位移值相等（图 4-42）。

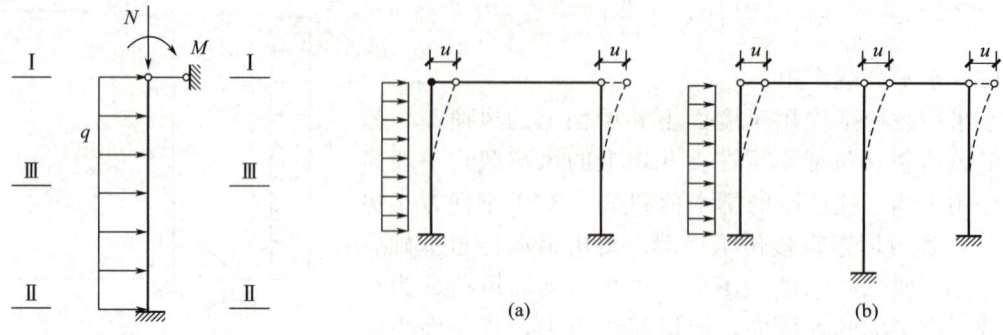

图 4-41　墙柱控制截面位置　　　图 4-42　单层弹性方案计算简图

（2）计算步骤

根据上述假定，弹性方案单层房屋的计算简图为铰接平面排架，可按平面排架进行内力分析，计算步骤如下：

① 先在排架上端加上一个假设的不动铰支座，成为无侧移的平面排架，计算出此时假设的不动铰支座的反力和相应的内力，其内力计算方法和刚性方案相同。

② 把已求出的假设柱顶支座反力反方向作用在排架顶端，求出这种受力情况下的内力。

③ 将上述两种计算结果进行叠加，抵消了假设的柱顶支座反力，仍为有侧移的平面排架，可得到按弹性方案的计算结果。

现以两柱均为等截面，且柱高、截面尺寸和材料均相同的单层单跨弹性方案房屋为例，简略说明其内力计算过程。

① 竖向荷载作用下

对如图 4-43 所示的单层单跨等高房屋，其两边墙（柱）的刚度相等，当荷载对称时，排架柱顶不发生侧移（$u=0$），可求出其内力为：

$$M_C = M_D = M \tag{4-29}$$

$$M_A = M_B = -\frac{M}{2} \tag{4-30}$$

$$M_x = \frac{M}{2}\left(2 - 3\frac{x}{H}\right) \tag{4-31}$$

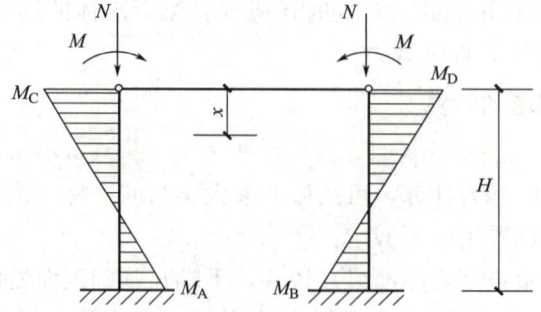

图 4-43　单层弹性方案房屋在屋盖荷载作用下内力

② 水平荷载作用下

在水平荷载作用下排架产生侧移（图 4-44a），假定在排架顶端加一个不动铰支座（图 4-44b），与刚性方案相同。由图 4-44（b）可得：

$$R = W + \frac{3}{8}(q_1 + q_2)H \tag{4-32}$$

$$M_{A(b)} = \frac{1}{8}q_1 H^2 \tag{4-33}$$

$$M_{B(b)} = -\frac{1}{8}q_2 H^2 \tag{4-34}$$

将反力 R 反向作用于排架顶端，由图 4-44（c）可得：

$$M_{A(c)} = \frac{1}{2}RH = \frac{H}{2}\left[W + \frac{3}{8}(q_1 + q_2)H\right] = \frac{W}{2}H + \frac{3}{16}H^2(q_1 + q_2) \tag{4-35}$$

$$M_{B(c)} = -\frac{1}{2}RH = -\left[\frac{W}{2}H + \frac{3}{16}H^2(q_1 + q_2)\right] \tag{4-36}$$

叠加图 4-44 中（b）和（c）可得：

$$M_A = M_{A(b)} + M_{A(c)} = \frac{WH}{2} + \frac{5}{16}q_1 H^2 + \frac{3}{16}q_2 H^2 \tag{4-37}$$

$$M_B = M_{B(b)} + M_{B(c)} = -\left(\frac{WH}{2} + \frac{3}{16}q_1 H^2 + \frac{5}{16}q_2 H^2\right) \tag{4-38}$$

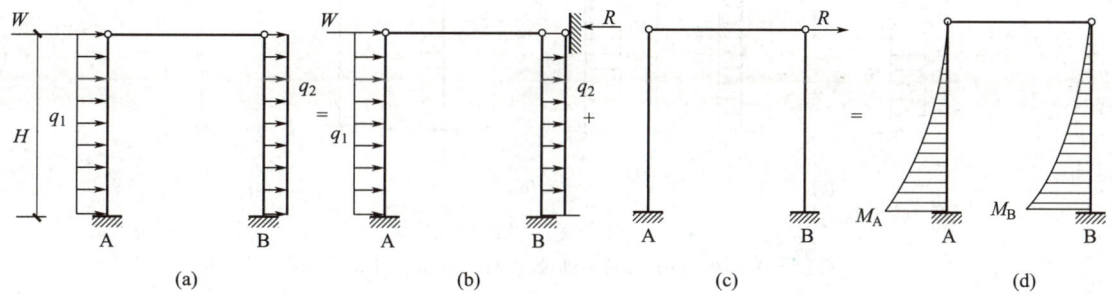

图 4-44　弹性方案单层房屋在风荷载作用下的内力计算

(a) 计算简图；(b) 设置不动铰支座；(c) 拆除不动铰支座；(d) 弯矩图

③ 控制截面及承载力验算

单层单跨弹性方案房屋墙（柱）的控制截面同单层刚性房屋，取柱顶Ⅰ-Ⅰ截面和柱底Ⅱ-Ⅱ截面分别进行偏心受压计算承载力，柱顶截面尚需验算局部受压承载力，变截面柱尚应验算变阶处截面的承载力。

2. 单层刚弹性方案房屋的计算

在水平荷载作用下，刚弹性方案房屋墙顶也产生水平位移，其值比弹性方案中按平面排架计算的要小，但又不能忽略。因此计算时应考虑房屋的空间作用，其计算简图和弹性方案的计算简图相似，不同点只是在排架的柱顶上加上一个弹性支座，弹性支座的刚度与房屋空间性能影响系数 η 有关，其计算简图如图 4-45 所示。

对于刚弹性方案房屋，由于空间工作的影响，当排架柱顶作用一集中力 R 时，其柱顶水平位移为 $u_s = \eta u_p$，较平面排架的柱顶水平位移 u_p 减小，其差值为：

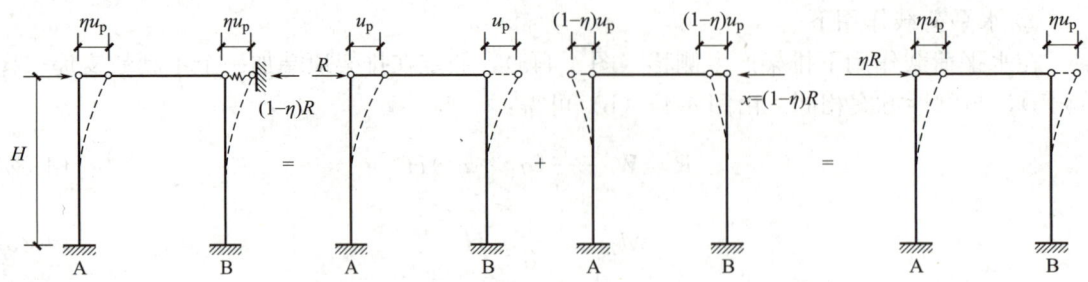

图 4-45　刚弹性方案单层房屋计算简图

$$u_p - u_s = (1 - \eta)u_p \tag{4-39}$$

设 x 为弹性支座反力，根据位移与内力成正比的关系可求出此反力 x，即

$$u_p : (1 - \eta)u_p = R : x \tag{4-40}$$

则

$$x = (1 - \eta)R \tag{4-41}$$

因此，对于刚弹性方案单层房屋的内力计算，只需在弹性方案单层房屋的计算简图上，加上一个由空间工作引起的弹性支座反力 $(1 - \eta)R$ 的作用即可。内力分析的步骤如下（图 4-46）：

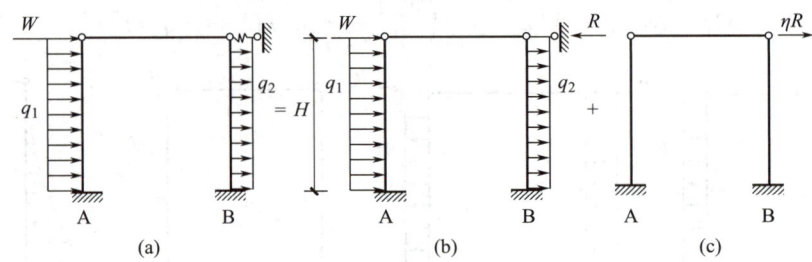

图 4-46　刚弹性方案的内力计算

(a) 计算简图；(b) 设置不动铰支座；(c) 拆除不动铰支座

（1）先在排架的顶端加上一个假设的不动铰支座，计算出此假设的不动铰支座的反力 R，并求出这种情况下的内力。

（2）把假设的支座反力 R 反方向作用在排架顶端，与反向的柱顶弹性支座反力 $(1 - \eta)R$ 进行叠加，然后按平面排架求出其内力。由于 $R - (1 - \eta)R = \eta R$，只需把 ηR 反向作用于排架顶端，直接求出这种情况下的内力。η 为空间性能影响系数，按表 4-11 采用。

房屋各层的空间性能影响系数 η　　　　　　　　表 4-11

屋盖或楼盖类别	横墙间距 s（m）													
	16	20	24	28	32	36	40	44	48	52	56	60	64	68	72
1	—	—	—	—	0.33	0.39	1345	0.50	0.55	0.60	0.64	0.68	0.71	0.74	0.77
2	—	0.35	0.45	0.54	0.61	0.68	0.73	0.78	0.82	—	—	—	—	—
3	0.37	0.49	0.60	0.68	0.75	0.81	—	—	—	—	—	—	—	—

（3）把上述两种情况的计算结果相叠加，即得到按刚弹性方案的计算结果。

现以两柱均为等截面，且柱高、截面尺寸和材料均相同的单层单跨弹性方案房屋为例，简略说明其内力计算过程。

① 竖向荷载作用下

竖向荷载为对称荷载，排架顶端无位移，所以其计算方法和弹性方案一样。

② 水平荷载作用下

计算方法类似于弹性方案，由图 4-46（b）、（c）两部分内力叠加得到：

$$M_\mathrm{A} = \frac{\eta WH}{2} + \left(\frac{1}{8} + \frac{3\eta}{16}\right) q_1 H^2 + \frac{3\eta}{16} q_2 H^2 \tag{4-42}$$

$$M_\mathrm{B} = -\left[\frac{\eta WH}{2} + \left(\frac{1}{8} + \frac{3\eta}{16}\right) q_2 H^2 + \frac{3\eta}{16} q_1 H^2\right] \tag{4-43}$$

多跨等高的刚弹性方案单层房屋，由于空间刚度比单跨房屋好，故其 η 值仍可按单跨房屋采用。

刚弹性方案房屋墙柱的控制截面也为柱顶Ⅰ-Ⅰ截面及柱底Ⅱ-Ⅱ截面，其承载力验算与刚性方案相同。截面验算时，应根据使用过程中可能同时作用的荷载进行组合，并取其最不利者进行验算。

4.2.2 单层刚性方案房屋承重横墙的计算

单层刚性方案房屋承重横墙计算时，可将屋盖视为横墙的不动铰支座，其计算与承重纵墙相似。

1. 对于刚性方案单层房屋，在荷载作用下，墙、柱可视为上端不动铰支承于屋盖，下端嵌固于基础的竖向构件。控制截面为：墙柱顶端截面、墙柱下端截面和风荷载作用下最大弯矩对应的截面。

2. 弹性方案单层房屋的静力计算，可按屋架或大梁与墙（柱）为铰接的、不考虑空间作用的平面排架进行。控制截面同单层刚性房屋。

3. 单层刚弹性方案房屋计算时应考虑房屋的空间作用，其计算简图在弹性方案的计算简图相似，只是在排架的柱顶上加上一个弹性支座。墙柱的控制截面也为柱顶截面及柱底截面。

思考题

1. 什么是高厚比？为什么要限制砌体房屋的高厚比？

2. 砌体房屋静力计算方案有哪些？影响砌体房屋静力计算方案的主要因素有哪些？

3. 画出单层以及多层刚性方案房屋的计算简图。

4. 产生墙体开裂的主要原因是什么？防止墙体开裂的主要措施有哪些？

微课

项目4小结

5. 温度裂缝和由地基不均匀沉降引起的裂缝有哪些形态？

6. 墙梁由哪几部分组成？墙梁可能发生哪些破坏形式？

7. 过梁、墙梁、挑梁的受力特点有哪些？破坏形态有哪些？

习题

1. 某砖柱截面为 490mm×370mm，计算高度为 5m，采用 M7.5 混合砂浆砌筑。试验算此砖柱的高厚比。

2. 某单层房屋层高为 4.5m，砖柱截面为 490mm×370mm，采用 M5.0 混合砂浆砌筑，房屋的静力计算方案为刚性方案。试验算此砖柱的高厚比。

3. 某房屋非承重外墙，墙厚为 370mm，墙长 9m，计算高度 4m，中间开宽为 1.8m 的窗两樘，采用 M7.5 混合砂浆砌筑。试验算该墙的高厚比。

4. 某单层单跨无吊车的仓库，柱间距离为 4m，中间开宽为 1.8m 的窗，车间长 40m，屋架下弦标高为 5m，壁柱为 370mm×490mm，墙厚为 240mm，房屋的静力计算方案为刚弹性方案，试验算带壁柱墙的高厚比。

参考答案

项目4习题答案

拓展资料

砌体结构房屋施工图

拓展阅读

经典书籍推介

项目 5　钢结构设计

微课

项目5学习指引

思维导图

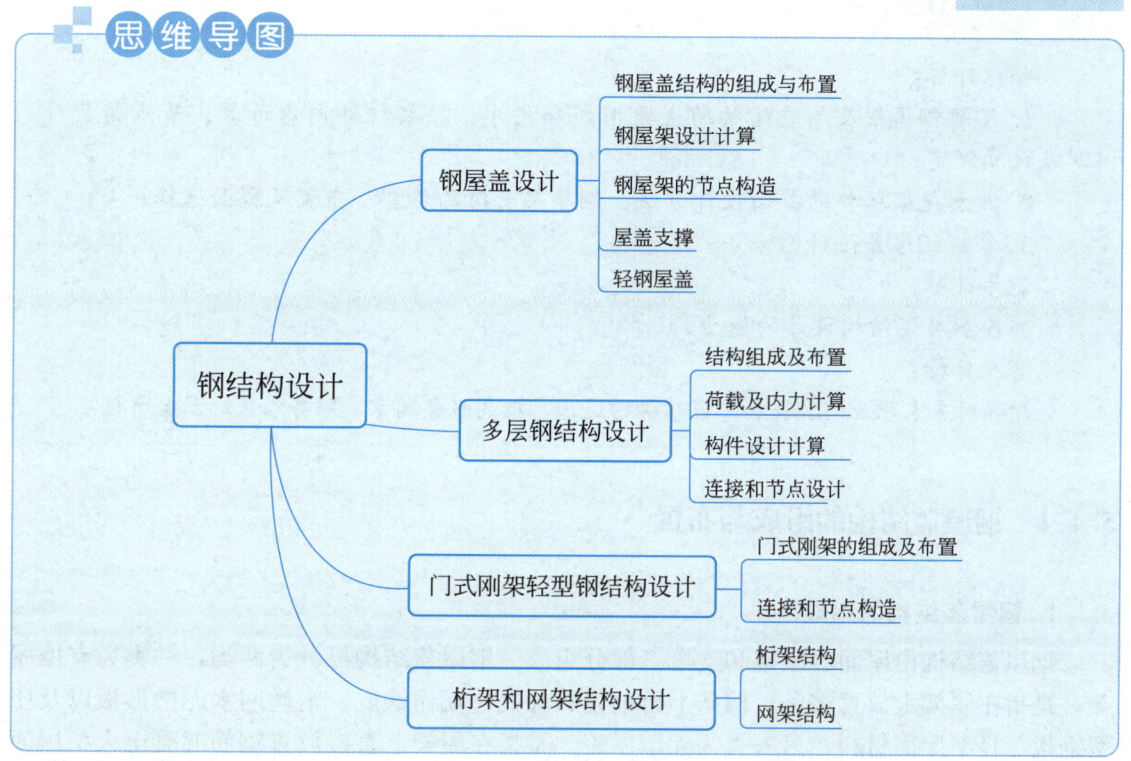

引入案例

2021 年 11 月 23 日 13 时 20 分许，金华经济技术开发区在建工程湖畔里项目酒店宴会厅钢结构屋面在进行刚性保护层混凝土浇捣施工时发生坍塌事故，共造成 6 人死亡、6 人受伤，直接经济损失 1097.55 万元。本次事故的直接原因为：屋面钢结构设计存在重大错误，结构设计计算荷载取值与建筑构造做法不一致，钢梁按排架设计，未与混凝土结构进行整体计算分析；未按经施工图审查的设计图纸施工，将钢结构屋面构造中 20mm 厚水泥砂浆找平层改为 50mm 厚细石混凝土，且浇筑细石混凝土超厚，进一步增加了屋面荷载。因上述原因造成钢梁跨中拼接点高强螺栓滑丝、钢梁铰接支座锚栓剪切和拉弯破坏，导致⑪、⑫轴二榀屋面钢梁坍塌。

该案例警示所有从业人员，在工程建设的全过程必须具有扎实的理论知识和技术，任何计算与施工都不得马虎，同时正确理解规范中的有关规定，并严格按照设计施工。

任务 5.1 钢屋盖设计

5.1.1 钢屋盖结构的组成与布置

1. 钢屋盖结构的组成

钢屋盖结构由屋面、屋架和支撑三部分组成。钢屋盖结构可分为两类，一类为有檩屋盖，是指在屋架上放置檩条，檩条上再铺设石棉瓦、瓦楞铁皮、钢丝网水泥槽形板以及压型钢板等轻型屋面材料；另一类为无檩屋盖，是指在屋架上直接放置钢筋混凝土大型屋面板，屋面荷载由大型屋面板直接传给屋架。

有檩屋盖具有质量轻、用料省、运输和安装方便的优点，但构件数目多、构造复杂、吊装次数多、横向刚度较差。屋架间距为檩条跨度，经济间距为 4～6m。无檩屋盖具有构件数目少、安装简便、施工速度快、保暖层易于铺设、横向刚度大、整体性好的优点，但自重过大，将使下部结构用料增多，对抗震不利，屋架间距为大型屋面板的跨度，一般为 6m 或 6m 的倍数。屋架跨度和间距也需结合柱网布置确定，当柱距较大时，可采用在柱间设置托梁和中间屋架，或采用格构式檩条的布置方案（图 5-1）。

屋盖结构设计通常包括屋盖结构布置、屋架形式选择、支撑布置、荷载计算、各杆内力计算、杆件截面选择、节点设计、绘制施工图以及檩条、拉条和撑杆计算等。屋架是由各种直杆相互连接组成的平面结构，在节点载荷作用下，杆件产生轴向力，因而杆件截面应力分布均匀，材料利用充分，具有用钢量小、自重轻、刚度大、便于加工成形和应用广泛的特点，按外形可分为三角形屋架、梯形屋架及平行弦屋架三种形式（图 5-2）。

屋架的造型应首先满足使用要求，主要是满足排水坡度、建筑净空、天窗、顶棚以及悬挂吊车的要求。屋架应受力合理，应使屋架的外形与弯矩图相近，杆件受力均匀，短杆受压、长杆受拉，荷载布置在节点上，以减小弦杆局部弯矩，屋架中部有足够高度，以满足刚度要求。屋架应便于施工，杆件和节点数量和品种少、构造简单、尺寸划一，夹角在

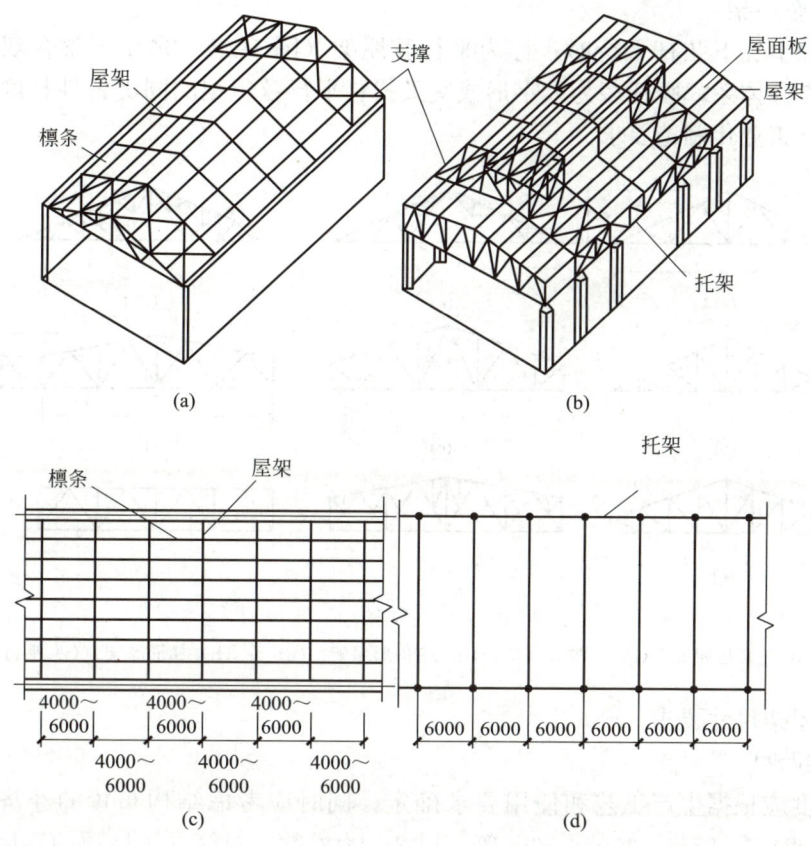

图 5-1 屋盖结构组成与柱网布置

30°～60°之间，跨度和高度避免超宽、超高。设计时应全面分析、具体处理，确定合理的形式。

2. 钢屋架的形式及尺寸

（1）钢屋架的形式

1）三角形屋架

三角形屋架（图 5-2a、b、c 和 d）适用于屋面坡度较陡的有檩屋盖结构。坡度 $i = 1/6～1/2$；上、下弦交角小，端节点构造复杂；外形与弯矩图差别大，受力不均匀，横向刚度低，只适用于中、小跨度轻屋盖结构。三角形屋架的腹杆布置有芬克式、单斜式和人字式三种。芬克式屋架受力合理，便于运输，较多采用；单斜式屋架只适用于下弦设置顶棚的屋架，较少采用；人字式屋架只适用于跨度小于 18m 的屋架。

2）梯形屋架

梯形屋架（图 5-2e、f、g 和 h）适用于屋面坡度平缓的无檩屋盖结构。坡度 $i < 1/3$，且跨度较大时多采用梯形屋架。梯形屋架外形与弯矩图接近，弦杆受力均匀；腹杆多采用人字式；当端斜杆与弦杆组成的支承点在下弦时称为下承式，多用于刚接支承节点，反之为上承式。梯形屋架上弦节间长度应与屋面板的尺寸配合，使荷载作用于节点上，当上弦节间太长时，应采用再分式腹杆。

3）平行弦屋架

当屋架的上、下弦杆平行时，称为平行弦屋架（图 5-2i）。多用于整合双坡屋面，或用作托架、支撑体系；腹杆多为人字形或交叉式；平行弦屋架的同类杆件长度一致，节点类型少，符合工业化制造要求。

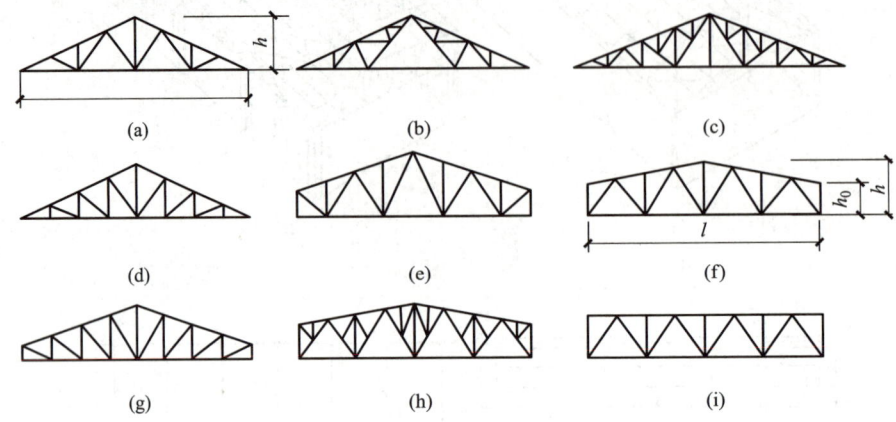

图 5-2 屋架的形式

（a）、（b）三角形屋架；（c）下撑式屋架；（d）三角形屋架；（e）～（h）梯形屋架；（i）平行弦屋架

（2）钢屋架尺寸要求

1）屋架跨度

屋架跨度应根据生产工艺和使用要求确定，同时应考虑结构布置的经济性。通常取 18m、21m、24m、27m、30m、36m 等，以 3m 为模数。对简支于柱顶的钢屋架，屋架的计算跨度 l_0 为屋架两端支座间的距离，屋架的标志跨度 l 为柱网横向轴线间的距离，标志跨度应与大型屋面板的宽度（1.5～3.0m）一致。根据房屋定位轴线及支座构造的不同，屋架计算跨度的取值尚有下述情况：当支座为一般钢筋混凝土柱且柱网为封闭结合时，计算跨度为 $l_0 = l - (300 \sim 400)$mm（图 5-3a）；当柱网采用非封闭结合时，计算跨度为 $l_0 = l$（图 5-3b）。

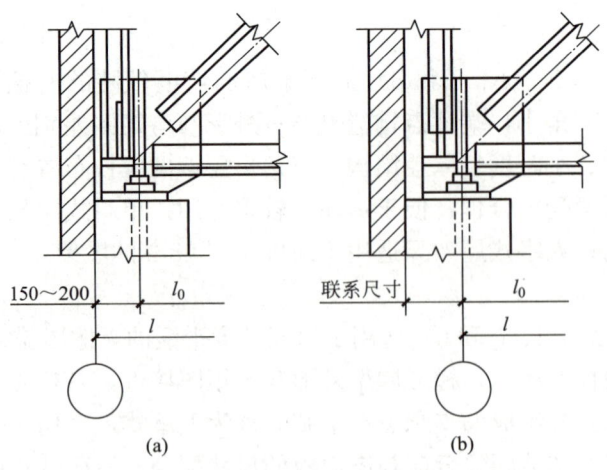

图 5-3 屋架的计算跨度

2）屋架高度

屋架高度取决于建筑构造、屋面坡度、运输界限、刚度条件和经济高度等因素，最大高度不能超过运输界限，最小高度应满足屋架容许挠度 $[w]=1/1500$ 的要求。设屋架高度为 h，三角形屋架坡度 $i=1/3\sim1/2$ 时，$h=(1/6\sim1/4)l$；平行弦屋架和梯形屋架中部高度主要由经济高度决定，一般 $h=(1/10\sim1/6)l$；屋架与柱刚接时，梯形屋架的端部高度 $h_0=(1/16\sim1/10)l$；屋架与柱铰接时，$h_0\geqslant l/18$；陡坡梯形屋架的端部高度，$h_0=0.5\sim1.0\text{m}$；平坡梯形屋架 $h_0=1.8\sim2.1\text{m}$，跨度较小时取下限，屋架跨度越大，h_0 取值越大。

设计屋架尺寸时，首先根据屋架形式和工程经验确定端部尺寸 h_0；然后根据屋面材料和坡度确定跨中高度；最后综合考虑各种因素，确定屋架高度。当屋架的外形和主要尺寸（跨度、高度）确定后，屋架各杆的几何尺寸即可根据三角函数或投影关系求得。一般常用屋架各杆件几何长度可查阅有关设计手册或图集。

5.1.2 钢屋架设计计算

1. 计算假定

屋架杆件内力计算采用下列假定：

（1）各杆件的轴线均居于同一平面内且相交于节点中心。

（2）各节点均视为铰接，忽略实际节点产生的次应力。

（3）荷载均作用于屋架平面内的节点上，因此各杆只受轴向力作用。对于作用于节间处的荷载需按比例分配到相近的左、右节点上，但计算上弦杆时，应考虑局部弯曲影响。

2. 节点荷载计算

（1）屋架荷载

作用于屋架上的荷载有：

1）永久荷载，包括屋面材料、檩条、屋架、天窗架、支撑以及屋顶等结构自重。屋架和支撑自重可按下式估算，即：

$$g_k=\beta l \tag{5-1}$$

式中 g_k 为屋架自重，按水平投影面积计算，单位为 kN/m^2；β 为系数，当屋面荷载 $F_k\leqslant1\text{kN/m}^2$ 时，$\beta=0.012$，$F_k\geqslant2.5\text{kN/m}^2$ 时，$\beta=0.12/l+0.011$；l 为屋架跨度，单位为 m。

当屋架仅作用上弦节点荷载时，将 g_k 全部合并为上弦节点荷载；当屋架上有下弦荷载时，g_k 按上、下弦平均分配。

2）可变荷载，包括屋面均布活荷载、雪荷载、风荷载、积灰荷载以及悬挂吊车和重物等。当屋面坡度 $\alpha\geqslant50°$ 时，不考虑雪荷载；当屋面坡度 $\alpha\leqslant30°$ 时，除瓦楞铁等轻型屋面外，一般可不考虑风荷载；当 $\alpha>30°$，以及瓦楞铁皮等轻型屋面、开敞式房屋风荷载大于 90kN/m^2 时，均应计算风荷载的作用；屋面均布活荷载与雪荷载不同时考虑，取两者中较大值。

各种均布活荷载汇集（图 5-4）成节点荷载的计算式为：

$$F_i=\gamma_{si}q_is\alpha \tag{5-2}$$

式中 q_i 为沿屋面坡向作用的第 i 种荷载标准值，对于沿水平投影面分布的荷载 $q_i^h = q_i/\cos\alpha$；α 为屋面坡度，可取上弦杆与下弦杆的夹角；s 为屋架弦杆节间水平长度；γ_{si} 为第 i 种荷载分项系数。

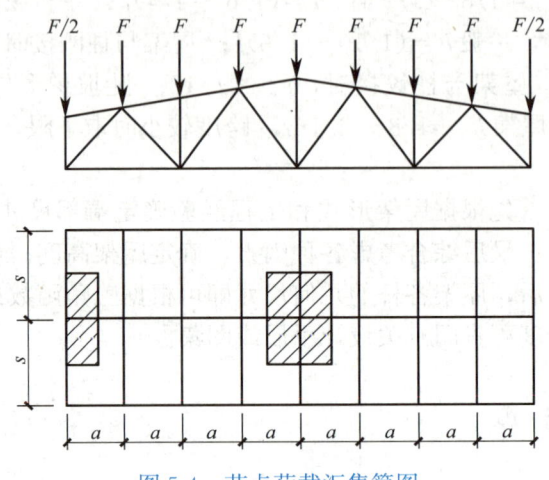

图 5-4　节点荷载汇集简图

（2）荷载的组合

屋面均布活荷载、积灰荷载和雪荷载等可变荷载，应按全跨和半跨均匀分布两种情况考虑，因为荷载作用于半跨时对屋架的中间斜腹杆的内力可能产生不利影响。

屋架内力应根据使用和施工过程中可能遇到的、同时作用的最不利荷载组合情况进行计算。不利荷载组合一般考虑下列三种情况：

1）全跨永久荷载＋全跨可变荷载。

2）全跨永久荷载＋半跨可变荷载。

3）全跨屋架、支撑和天窗自重＋半跨屋面板重＋半跨屋面活荷载。

3. 杆件内力计算

（1）节点荷载作用下的杆件内力计算

节点荷载作用下，所有杆件均为二力杆，铰接屋架杆件的内力计算可采用节点法、截面法等。

（2）有节间荷载作用时的杆件内力计算

当有集中荷载或均布荷载作用于上弦节间时，将使上弦杆节点和跨中节间产生局部弯矩。由于上弦节点板对杆件的约束作用，可减小节间弯矩，因此屋架上弦杆应视为弹性支座上的连续梁，为简化计算，可采用下列近似法：对无天窗架的屋架，端节间的跨中正弯矩和节点负弯矩均取 $0.8M_0$；其他间正弯矩和节点负弯矩均取 $0.6M_0$，M_0 为跨度等于节间长度的相应节间的简支梁最大弯矩值。对有天窗架的屋架（图 5-5），所有节间的节点弯矩和节间弯矩均取 $0.8M_0$。

设计钢屋架时，应尽量避免节间荷载布置。在计算其他各杆内力时，应将节间荷载化为两个集中荷载，并作用于两相邻节点上，按简支梁支座反力分配，或按节点所属荷载范围划分的方法取值。然后按铰接屋架计算各杆轴心力。

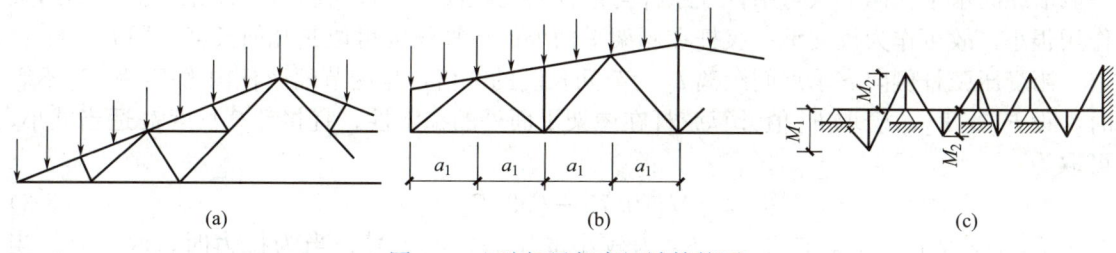

图 5-5 上弦杆局部弯矩计算简图

（a）三角形屋架；（b）梯形屋架；（c）上弦杆局部弯矩

4. 杆件截面设计

杆件截面设计是在经过屋架选型、确定钢号、荷载计算和内力计算后，决定节点板的厚度、尺寸以及杆件计算长度等，最后可按轴心受力构件，或拉弯、压弯杆件进行截面选择。

（1）杆件计算长度计算

屋架杆件在轴力作用下可能发生屋架平面内的纵向弯曲，也可能发生屋架平面外的纵向弯曲或斜平面的弯曲（图 5-6）。

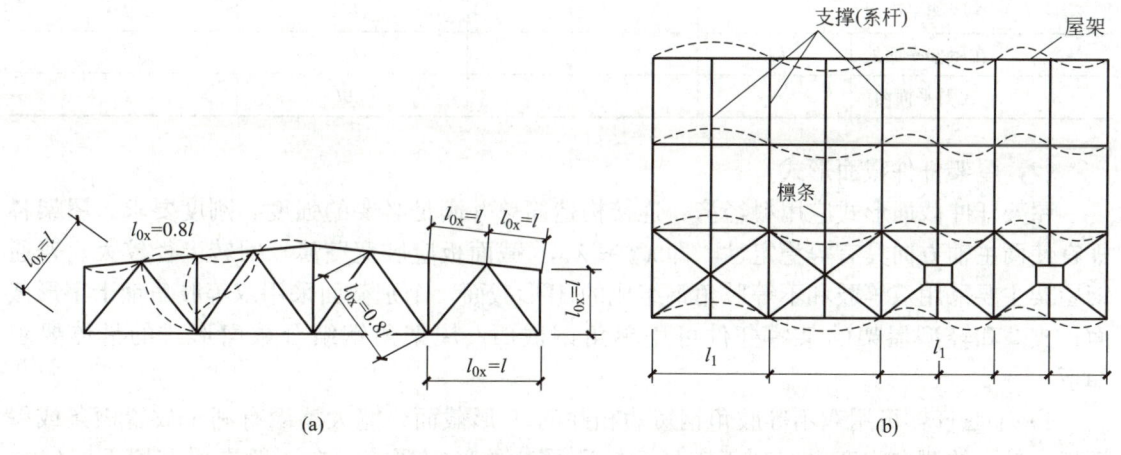

图 5-6 屋架杆件计算长度

（a）平面内失稳；（b）平面外失稳

1）屋架平面内的计算长度应考虑节点本身具有的刚度和杆件两端属弹性嵌固，当某一杆件的弯曲变形受到其他杆件约束作用时，杆件计算长度将有一定程度的减小，以受拉杆为甚。对本身线刚度较大、两端节点嵌固程度较低的杆件，如弦杆、支座斜杆和竖杆，可按两端铰接杆件考虑，取 $l_{0x}=l$；对两端或一端嵌固程度较大的杆件，如中间腹杆，取 $l_{0x}=0.8l$。

2）屋架平面外的弦杆计算长度为 l_{0y}，应取侧向支承点之间的距离 l_1，即 $l_{0y}=l_1$。有檩屋盖取横向支撑点间距离或取与支撑相连接的檩条及系杆之间的距离；在无檩屋盖中，当屋面板与屋架三点焊接连接时，可取两块屋面板的宽度，但不大于 3.0m；在天窗范围内取与横向支撑连接的系杆间距。下弦杆的计算长度应视有无纵向水平支撑确定，一般取纵向水平支撑节点与系杆或系杆与系杆间的距离。弦杆对腹板在屋架平面外的约束作用很小，故可作为铰支承；腹杆在屋架平面外的计算长度可取其几何长度，即 $l_{0y} = l$。

当受压弦杆侧向支承点间距离 l_1 为节间长度的 2 倍，且两节间弦杆内力 F_1 和 F_2 不等时，设 $F_1 > F_2$，若取 F_1 值计算弦杆在屋架平面外的稳定性，宜将计算长度 l_1 适当减小，可取为：

$$l_0 = l_1(0.75 + 0.25F_2/F_1) \tag{5-3}$$

式中 F_1 为较大的压力，取正号；F_2 为较小的压力，取正号；当为拉力时，取负号。当 $l_0 < 0.5l_1$ 时，取 $l_0 = 0.5l_1$。

3）斜平面内的计算长度。单面连接的单角钢腹杆及双角钢组成的十字形截面腹杆，因截面的两主轴均不在屋架平面内，在斜平面内将发生杆件绕最小主轴失稳的情形，两端节点具有弱于平面内的嵌固作用；因此，可取腹杆斜平面内的计算长度 $l_0 = 0.9l$。

屋架弦杆和单系腹杆的计算长度详见表 5-1。

屋架弦杆和单系腹杆的计算长度 l_0 表 5-1

序号	弯曲方向	弦杆	腹杆		
			支座斜杆和腹杆	其他腹杆	
				有节点板	无节点板
1	在屋架平面内	l	$0.8l$	l	l
2	在屋架平面处	l_1	l	l	l
3	在斜平面内	—	l	$0.9l$	l

（2）屋架杆件截面形式

屋架杆件截面形式应用料经济、连接构造简单并满足必要的强度、刚度要求。屋架各杆宜使两主轴方向具有等稳定性，即 $\lambda_x \approx \lambda_y$，截面板应肢宽壁薄，回转半径较大。普通钢屋架主要采用双等肢和不等肢角钢组成的 T 形截面，个别截面采用双等肢角钢十字形截面；支撑和轻型屋架的某些杆件可用单角钢截面。屋架角钢组合截面形式的具体要求如下：

1）上弦杆：可用双不等肢角钢短边相并的 T 形截面，宽大翼缘有利于放置檩条或屋面板；较大的侧向刚度也有利于满足运输和吊装的稳定要求。在一般支撑布置下，$l_{0y} = 2l_0$；为满足 $\lambda_x = \lambda_y$，应使 $i_y = 2i_x$。当有节间荷载时，为提高杆件截面平面内抗弯能力，宜采用双等肢角钢或长边相并的两不等肢角钢 T 形截面。

2）下弦杆：多采用双等肢角钢或两不等肢角钢短肢相并的 T 形截面，以提高侧向刚度，利于满足运输、吊装的刚度要求，且便于与支撑侧面连接。下弦杆截面主要由强度条件决定，尚应满足容许长细比的要求。

3）端斜腹杆：可采用两不等肢角钢长边相并的 T 形截面。其计算长度 $l_{0y} = l_{0x} = l$，$i_y/i_x = 0.9$。当杆件短或内力小时可采用双等肢角钢 T 形截面。

4）其他腹杆：均宜采用双等肢角钢 T 形截面；竖杆可采用双等肢十字形截面，以利于与垂直支撑连接和防止吊装时连接面错位。

（3）垫板和节点板

1）垫板：采用双肢 T 形或十字形组合截面时，为保证双角钢整体受力，两角钢间每隔一定距离放置垫板，十字形截面垫板应纵横交替放置，垫板宽度一般取 $50\sim80\mathrm{mm}$，对于垫板长度 T 形截面应比角钢肢宽大 $20\sim30\mathrm{mm}$；十字形截面应从角钢肢尖缩进 $10\sim15\mathrm{mm}$，便于施焊。角钢与垫板常用 5mm 侧焊缝或围焊缝连接，板厚同节点板。填板间距 l_d，压杆取 $l_\mathrm{d}\leqslant40i$，拉杆取 $l_\mathrm{d}\leqslant80i$，对 T 形截面，i 为角钢对平行于垫板自身形心轴的回转半径；对十字形截面，i 为角钢的最小回转半径。对于垫板数在压杆的两个侧向固定点间不宜少于两块（图 5-7）。

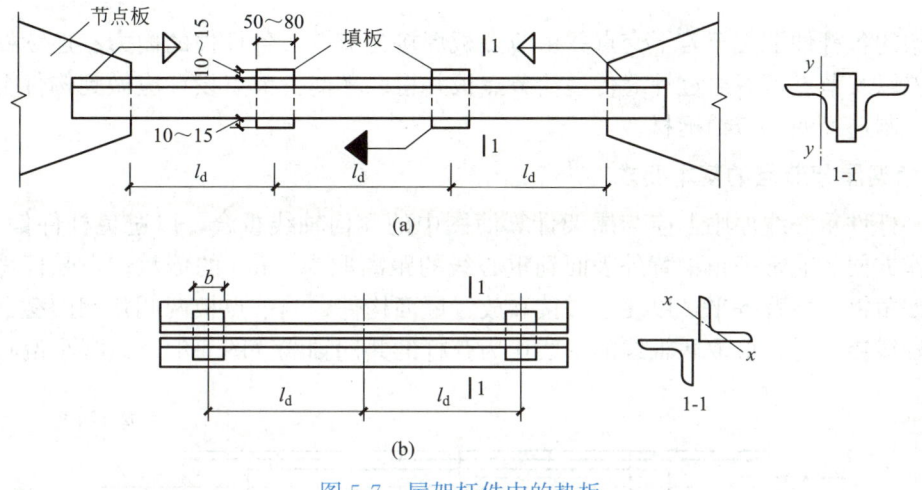

图 5-7　屋架杆件中的垫板

（a）T 形截面杆；（b）十字形截面杆

2）节点板：普通钢屋架双角钢截面的杆件，在节点处用节点板连接。节点板中的应力复杂，通常不作计算，根据工程经验确定其厚度。普通钢屋架节点板厚度可按表 5-2 选用。

屋架节点板厚度选用参考值　　　　　　　　　　　　　　表 5-2

梯屋架腹杆或三角屋架弦杆最大内力 $F_{\max}(\mathrm{kN})$	Q235 钢	<150	$160\sim259$	$260\sim409$	$410\sim559$	$560\sim759$	$760\sim950$
	16Mn 钢	≤200	$210\sim300$	$310\sim450$	$460\sim600$	$610\sim800$	$810\sim1000$
中间节点板厚度 $\delta(\mathrm{mm})$		6	8	10	12	14	16
支座节点板厚度 $\delta(\mathrm{mm})$		8	10	12	14	16	18

（4）屋架杆件的截面选择

1）截面选择的一般要求：应优先选用肢宽壁薄的角钢，角钢规格不宜小于∟45×4 或∟$56\times36\times4$，有螺栓孔的角钢应满足角钢上螺栓的最小容许间距的要求；屋架的弦杆一般采用等截面，若采用变截面宜在节点处改变宽度而保持厚度不变，一般只改变一次，同一屋架的角钢规格应尽量统一，不宜超过 $6\sim9$ 种，边宽相同的角钢厚度相差至少 2mm，以便识别。

2）截面计算：轴心受拉杆件应按强度计算净截面面积 $A_\mathrm{n}=F/f$；轴心受压杆件应按整体稳定性计算毛截面面积 $A=F/(\varphi f)$；当上、下弦杆承受节间荷载时，杆件同时承受轴向力和局部弯矩作用，应按压弯或拉弯构件计算，通常采用试算法初估截面，然后再验算其强度和刚度，对压弯构件尚应验算弯矩作用平面内和平面外的稳定性。内力很小或按构造设置的杆件，可按容许长细比选择构件的截面。首先计算截面所需的回转半径，$i_x = l_{0x}/[\lambda]$，$i_y = l_{0y}/[\lambda]$ 或 $i_{min} = l_0/[\lambda]$，再根据所需的 i_x、i_y、i_{min}，查角钢规格表选择角钢，确定截面。

5.1.3　钢屋架的节点构造

屋架的各杆件汇交于若干交点并由节点板焊接为节点，各杆件的内力、连续杆件两侧的内力差以及节点荷载通过焊缝传递给节点板并得以平衡。节点设计应做到构件合理、连接可靠、制造简便、节约钢材。

1. 角钢屋架节点的基本要求

（1）杆件重心线原则上应与屋架计算简图中的几何轴线重合，以避免杆件偏心受力，但为制作方便，通常把角钢背外表面到重心线的距离取为 5mm 的倍数；当弦杆截面改变时，应使角钢的肢背齐平，以便于拼接和放置屋面构件；当节点板两侧角钢因截面变化引起形心轴线错开时，应取两轴线的中线作为弦杆的共同轴线（图 5-8），以减小偏心影响。

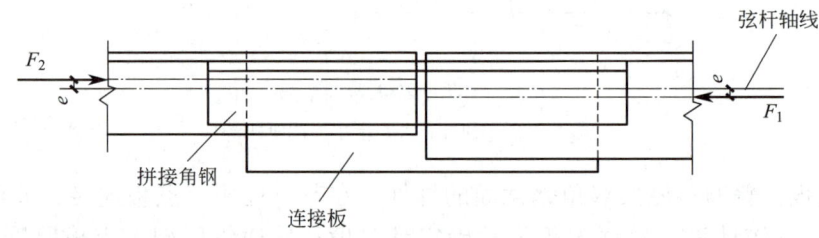

图 5-8　弦杆截面改变时的轴线位置

（2）节点板处弦杆与腹杆或腹杆与腹杆之间应留有大于等于 20mm 的空隙，以利于拼接和施焊，且避免因焊缝过于密集导致节点板钢材变脆。

（3）角钢端部的切割一般应与轴线垂直，为了减小节点板尺寸，可将其一肢斜切，但不得采用将一肢完全切割的斜切（图 5-9）。

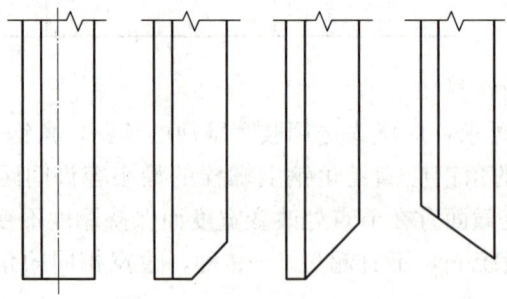

图 5-9　角钢的切割

（4）节点板形状应力求简单规整，尽量减小切割边数，宜用矩形、双直角梯形或平行四边形。节点板不许有凹角，以防产生严重的应力集中，节点板边缘与杆件轴线间的夹角

α 不宜小于 15°，节点板外形应尽量使焊缝中心受力。节点板应伸出上弦杆角钢肢背 10～15mm，以便施焊；也可将节点板缩进弦杆角钢肢背 5～10mm，称为塞焊缝连接。

2. 节点构造

节点设计首先应按各杆件的截面形式确定节点的构造形式，根据腹板内力确定连接焊缝的焊脚尺寸和焊缝长度，然后，按所需的焊缝长度和杆件之间的空隙，适当考虑制造装配误差，确定节点板的合理形状和尺寸，最后验算弦杆和节点板的连接焊缝。杆件与节点板的连接常采用角焊缝，角钢杆件采用角钢背和角钢尖部位的侧焊缝连接，必要时也可采用三面围焊或 L 形围焊。下面分别说明各类节点的构造和计算方法。

（1）一般节点

一般节点是指无集中荷载和无弦杆拼接的节点，如屋架下弦中间节点（图 5-10），各杆件通过角焊缝将内力 F_1、F_2、F_3、F_4 和 $\Delta F = F_1 - F_2$ 传递给节点板，并互相平衡。

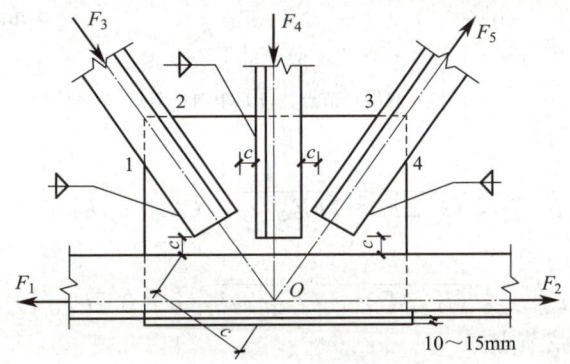

图 5-10　屋架下弦中间节点

一般节点设计可先按比例尺画出各杆件在节点处的轴线；然后，按定位尺寸画出各杆件角钢轮廓线 i，根据杆件间净距 $c = 20\text{mm}$ 的要求，确定杆端到交点的距离。

节点板夹在各杆两角钢之间，下边伸出肢背 10～15mm。用直角焊缝与下弦杆焊接，因下弦杆内力差 $\Delta F = F_1 - F_2$ 很小，计算所需焊缝长度较短，故一般按构造要求将焊缝沿节点板全长满焊即可。腹杆与节点板连接的焊缝长度较短，可先假定较小的焊脚尺寸 h_f；肢尖处小于肢厚，肢背处可等于肢厚。再计算出一个角钢肢背焊缝长度 l_{w1} 和肢尖焊缝长度 l_{w2}。

$$l_{w1} \geqslant k_1 F_1 / (1.4 h_f / f_f^w) \tag{5-4a}$$

$$l_{w2} \geqslant k_2 F_2 / (1.4 h_f / f_f^w) \tag{5-4b}$$

式中 F_i 为第 i 根腹杆的轴心力设计值；h_f 为角焊缝的焊脚尺寸；k_1、k_2 分别为角钢肢背与肢尖的焊缝内力分配系数。

（2）有集中荷载的上弦节点

有集中荷载的上弦节点，可分为无檩屋架的上弦节点和有檩屋架的上弦节点。

1）无檩屋架的上弦节点

无檩屋架的上弦杆一般坡度较小，节点承受大型屋面板传来的集中荷载 F_a 和弦杆内力差 ΔF 的作用，且 F_a 与 ΔF 接近垂直作用，通常焊缝长且偏心小，ΔF 的偏心影响可忽略（图 5-11）。节点板伸出弦杆角钢肢背 10～15mm，此时，弦杆每一角钢的肢背和肢尖所需要的焊缝长度可按式（5-5）验算。

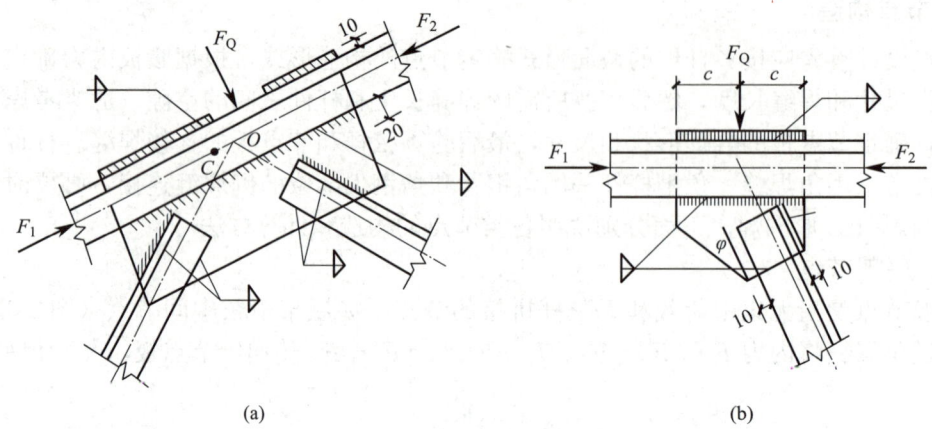

图 5-11　无屋架的上弦节点

（a）双斜杆节点；（b）单斜杆节点

肢背焊缝长度

$$l_{w1} \geqslant \sqrt{(k_1 \Delta F)^2 + (F_Q/2)^2}/(2 \times 0.7 h_{f1} f_f^2) \qquad (5\text{-}5a)$$

肢尖焊缝长度

$$l_{w2} \geqslant \sqrt{(K_2 \Delta F)^2 + (F_Q/2)^2}/(2 \times 0.7 h_{f2} f_f^2) \qquad (5\text{-}5b)$$

2）有檩屋架的上弦节点

有檩屋架的上弦杆一般坡度较大（图 5-12），节点板与弦杆焊缝受有内力差 ΔF 和集中荷载 F_Q，且受有偏心弯矩 $M = \Delta F e_1 + F_Q e_2$，为放置檩条，常将节点板缩进弦杆角钢肢背内约 $0.6t$，t 为节点板厚度，这种塞焊缝 A 不易施焊，质量难以保证。弦杆角钢肢尖处仍采用一般侧面角焊缝。焊缝计算可采用以下近似方法：

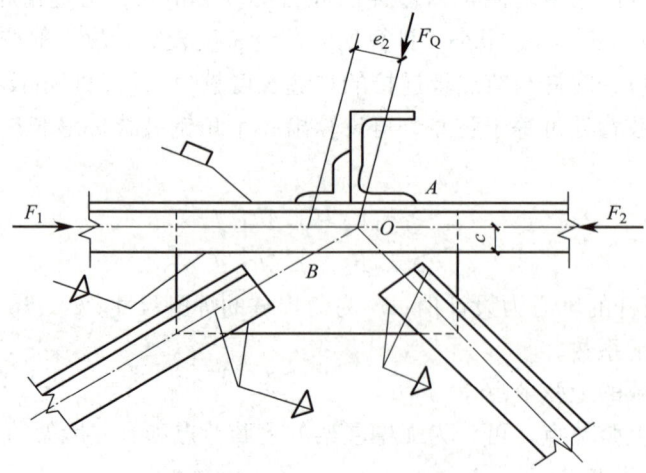

图 5-12　无檩屋架的上弦节点

（a）双斜杆节点；（b）单斜杆节点

塞焊缝可视为两条焊角尺寸为 $h_{f1} = t/2$ 的角焊缝,且其仅均匀地承受力 F_Q 的作用,可按式(5-6)计算:

$$\sigma_{f1} = \frac{F_Q}{2 \times 0.7 h_{f1} l_{w1}} \leqslant f_t^w \tag{5-6}$$

因内力较小,σ_n 总能满足要求,实际设计中,将塞焊缝沿节点板全长满焊,可不验算。角钢肢尖焊缝 B 承受弦杆内力差 ΔF 和偏心弯矩 $M = \Delta F_{e1} + F_{Qe2}$ 为弦杆轴线到角钢肢尖的距离;e_2 为集中荷载 F_Q 与焊缝 B 的偏心距。ΔF 在焊缝 B 中产生平均剪切应力,M 在焊缝 B 中产生弯曲应力,焊缝两端综合应力值最大,故该焊缝可按下式计算:

$$\tau_合 = \sqrt{\left(\frac{\Delta F}{2 \times 0.7 h_{f2} l_{w2}}\right)^2 \times \left(\frac{6M}{\beta_f \times 2 \times 0.7 h_{f2} l_{w2}}\right)^2} \tag{5-7}$$

3)屋架弦杆的拼接节点

屋架弦杆的拼接分为工厂拼接和工地拼接两种(图 5-13)。工厂拼接节点在角钢长度不足或截面改变时采用,设在内力较小的节间,并使接头处保持相同的强度和刚度。工地拼接节点在屋架分段制造和运输时采用,且常设在节点处。常通过安装螺栓定位和夹紧方式拼接弦杆,然后再施焊。连接角钢竖肢应切去的宽度为 $\Delta = t + h_f + 5mm$,t 为角钢的厚度,h_f 为拼接角焊缝厚度,5mm 为裕量。割棱切肢引起的截面削弱不宜超过原截面的15%,并由节点板和填板补偿。

钢屋架常在工厂制成两部分,运到工地拼接后再安装就位。工厂制造时节点板和中央竖杆属于左半屋架,焊缝在车间施焊;节点板与右方杆件的焊缝为工地施焊,也称为安装焊缝。拼接角钢为独立零件,左、右两部分屋架工地拼接后,再将拼接角钢与左右两半榀屋架的弦杆角焊接。为便于安装就位,节点板与右方腹杆间应设一个安装螺栓连接;拼接角钢与左、右弦杆间至少应设两个安装螺栓固定夹紧。屋脊节点处的拼接角钢应采用热弯成形,当屋面坡度较大时,可将竖肢切口后冷弯成形,切口处应采用对焊连接。拼接角钢的长度可按所需连接焊缝的长度确定。

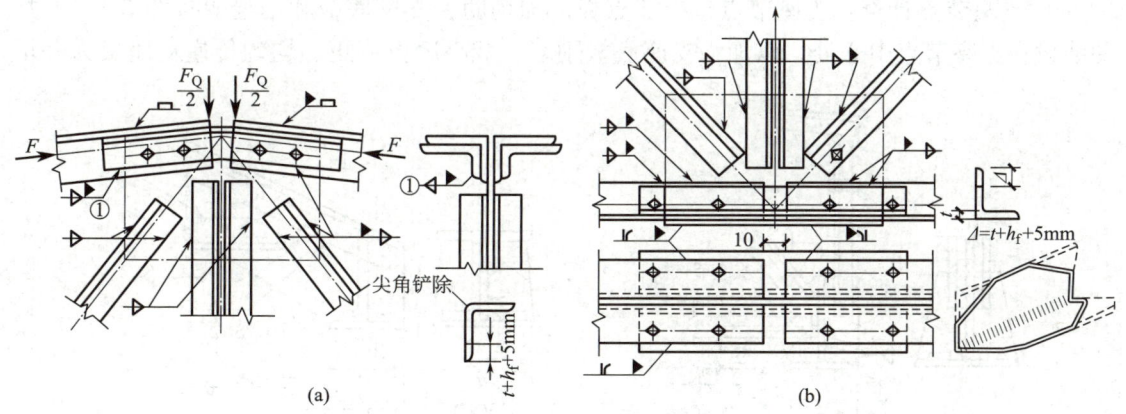

图 5-13 屋架弦杆拼接节点
(a)下弦中央节点;(b)屋脊节点

a. 弦杆与连接角钢连接焊缝的计算:按等强度原则,取两侧弦杆内力的较小值,或偏安全地取弦杆截面承载能力 $F = fA$,并假定该内力平均分配于拼接角钢肢尖的四条焊缝上，则弦杆拼接焊缝一侧的每条焊缝所需长度为：

$$l_w = \frac{F}{4 \times 0.7 h_f f_f^w} \tag{5-8}$$

b. 下弦杆与节点板间连接焊缝的计算：内力较大一侧弦杆与节点板的连接按节点两侧弦杆内力差 $\Delta F = F_1 - F_2$ 计算；当两侧弦杆内力相等，即 $\Delta F = 0$ 时，按两弦杆较大内力的 15%，即 $0.15F_{max}$ 计算：

$$\tau_f = \frac{k \Delta F}{2 \times 0.7 h_f l_w} \leqslant f_f^w \tag{5-9a}$$

$$\tau_f = \frac{k \times 0.5 F_{max}}{2 \times 0.7 h_f l_w} \leqslant f_f^w \tag{5-9b}$$

式中 k 为角钢背或角钢尖内力分配系数 k_1 或 k_2，内力较小一侧弦杆与节点板连接焊缝不受力，应按构造满焊。

c. 上弦杆与节点板间连接焊缝的计算：上弦杆截面由稳定计算确定，因此拼接角钢的削弱并不影响其承载力。对一般上弦拼接节点，上弦杆与节点板间的焊缝可根据集中力 F_Q 计算；屋脊节点处则需承受接头两侧弦杆的竖向分力及节点荷载 F_Q 的合力，节点处上弦杆与节点板间的连接焊缝共有 6 条，每条焊缝的长度可按式（5-10）计算。

$$l_w = \frac{F_Q - 0.2 F \sin\alpha}{8 \times 0.7 h_f l_f^w} + 10\text{mm} \tag{5-10}$$

式中 α 为上弦杆水平夹角；F_Q 为节点集中荷载。

由屋脊节点的平衡条件可知 $F_Q - 0.2 F \sin\alpha = F_D$，$F_D$ 为竖杆中内力，故式（5-10）按内力计算更为简便。上弦杆有水平分力，应由拼接角钢传递。

连接角钢的长度应为 $l = 2l_w + 10\text{mm}$，10mm 为空隙尺寸。考虑到拼接节点的刚度要求，l 尚不小于 400~600mm。如果连接角钢截面的削弱超过受拉下弦截面的 15%，宜采用比受拉弦杆厚一级的连接角钢，以免增加节点板的负担。

d. 支座节点计算：支座节点包括节点板、加劲肋、支座底板和锚栓等（图 5-14）。加劲肋设在支座节点中心处，以加强支座底板刚度、减小底板弯矩、均匀传递支座反力并增

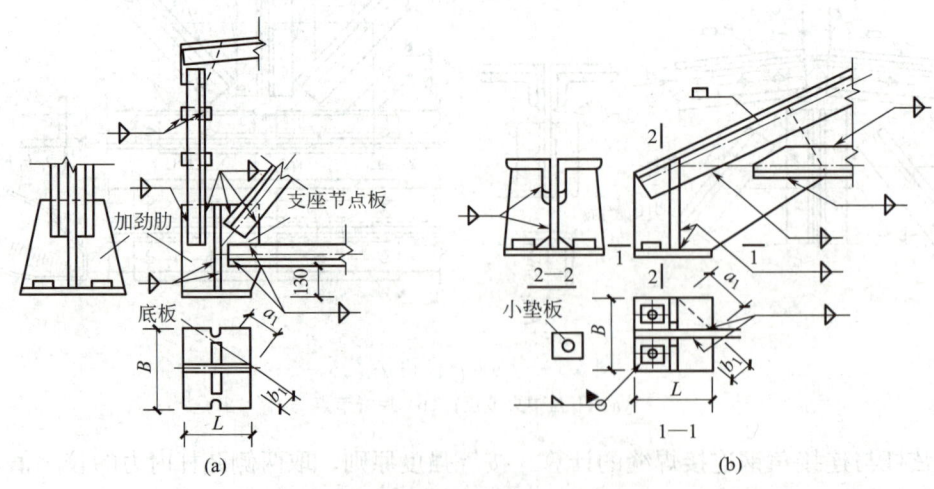

图 5-14　屋架支座节点

强节点板侧向刚度；支座底板的作用是增加支座节点与混凝土柱顶的接触面积，把节点板和加劲肋传来的支座反力均匀地传递到柱顶上；锚栓应预埋于柱顶，直径 $d=20\sim25\mathrm{mm}$，为便于调整支座位置，底板上的锚栓孔直径取锚栓直径的 $2.0\sim2.5$ 倍，开成椭圆豁孔，垫板厚度与底板相同，孔径稍大于锚栓直径，屋架安装就位、调整正确后，将垫板与底板焊牢。

节点板及与其垂直焊接的加劲肋均焊于底板上，将底板分隔为四个相同的两邻边支承的区格。传力路线是：杆件内力通过焊缝传给节点板，经节点板和加劲肋传给底板，最后传给柱子。因此，支座节点的计算应包括底板、加劲肋及其焊缝和底板焊缝计算。支座底板所需净面积为：

$$A_\mathrm{n}=F/f_\mathrm{e} \tag{5-11}$$

式中 F 为屋架支座反力；f_e 为底板下混凝土的抗压强度设计值；A_n 为底板净截面积。

考虑到开锚栓孔的构造，底板短边尺寸不小于 $200\mathrm{mm}$。底板厚度 t 按式（5-12）计算：

$$t\geqslant\sqrt{6M/f} \tag{5-12}$$

式中 M 为两边为直角支承板时，单位板宽的最大弯矩为 $M=\beta qa_1^2$；q 为底板单位板宽承受的计算线荷载；a_1 为自由边长度；β 为系数。

底板一般不小于 $16\mathrm{mm}$，加劲肋的厚度可与节点板相同，对梯形屋架，高度由节点板尺寸决定，对三角形屋架，支座节点加劲肋应紧靠上弦杆角钢水平肢并焊接。

加劲肋可视为支承于节点板的悬臂梁，每个加劲肋按承受 1/4 支座反力考虑，偏心距可近似取支承加劲肋下端 $b/2$ 宽度，则每条加劲肋与节点板的连接焊缝承受的剪力为 $F_\mathrm{v}=F_\mathrm{R}/4$，弯矩为 $M=\dfrac{F_\mathrm{R}}{4}\times\dfrac{b}{2}=\dfrac{F_\mathrm{R}b}{8}$，按角焊缝强度条件验算：

$$\sqrt{\left(\frac{6M}{\beta_\mathrm{f}\times2\times0.7h_\mathrm{f}l_\mathrm{w}^2}\right)^2+\left(\frac{F_\mathrm{v}}{2\times0.7h_\mathrm{f}l_\mathrm{w}}\right)^2}\leqslant f_\mathrm{f}^\mathrm{w} \tag{5-13}$$

加劲肋的强度验算按悬臂梁计算，内力为 M、F_v。节点板、加劲肋和底板连接的水平焊缝按全部支承反力 F_R 计算。总焊缝长度应满足以下强度条件：

$$\sigma_\mathrm{f}=\frac{F_\mathrm{R}}{\beta_\mathrm{f}\times0.7h_\mathrm{f}\sum l_\mathrm{w}}\leqslant f_\mathrm{t}^\mathrm{w} \tag{5-14}$$

式中 $\sum l_\mathrm{w}$ 为水平焊缝总长度，应考虑加劲肋切角及每条焊缝从实际长度中减去 $10\mathrm{mm}$。

屋架和钢柱的连接多采用刚接形式，其构造如图 5-14 所示，除传递屋架的支座反力 F_R 外，还传递弯矩 M，计算方法可参考梁柱的刚性连接计算。

5.1.4　屋盖支撑

仅用大型屋面板或檩条联系起来的、简支于柱顶的钢屋架是一种不稳定的几何可变体系，在荷载作用下或安装过程中，屋架可能向侧向倾倒，屋架上弦侧向支承点间距过大，也容易引起侧向失稳破坏。为使屋架形成稳定的空间结构体系，则需在相邻两屋架之间设置上弦横向支撑、下弦横向支撑和垂直支撑，其余屋架则由檩条、大型屋面板和系杆在纵向连接，从而构成稳定的几何不变体系（图 5-15）。

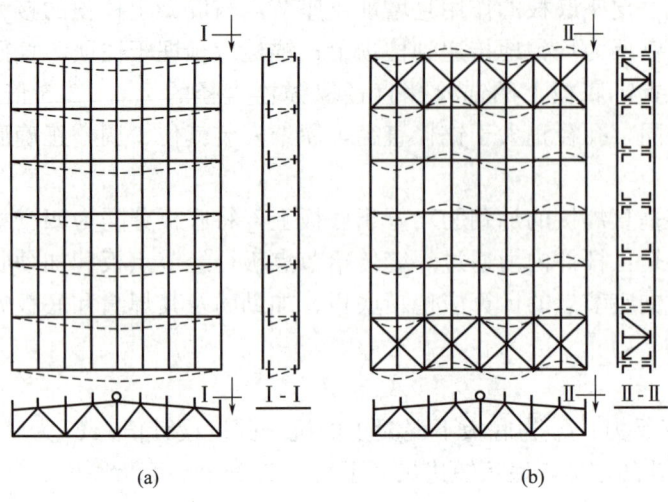

图 5-15 屋盖支撑作用示意图

（a）无支撑时；（b）有支撑时

1. 支撑的类型及布置

屋盖支撑的主要作用是承受屋盖在安装和使用过程中出现的纵向水平力，如山墙的水平风力、悬挂吊车的纵向水平制动力、安装时可能产生的垂直于屋架平面的水平力以及纵向地震作用等，保证屋架安装质量和安全施工。保证屋盖结构的空间整体性是屋盖支撑最重要的性能，支撑的布置及类型如下（图 5-16）：

（1）上弦横向水平支撑：一般设置在房屋两端或横向温度伸缩缝区段两端的第一或第二柱间，一般设在第一柱间，有时考虑与天窗架支撑配合，可设在第二柱间，横向支撑的间距不宜大于 60m，所以温度区段较长时，区段中间应增设支撑。大型屋面板应起横向支撑作用，但因工地施焊条件不能保证焊缝质量，故认为只起系杆作用，檩条也作系杆考虑。

（2）下弦横向水平支撑：一般和上弦横向水平支撑对应布置在同一柱间，形成稳定空间体系。主要作用是作为山墙抗风柱的上支点，承受由山墙传来的纵向风荷载。如设在第二柱间时，第一柱间内应设置刚性水平系杆。

（3）下弦纵向水平支撑：一般沿纵向设置在屋架下弦两端节间，与下弦横向水平支撑形成封闭体系，加强房屋整体刚度，将局部荷载分散至相邻框架。纵向水平支撑一般在设有托架、大吨位吊车、较大振动设备以及房屋较高、跨度较大时采用，满足侧向稳定和侧向刚度的要求。

（4）垂直支撑：在相邻两屋架间和天窗架间设置与上、下弦横向水平支撑相对应的垂直支撑，确保屋盖结构为几何不变体系。垂直支撑一般设置在上、下弦横向支撑的柱间、屋架两端及跨中的竖直面内；梯形屋架跨度 $l \leqslant 30m$、三角形屋架跨度 $l \leqslant 24m$ 时，可仅在屋架跨中设置一道垂直支撑；梯形屋架 $l > 30m$、三角形屋架 $l > 24m$ 时，宜在跨中 1/3 处或天窗架侧柱处设置两道垂直支撑；对梯形屋架两侧边应各增设一道垂直支撑；天窗架垂直支撑设于两侧，当宽度不小于 12m，还应在中央增设一道垂直支撑。

（5）系杆：对未设置横向支撑的屋架，均应在有垂直支撑的位置，沿房屋纵向通长设

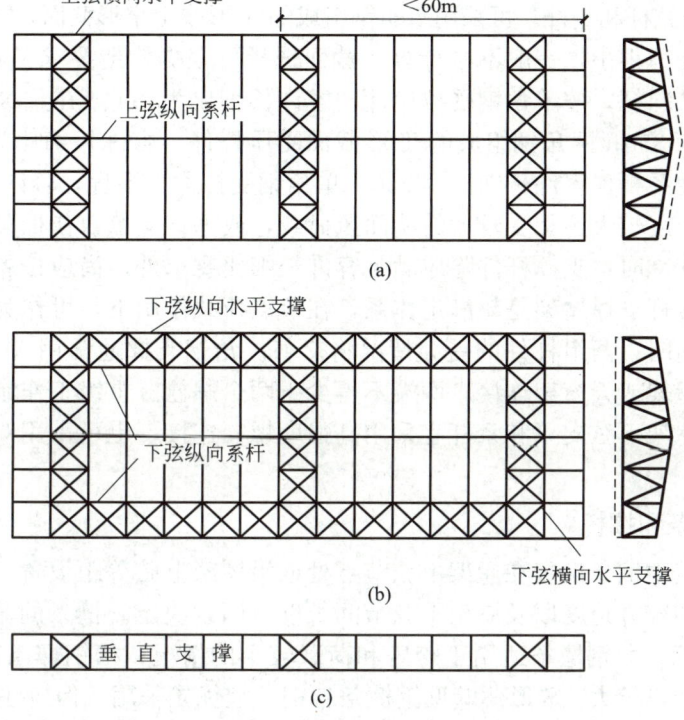

图 5-16 · 屋盖支撑布置示意图

(a)上弦横向水平支撑及上弦纵向系杆平面布置；(b)下弦横向和纵向水平支撑及下弦纵向系杆平面布置；

(c)屋架垂直支撑剖面图

置系杆，以保证不设横向支撑屋架的侧向稳定。系杆有两种：承受压力的截面较大的系杆称为刚性系杆，多由双角钢组成；只承受拉力的截面较小的系杆称为柔性系杆，多由单角钢组成。

上弦系杆：有檩体系的檩条可兼作柔性系杆；无檩体系的大型屋面板可兼作系杆，仅需在屋脊及屋架两端设置刚性系杆，无天窗时，应在设置垂直支撑的位置设置通长的柔性系杆。

下弦系杆：在设置垂直支撑的平面内，均应设置通长的柔性系杆；在梯形屋架及三角形屋架的支座处应设置通长的刚性系杆；若为混合结构，与屋架或柱顶拉结的圈梁可代替该系杆；芬克式屋架，当跨度不小于 18m 时，宜在主斜杆与下弦连接的节点处设置水平柔性系杆；有弯折下弦的屋架，宜在弯折点处设置通长系杆。

系杆应与横向支撑的节点相连。当横向水平支撑设在温度区段第二柱间时，第一柱间的所有系杆，包括檩条均应为刚性系杆。

2. 支撑的截面选择和连接构造

屋架的横向支撑和纵向支撑均由平行弦屋架组成。其腹杆通常采用十字交叉斜杆；屋架的弦杆兼为横向支撑屋架的弦杆；屋架的下弦杆又可视为纵向支撑屋架的竖杆；斜杆和弦杆的交角宜在 $30°\sim60°$ 之间，横向支撑节间距为屋架弦杆节间距的 $2\sim4$ 倍；纵向水平支撑的宽度取屋架下弦端节间宽度。

屋盖垂直支撑也视为平行弦屋架，可采用交叉腹杆或 V 形、W 形腹杆。支撑和系杆一般采用角钢：交叉斜杆或柔性系杆可用单角钢，按受拉构件设计；纵向支撑的弦杆、非交叉斜杆、垂直支撑的弦杆和竖杆，可采用双角钢组成的T形或十字形截面，按受压构件设计。

屋盖支撑的受力很小，一般不必计算。截面选择可根据构造要求和容许长细比确定。通常，凡十字交叉斜杆，按单角钢受拉设计，容许长细比为400，在重级工作制吊车厂房时，容许长细比为350；两角钢组成的T形截面受压杆件，容许长细比为200；十字形或T形截面受压刚性系杆，容许长细比为200；单角钢受拉柔性系杆，容许长细比为400。

当支撑屋架跨度较大、承受较大的墙面风荷载，或垂直支撑兼作檩条，或纵向水平支撑视为柱的弹性支承时，支撑杆件除应满足容许长细比要求外，尚应按屋架计算内力，选择截面。交叉斜腹杆支撑屋架是超静定体系，在节点荷载作用下，可作为单斜杆屋架体系分析，当荷载反向时，两组杆件的受力情况将交替。角钢支撑通常用M16～M20普通螺栓配合节点板与屋架或天窗架连接，两端不得少于两个螺栓。重级工作制吊车或有较大动力设备的房屋，屋架下弦支撑和系杆宜采用高强度螺栓连接，也可采用双螺母等防止螺栓松动的措施。

3. 檩条、拉条和撑杆

有檩体系屋盖中檩条设置在屋架上弦节点处或沿屋架上弦等距设置，檩条间距由屋面基层材料的规格和容许跨度以及屋架上弦节间长度等因素决定。檩条的截面常用槽钢、角钢和S形薄壁型钢，角钢檩条适用于跨度和荷载较小的情况；槽钢檩条制造和装运简便，应用普遍，但用钢量较大；S形薄壁型钢檩条省钢，宜优先采用，但应注意防锈。

檩条应与屋架上的檩托可靠连接，檩托由焊接在屋架上的短角钢制成，檩条与檩托一般用普通螺栓连接，槽钢檩条的槽口宜朝向屋脊以利于安装；角钢和S形薄壁型钢檩条的肢尖均应朝向屋脊。

拉条是设置在檩条之间的钢拉杆，拉条可作为檩条的侧向支撑点，用以减少檩条平行屋面方向的跨度，防止侧向变形和扭曲。拉杆的设置数量n，取决于檩条的跨度l，当$l=4\sim6m$时，宜取$n=1$；当$l>6m$时，宜取$n=2$。对于有天窗屋盖，尚应在天窗侧边两檩条间设置斜拉条和刚性撑杆；对采用S形薄壁型钢檩条的屋盖，需在槽口处增设斜拉条和撑杆；当无天窗时，与拉条相连接的两脊檩应在连接处互相联系。总之，应使拉条与其连接杆件形成几何不变的稳定体系。拉条可采用直径8～12mm的圆钢，撑杆应采用角钢并按容许长细比200选用截面。拉条应靠近檩条的上翼缘30～40mm，并用腹板两侧的螺母固定在檩条上；撑杆则用普通螺栓和焊在檩条上的角钢固定（图5-17）。

在屋面荷载q作用下，檩条截面分别受到q_x和q_y沿两主轴方向的作用，即檩条截面在两个主平面内产生双向弯曲和扭转，由于屋面和拉条的约束作用，可不考虑扭矩的影响，也不作整体稳定性验算。抗剪强度和局部承压强度一般也不必验算。檩条的抗弯强度计算应按双向弯曲梁考虑；其计算如前所述，即按式（5-15）计算。

$$\frac{M_x}{\gamma_x W_{nx}} + \frac{M_y}{\gamma_{ny}} \leqslant f \tag{5-15}$$

为保证屋面平整，檩条应有足够的刚度。檩条的刚度计算，一般只考虑垂直屋面方向的最大挠度，不超过容许挠度值$[w]$，对单跨简支槽钢檩条；

$$w = \frac{5}{385} \times \frac{q_y k l^4}{EI_x} \leqslant [w] \tag{5-16a}$$

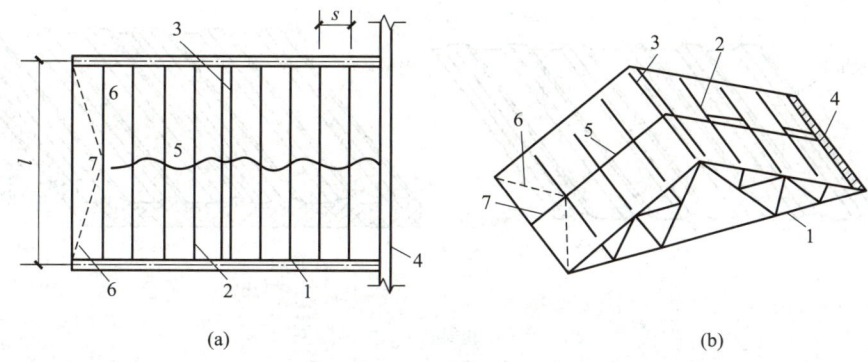

图 5-17　屋盖的檩条、拉条和撑杆的布置与构造

1—屋架；2—檩条；3—屋脊；4—屋梁；5—直拉条；6—斜拉条；7—撑杆

对单跨简支 S 形薄壁型钢檩条，近似为：

$$w = \frac{5}{385} \times \frac{qk\cos\alpha l^4}{EI_x} \leqslant [w] \tag{5-16b}$$

式中 I_x 为截面对垂直于腹板的 x_1 轴的惯性矩；$[w]$ 为容许挠度；α 为屋面坡度。

钢材是怎样炼成的？

炼钢主要是以高炉炼成的生铁和直接还原炼铁法炼成的海绵铁以及废钢为原料，用不同的方法炼成钢。主要的炼钢方法有转炉炼钢法、平炉炼钢法、电弧炉炼钢法 3 类。以上 3 种炼钢工艺可满足一般用户对钢质量的要求。为了生产更高质量、更多品种的高级钢，便出现了多种钢水炉外处理（又称炉外精炼）的方法。如吹氩处理、真空脱气、炉外脱硫等，对转炉、平炉、电弧炉炼出的钢水进行附加处理之后，都可以生产高级的钢种。对某些特殊用途，要求特高质量的钢，用炉外处理仍达不到要求，则要用特殊炼钢法炼制。如电渣重熔，是把转炉、平炉、电弧炉等冶炼的钢，铸造或锻压成为电极，通过熔渣电阻热进行二次重熔的精炼工艺；真空冶金，即在低于 1 个大气压直至超高真空条件下进行的冶金过程，包括金属及合金的冶炼、提纯、精炼、成型和处理。

钢液在炼钢炉中冶炼完成之后，必须经盛钢桶（钢包）注入铸模，凝固成一定形状的钢锭或钢坯才能进行再加工。钢锭浇铸可分为上铸法和下铸法。上铸钢锭一般内部结构较好，夹杂物较少，操作费用低；下铸钢锭表面质量良好，但因通过中注管和汤道，使钢中夹杂物增多。近年来，在铸锭方面出现了连续铸钢、压力浇铸和真空浇铸等新技术。

5.1.5　轻钢屋盖

1. 屋面板设计

（1）屋面板的材料和类型

门式刚架轻型房屋的屋面板主要有压型钢板（图 5-18a）和复合板（图 5-18b）两类。无论哪种形式，其主要受力部件均是压型钢板。

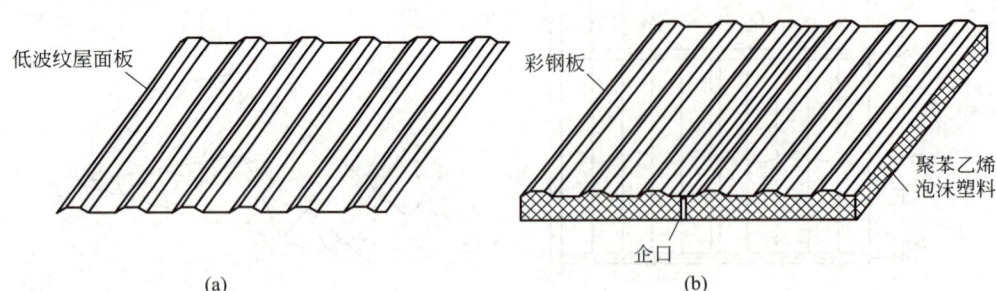

图 5-18　金属屋面板的类型

(a) 压型钢板；(b) 复合板

（2）屋面板的连接构造

屋面压型钢板需固定在檩条上方，方能可靠传递竖向荷载，并能阻止被风掀起。目前，金属屋面板主要采用扣合式连接（图 5-19a）或咬合式直立连接（图 5-19b）。这两种连接方式均避免直接在屋面板上开设孔眼，有效地避免了屋面漏水。扣合式连接方式主要是预先在檩条位置安装预制卡座，卡座侧壁翘起一对扣舌，扣舌形状与压型钢板波高侧壁凹槽形状匹配。屋面板安装时，先采用自攻螺钉将卡座与檩条可靠连接，再将压型钢板扣合在卡座上，使得卡座的扣舌刚好卡在压型钢板的凹槽内。屋面的竖向荷载可通过压型钢板与卡座之间的接触传递，在风吸力作用下，卡座扣舌与压型钢板凹槽的咬合可阻止屋面板的掀起。当压型钢板产生过大的弯曲变形后，会导致卡座的扣舌同压型钢板侧壁凹槽脱开，连接失效。咬合式直立连接仍需要与压型钢板配套的固定基座。基座分为底座和滑舌两部分，可采用自攻螺钉将底座安装在檩条上，利用专门的自动咬合机器将压型钢板边侧及滑舌做 180°咬合。这种连接方式可有效防止屋面板被风掀起。此外，屋面板还可随滑舌沿压型钢板纵向滑动，既可解决金属屋面板由于伸缩在固定支座处产生撕裂现象，又可释放由于温度变化导致围护结构出现的温度应力，避免对下部主体结构产生不利影响。

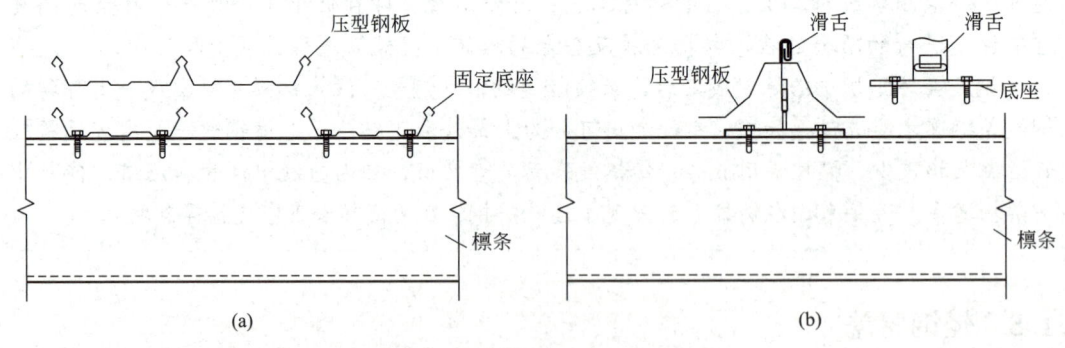

图 5-19　压型钢板的连接构造

(a) 扣合式连接；(b) 咬合式直立连接

（3）压型钢板的荷载

压型钢板作为墙面板时主要承受水平风荷载作用，荷载与荷载组合均比较简单。这里主要介绍压型钢板用作屋面板时的情况。

1）永久荷载

当屋面板采用单层压型钢板时，永久荷载仅为压型钢板自重；当屋面板采用复合板（中间设有玻璃棉或岩棉保温层）时，作用在下层压型钢板上的永久荷载除包含自重外，还应包含保温层及龙骨自重。

2）可变荷载

屋面压型钢板的可变荷载主要包含屋面均布活荷载、雪荷载、积灰荷载、风荷载和施工检修荷载。屋面均布活荷载的标准值按水平投影面积计算。不上人屋面，均布活荷载取 $0.5kN/m^2$，当承受荷载水平投影面积大于 $60m^2$ 时，均布活荷载可取不小于 $0.3kN/m^2$。

需要注意的是，屋面板属于门式刚架轻型房屋中的围护结构，计算风荷载所取的体型系数同计算刚架所取的体型系数不同。

屋面的施工及检修集中荷载，一般取 1kN，且作用在结构的最不利位置；当施工荷载有可能超过 1kN 时，应按实际情况采用。当屋面板按单槽口截面受弯构件设计时，考虑到相邻槽口的协同工作机理提高了压型钢板承受集中荷载的能力，需按下列方法将作用在一个波距上的集中荷载折算成板宽方向上的线荷载（图 5-20）。

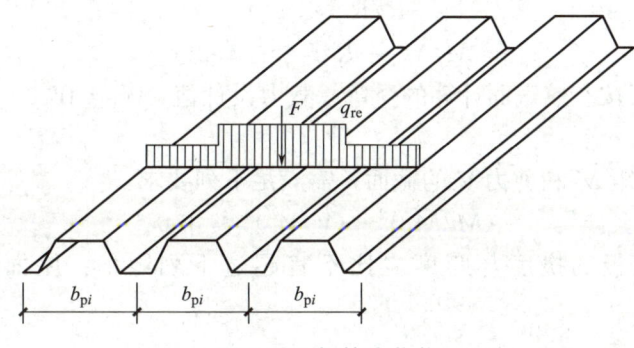

图 5-20　折算线荷载

$$q_{re} = \eta \frac{F}{b_{pi}} \tag{5-17}$$

式中 b_{pi} 为压型钢板的波距；F 为集中荷载；q_{re} 为折算均布荷载；η 为折算系数，由试验确定，无试验依据时，可取 0.5。

（4）压型钢板的荷载组合

进行压型钢板内力计算时，主要考虑以下两种荷载组合：

1）1.3×永久荷载＋1.5×max（屋面均布活荷载，雪荷载）；

2）1.3×永久荷载＋1.5×施工检修集中荷载换算值。

当需考虑风吸力对屋面板的受力影响时，永久荷载为有利因素，其荷载分项系数取1.0，应补充以下荷载组合：1.0×永久荷载＋1.0×风荷载（吸力）。

（5）压型钢板的强度及挠度

压型钢板的强度和挠度可取一个波距的单槽口有效截面，按受弯构件计算。内力计算时，可将檩条视为压型钢板的支座，按多跨连续梁考虑。

1）压型钢板腹板的抗剪计算：

$$V \leqslant V_u = ht\sin\theta\tau_{cr} \tag{5-18}$$

$$当 \frac{h}{t} < 100 \text{ 时}, \tau_{cr} = \frac{8550}{h/t} \leqslant f_v \tag{5-19a}$$

$$当 \frac{h}{t} \geqslant 100 \text{ 时}, \tau_{cr} = \frac{855000}{(h/t)^2} \tag{5-19b}$$

式中 V 为计算截面的剪力设计值；V_u 为腹板的受剪承载力设计值；τ_{cr} 为腹板的剪切屈曲临界剪应力；h/t 为腹板的高厚比，其中 h、t 分别为压型钢板的腹板斜高和厚度。

2）压型钢板支座处腹板的局部受压承载力计算：

$$R \leqslant R_w \tag{5-20}$$

$$R_w \leqslant \alpha t^2 \sqrt{fE} \left(0.5 + \sqrt{0.02 l_c/t}\right) \left[2.4 + (\theta/90)^2\right] \tag{5-21}$$

式中 R 为支座反力设计值；R_w 为腹板局部受压承载力设计值；α 为系数，中间支座取 0.12，端部支座取 0.06；t 为腹板厚度；l_c 为支座处压型钢板的实际支承长度，$100\text{mm} < l_c < 200\text{mm}$，端部支座可取 10mm；θ 为腹板倾角，$45° \leqslant \theta \leqslant 90°$。

3）支座处压型钢板同时承担弯矩 M 和反力 R 的截面，需满足下列要求：

$$M/M_u \leqslant 1.0 \tag{5-22}$$

$$R/R_w \leqslant 1.0 \tag{5-23}$$

$$M/M_u + R/R_w \leqslant 1.25 \tag{5-24}$$

式中 M_u 为压型钢板按有效截面计算的受弯承载力设计值，$M_u = W_e f$；W_e 为压型钢板的有效截面模量。

4）同时承担弯矩 M 和剪力 V 的截面，需满足下列要求：

$$(M/M_u)^2 + (V/V_u)^2 \leqslant 1.0 \tag{5-25}$$

5）屋面压型钢板的挠度与跨度之比不宜超过下列限值：屋面板 1/150，墙面板 1/100。

2. 檩条设计

（1）檩条的截面类型

轻型门式刚架房屋的屋面檩条主要有实腹式和桁架式两类，应优先选用实腹式构件。当柱距小于 9m 时，宜采用冷弯薄壁型钢檩条。冷弯薄壁型钢是在常温下将薄钢板弯折成所需形状，常用的截面有：C 形（槽形，图 5-21a）、带卷边的 C 形（带卷边槽形，图 5-21b）、Z 形、带卷边（垂直）Z 形（图 5-21c）、带卷边（倾斜）Z 形（图 5-21d）。C 形卷边檩条适用于屋面坡度 $i \leqslant 1/3$ 的情况，直卷边和带斜卷边的 Z 形檩条适用于屋面坡度 $i > 1/3$ 的情况。高频焊 H 型钢（图 5-21e）的板件厚度一般控制在 3~9mm，是一种轻型型钢截面。

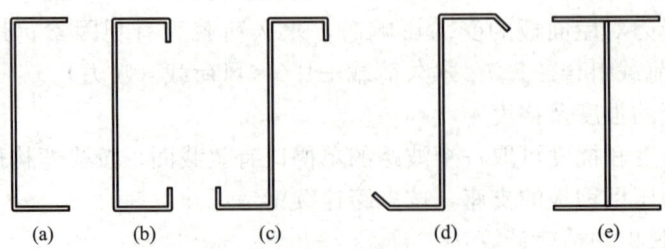

(a)　　　(b)　　　(c)　　　(d)　　　(e)

图 5-21　门式刚架轻型房屋的檩条

当屋面荷载较大或柱距大于9m时，还可采用桁架式檩条。常用桁架式檩条的截面形式主要有空腹式（图 5-22a）、平面桁架式（图 5-22b）和下撑式（图 5-22c）等。桁架式檩条主要由上弦、下弦及腹杆构成。上弦常采用角钢或钢管制作，下弦除可采用刚性杆件外，还可采用柔性的圆钢，下弦采用圆钢时，其腹杆必须能承受压力。桁架式檩条虽然用钢量低，但侧向刚度小，支座及连接构造复杂。

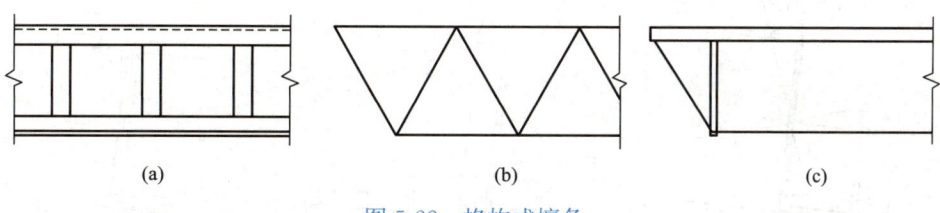

图 5-22　格构式檩条

（a）空腹式檩条；（b）平面桁架式檩条；（c）下撑式檩条

本节主要学习实腹式冷弯薄壁型钢檩条的设计。冷弯薄壁型钢檩条既可设计成简支构件，也可设计为连续构件。简支檩条在两相邻的刚架上简单支承，不传递弯矩，而连续檩条则需传递弯矩。

（2）檩条的荷载及荷载组合

屋面檩条所受到的荷载同压型钢板类似，永久荷载增加了檩条自重、拉条和撑杆重量以及悬挂物的自重。可变荷载主要考虑屋面均布活荷载、屋面雪荷载、积灰荷载、风荷载、施工及检修荷载。屋面均布活荷载不与雪荷载同时作用，积灰荷载与雪荷载或屋面均布活荷载两者中的较大值同时考虑，施工及检修荷载与屋面及檩条自重同时考虑。当门式刚架轻型房屋的屋面坡度 $i > 1/3$ 时，需考虑风的正压力。实际上，大部分门式刚架的屋面坡度均较小（$i \leqslant 1/3$），一般可不考虑风的正压力作用。当风荷载较大时，檩条设计须考虑向上的风吸力影响，在永久荷载同风荷载（吸力）的共同作用下檩条截面应力会出现反号现象，此时永久荷载有利，其荷载分项系数取 1.0。因此，屋面檩条设计时，主要考虑以下荷载组合：

1）1.3×永久荷载＋1.5×max（屋面均布活荷载，雪荷载）；

2）1.3×永久荷载＋1.5×max（屋面均布活荷载，雪荷载）＋0.6×1.5×风荷载（压力）；

3）1.3×永久荷载＋0.7×1.5×max（屋面均布活荷载，雪荷载）＋1.5×风荷载（压力）；

4）1.3×永久荷载＋1.5×施工检修集中荷载换算值；

5）1.0×永久荷载＋1.0×风荷载（吸力）。

（3）檩条设计

1）计算简图与构件内力

为便于排水，屋面均具有一定的坡度，门式刚架轻型房屋通常采用结构找坡方式实现。因此，设置在刚架梁上的檩条在垂直于地面的荷载（恒荷载、活荷载、雪荷载等）作用下，沿檩条截面的两个主轴方向均产生弯矩，属于双向受弯构件。在进行内力计算时，应将作用在檩条上的均布竖向荷载 q 沿截面形心主轴方向分解为 q_x、q_y，如图 5-23 所示。现以设置一道拉条的简支檩条为例，说明其内力计算过程。图 5-24 为简支檩条沿 y 轴、x 轴受力的计算简图。檩条在主轴 $y\text{-}y$ 平面的弯曲可视为受均布荷载 q_y 作用的单跨简支梁（图 5-24a）。由于沿主轴 $x\text{-}x$ 平面檩条的中间位置设置了一道拉条，拉条可视为中间支座，檩条即为两跨连续梁（图 5-24b）。需要说明的是，C 形或卷边 C 形檩条计算简图中所规定主轴平面与檩条的腹板平面平行，其荷载分量 q_x 指向下方的屋檐。但 Z 形或卷边 Z 形檩条计算简图中所规定的主轴平面与腹板平面并不平行，荷载分量 q_x 指向上方的屋脊。

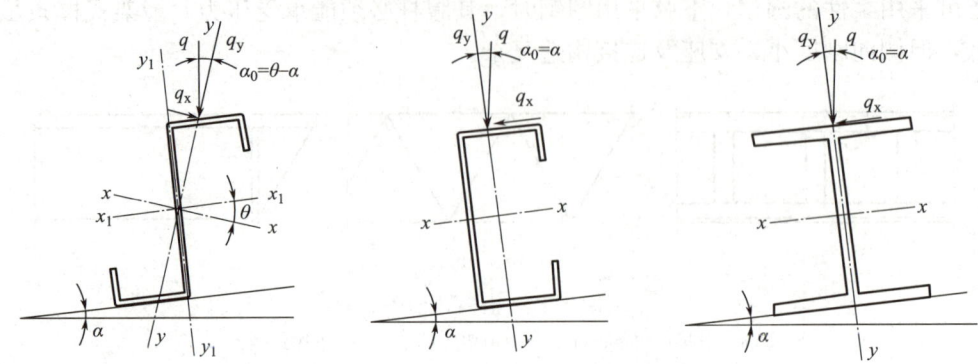

图 5-23　实腹式檩条截面主轴和荷载

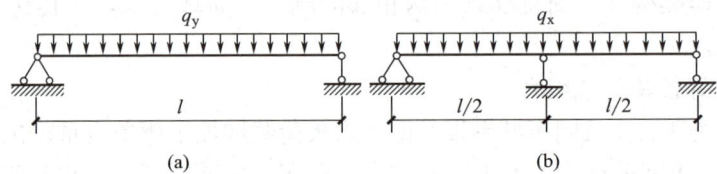

图 5-24　檩条的计算简图

（a）y-y 受力平面檩条计算简图；（b）x-x 受力平面檩条计算简图

2）强度计算

当屋面能阻止檩条侧向失稳和扭转时，檩条可按双向受弯构件验算其截面强度：

$$\sigma = \frac{M_x}{W_{enx}} + \frac{M_y}{W_{eny}} \leqslant f \tag{5-26}$$

式中 M_x、M_y 分别为计算截面绕 x、y 轴的弯矩，当绕 x、y 轴的弯矩最大值不在同一截面时，应分别对 M_x 最大值及其同一截面的 M_y 以及 M_y 最大值及其同一截面的 M_x 两种情况分别验算；W_{enx}、W_{eny} 分别为对两个截面形心主轴的有效净截面模量。

由于冷弯薄壁型钢构件允许利用板件的屈曲后强度，不同边缘支承板件的屈曲后性能不同。截面板件通常分为三类：加劲板件、部分加劲板件和非加劲板件。其中，加劲板件又称两边支承板件，如 C 形或 Z 形檩条的腹板；非加劲板件是一边支承、一边自由的板件，如无卷边的 C 形檩条的翼缘；部分加劲板件包括边缘加劲板件和中间加劲板件，边缘加劲板件是指一边支承、一边带卷边的板件，如卷边 C 形、Z 形檩条的翼缘，中间加劲板件是指两边支承且带中间加劲肋的板件，如用作屋面或墙面的压型钢板。以下以卷边 C 形檩条为例说明有效宽度及有效截面模量的计算过程，见图 5-25。

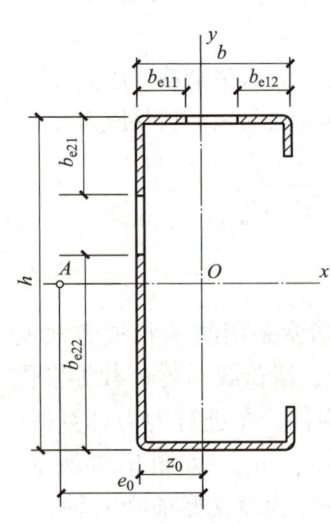

图 5-25　C 形卷边檩条的有效截面（斜线区域）

① 卷边的高厚比带加劲板件冷弯薄壁型钢中卷边的高厚比不宜大于12，卷边的最小高厚比应根据部分加劲板的宽厚比按表5-3确定。

卷边的最小高厚比   表 5-3

b/t	15	20	25	30	35	40	45	50	55	60
a/t	5.4	6.3	7.2	8.0	8.5	9.0	9.5	10.0	10.5	11.0

注：a—卷边的高度；b—带卷边板件的宽度；t—板厚。

② 受压板件或部分受压板件两边缘的压应力分布不均匀系数 ψ

$$\psi = \frac{\sigma_{\min}}{\sigma_{\max}} \tag{5-27}$$

式中 $\sigma_{\max}$ 为受压板件边缘的最大压应力，取正值；$\sigma_{\min}$ 为受压板件另一边缘的应力，以压应力为正，拉应力为负。

③ 受压板件的稳定系数 k

Ⅰ. 加劲板件

当 $1 \geqslant \psi > 0$ 时：

$$k = 7.8 - 8.15\psi + 4.35\psi^2 \tag{5-28a}$$

当 $0 \geqslant \psi > -1$ 时：

$$k = 7.8 - 6.29\psi + 9.78\psi^2 \tag{5-28b}$$

Ⅱ. 部分加劲板件

最大压应力作用于腹板侧的支承边（图 5-26a）：

当 $\psi \geqslant -1$ 时：

$$k = 5.89 - 11.59\psi + 3.68\psi^2 \tag{5-29}$$

最大压应力作用于卷边侧（图 5-26b）：

当 $\psi \geqslant -1$ 时：

$$k = 1.15 - 0.22\psi + 0.045\psi^2 \tag{5-30}$$

Ⅲ. 非加劲板件

最大压应力作用于腹板侧的支承边（图 5-26c）：

当 $1 \geqslant \psi > 0$ 时：

$$k = 1.7 - 3.025\psi + 1.75\psi^2 \tag{5-31a}$$

当 $0 \geqslant \psi > -0.4$ 时：

$$k = 1.7 - 1.75\psi + 55\psi^2 \tag{5-31b}$$

当 $-0.4 \geqslant \psi \geqslant -1$ 时：

$$k = 6.07 - 9.51\psi + 8.33\psi^2 \tag{5-31c}$$

最大压应力作用于自由边（图 5-26d）：

当 $\psi \geqslant -1$ 时：

$$k = 0.567 - 0.213\psi + 0.071\psi^2 \tag{5-32}$$

当 $\psi < -1$ 时，以上各式的 k 值按 $\psi = -1$ 的计算值采用。

④ 受压板件的板组约束系数 k_1

在确定受压板件的板组约束系数前，需先计算系数 ξ。

$$\xi = \frac{c}{b}\sqrt{\frac{k}{k_c}} \qquad (5\text{-}33)$$

式中 b 为计算板件的宽度；c 为与计算板件邻接的板件宽度，如果计算板件两边均有邻接板件，即计算板件为加劲板件时，取压应力较大一边的邻接板件的宽度；k 为计算板件的受压稳定系数；k_c 为邻接板件的受压稳定系数。

需要补充说明的是，如计算檩条受压翼缘板件的有效宽度，式（5-33）中 b、k 取翼缘板件的宽度和稳定系数，c、k_c 取腹板的高度和稳定系数，反之亦然。

$$\text{当 } \xi \leqslant 1.1 \text{ 时：} \quad k_1 = \frac{1}{\xi} \qquad (5\text{-}34a)$$

$$\text{当 } \xi > 1.1 \text{ 时：} \quad k_1 = 0.11 + \frac{0.93}{(\xi - 0.05)^2} \qquad (5\text{-}34b)$$

由公式（5-34）计算的受压板件的板组约束系数 k_1 有其上限值，加劲板件的 k_1 不超过 1.7，部分加劲板件的 k_1 不超过 2.4，非加劲板件 k_1 不超过 3.0。

⑤ 计算系数 α、ρ

$$\alpha = 1.15 - 0.15\psi, \quad \text{当 } \psi < 0 \text{ 时，取 } \alpha = 1.15 \qquad (5\text{-}35)$$

$$\rho = \sqrt{\frac{205 k_1 k}{\sigma_1}} \qquad (5\text{-}36)$$

式中 σ_1 为计算板件的最大压应力。

⑥ 板件的受压区宽度 b_c

$$\text{当 } \psi \geqslant 0 \text{ 时：} \qquad b_c = b \qquad (5\text{-}37a)$$

$$\text{当 } \psi < 0 \text{ 时：} \qquad b_c = \frac{b}{1 - \psi} \qquad (5\text{-}37b)$$

⑦ 板件的有效宽度 b_e

$$\text{当 } b/t \leqslant 18\alpha\rho \text{ 时：} \qquad b_e = b_c \qquad (5\text{-}38a)$$

$$\text{当 } 18\alpha\rho < b/t < 38\alpha\rho \text{ 时：} \quad b_e = \left(\sqrt{\frac{21.8\alpha\rho}{b/t}} - 0.1 \right) b_c \qquad (5\text{-}38b)$$

$$\text{当 } b/t \geqslant 38\alpha\rho \text{ 时：} \qquad b_e = \frac{25\alpha\rho}{b/t} b_c \qquad (5\text{-}38c)$$

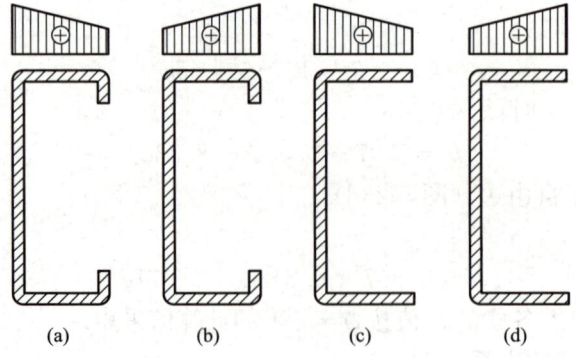

(a)   (b)   (c)   (d)

图 5-26 部分加劲板件和非加劲板件的应力分布示意

⑧ 有效宽度在板件上的分布

当按上述公式计算获得的板件有效宽度小于实际宽度时，意味着板件部分截面有效。受压板件的有效截面为图 5-26 中的斜线区域。

对于加劲板件：

当 $\psi \geqslant 0$ 时：
$$b_{e1} = \frac{2b_e}{5-\psi}, \quad b_{e2} = b_e - b_{e1} \tag{5-39a}$$

当 $\psi < 0$ 时：
$$b_{e1} = 0.4b_e, \quad b_{e2} = 0.6b_e \tag{5-39b}$$

对于部分加劲板件及非加劲板件有效宽度的分布按公式（5-39b）计算。

⑨ 确定冷弯薄壁型钢构件的有效截面，计算有效截面模量

需要注意的是，当冷弯薄壁型钢构件的翼缘宽厚比、卷边宽厚比满足特定条件时，截面全部有效。根据卷边槽钢、Z形钢的简化相关公式分析，得出截面全部有效的范围如下：

当 $h/b \leqslant 3.0$ 时：
$$\frac{b}{t} \leqslant 31\sqrt{205/f} \tag{5-40a}$$

当 $3.0 < h/b \leqslant 3.3$ 时：
$$\frac{b}{t} \leqslant 28.5\sqrt{205/f} \tag{5-40b}$$

3）整体稳定计算

当屋面不能有效阻止檩条的失稳和扭转时，还应按公式（5-41）计算整体稳定性：

$$\sigma = \frac{M_x}{\varphi_{bx}W_{ex}} + \frac{M_y}{W_{ey}} \leqslant f \tag{5-41}$$

$$\varphi_{bx} = \frac{4320Ah}{\lambda_y^2 W_x}\xi_1\left(\sqrt{\eta^2+\zeta}+\eta\right)\left(\frac{235}{f_y}\right) \tag{5-42}$$

$$\eta = 2\xi_2\frac{e_a}{h} \tag{5-43}$$

$$\xi = \frac{4I_w}{h^2 I_y} + \frac{0.156I_t}{I_y}\left(\frac{l_0}{h}\right)^2 \tag{5-44}$$

式中 W_{ex}、W_{ey} 为对两个截面形心主轴的有效截面模量；φ_{bx} 为檩条的受弯整体稳定系数；λ_y 为檩条在弯矩作用平面外的长细比；A 为檩条的毛截面面积；h 为檩条的截面高度；l_0 为檩条的侧向计算长度，$l_0 = \mu_b l$；μ_b 为檩条的侧向计算长度系数，按表 5-4 选用；l 为檩条的跨度；ξ_1、ξ_2 为系数，按表 5-4 选用；e_a 为横向荷载作用点到弯心的距离，当荷载方向指向弯心时取负值，否则取正值；W_x 为对 x 轴的受压边缘毛截面模量；I_y、I_t、I_w 分别为檩条绕截面 y 轴的毛截面惯性矩、扭转惯性矩和扇性惯性矩。

简支檩条整体稳定计算系数 ξ_1、ξ_2、μ_b　　　　表 5-4

系数	跨中无拉条	跨中一道拉条	跨中两道拉条
μ_b	1.0	0.5	0.33
ξ_1	1.13	1.35	1.37
ξ_2	0.46	0.14	0.06

在较大风吸力作用下，当屋面板能阻止檩条上翼缘的侧移和扭转时，受压下翼缘的稳定性应按《门式刚架规范》附录的相关规定计算。当屋面板不能阻止檩条上翼缘侧移和扭

转时，受压下翼缘的稳定性应按式（5-41）计算。当采用的可靠措施阻止了檩条的侧移和扭转时，檩条可仅根据式（5-26）按双向受弯构件进行强度验算。

（4）檩条支座、拉条及撑杆

冷弯薄壁型钢檩条可通过檩托与刚架梁连接（图 5-27a）。设置檩托可增强檩条的整体稳定性，阻止檩条端部截面倾覆或扭转。檩托通常采用角钢或钢板制作，高度为檩条高度的 3/4。檩托与檩条腹板之间采用普通螺栓连接，数量不少于 2 个，且沿檩条高度方向布置。安装就位的檩条下翼缘应与刚架梁上翼缘有 10mm 左右的距离，用于避开檩托与刚架梁上翼缘的连接焊缝，同时也为了避免檩条下翼缘的接触传力。Z 形连续檩条也可采用嵌套搭接方式，当有可靠依据时，可不设檩托，采用螺栓直接将 Z 形檩条翼缘连于刚架翼缘上（图 5-27b）。连续檩条的搭接长度 $2a$ 不宜小于 10% 的檩条跨度，嵌套搭接部分的檩条应采用普通螺栓连接。

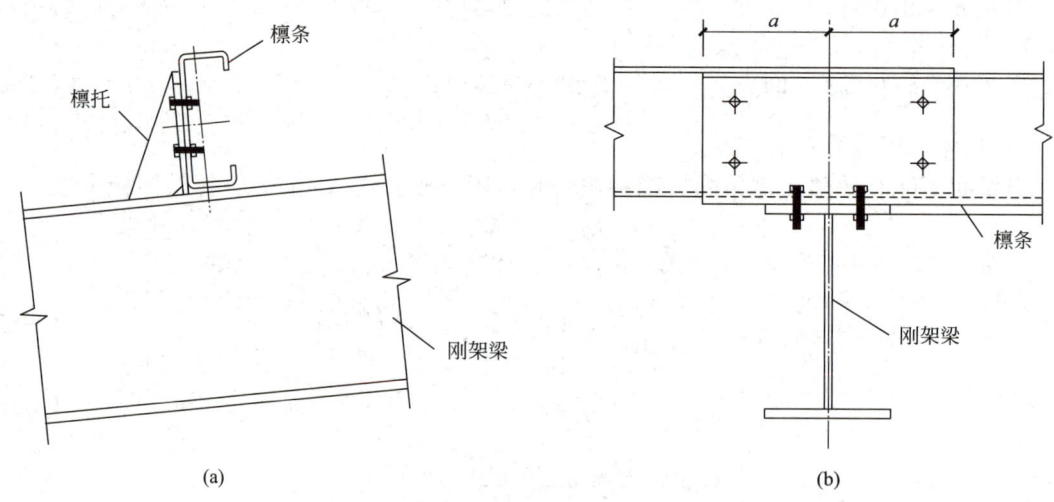

图 5-27　檩条与刚架梁的连接
（a）檩条与刚架梁的檩托连接；（b）连续檩条的搭接连接

在屋面荷载作用下，檩条同时产生弯曲和扭转。冷弯薄壁型钢截面的板件宽厚比较大，抗扭刚度较低。由于屋面坡度的影响，檩条腹板倾斜，扭转问题突出。当屋面承受较大的风吸力作用时，檩条下翼缘有可能受压。如果檩条下翼缘无可靠的侧向支撑，极易产生弯扭失稳。为阻止此类破坏，最有效的措施是设置拉条和撑杆（图 5-28）。

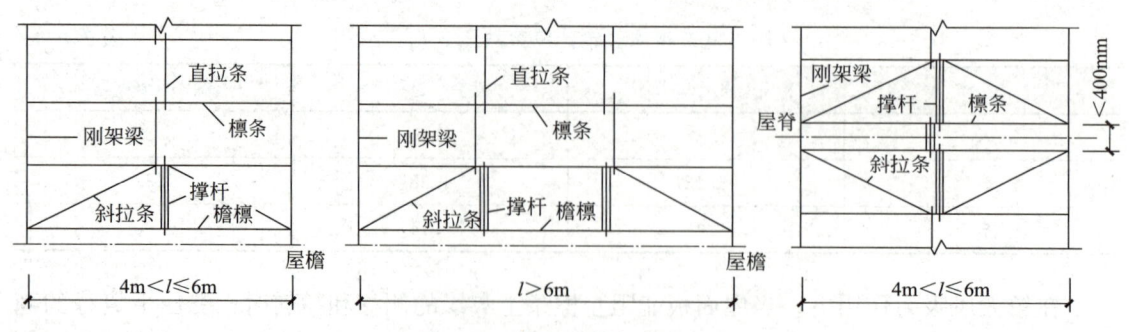

图 5-28　拉条和檩条的布置

当檩条跨度大于4m时，应在檩条跨中位置设拉条。当檩条跨度大于6m时，需在檩条跨度三分点位置处各设一道拉条。拉条的作用是阻止檩条侧向变形和扭转，并提供檩条弱轴方向的支承。拉条通常采用10mm以上直径的圆钢制作，在屋脊及檐口处，还需布置斜拉条和撑杆。撑杆可采用钢管、方钢或角钢制作，为方便连接，工程上将拉条和钢管配合安装（图5-29），即通过将拉条外部套圆钢管实现。通常撑杆截面可按压杆的刚度要求（$[\lambda]$≤200）选择。一般情况下，檩条上翼缘受压，拉条可设置在距离檩条上翼缘1/3高的腹板范围内（图5-30）。

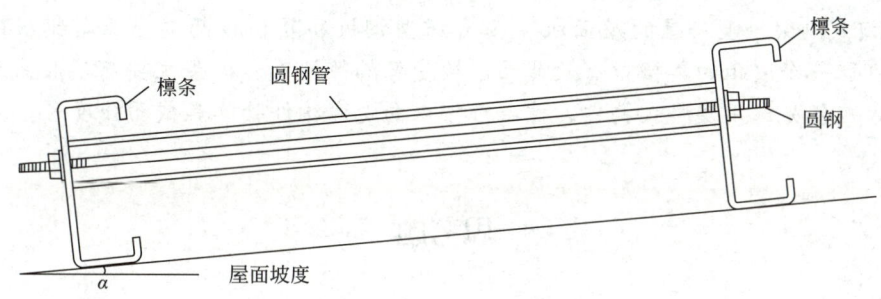

图5-29 撑杆的构造

当风吸力使得檩条下翼缘受压时，需要将拉条设置在檩条下翼缘附近。当屋面板采用自攻螺钉与檩条可靠连接时，考虑到屋面板的蒙皮效应，檩条上翼缘的侧向稳定性可由屋面板提供，可仅在檩条下翼缘附近设置拉条。对非自攻螺钉连接的屋面板或扣合式屋面板，需要在檩条上下翼缘附近设置双拉条。拉条、撑杆与檩条的连接构造见图5-30。工程上斜拉条与檩条的连接方式有两种：第一种连接方式需将斜拉条弯折，且弯折长度不宜超过15mm；第二种连接方式需设置斜垫板或角钢与檩条连接。

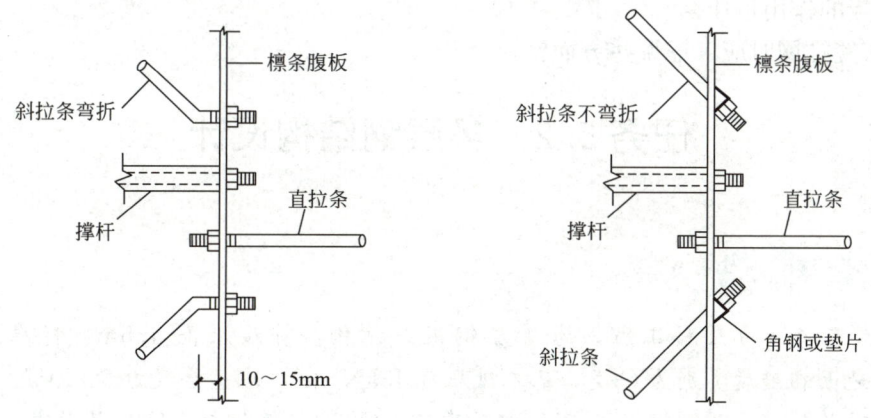

图5-30 拉条与檩条的连接构造

 任务小结

1. 钢屋盖结构由屋面、屋架和支撑三部分组成。钢屋盖结构可分为有檩屋盖和无檩屋盖两类。

2. 屋架内力不利荷载组合一般考虑下列三种情况：全跨永久荷载＋全跨可变荷载；全跨永久荷载＋半跨可变荷载；全跨屋架、支撑和天窗自重＋半跨屋面板重＋半跨屋面活荷载。

3. 节点荷载作用下，屋架所有杆件均为二力杆，铰接屋架杆件的内力计算可采用节点法、截面法等。

4. 屋架杆件截面设计包括杆件计算长度分析、杆件截面形式设计、垫板和节点板设计、杆件的截面选择、屋架节点设计等内容。

5. 门式刚架轻型房屋的屋面板主要有压型钢板和复合板两类。压型钢板的强度和挠度可取一个波距的单槽口有效截面，按受弯构件计算。檩条主要有实腹式和桁架式两类，应优先选用实腹式构件。檩条可按双向受弯构件验算其截面强度。

思考题

1. 屋盖结构主要组成部分有哪些？它们的作用是什么？
2. 屋盖结构中有哪些支撑系统？支撑的作用是什么？
3. 如何区分刚性系杆和柔性系杆？哪些位置需要设置刚性系杆？
4. 为什么檩条要布置拉条？
5. 三角形、梯形、平行弦屋架各适用于哪些屋盖体系？
6. 屋架的腹杆有哪些体系？各有什么特征？
7. 如何选择屋架构件截面？
8. 如何确定屋架节点的节点板厚度？一个屋架的所有节点板厚度是否相同？
9. 垫板的作用是什么？
10. 布置柱网时应考虑哪些方面？

任务5.2　多层钢结构设计

■ 任务描述

北京市××办公楼工程，为4层钢框架结构，首层层高4.5m，标准层层高3.6m，地面粗糙度类别为C类，基本风压0.45kN/m²，地基承载力300kPa。采用框架-支撑结构体系，压型钢板-混凝土组合楼板，Q235-B级钢材，C40混凝土。采用箱形基础，埋入式柱脚，室内地坪到基础顶面距离0.6m。

结构平面布置如图5-31所示，在②轴和⑤轴、Ⓑ©跨设置十字交叉中心支撑。

请进行该多层钢框架办公楼的主梁截面设计、柱截面设计、支撑截面设计和节点设计。

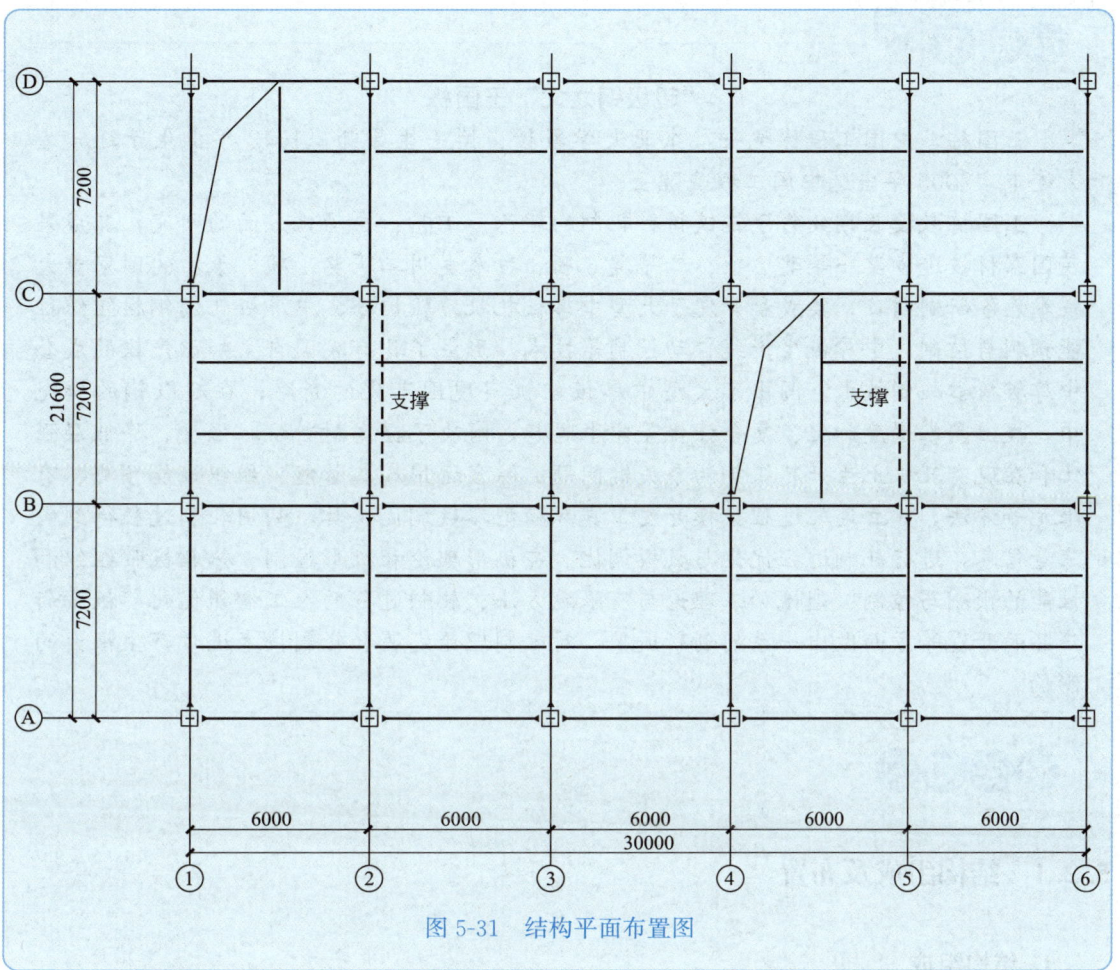

图 5-31　结构平面布置图

学习目标

知识目标：

1. 掌握多层钢结构的组成、形式和结构布置；
2. 掌握钢框架荷载和效应计算、内力分析、荷载效应组合；
3. 掌握组合楼盖，框架梁、柱及节点，以及支撑设计的方法。

能力目标：

1. 具备多层钢结构设计计算的能力，并能绘制相关图纸。
2. 具备在实际工程中分析问题和解决问题的能力。

育人目标：

培养理论联系实际、学以致用的职业品格和精益求精的工匠精神。

"超级钢之父" 王国栋

王国栋，中国工程院院士，东北大学教授、博士生导师，1942 年出生于辽宁省大连市，2005 年当选中国工程院院士。

王国栋教授长期致力于钢铁材料轧制的理论、工艺、自动化方面的研究，其成果获国家科技进步奖一等奖 2 项、二等奖 6 项、技术发明二等奖 1 项。承担的国家重大技术装备研制项目，集成和开发了大型中厚板轧机控轧控冷、中厚板轧制钢材组织性能预测与控制、中厚板生产线自动控制等技术，形成了具有我国自主知识产权的成套中厚板核心轧制技术，闯出了大型中厚板轧机实现国产化的新路；在超级钢的研究中，提出晶粒适度细化、复合强化等学术思想，解决了提高材料抗拉强度、降低屈强比和在现有轧机上生产超级钢两个关键问题；综合运用人工智能、组织性能预测、有限元等方法，建立连轧过程数模开发工具和模型参数调优工具，利用轧制过程得到的海量信息，进行轧制过程优化与数模调优。在板形理论和板形控制、热轧板带组织和性能的预测与控制、塑性加工理论与有限元方法、轧制过程的人工智能优化、板带新产品的开发等方面做出一系列创新成果，对轧制理论发展和轧制技术进步产生很大的影响。

5.2.1 结构组成及布置

1. 结构组成

多层钢结构一般由柱、梁、楼盖、支撑、墙板和墙架组成。

图 5-32 为某施工中的多层钢框架，主体结构由框架柱、框架梁、楼面次梁、楼面板组成，其楼面采用了钢框架结构中最常使用的压型钢板-混凝土组合楼板。

2. 结构布置

（1）结构布置一般原则

框架钢梁和钢柱正交或非正交，框架沿横向和纵向布置，形成双向抗侧力结构，承受竖向荷载和任意方向的水平荷载作用。柱网及梁系布置合理，纵、横向刚度均匀，构件传力明确，类型统一，节点构造简单，便于施工。

柱-支撑体系刚度大，用钢量省，条件允许时应优先选用。支撑布置应合理、均匀。支撑沿建筑物两个方向布置，支撑的数量、形式及刚度应根据建筑物的高度、水平作用情况设置。在抗震建筑中，支撑一般在同一竖向柱距内连续布置，使层间刚度变化比较均匀。

（2）结构规则性

为了减小风压作用，房屋应首选由光滑曲线构成的凸平面形式，以减小风荷载体型系数。同时要尽可能地采用中心对称或双轴对称的平面形式，以减小或避免在风荷载作用下

图 5-32 多层钢框架

的结构扭转。避免狭长的平面形状，这种形状在风荷载作用下会产生严重的剪切滞后现象。如图 5-33 所示。

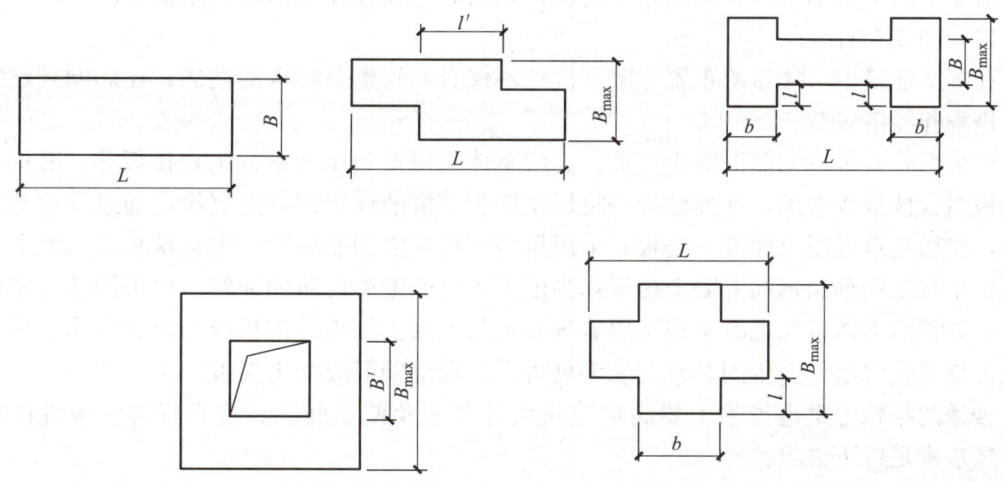

图 5-33 结构几何尺寸示意

结构是否会在水平荷载下出现扭转，不仅和结构平面是否对称有关，还和抗侧力构件设置部位有关。抗侧力刚度中心应和水平合力作用线尽量接近。偏心率是度量抗侧力构件布置状况的力学参量，可以由下式分别计算出任一楼层在 x 和 y 方向的偏心率 ε_x 和 ε_y：

$$\varepsilon_x = e_y / r_{ex}, \quad \varepsilon_y = e_x / r_{ey} \tag{5-45}$$

$$r_{ex} = \left(K_T / \sum K_x \right)^{1/2} \tag{5-46}$$

$$r_{ey} = \left(K_T / \sum K_y \right)^{1/2} \tag{5-47}$$

$$K_T = \sum \left(K_x y^2 \right) + \sum \left(K_y x^2 \right) \tag{5-48}$$

式中 e_x、e_y 分别为 x 和 y 方向水平作用合力线到结构刚心的距离；r_{ex}、r_{ey} 分别为 x 和 y

方向的抗扭弹性半径；$\sum K_x$、$\sum K_y$ 分别为所计算楼层各抗侧力构件在 x 和 y 方向的侧向刚度之和；K_T 为所计算楼层的抗扭刚度；x、y 为以刚心为原点的抗侧力构件坐标。

当任一层的偏心率大于 0.15 时，称为平面不规则结构。此外，有下列情形也属于平面不规则结构：

1）结构平面形状有凹角，凹角的伸出部分在一个方向的尺度，超过该方向建筑总尺寸的 25%。

2）楼面不连续或刚度突变，包括开洞面积超过该层总面积的 50%。

3）抗水平力构件既不平行又不对称于侧力体系的两个互相垂直的主轴。就结构竖向布置而言，除使结构各层的抗侧力刚度中心与水平合力中心接近重合外，各层的刚度中心应接近在同一竖直线上，建筑开间、进深尽量统一。

具有下列情形之一者，称为竖向布置不规则结构：

1）楼层刚度小于其相邻上层刚度的 70%，且连续三层总的刚度降低超过 50%。

2）相邻楼层质量之比超过 1.5（建筑为轻屋盖时，顶层除外）。

3）立面收进尺寸的比例为 $L_1/L < 0.75$（L_1 为收进的尺寸，L 为对应方向的总尺寸）。

4）竖向抗侧力构件不连续；任一楼层抗侧力构件的总受剪承载力，小于其相邻上层的 80%。

对于平面不规则结构和竖向布置不规则结构，应在计算和构造上作相应处理。

（3）楼盖布置

在多层建筑中，楼盖的布置方案和设计不仅影响到整个结构的性能，还影响到建筑的施工进程和经济效益。

楼板形式有现浇钢筋混凝土楼板、装配整体式楼板和压型钢板组合楼板等。其中，压型钢板组合楼板较常用，这种楼板是将压型钢板直接铺设于钢梁上翼缘，通过栓钉与钢梁连接，然后浇筑混凝土而成。楼板宜采用压型钢板现浇钢筋混凝土组合楼板或钢筋混凝土楼板；不宜采用预制钢筋混凝土楼板；高度不大且无地震设防的建筑，可采用装配整体式楼板，如预应力薄板加混凝土现浇层或现浇钢筋混凝土楼板。楼板应与钢梁可靠连接，且在板上浇筑整浇层；卫生间及开洞较多处可采用现浇钢筋混凝土楼板。

楼盖的结构方案选择除了要满足建筑设计要求及便于施工、自重轻等一般性的原则外，还应满足以下要求：

1）楼盖必须有足够的整体刚度，以保证结构的空间整体刚度和空间协调工作。

2）楼板和梁系之间有可靠的连接，以传递水平剪力。

3）支撑框架之间楼盖的长宽比不宜大于 3。多层建筑的楼盖结构一般由楼板和梁系组成，梁系包含主梁和次梁。一般以框架梁为主梁，次梁以主梁为支承。主梁通常等跨、等间距设置，次梁可等间距布置或不等间距布置。钢梁的间距要与上覆楼板类型相协调，尽量取在楼板的经济跨度内。对于压型钢板组合楼板其适用跨度范围为 1.5～4.0m，而经济跨度范围为 2.0～3.0m。图 5-34 是典型的楼盖平面布置形式，其中图 5-34（a）是横向框架加纵向支撑布置方案，多用于矩形平面的多层房屋结构；图 5-34（b）为纵、横双向纯框架结构布置方案，多用于正方形平面的多层房屋结构。

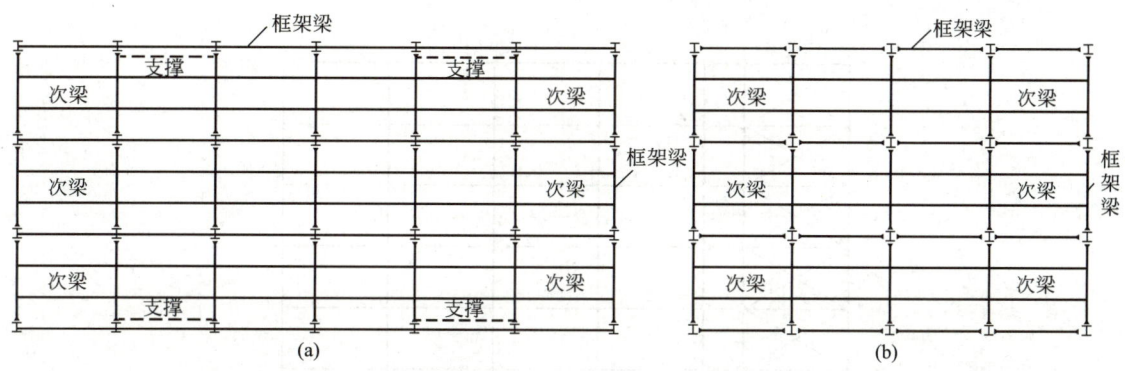

图 5-34　楼盖平面布置

（a）横向框架布置方案；（b）双向框架布置方案

5.2.2　荷载及内力计算

1. 荷载计算

多层钢结构的荷载和作用主要有：竖向荷载、风荷载。竖向荷载主要是永久荷载（结构自重等）及楼面和屋面活荷载。

荷载计算方法在项目1建筑结构设计入门中已学习，这里不再重复。

2. 最不利内力组合

当无地震作用时，按下式进行组合：

$$S = \gamma_G C_G G_k + \gamma_{Q1} C Q_1 Q_{1k} + \gamma_{Q2} C_{Q2k} Q_{2k} + \psi_w \gamma_w C_w w_k \qquad (5-49)$$

式中 G_k、Q_{1k}、Q_{2k} 分别为永久荷载、楼面活荷载、雪荷载等竖向荷载标准值；w_k 为风荷载标准值；$C_G G_k$、$C_{Q1} Q_{1k}$、$C_{Q2} Q_{2k}$、$C_w w_k$ 为无地震组合荷载和作用产生的效应；γ_G、γ_{Q1}、γ_{Q2}、γ_w 分别为上述荷载和作用的分项系数，详见相关规范；ψ_w 为风荷载组合系数，无地震作用组合中取 1.0。

3. 结构计算

（1）一般规定

多层钢结构一般情况可采用平面抗侧力结构的空间协同计算模型。当结构布置规则、质量和刚度沿高度分布均匀且不计扭转效应时，可采用平面结构计算模型，可将所有框架合并为总框架，并将所有竖向支撑合并为总支撑，然后进行协同工作分析（图 5-35）。当结构布置不规则、体型复杂、无法划分成平面抗侧力单元时，应采用空间计算模型。

多层钢结构通常采用压型钢板钢-混凝土组合楼盖或装配整体式楼盖，其在自身平面内的刚度是相当大的，当进行结构的作用效应计算时，可假定楼面在其自身平面内为绝对刚性。当然，设计中应采取保证楼面整体刚度的构造措施。对整体性较差、开孔面积大、有较长外伸段的楼面或相邻层刚度有突变的楼面，当不能保证楼面的整体刚度时，宜采用楼板平面内的实际刚度，或对按刚性楼面假定计算所得结果进行调整。

当进行结构弹性分析时，由于楼板和钢梁连接在一起，宜考虑现浇钢筋混凝土楼板与

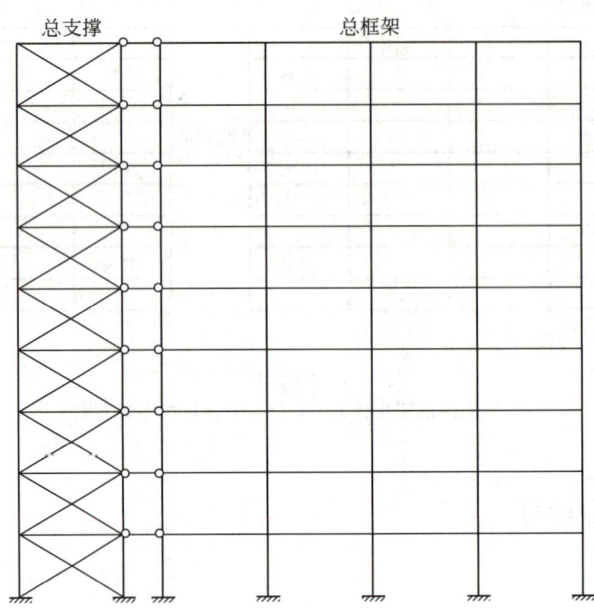

图 5-35 框架-支撑结构协同分析模型

钢梁的共同工作，且在设计中应使楼板与钢梁间有可靠连接。在框架弹性分析时，压型钢板组合楼盖中梁的惯性矩对两侧有楼板的梁宜取 $1.5I_b$，对仅一侧有楼板的梁宜取 $1.2I_b$（I_b 为钢梁截面惯性矩）。当进行结构弹塑性分析时，楼板可能严重开裂，可不考虑楼板与梁的共同工作。

柱间支撑两端的构造应为刚性连接，但可按两端铰接计算，其端部连接的刚度通过支撑构件的计算长度考虑。偏心支撑的耗能梁段在罕遇地震作用下将首先屈服，由于它的受力性能不同，应按单独单元计算。

梁的轴力很小，而且与楼板组成刚性楼盖，通常不考虑梁的轴向变形。中心支撑框架和不超过 12 层的多层钢结构，层间侧移计算时可不计入节点域剪切变形的影响。

（2）内力计算方法

竖向荷载作用下的内力可采用分层法或力矩分配法计算，风荷载作用下的内力可采用反弯点法或 D 值法计算，具体计算方法见项目 2。

（3）结构变形限值

1）重力荷载作用下构件的允许挠度

为保证楼盖有较好的整体刚度和使用性能，要求在重力荷载作用下楼盖主梁和次梁的挠度不大于相应的允许值，主梁及次梁挠度不大于 $l/400$（l 为梁的跨度）。

2）风荷载作用下结构的侧移限值

风荷载作用下，按弹性方法计算得到的框架侧移限值应符合下列规定：

① 结构顶端质心处的侧移 Δ 不超过建筑高度 H 的 1/500，即 $\Delta/H \leqslant 1/500$。

② 楼层质心处的层间侧移 $\Delta\mu$，不宜超过楼层高度 h 的 1/400，即 $\Delta\mu/h \leqslant 1/400$。

③ 结构平面端部构件的最大侧移，不得超过楼层质心侧移的 1.2 倍。

5.2.3 构件设计计算

1. 组合楼盖设计

（1）基本概述

1）组合板与梁的连接

组合板一般以板肋平行于主梁的方式布置于次梁上，如果不设次梁，则以板肋垂直于主梁的方式布置于主梁上（图 5-36）。搁置楼板的钢梁上翼缘通长设置抗剪连接件，以保证楼板和钢梁之间可靠地传递水平剪力，最常用的是栓钉连接件。

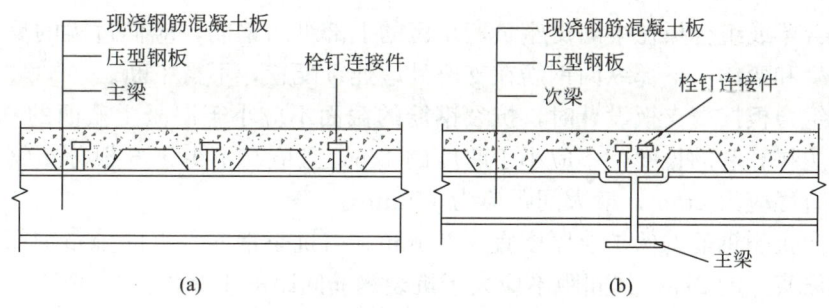

图 5-36 压型钢板组合楼盖

（a）板肋垂直于主梁；（b）板肋平行于主梁

2）压型钢板与混凝土的连接

为增强压型钢板与混凝土之间的连接，可采用闭口截面形式的压型钢板，利用其纵向波槽增加连接力（图 5-37a），或依靠压型钢板上的压痕、小洞或不闭合的孔眼（图 5-37b），或依靠在压型钢板上焊接的横向钢筋（图 5-37c），也可在压型钢板端部设置连接件（图 5-37d）。其中端部锚固件要求在任何情形下都应当设置。

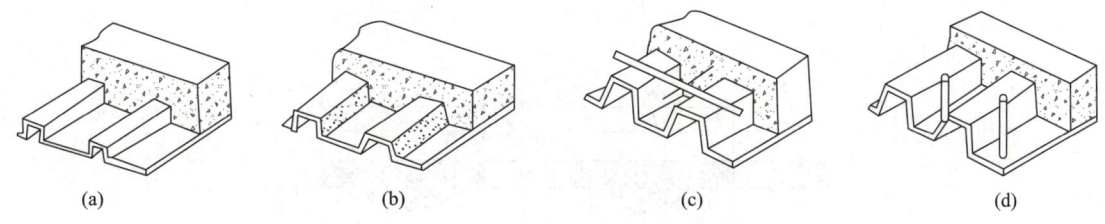

图 5-37 压型钢板与混凝土的连接

3）压型钢板支承长度

组合板中的压型钢板在钢梁上的支承长度不应小于 50mm。在砌体上的支承长度不应小于 75mm。

组合板的总厚度不应小于 90mm，压型钢板顶面以上的混凝土厚度不应小于 50mm。此外，尚应符合楼板防火保护层厚度的规定。组合板用的压型钢板应采用镀锌钢板，其镀锌层厚度应满足在使用期间不致锈损的要求。用于组合板的压型钢板净厚度（不包括镀锌层或饰面层厚度）不应小于 0.75mm，仅作模板的压型钢板厚度不应小于 0.5mm，浇筑混凝土的波槽平均宽度不应小于 50mm。当在槽内设置栓钉连接件时，压型钢板总高度不应大于 80mm。

4）压型钢板配筋构造

组合板在下列情况之一时应配置钢筋：

① 为组合板提供储备承载力的附加抗拉钢筋；

② 在连续组合板或悬臂组合板的负弯矩区配置负弯矩抗拉钢筋；

③ 在集中荷载区段和孔洞周围配置加强钢筋；

④ 无防火涂料时须设置防火钢筋；

⑤ 在压型钢板上翼缘焊接横向钢筋，应配置在剪跨区段内，其间距宜为 150～300mm。

连续组合梁或组合板在中间支座负弯矩区的上部纵向钢筋，应伸过梁的反弯点，并应留出锚固长度和弯钩。下部纵向钢筋在支座处应连续配置，不得中断。

当连续组合板按简支板设计时，抗裂钢筋的截面不应小于混凝土截面的 0.2%，抗裂钢筋从支承边缘算起的长度，不应小于跨度的 1/6，且应与不少于 5 根分布钢筋相交。抗裂钢筋最小直径应为 4mm，最大间距应为 150mm。

顺肋方向抗裂钢筋的保护层厚度宜为 20mm。与抗裂钢筋垂直的分布钢筋直径，不应小于抗裂钢筋直径的 2/3，其间距不应大于抗裂钢筋间距的 1.5 倍。

组合板在集中荷载作用处，应设置横向钢筋，其截面面积不应小于压型钢板顶面以上混凝土板截面面积的 0.2%，其延伸宽度不应小于板的有效工作宽度（图 5-38）。

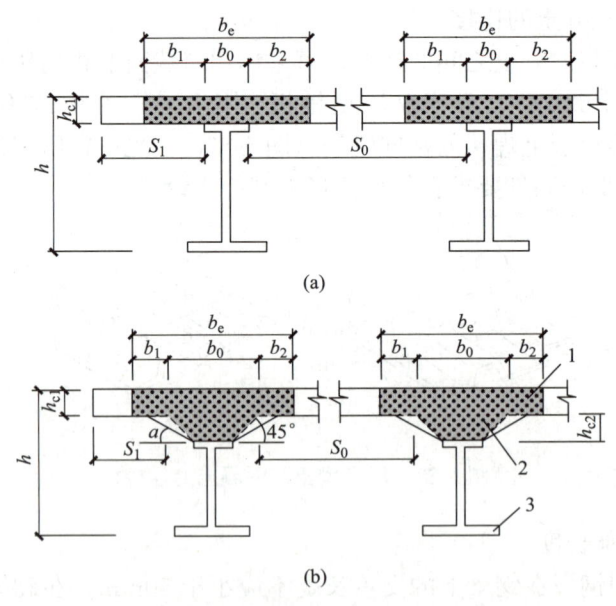

图 5-38 组合梁翼缘板计算宽度
（a）不设板托的组合梁；（b）设板托的组合梁

5）相关尺寸要求

钢梁的最小截面高度不宜小于组合梁截面高度的 1/4；混凝土板托高度不宜超过翼缘板厚度的 1.5 倍；托板的顶面宽度不宜小于钢梁上翼缘宽度与 1.5 倍板托高度之和。当组合梁为边梁时，其混凝土翼板的伸出净长度（钢梁翼缘外）不小于 50mm，梁中心线到板边的距离不小于 150mm。

组合梁抗剪连接件，必须与钢梁焊接，其设置应符合下列规定：

① 栓钉连接件钉头下表面或槽钢连接件上翼缘下表面宜高出翼板底部钢筋顶面 30mm；

② 连接件沿梁跨度方向的最大间距不应大于混凝土翼板厚度的 4 倍，且不大于 400mm；

③ 连接件的外侧边缘与钢梁翼缘边缘之间的距离不应小于 20mm；

④ 连接件的外侧边缘至混凝土翼板边缘之间的距离不应小于 100mm；

⑤ 连接件顶面的混凝土保护层厚度不应小于 15mm。

采用栓钉连接件时，尚应符合下列规定：

① 当栓钉位置不正对钢梁腹板时，如钢梁上翼缘承受拉力，则栓钉直径不应大于钢梁上翼缘厚度的 1.5 倍；如钢梁上翼缘不承受拉力，则栓钉直径不应大于钢梁上翼缘厚度的 2.5 倍；

② 栓钉长度不应小于其杆径的 4 倍；

③ 栓钉沿梁轴线方向的间距不应小于杆径的 6 倍，垂直于梁轴线方向的间距不应小于杆径的 4 倍；

④ 压型钢板作底模的组合梁，栓钉杆直径不宜大于 19mm，混凝土凸肋宽度不应小于栓钉杆直径的 2.5 倍；栓钉高度 h_d 应符合 $(h_e + 30) \leqslant h_d \leqslant (h_e + 75)$ 的要求（其中 h_e 是混凝土凸肋高度）。

6）连接件承载力计算

抗剪连接件的承载力不仅与其本身的材质及型号有关，且和混凝土的等级品种等有关。栓钉连接件的受剪承载力设计值为：

$$N_v^c = 0.43 A_{st} \sqrt{E_c f_c} \quad \text{且} \quad N_v^c \leqslant 0.7 A_{st} \gamma f \tag{5-50}$$

式中 A_{st} 为栓钉钉杆截面面积；E_c 为混凝土弹性模量；f_c 为混凝土轴心抗压强度设计值；f 为栓钉钢材的抗拉强度设计值；γ 为栓钉材料抗拉强度最小值与屈服强度之比，当栓钉材料性能等级为 4.6 时，取 $f = 215 \text{N/mm}^2$，$\gamma = 1.67$。

位于梁负弯矩区的栓钉，周围混凝土对其约束的程度不如受压区，按式（5-50）计算的栓钉受剪承载力设计值应予以折减：位于连续梁中间支座上负弯矩段时，取折减系数 0.9；位于悬臂梁负弯矩段时，取折减系数 0.8。

混凝土板和梁翼缘之间有压型钢板（非实体板中的栓钉），当压型钢板肋与钢梁平行时，应乘以折减系数：

$$\eta = 0.6b(h_s - h_p)/h_p^2 \quad \text{且} \quad \eta \leqslant 1.0 \tag{5-51}$$

当压型钢板肋与钢梁垂直时，应乘以折减系数：

$$\eta = \frac{0.85}{\sqrt{n_0}} \times \frac{b(h_s - h_p)}{h_p^2} \quad \text{且} \quad \eta \leqslant 10 \tag{5-52}$$

式中 b 为混凝土凸肋（压型钢板波槽）的平均宽度，但当肋的上部宽度小于下部宽度时，取上部宽度；h_p 为压型钢板高度；h_s 为栓钉焊接后的高度，但不应大于 $h_p + 75 \text{mm}$；n_0 为组合梁截面上一个肋板中配置的栓钉总数，当大于 3 时仍应取 3。

（2）组合梁设计

1）翼缘板的有效宽度

具有普通钢筋混凝土翼板的组合梁，其翼板的计算厚度应取混凝土板厚度 h_0；带压型钢板的混凝土翼板的计算厚度，取压型钢板顶面以上混凝土厚度 h_c。组合梁的混凝土翼板的有效宽度 b_e 按《钢结构标准》计算如下：

$$b_e = b_0 + b_1 + b_2$$

式中 b_0 为板托顶部的宽度：当板托倾角 $\alpha < 45°$ 时，应按 $45°$ 计算；当无板托时，则取钢梁上翼缘的宽度；当混凝土板和钢梁不直接接触（如之间有压型钢板分隔）时，取栓钉的横向间距，仅有一列栓钉时取 0。b_1、b_2 分别为梁外侧和内侧的翼板计算宽度，当塑性中和轴位于混凝土板内时，各取梁等效跨径 l_e 的 $1/6$。此外，b_1 尚不应超过翼板实际外伸宽度 S_1；b_2 不应超过相邻钢梁上翼缘或板托间净距 S_0 的 $1/2$。对于简支组合梁，取为简支组合梁的跨度；对于连续组合梁，中间跨正弯矩区取为 $0.6l$，边跨正弯矩区取为 $0.8l$，l 为组合梁跨度，支座负弯矩区取为相邻两跨跨度之和的 20%。

2）组合梁的弹性设计

承受动载、需要考虑疲劳、不符合塑性设计条件的组合梁，以及组合梁的变形验算一般采用弹性设计方法。其基本思路是按照合力大小不变、合力作用点不变的原则，将混凝土受压翼板换算成为钢截面（改变混凝土板宽度，高度不变），构成单质的换算截面，如图 5-39 所示。然后按照材料力学方法求解弯曲正应力、剪应力、组合应力，以及连接件受剪、混凝土板纵向受剪承载力。

受压混凝土翼板的换算宽度 b_{eq} 按下式计算：

荷载标准组合： $\qquad\qquad b_{eq} = b_{ce} / \alpha_E$ （5-53）

荷载准永久组合（考虑混凝土徐变）： $\qquad b_{eq} = b_{ce} / (2\alpha_E)$ （5-54）

式中 α_E 为钢材弹性模量与混凝土弹性模量的比值。

对负弯矩区截面，可按照类似的方法，忽略混凝土的抗拉作用，考虑受拉区钢筋的抗拉作用，将受拉钢筋按照弹性模量比换算成对应的与钢梁同质的截面，进行计算。一般不用考虑徐变的影响。

按弹性方法计算时，可以采用叠加原理，并须注意施工过程对钢梁和混凝土板受力状态的影响。

3）组合梁的塑性设计

承受间接动载、不需要考虑疲劳、符合塑性设计条件的组合梁，可采用塑性设计方法。其基本思路是按照截面力和力矩的平衡条件，按照塑性力学方法计算组合梁的受弯、受剪以及连接件、混凝土板纵向受剪承载力。由于塑性设计方法不用考虑组合梁的施工过程，也不用考虑徐变等因素的影响，计算过程相对简单。在条件允许的情况下，可尽量采用塑性设计。

① 塑性设计前提条件

组合梁要达到塑性极限状态，截面必须有足够的转动能力，而且在此之前钢梁不能发生整体和局部失稳。这就要求组合梁相邻跨度差别不能太大；负弯矩区钢筋具有足够的延性，且钢筋配置量不能太少；塑性铰区受压混凝土的高度不能太大；钢梁关于腹板平面对称，且须满足规范规定的宽厚比和高厚比要求。

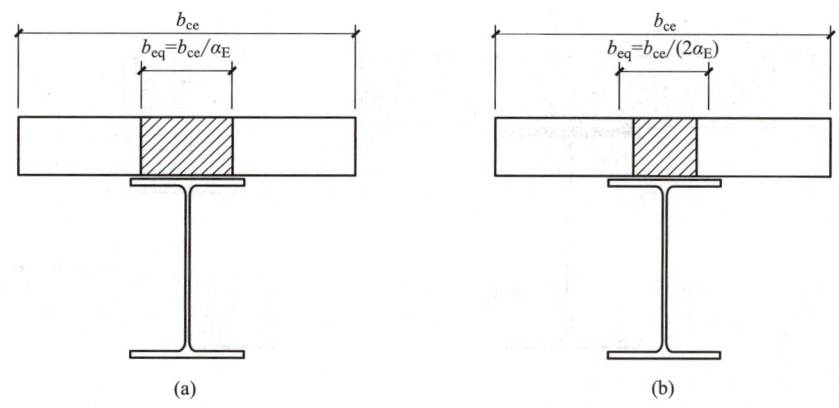

图 5-39　组合梁翼缘板换算宽度

（a）标准组合；（b）准永久组合

② 组合梁正截面受弯承载力验算

在建立组合梁的正截面抗弯承载力计算公式时，采用以下基本假定：

a. 纵向钢筋、钢梁及受压混凝土均达到强度设计值；

b. 正弯矩区忽略塑性中和轴受拉侧混凝土的作用，忽略受压钢筋的作用；

c. 负弯矩区忽略混凝土的作用，考虑受拉钢筋的作用；

d. 不考虑板托和压型钢板的作用。

正弯矩作用下，根据塑性中和轴的位置可分为两种具体情况（图 5-40、图 5-41），当 $Af \leqslant b_{ce}h_cf_c$ 时，塑性中和轴在混凝土板内，否则塑性中和轴在钢梁截面内。

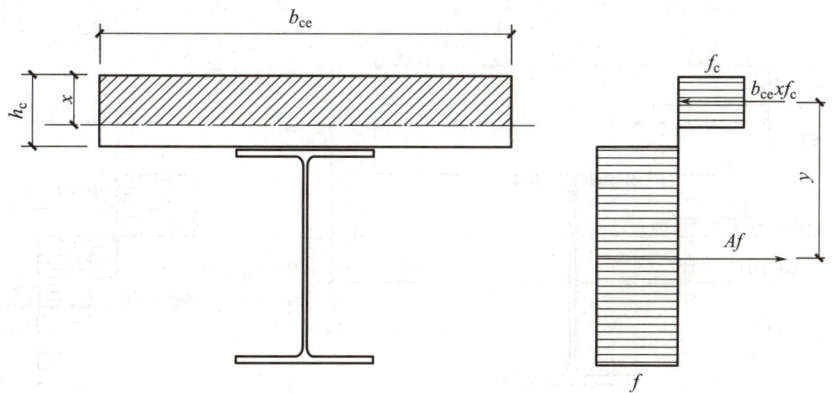

图 5-40　塑性中和轴在混凝土板内组合梁截面及应力图

截面抗弯承载力按下式计算：

$$M \leqslant b_{ce}xf_cy \quad (Af \leqslant f_ch_cb_{ce}) \tag{5-55a}$$

$$M \leqslant b_{ce}h_cf_cy_1 + A_cfy_2 \quad (Af > f_ch_cb_{ce}) \tag{5-55b}$$

式中 x 为组合梁截面塑性中和轴至混凝土翼板顶面的距离（图 5-41），$x = Af/(b_{ce}f_{cm}/f)$；y 为钢梁截面应力合力至混凝土受压区应力合力之间的距离（图 5-40）；y_1 为钢梁受拉区截面形心至混凝土翼板受压区截面形心的距离（图 5-41）；y_2 为钢梁受拉

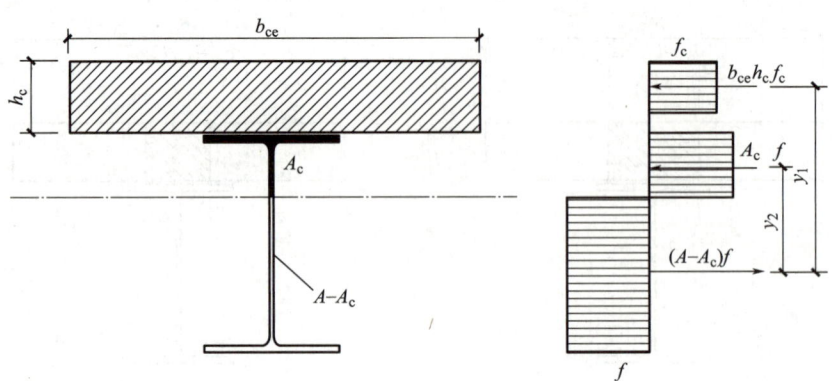

图 5-41　塑性中和轴在钢梁内组合梁截面及应力图

区截面形心至钢梁受压区截面形心的距离（图 5-41）；b_{ce} 为混凝土翼板的有效宽度；A 为钢梁截面面积；A_c 为钢梁受压区截面面积（图 5-41），$A_c = 0.5(A - b_{ce}h_cf_c/f)$；$f$ 为钢梁钢材的强度设计值；f_c 为混凝土抗压强度设计值。

　　负弯矩作用区段，中和轴一般位于钢梁内，截面抗弯承载力按下式计算：

$$M \leqslant M_p + A_{st}f_{st}(y_3 + y_4/2) \tag{5-56}$$

式中 y_3 为纵向钢筋截面形心至组合梁塑性中和轴的距离（图 5-42）；y_4 为组合梁塑性中和轴至钢梁塑性中和轴的距离（图 5-42）；当组合梁塑性中和轴在钢梁腹板内时，取 $y_4 = A_{st}f_{st}/(2t_wf)$；当该中和轴在钢梁翼缘内时，可取 y_4 等于钢梁塑性中和轴至腹板上边缘的距离；A_{st} 为翼板有效宽度范围内纵向钢筋截面面积（图 5-42）；M_p 为钢梁截面的全塑性弯曲承载力，取 $M_p = W_pf$；f_{st} 为钢筋抗拉强度设计值。

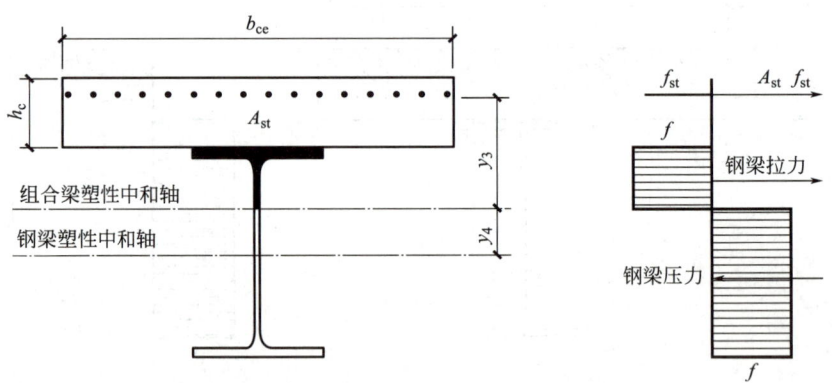

图 5-42　负弯矩作用组合梁截面及应力图

　　③ 组合梁受剪承载力验算

　　可近似认为剪力全部由钢梁腹板承受，抗剪承载力按下式计算：

$$V \leqslant h_wt_wf_v \tag{5-57}$$

式中 h_w、t_w 分别为钢梁腹板的高度和厚度；f_v 为塑性设计时钢梁钢材的抗剪强度设计值。

　　④ 组合梁栓钉连接件验算

　　沿组合梁跨长，以支座点、弯矩极值点、弯矩零点、集中荷载作用点、截面突变处等为界线，将梁划分为若干剪跨区段（图5-43），每个剪跨区内所应配置的栓钉连接件总数n按下式计算：

$$n = V/N_v^s \tag{5-58}$$

式中，V是剪跨区内混凝土与钢梁叠合面上的纵向剪力，其计算公式为：

正弯矩剪力区段（图5-43中剪力区段1、2和5）：

$$V = A_f \quad （塑性中和轴位于混凝土翼板内） \tag{5-59}$$

$$V = b_{ce}h_cf_c \quad （塑性中和轴位于钢梁截面内） \tag{5-60}$$

负弯矩剪力区段（图5-43中剪力区段3和4）：

$$V = A_{st}f_{st} \tag{5-61}$$

在各剪力区段，栓钉连接件一般均匀分布。当剪力区段内有较大集中力作用时（导致剪力图发生较大变化），可将n个栓钉连接件按各分剪力图的面积进行分配，然后再分段均匀布置（图5-44）。

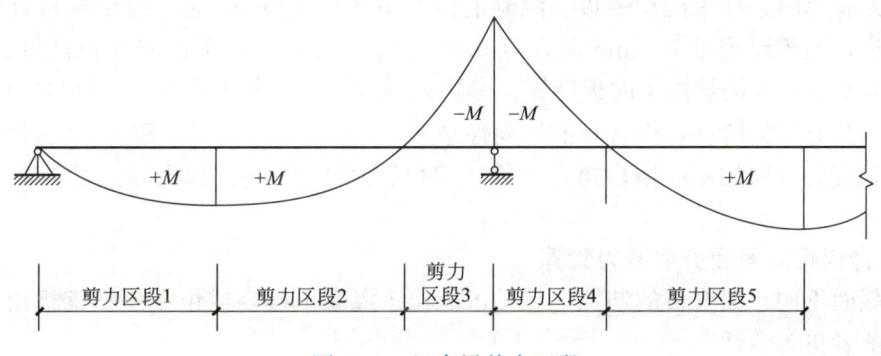

图5-43　组合梁剪力区段

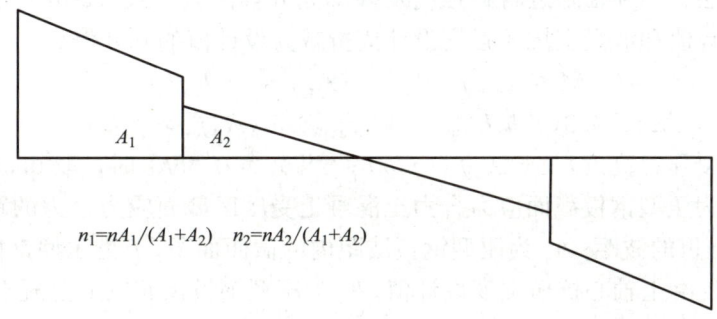

$n_1 = nA_1/(A_1+A_2) \quad n_2 = nA_2/(A_1+A_2)$

图5-44　集中力作用时栓钉连接件的布置

（3）压型钢板组合楼板设计

通常依据是否考虑压型钢板对组合楼板承载力的贡献，而将其分为组合板和非组合板。施工阶段设置支撑的情况下，组合板设计可按一个阶段考虑，即组合截面承受全部的荷载；施工阶段不设置支撑的情况下，组合板设计需按两个阶段考虑：施工阶段由压型钢板承受施工荷载，使用阶段由组合截面承受后续荷载。

1）施工阶段

应对压型钢板进行强度和变形验算。施工阶段的荷载包括永久荷载（压型钢板、钢筋和混凝土的自重）、可变荷载（施工荷载和附加荷载）。当有过量冲击、混凝土堆放、管线和泵的荷载时，应增加附加荷载。采用弹性方法验算。如果验算不满足要求，可增设临时支撑以减小板跨。

如果在施工荷载作用下压型钢板的跨中挠度（w_0）大于 20mm 时，确定混凝土自重时应考虑压型钢板的挠曲效应（坑凹效应），在全跨增加混凝土厚度 $0.7w_0$ 或增设临时支撑。

2）使用阶段

对于非组合板，压型钢板仅作为模板使用，不考虑其承载作用，可按常规钢筋混凝土楼板设计。这时应在压型钢板波槽内设置钢筋，并进行相应计算。目前在实际工程中大多是将压型钢板作为非组合板使用，这种情况一般不需要做防火保护，经济性较好。

对组合板，需进行永久荷载和使用阶段的可变荷载作用下的组合板的强度和变形验算。一般而言，强度验算包括：正截面抗弯承载力、斜截面抗剪承载力和抗冲剪承载力。

承载力验算时，如果压型钢板上混凝土板厚不超过 100mm 时，按单向板计算。对于四边支承板，当板厚超过 100mm 时，且 $0.5 < \lambda_e < 2.0$ 时，可按双向板计算；当 $\lambda_e \leqslant 0.5$ 或 $\lambda_e \geqslant 2.0$ 时，仍然按单向板计算。参数 $\lambda_e = \mu l_x / l_y$，其中 l_x 和 l_y 分别是组合板顺肋方向和垂直肋方向的跨度，组合板的异向性系数 $\mu = (I_x / I_y)^{1/4}$，I_x 和 I_y 分别是组合板顺肋方向和垂直肋方向的截面惯性矩，计算 I_y 时只考虑压型钢板顶面以上的混凝土计算厚度 h_c。

① 组合板正截面受剪承载力验算

根据截面不同，组合板的塑性中和轴可能位于混凝土板内或位于压型钢板内。从经济性出发，前者更为合适。

组合板抗弯承载力按式（5-62）计算（图 5-45）。考虑到起受拉钢筋作用的压型钢板没有混凝土保护层、中和轴附近材料强度发挥不充分等因素，式（5-62）中将压型钢板钢材的抗拉强度设计值和混凝土抗压强度设计值折减为设计值的 0.8 倍。

$$M \leqslant 0.8 f_c x b y_p \quad (A_p f \leqslant f_c h_c b) \tag{5-62}$$
$$M \leqslant 0.8 (f_c h_c b y_{p1} + A_{p2} f y_{p2}) \quad (A_p f > f_c h_c b)$$

式中 x 为组合板受压区高度，$x = A_p f / (f_c b)$；当 $x > 0.55 h_0$ 时，取 $0.55 h_0$，h_0 为组合板有效高度；y_p 为压型钢板截面应力合力至混凝土受压区截面应力合力的距离，$y_p = h_0 - x/2$；b 为压型钢板的波距；A_p 为压型钢板波距内的截面面积；f 为压型钢板钢材的抗拉强度设计值；f_c 为混凝土轴心抗压强度设计值；h_c 为压型钢板顶面以上混凝土厚度；A_{p2} 为塑性中和轴以上的压型钢板波距内截面面积，$A_{p2} = 0.5(A_p - f_c h_c \cdot b / f)$；$y_{p1}$、$y_{p2}$ 为压型钢板受拉区截面应力合力分别至受压区混凝土板截面和压型钢板截面压应力合力的距离。

② 组合板斜截面受剪承载力验算

组合板一个波距内斜截面最大剪力设计值 V_{in} 应当满足：

$$V_{in} \leqslant 0.07 f_t b h_0 \tag{5-63}$$

③ 局部荷载作用下组合板承载力验算

当组合板承受一定分布宽度的荷载时，亦可取有效工作宽度 b_{ef}（图 5-46）进行计算。有效工作宽度不得大于下列公式的计算值：

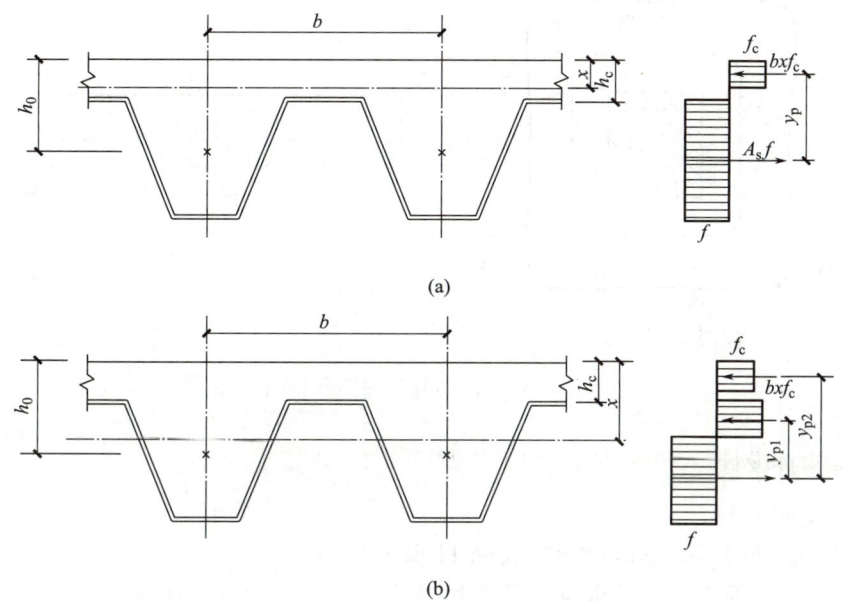

(a)

(b)

图 5-45　组合板横截面抗弯承载力计算简图

（a）塑性中和轴在压型钢板顶面以上的混凝土截面内；（b）塑性中和轴在压型钢板截面内

抗弯计算时：

简支板：
$$b_{ef} = b_{fl} + 2l_p(1 - l_p/l) \tag{5-64}$$

连续板：
$$b_{ef} = b_{fl} + [4l_p(1 - l_p/l)]/3 \tag{5-65}$$

抗剪计算时：
$$b_{ef} = b_{fl} + l_p(1 - l_p/l)，\ b_{fl} = b_f + 2(h_c + h_d) \tag{5-66}$$

式中 l 为组合板跨度；l_p 为荷载作用点到组合板较近支座的距离；b_{fl} 为集中荷载在组合板中的分布宽度（图 5-46）；b_f 为荷载宽度（图 5-46）；h_c 为压型钢板顶面以上的混凝土计算厚度（图 5-46）；h_d 为地板饰面层厚度（图 5-46）。

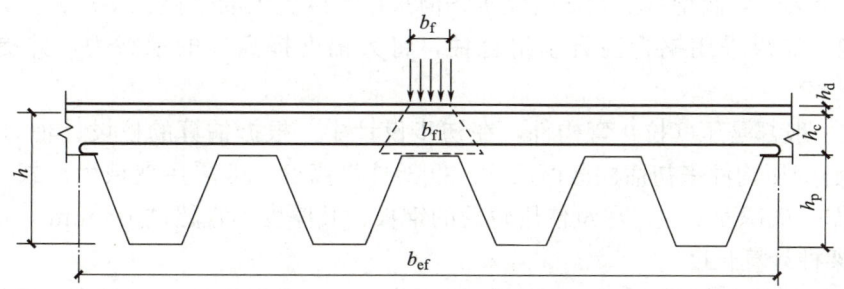

图 5-46　集中荷载分布的有效宽度

④ 组合板抗冲切承载力验算

组合板在集中荷载下的冲切力 V_1，应满足：

$$V_1 \leqslant 0.6f_t\mu_{cr}h_c \tag{5-67}$$

式中 μ_{cr} 为冲切临界周界长度，如图 5-47 所示；f_t 为混凝土轴心抗拉强度设计值。

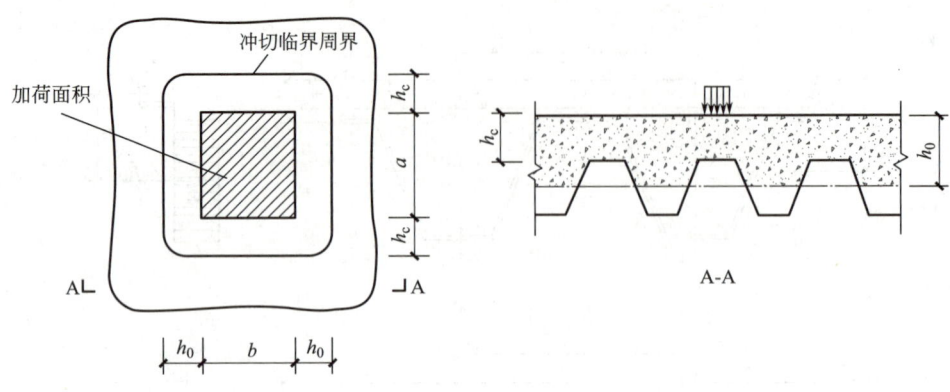

图 5-47　冲切临界周界示意图

2. 框架构件设计

（1）框架梁设计

框架梁一般采用工字形截面或窄翼缘 H 型钢截面。

框架梁的抗弯强度和抗剪强度计算方法已在上册教学单元 8 中学习。

框架梁的整体稳定通常通过梁上的刚性铺板或支撑体系加以保证。压型钢板组合板和现浇钢筋混凝土板刚度较大，可视为刚性铺板。单纯的压型钢板必须在平面内具有足够的抗剪刚度时才可视为刚性铺板。当梁上设有支撑体系，并符合受压翼缘自由长度与宽度比值限值时，可不计算框架梁的整体稳定。

（2）框架柱设计

1）截面形式及尺寸

高层建筑中常用的柱截面形式有箱形、焊接工字形、H 型钢、圆管等。H 型钢具有截面经济合理、规格多、加工量少以及便于连接等优点，应用最广。焊接工字形截面的最大优点在于可灵活调整截面特性。焊接箱形截面的优点是两个主轴的刚度可以做到相等，缺点是加工量大。轧制型钢虽然比较经济，但采用厚度更大的焊接工字形截面，可显著改善结构效能。如果采用钢管混凝土组合柱，将大幅度提高柱的承载力，并提高其抗火性能。

框架柱一般都是压（拉）弯构件，在初步设计中，根据估算的柱设计轴力值 N，按 $1.2N$ 的轴心受压构件来初估柱截面尺寸。框架柱沿高度一般采用变截面形式，大致可按每 3～4 层作一次截面变化。尽量使用较薄的钢板，其厚度不宜超过 100mm。

2）框架柱计算长度

框架分为无支撑的纯框架和有支撑框架，其中有支撑框架根据抗侧移刚度的大小，分为强支撑框架和弱支撑框架。纯框架柱的计算长度应按有侧移情形确定。对于满足规范规定的强支撑框架，柱的计算长度应按无侧移情形确定。其计算长度系数 μ 亦可分别按下列近似公式确定：

有侧移情形：

$$\mu=\sqrt{\frac{1.6+4(K_1+K_2)+7.5K_1K_2}{K_1+K_2+7.5K_1K_2}}$$

(5-68)

无侧移情形：

$$\mu = \frac{3+1.4(K_1+K_2)+0.64K_1K_2}{3+2(K_1+K_2)+1.28K_1K_2}$$

(5-69)

式中 K_1、K_2 分别为交于柱上下端的横梁线刚度之和与柱线刚度之和的比值。

计算重力和风力或多遇地震作用组合下的稳定性时，对于带支撑框架，如果层间位移不超过层高的 1/250，柱的计算长度系数可取为 $\mu = 1.0$。对于无支撑纯框架，如果层间位移不超过层高的 1/1000，柱的计算长度系数亦可由式（5-69）确定。

小问题

为使钢柱有较好的抗拔效果，最有效的方法是什么？

3）支撑设计

① 中心支撑设计

中心支撑宜采用双轴对称截面。当采用单轴对称截面时（例如双角钢组合 T 形截面），应采取防止绕对称轴屈曲的构造措施。与支撑一起组成支撑系统的横梁、柱及其连接，应具有承受支撑传来内力的能力。与人字支撑、V 形支撑相交的横梁，在柱间的支撑连接处应保持连续。在计算人字形支撑体系中的横梁截面时，尚应满足在不考虑支撑的支点作用情况下按简支梁跨中承受竖向集中荷载时的承载力。

研究表明，在反复拉压作用下，长细比大于 $40\sqrt{235/f_y}$ 的支撑承载力降低显著。为此，非抗震设防结构的中心支撑，当按只能受拉的杆件设计时，其长细比不应大于 $300\sqrt{235/f_y}$；当按既能受拉又能受压的杆件设计时，其长细比不应大于 $150\sqrt{235/f_y}$。

② 偏心支撑设计

偏心支撑斜杆的长细比不应大于 $120\sqrt{235/f_y}$。偏心支撑框架中的支撑斜杆，应至少一端与梁连接（不在柱节点处），以保证支撑斜杆与耗能梁段至少有一端连接。另一端可连接在梁与柱相交处，或在偏离另一支撑的连接点与梁连接，并在支撑与柱之间或在支撑与支撑之间形成耗能梁段。

5.2.4 连接和节点设计

1. 节点设计概述

节点设计包括：梁-柱节点、柱-柱节点、梁-梁节点、支撑节点和柱脚节点。多层钢结构的连接可采用焊接、高强度螺栓连接或栓焊混合连接。连接设计必须符合传力明确、构造简单、抗震延性好、制作方便、安装可行、节省造价的要求。节点的构造应避免采用约束过大和易产生层状撕裂的连接形式。非抗震设计时，节点多处于弹性受力状态，按弹性设计。

2. 梁-柱节点设计

（1）连接形式

梁柱连接有刚性连接、柔性连接和半刚性连接，多层钢结构梁与柱之间一般采用刚性连接。刚性连接主要有三种做法：完全焊接（图 5-48a）、完全栓接（图 5-48b）和栓焊混合（图 5-48c）。

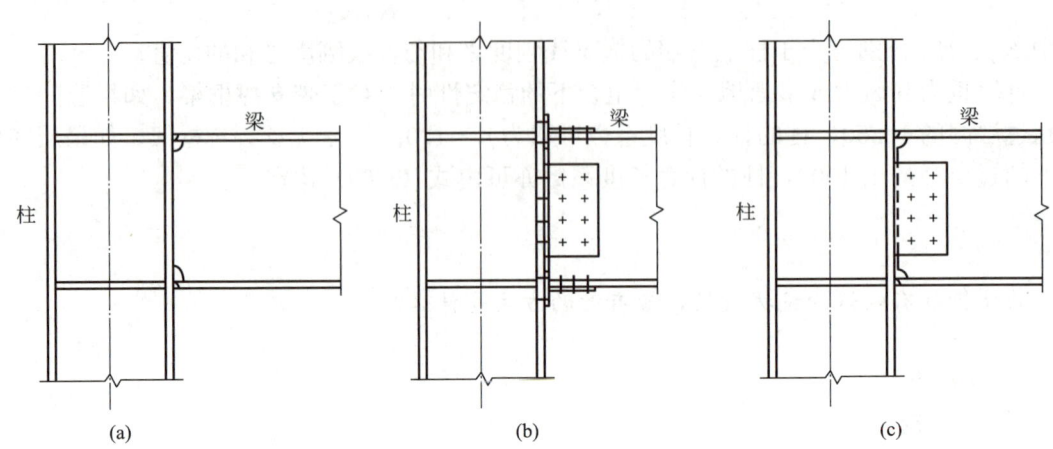

图 5-48　梁与柱的刚性连接
（a）完全焊接；（b）完全栓接；（c）栓焊混合

对完全焊接情形，梁翼缘与柱翼缘间应采用全熔透坡口焊缝，并按规定设置衬板，对于抗震等级一、二级的情况，应检验 V 形切口的冲击韧性，其夏比冲击韧性在−20℃时不低于 27J。当框架梁端垂直于工字形柱腹板时，柱在梁翼缘对应位置应设置横向加劲肋，且加劲肋厚度不应小于梁翼缘厚度。梁与柱的现场连接中，梁翼缘与柱横向加劲肋用全熔透焊缝连接，并应避免连接处板件宽度的突变。

对完全栓接和栓焊混合情形，应采用摩擦型高强度螺栓连接。当梁翼缘提供的塑性截面模量小于梁全截面塑性截面模量的 70％时，梁腹板与柱的连接螺栓不得少于两列。当计算只需一列时，仍应布置两列，且此时螺栓总数不得小于计算值的 1.5 倍。翼缘与柱均应通过连接板用摩擦型高强度螺栓连接。

当工字形梁翼缘采用焊透的 T 形对接焊缝，而腹板采用摩擦型高强度螺栓与 H 型钢柱翼缘相连，腹板厚度满足《钢结构标准》的要求时，可不设加劲肋。否则需要在梁上下翼缘标高处设置的柱水平加劲肋和隔板，对于非抗震结构，其厚度不小于梁翼缘的一半；对于抗震结构，与梁翼缘等厚，并应符合板件宽厚比的限值。

不等高梁与柱刚性连接时，宜按图 5-49 所示，在左右两侧梁翼缘高度处均设置加劲肋。

（2）节点计算

梁柱刚性连接时，须验算连接在弯矩和剪力下的承载力，同时须验算节点域柱腹板的强度和稳定。

为防止节点域的柱腹板受剪时发生局部失稳，节点域的腹板厚度应符合下列要求：

$$t_w \geqslant (h_b + h_c)/90 \tag{5-70}$$

节点域的屈服承载力应符合下式要求：

$$\psi(M_{pb1} + M_{pb2})/V_p \leqslant (4/3)f_{yv} \tag{5-71}$$

工字形截面柱和箱形截面柱节点域的抗剪强度应按下列公式验算：

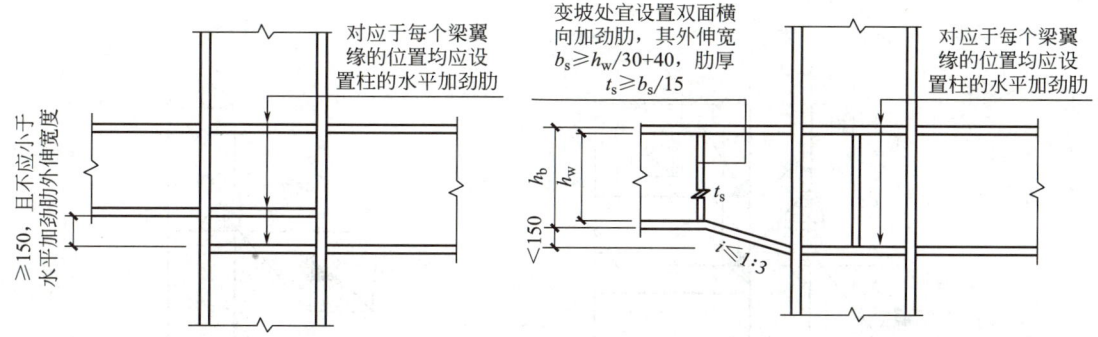

图 5-49　不等高梁柱连接加劲肋设置

$$(M_{b1}+M_{b2})/V_p \leqslant (4/3)f_v/\gamma_{RE} \qquad (5-72)$$

式中 M_{b1}、M_{b2} 分别为节点域两侧梁的弯矩设计值；M_{pb1}、M_{pb2} 分别为节点域两侧梁的全塑性受弯承载力；V_p 为节点域的体积；f_v、f_{yv} 分别为钢材抗剪强度设计值和钢材屈服抗剪强度（取屈服强度的 0.58 倍）；ψ 为折减系数，三、四级取 0.6，一、二级取 0.7；γ_{RE} 为节点域承载力抗震调整系数，取 0.75；t_w、h_b、h_c 分别为柱节点域的腹板厚度、梁腹板高度和柱腹板高度。

3. 柱-柱节点设计

钢框架宜采用工字形截面柱和箱形截面柱。钢骨混凝土框架部分宜采用工字形柱和十字形柱。

柱在工地接头处应设置安装耳板，耳板厚度应根据阵风和施工荷载确定，并不小于 10mm。耳板宜仅设置在柱一个方向的两侧，或柱接头受弯应力最大处。

工字形柱在工地的接头，弯矩应由翼缘和腹板承受，剪力应由腹板承受，轴力应由翼缘和腹板分担。当采用全焊接接头时，上柱翼缘应开 V 形剖口，腹板应开 K 形剖口。翼缘接头也可采用高强度螺栓连接。

箱形柱在工地的接头应全部采用焊接，其剖口应采用图 5-50（a）所示的形式。下节箱形柱的上端应设置隔板，并应与柱口平齐，厚度不宜小于 16mm。其边缘应与柱口截面一起刨平。在上节箱形柱安装单元的下部附近，尚应设置衬板，其厚度不小于 10mm。柱接头上下各 100mm 范围内，截面组装应采用剖口全熔透焊缝。非抗震设防情况下，当柱的弯矩不大且不产生拉力时，也可通过上下柱接触面直接传递 25% 的压力和 25% 的弯矩，此时柱的上下端需要刨平顶紧，并应与柱轴线垂直（图 5-50b）。

柱需要改变截面时，柱截面高度宜保持不变，而改变翼缘厚度。当需要改变柱截面高度时，对边柱宜采用图 5-51 的做法。变截面的上下端均应设置隔板。当变截面段位于梁柱接头时，变截面两端距离梁翼缘不宜小于 150mm。

十字形柱与箱形柱相连处，在两种截面的过渡段中，十字形柱的腹板应伸入箱形柱内，其伸入长度不应小于钢柱截面高度加 200mm。

4. 梁-梁节点设计

梁在工地的接头主要用于柱带悬臂梁段与梁的连接，可采用如下形式：

（1）翼缘采用全熔透焊缝，腹板采用摩擦型高强度螺栓连接；

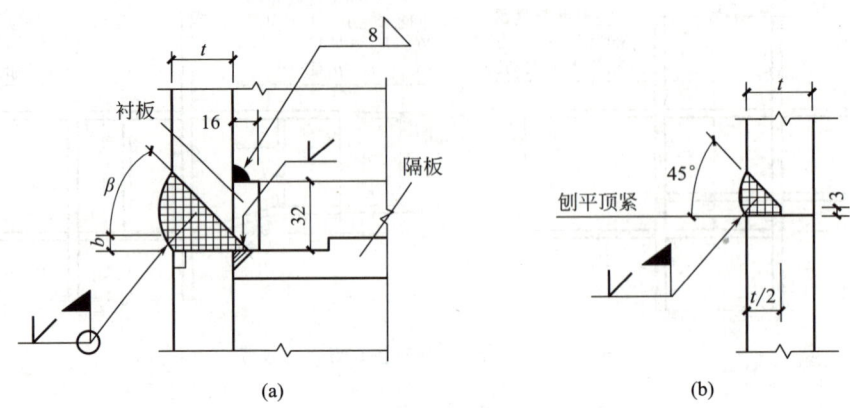

图 5-50　箱形柱的工地焊接接头做法

(a) 全熔透焊缝；(b) 部分熔透焊缝

（2）翼缘和腹板均采用摩擦型高强度螺栓连接；

（3）翼缘和腹板采用全熔透焊缝连接。

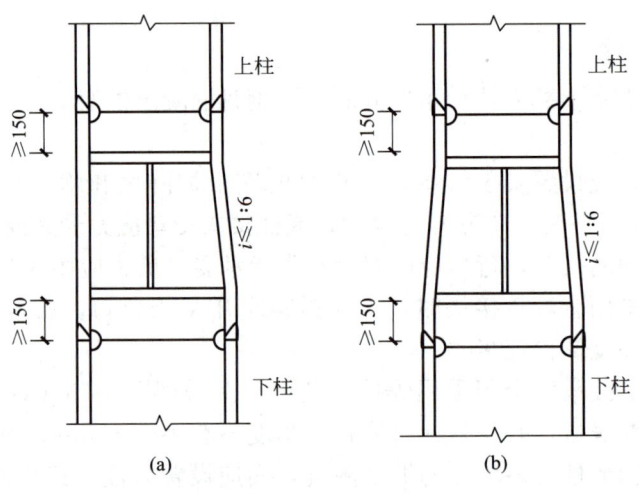

图 5-51　柱截面改变做法

梁的接头应按内力设计，此时腹板连接按承受全部剪力和分配的弯矩计算，翼缘连接按分配的弯矩计算。当接头处的内力较小时，接头承载力不应小于梁截面承载力的 50%。

次梁与主梁的连接宜采用简支连接，必要时可采用刚性连接（图 5-52）。

5. 柱脚节点设计

钢框架柱脚宜采用埋入式或外包式柱脚，仅传递轴向力的铰接柱脚可采用外露式柱脚（图 5-53）。

（1）埋入式柱脚

对于轻型工字形柱，埋入式柱脚的埋深不得小于钢柱截面高度的两倍；对于大截面 H 型钢柱和箱形柱，不得小于钢柱截面的三倍。埋入式柱脚在钢柱埋入的顶部，应设置水平

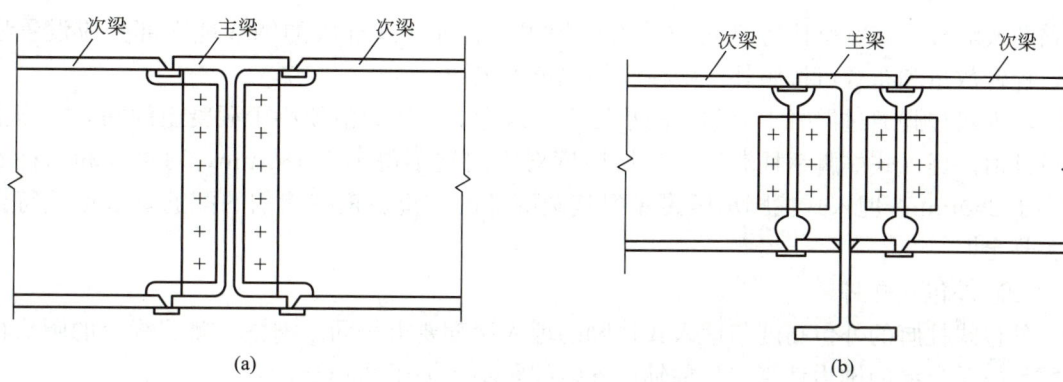

图 5-52　次梁与主梁的刚性连接

（a）等高连接；（b）不等高连接

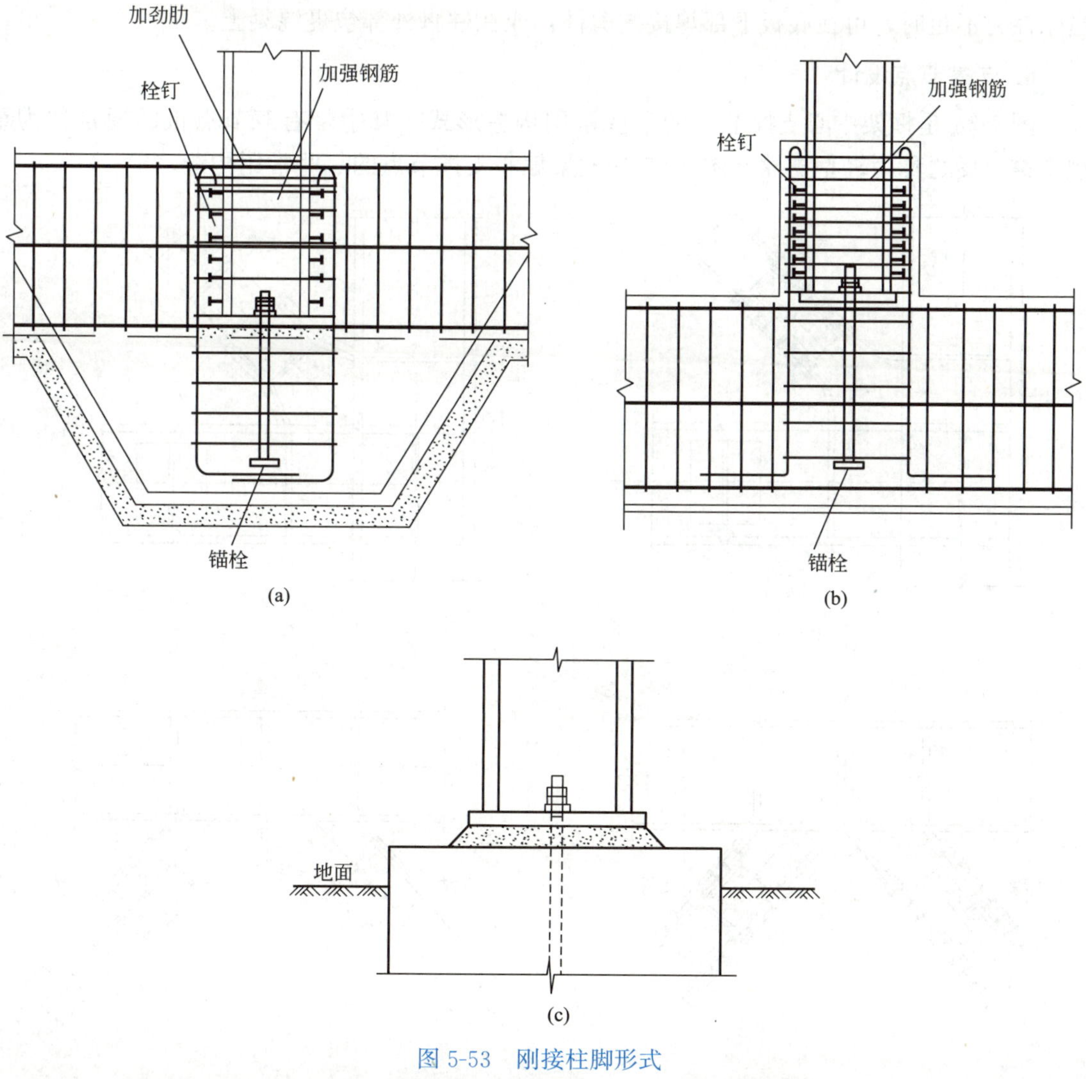

图 5-53　刚接柱脚形式

（a）埋入式柱脚；（b）外包式柱脚；（c）外露式柱脚

加劲肋或隔板，其宽厚比应满足塑性设计的规定。埋入式柱脚的钢柱埋入部分应设置栓钉，栓钉数量和布置可按照外包式柱脚的规定确定。

埋入式柱脚通过混凝土对钢柱的承压力传递弯矩，压力值须小于混凝土的轴心抗压强度设计值。埋入式柱脚钢柱翼缘保护层厚度对中间柱不得小于 180mm，对边柱和角柱不得小于 250mm。埋入式柱脚承压翼缘到基础端部的距离、钢柱周围的配筋要求也须符合相关规定。

（2）外包式柱脚

外包式柱脚的外包高度与埋入式柱脚的埋入深度要求相同。钢柱一侧翼缘上的圆头栓钉数量按照翼缘的轴力计算，且柱轴向栓钉间距不得大于 200mm。

（3）外露式柱脚

外露式柱脚底板的水平力由底板和基础混凝土之间的摩擦力传递，摩擦系数可取 0.4。当摩擦力不足时，可在底板下部焊接抗剪件，或在柱脚外部包裹混凝土。

6. 支撑节点设计

图 5-54 是框架中心支撑节点的一些常用构造形式，其中带有双节点板的通常称为重型支撑，反之称为轻型支撑。图 5-55 是框架偏心支撑节点的一些常用构造。

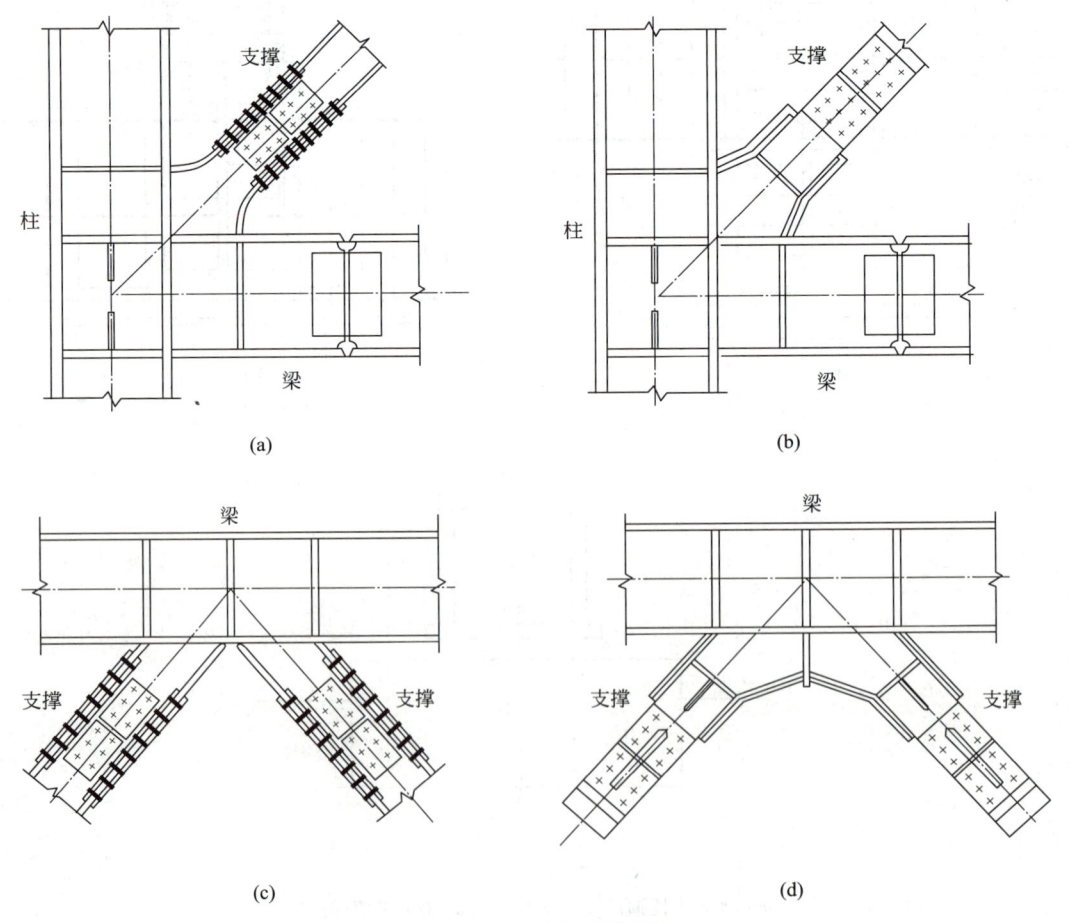

图 5-54　中心支撑节点形式

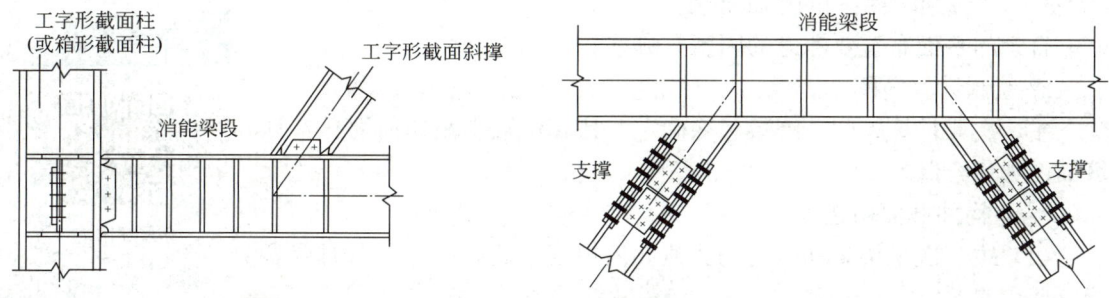

图 5-55 偏心支撑节点形式

除偏心支撑外，支撑的形心线应通过梁与柱轴线的交点，当条件受限制时，偏心距不得大于支撑杆件的宽度，且须计入偏心造成的附加弯矩影响。

在柱、梁与支撑翼缘连接的位置，应设置加劲肋（图 5-54）。加劲肋应按承受支撑轴力对柱或梁产生的竖向和水平分力计算。支撑翼缘与箱形柱连接时，在柱壁板的相应位置应设置隔板。

在抗震设防结构中，支撑宜采用 H 型钢制作，两端按刚接构造（图 5-54）。当采用焊接组合截面时，其翼缘和腹板应采用剖口全熔透焊缝连接，以免在地震作用下焊缝出现断裂。与支撑相连接的柱通常加工成带悬臂梁段的形式，以避免梁柱节点处的工地焊缝。

偏心支撑与耗能梁段相交时，支撑轴线与梁轴线的交点不得位于耗能梁段外（图 5-55）。偏心支撑的剪切屈服型耗能梁段与柱翼缘连接时，梁翼缘与柱翼缘之间应采用剖口全熔透焊缝连接。梁腹板与柱之间可采用角焊缝，焊缝强度须满足强度要求。耗能梁段不宜与工字形柱腹板连接。耗能梁段腹板加劲肋的设置应符合有关要求。

当 H 形支撑腹板放置在框架平面外且采用支托式连接时，支撑的平面外计算长度可取轴线长度的 0.7 倍。当支撑腹板位于框架平面内时，支撑的平面外计算长度可取轴线长度的 0.9 倍。

在抗震设防的结构中，支撑节点连接的最大承载力不得小于按屈服强度计算的支撑净截面强度的 1.2 倍。

 **方案设计**

提示：以北京××办公楼工程设计任务为载体，学生在教师指导下分组进行方案设计，即编写钢框架结构设计的方案。为避免计算量过大，梁截面设计选择主梁 1 进行设计计算；柱截面设计选择底层边柱进行设计计算；支撑选择十字交叉支撑进行设计计算。节点设计计算需包含次梁与主梁连接节点、主梁与柱连接节点。最后需设计所采用的其他构造措施。

任务实施

提示：根据前述方案，学生在教师的指导下完成北京××办公楼工程多层钢框架结构设计。

引导性问题：

1. 多层钢框架结构的平面布置

合理的平面布置要考虑的因素有哪些？

2. 绘制计算简图

主、次梁计算跨度、跨数怎么确定？柱脚位置支座如何简化？计算简图如何绘制？

3. 各构件截面初选

（1）主、次梁梁高和跨度的比值如何规定？截面尺寸选取时要考虑哪些因素？

参考答案

多层钢结构
设计案例

（2）柱截面尺寸选取时要考虑哪些因素？柱截面尺寸沿高度是否改变？若要改变，为什么？

（3）支撑截面采用什么形式？截面尺寸如何选取？

4. 荷载组合

（1）多层钢框架设计时要考虑的荷载种类有哪些？分别如何得到？计算时荷载是否进行折算？

（2）内力组合之后根据每种杆件类型选择最不利内力组合，并列表展示。其中梁分别按哪三种情况选择最不利内力？

5. 构件设计

（1）根据本设计中采用的楼板材料，思考设计梁时是否验算整体稳定性和局部稳定性。

（2）主梁进行强度验算时，需要验算哪些项？

（3）如何进行主梁局部稳定验算？判别标准如何计算？

（4）主梁进行挠度验算的公式是什么？最大挠度限值如何查得？

（5）以底层边柱为例进行的柱截面验算，计算长度系数如何查得？查表时要考虑哪些因素？

（6）以底层边柱为例进行柱截面验算的内容有哪些？除了验算强度、刚度外，是否进行整体稳定性和局部稳定性验算？

（7）进行支撑验算时，支撑杆件的计算长度如何取值？截面特性如何计算？

（8）进行支撑验算时，是否进行整体稳定性和局部稳定性验算？

（9）强柱弱梁验算的公式是什么？

（10）框架变形验算，需要考虑哪几种荷载引起的变形？

6. 节点设计

（1）次梁与主梁所采用的连接方式是什么？如何验算其是否满足要求？

（2）主梁加劲肋与主梁所采用的连接方式是什么？如何验算其是否满足要求？

（3）主梁与柱所采用的连接方式是什么？需要验算哪些内容？所涉及的构造要求有哪些？

7. 设计最后，还要考虑哪些其他构造措施？

任务评价

提示：由学生本人、小组同学、任课教师按表5-5中的要素分别评价。

学习活动评价表　　　　　　　　　　表 5-5

评价项目	评价内容及标准				学习得分			
	优秀 （85～100分）	良好 （75～85分）	中等 （60～75分）	尚需努力 （60分以下）	学生自评	小组评分	教师评分	平均分
方案设计	方案设计合理,团队成员任务分工明确	方案设计较合理,团队成员任务分工较明确	方案设计基本合理,团队成员任务分工基本明确	方案设计不合理,需重新设计,否则得分为零				
学习态度	学习积极性高,态度端正,学习兴趣浓	学习积极性中,态度较端正	学习积极性低,态度不端正	学习积极性很低,态度很不端正				
团结协作意识	团队意识强分工合作优秀	团队意识较强	团队意识中等	团队意识较差				
规范意识	积极主动查询关于多层钢框架设计中涉及的相关标准规范、图集	查询多层钢框架设计中涉及的相关标准规范、图集较积极	有查询多层钢框架设计中涉及的相关标准规范、图集的意识	不重视对相关标准规范、图集的查阅				
严谨务实	高标准完成布置的多层钢框架设计工作任务,解决设计过程中遇到问题的能力强	较好完成布置的多层钢框架设计工作任务,解决设计过程中遇到问题的能力较强	基本能够完成布置的多层钢框架设计工作任务,解决设计过程中遇到问题的能力一般	不能够完成布置的多层钢框架设计工作任务,解决设计过程中遇到问题的能力较差				
学用结合能力	熟练掌握多层钢框架设计的基本知识,设计成果完全达到教学要求	较好掌握多层钢框架设计的基本知识,设计成果较好地达到教学要求	基本掌握多层钢框架设计的基本知识,设计成果基本达到教学要求	不熟悉多层钢框架设计的基本知识,设计成果达不到教学要求				
理论联系实际	能够很好地为结构整体设计、施工图识读等后续课程学习做铺垫	能够为后续课程学习做铺垫	基本能够为后续课程学习做铺垫	对为后续课程学习铺垫的认识体会不够				
备注	学生最终考核得分为平均分＝（学生自评＋小组评分＋教师评分）/3							

学习反思

提示：由学生完成。可从多层钢框架设计内容掌握是否扎实、设计前是否自觉主动查阅资料、设计过程是否仔细认真、是否自主完成等方面进行反思总结。

■■ **任务小结**

1. 钢框架结构主要由框架柱、框架梁、支撑等构件组成，可分为纯框架体系和框架-支撑体系。纯框架体系横向和纵向均采用框架作为承重和抵抗侧向力的主要构件。框架-支撑体系由框架和支撑协同工作，支撑承受大部分的侧向力。支撑可分为中心支撑和偏心支撑。

2. 框架应沿横向和纵向布置，形成双向抗侧力结构。框架应纵、横向刚度均匀，构件传力明确、类型统一，节点构造简单。支撑布置应均匀、对称，数量、形式及刚度应根据建筑物的高度、水平作用等情况确定。

3. 楼盖结构一般由楼板和梁系组成，梁系包含主梁和次梁。楼板宜采用压型钢板现浇钢筋混凝土组合楼板或钢筋混凝土楼板，不宜采用预制钢筋混凝土楼板，高度不大且无抗震设防的建筑，可采用装配整体式楼板。楼板和梁系之间应有可靠的连接，以传递水平剪力。楼盖必须有足够的整体刚度，以保证结构的空间协调工作。

4. 钢框架结构的荷载和作用主要有永久荷载、活荷载、雪荷载、积灰荷载、风荷载等。

5. 钢框架结构可采用平面抗侧力结构的空间协同计算模型。当结构布置规则、质量和刚度沿高度分布均匀、不计扭转效应时，可采用平面计算模型。当结构布置不规则、体型复杂、无法划分成平面抗侧力单元时，应采用空间计算模型。

6. 压型钢板钢-混凝土组合楼板的设计包括施工阶段验算和正常使用阶段计算。施工阶段应验算压型钢板的强度、稳定和变形。正常使用阶段应计算组合板的抗弯强度、抗剪强度、局部抗冲切、界面粘结，以及组合板的变形、频率等。

7. 钢-混凝土组合梁的设计包括施工阶段验算和正常使用阶段计算。施工阶段应验算钢梁的强度、稳定和变形。正常使用阶段应计算组合梁的抗弯强度、抗剪强度、混凝土板纵向抗剪强度、连接件强度，以及组合梁的变形等。

8. 框架节点设计包括梁-柱节点、柱-柱节点、梁-梁节点、支撑节点和柱脚节点。节点一般按弹性设计。

9. 梁柱连接有刚性连接、柔性连接和半刚性连接，多层钢结构梁与柱之间一般采用刚性连接。刚性连接有焊接、螺栓连接和栓焊混合连接三种做法。梁柱刚性连接时，需要验算连接在弯矩和剪力下的承载力，同时需验算节点域处柱腹板的强度和稳定。

10. 钢框架柱脚常采用埋入式或外包式柱脚。埋入式柱脚的埋深、水平加劲肋或隔板设置及宽厚比、柱脚钢柱翼缘保护层厚度、承压翼缘到基础端部的距离、钢柱周围的配筋要求需满足相关规定。外包式柱脚底部的弯矩全部由外包钢筋混凝土承受，需计算其抗弯承载力和抗剪承载力。

思考题

1. 简述多层建筑钢结构的结构体系、特点和适用范围。
2. 框架-支撑体系中，竖向支撑应怎么布置？
3. 简述中心支撑和偏心支撑的区别和受力特点。
4. 多层建筑钢结构的楼盖形式有几种？简述楼盖组成。
5. 竖向荷载和水平荷载作用下框架内力可采用什么方法计算？
6. 如何增加压型钢板与混凝土之间的粘结力？
7. 简述组合梁塑性设计的主要内容。
8. 简述框架梁柱节点连接的主要形式。
9. 简述框架柱脚节点的主要形式。

任务 5.3　门式刚架轻型钢结构设计

　　知识目标：

1. 掌握轻型门式刚架的结构布置；
2. 理解常用节点构造。

　　能力目标：

能判断门式刚架构造正确与否。

　　育人目标：

培养学生爱岗敬业、不惧困难、勇于创新的工匠精神，将社会主义核心价值观内化于心、外化于行。

钢结构与智能建造

　　中国杭州 G20 峰会新闻中心、安保中心装配式场馆建设项目中成功应用可循环自约束钢结构建筑体系，将智能制造与智能建造紧密结合，实现了装配式场馆的快速拆装和可循环建设，取得了非常好的效果，并形成两部团体标准，可以为类似装配式场馆建设提供参考。本项目装配式场馆拆除后，已循环应用于 2017 年中国厦门金砖国家峰会（G5）、中国台湾大学生运动会等多个项目，可循环自约束钢结构建筑体系受到各界赞誉。

5.3.1　门式刚架的组成及布置

1. 结构形式

门式刚架又称山形门式刚架，是梁、柱单元构件的组合体，其形式种类众多。通常情况下，门式刚架可分为单跨（图 5-56a、d）、双跨（图 5-56b、e、f）、多跨（图 5-56c）、带挑檐的（图 5-56d）和带毗屋的（图 5-56e）刚架等形式。多跨刚架宜采用双坡（图 5-56c、h）或单坡屋盖，必要时也可采用由多个双坡屋盖组成的多跨刚架形式。当需要设置夹层时，夹层可沿纵向设置（图 5-56g）或设置在横向端跨（图 5-56h）。

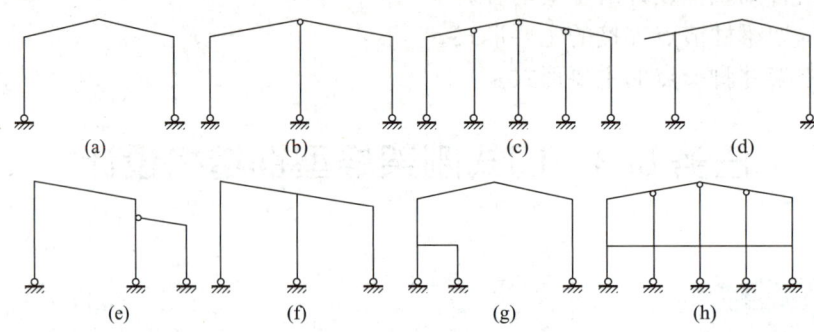

图 5-56　门式刚架的结构形式示例

（a）单跨双坡刚架；（b）双跨双坡刚架；（c）四跨双坡刚架；（d）带挑檐刚架
（e）双跨单坡（毗屋）刚架；（f）双跨单坡刚架；（g）纵向带夹层刚架；（h）端跨带夹层刚架

根据跨度、高度和荷载不同，门式刚架的梁、柱可采用变截面或等截面实腹焊接工字形截面或 H 形截面。一般情况下，变截面构件通过改变腹板的高度做成楔形截面，必要时也可改变腹板厚度。变截面梁端高度不宜小于跨度的 $1/40$，中段高度则不小于跨度的 $1/60$，等截面梁的截面高度，一般取跨度的 $1/40 \sim 1/30$。变截面柱在铰接柱脚处的截面高度不宜小于 200mm。当设有桥式吊车时，刚架柱宜采用等截面构件，其截面高度不宜小于柱高的 $1/20$。结构构件在安装单元内一般不改变翼缘截面，必要时可改变翼缘厚度。邻接的安装单元可采用不同的翼缘截面，但两单元相邻截面高度宜相等。

门式刚架可由多个梁、柱单元构件组成。刚架柱一般为独立单元构件，刚架梁可根据运输条件划分为若干个单元。单元构件本身采用焊接，单元构件之间可通过端板用高强度螺栓连接。

门式刚架的柱脚多按铰接支承设计，通常为平板支座，设一或两对地脚锚栓。当用于工业厂房且有 5t 以上桥式吊车时，柱脚宜设计成刚接。

当门式刚架跨度较大时，中间柱上下两端均采用铰接形式，称之为摇摆柱。摇摆柱只用于承担竖向荷载，不能用于承担水平荷载及提供侧向刚度。

轻型门式刚架房屋的屋面坡度宜取 $1/20 \sim 1/8$，在雨水较多地区宜取用较大值。此外，多跨刚架采用双坡或单坡屋顶有利于屋面排水，在多雨地区宜采用这些形式。

根据通风、采光的要求，轻型门式刚架房屋可设置通风口、采光带和天窗架等。

2. 结构布置

轻型门式刚架房屋的结构布置主要包括柱网尺寸、温度区段、檩条及墙梁布置、支撑和系杆布置等。

(1) 柱网

轻型门式刚架房屋的柱网尺寸一般由生产工艺要求和建筑使用功能决定。特别是工业建筑各种生产工艺流程所需的设备、产品尺寸、生产空间，以及民用或公共建筑的空间分区、房间的使用功能等均是决定刚架跨度及柱距的重要因素。门式刚架的跨度应取横向刚架柱轴线间的距离，其单跨跨度宜为 12～48m，如有依据，可采用更大跨度。虽然门式刚架的跨度没有严格的模数限制，但习惯上仍采用 3m 的倍数。当边柱宽度不等时，其外侧应对齐。

门式刚架的间距（即柱网轴线在纵向的距离）除考虑生产工艺要求及建筑使用功能外，还应考虑刚架跨度、荷载情况和使用条件等，一般宜采用 6～9m，最大可用到 12m，跨度较小时可用 4.5m。当柱距超过 10m，门式刚架屋面系统的用钢量会显著增加，一般需设置托架或托梁。

挑檐长度可根据使用要求确定，宜为 0.5～1.2m，其上翼缘坡度宜与刚架梁坡度相同。门式刚架的高度，应取地坪至柱轴线与刚架梁轴线交点的高度，主要根据使用要求的室内净高确定，有吊车的厂房应根据轨顶标高和吊车净空要求确定，宜取 4.5～9m，必要时可适当放大，但不宜大于 18m。

(2) 温度区段

结构构件在环境温度发生改变时产生伸缩变形，如果变形受到约束，在结构及主要受力构件内部产生温度应力。目前，精确计算结构内部的温度应力仍比较困难，通常设置温度变形缝，将较长、较宽的结构分为若干个独立部分，称为温度区段。《门式刚架规范》规定，纵向温度区段不大于 300m，横向温度区段不大于 150m。当满足上述规定时，可不计算门式刚架的温度应力。当有合理的计算依据时，温度区段长度也可适当增加。当不满足上述规定时，需设置温度伸缩缝，通常有两种做法：一是在搭接檩条的螺栓连接处采用长圆孔，并使该处屋面板在构造上允许胀缩；二是设置双柱。

(3) 檩条及墙梁布置

屋面檩条的布置，应考虑天窗、通风屋脊、采光带、屋面材料、檩条供货规格等因素影响，采用等间距布置。屋脊两侧通常各布置一根檩条，双檩间距一般小于 400mm，以避免屋面板外伸悬挑过长。檐口檩条的布置需考虑天沟位置及宽度。

门式刚架房屋墙梁的布置应考虑设置门窗、挑檐、遮阳和雨篷等构件和围护材料的要求。门式刚架房屋的侧墙采用压型钢板做围护墙面时，墙梁宜布置在钢架柱的外侧，其间距应根据墙板版型和规格确定，且不应大于计算要求的值。

(4) 支撑布置

门式刚架支撑系统主要包含屋面支撑系统和柱间支撑系统。支撑体系的设置应遵循布置均匀、传力简捷、结构对称、形式统一、经济可靠的原则。

1) 在每个温度区段或者分期建设的区段中，应分别设置能独立构成空间稳定结构的支撑体系。在设置柱间支撑开间的同时设置屋面横向支撑，以组成完整的空间稳定体系。

2）屋面横向支撑宜设在温度区段端部的第一或第二开间，当支撑设置在端部第二开间时，在第一开间的相应位置需设置刚性系杆。在门式刚架转折处，如单跨房屋边柱柱顶和屋脊处、多跨刚架某些中间柱顶和屋脊处等，均应沿房屋全长设置刚性系杆。

3）由支撑斜杆等组成的水平桁架，其直腹杆宜按刚性系杆考虑。刚性系杆也可采用檩条兼作，此时檩条应满足压弯构件的承载力及刚度要求。若不满足，可在刚架梁间增设钢管、H型钢或其他截面的杆件。

4）柱间支撑一般设置在边墙柱列，当建筑物宽度大于60m时，在内柱列宜适当设置柱间支撑。有吊车时，每个吊车跨两侧柱列均应设置吊车柱间支撑。

5）同一柱列不宜混用刚度差异大的支撑形式。在同一柱列设置的柱间支撑共同承担该柱列的水平荷载，水平荷载按各支撑的刚度进行分配。若无法实现不同柱列间的抗侧刚度与其承受的风荷载或地震作用相匹配时，应采用力学方法进行空间建模分析，以确定内力在各列支撑上的分配。

6）柱间支撑的间距应根据房屋纵向受力情况、纵向柱距及温度区段等情况确定。无吊车时，一般取30~45m或4~6个开间，端部柱间支撑宜设置在房屋端部的第一或第二开间内。当有吊车时，吊车牛腿下部支撑宜设置在温度区段中部，且柱间支撑最大间距不宜超过50m。

7）当房屋高度大于柱距2倍时，柱间支撑宜分层设置。当沿柱高有质量集中点、吊车牛腿或矮屋面连接点时应设置相应支撑点。

8）门式刚架的柱间支撑宜采用带张紧装置的十字交叉圆钢支撑，圆钢应采用特制的连接件与梁、柱腹板连接。连接件应能适用不同夹角，圆钢端部均应有丝扣，校正定位后宜采用花篮螺栓张紧固定。圆钢支撑与构件的夹角应控制在45°~60°之间，宜接近45°。

9）当设有起重量不小于5t的桥式吊车时，宜采用型钢交叉支撑。当房屋不允许设置柱间支撑时，需设置纵向刚架。

5.3.2 连接和节点构造

受运输长度所限，需将长度超过12m的刚架梁分段制作，刚架的主要构件在运送到现场后通过高强度螺栓相连。门式刚架结构的主要节点有：梁与柱的拼接节点、梁与梁的拼接节点、梁与摇摆柱的连接节点、搁置吊车梁的牛腿节点及柱脚节点等。

1. 梁与柱及梁与梁的拼接节点

门式刚架的刚架梁与刚架柱之间采用刚性连接，以确保门式刚架结构的整体刚度和承载力，通常采用高强度螺栓端板连接节点，可采用端板竖放（图5-57a）、端板平放（图5-57b）和端板斜放（图5-57c）三种形式。刚架梁与刚架柱连接节点的受拉侧，宜采用外伸式端板，且刚架梁端板连接的柱翼缘部位应与端板等厚。刚架梁中部或屋脊拼接时宜使端板与构件外边缘垂直，且应采用外伸式连接，并使翼缘内外螺栓群中心与翼缘中心重合或接近（图5-27d、e）。为确保外伸端板的刚度及强度，应增设加劲肋，其长短边之比宜大于1.5∶1，不满足时可增加端板厚度。

当刚架梁与刚架柱的连接节点因设计高强度螺栓数量过多而导致无法布置时，可采用

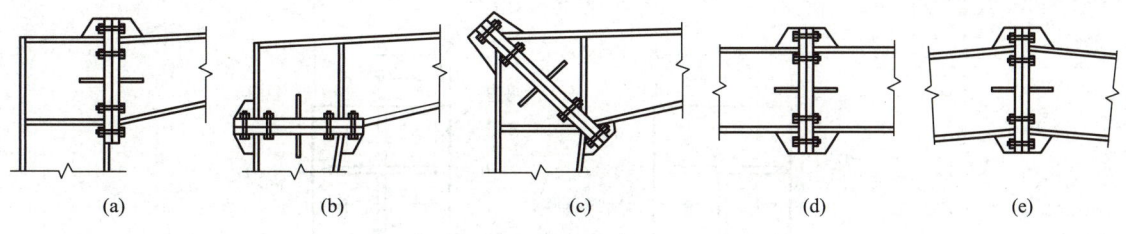

图 5-57 刚架梁的连接节点

（a）端板竖放；（b）端板平放；（c）端板斜放；（d）刚架梁中间拼接；（e）刚架梁屋脊拼接

端板斜放的连接形式，利于布置螺栓，加长了抗弯连接的力臂。端板斜放无法达到理想刚接要求，在梁柱连接节点设置斜向加劲肋可显著提高节点的抗弯刚度，可与端板竖放或横放配合使用。

为满足节点强度要求，端板连接中需采用高强度螺栓摩擦型或承压型连接，不允许使用普通螺栓代替高强度螺栓。高强度螺栓承压型连接可用于承受静力荷载和间接承受动力荷载的结构，重要结构或直接承受动力荷载的结构应采用高强度螺栓摩擦型连接。此外，应按规范要求对高强度螺栓施加预拉力，以增强节点转动刚度，这是确保端板连接节点出现理想破坏模式的重要前提。端板连接节点只承受轴向力和弯矩作用或剪力较小时，摩擦面可不作专门处理。

端板节点螺栓宜成对布置。在受拉翼缘和受压翼缘的内外两侧各设一排，并宜使每个翼缘的四个螺栓的中心与翼缘中心重合。螺栓排列应符合构造要求，螺栓中心至翼缘板表面距离，应满足拧紧螺栓时的施工要求，不宜小于 35mm。螺栓端距不应小于 2 倍螺栓孔径，螺栓中距不应小于 3 倍螺栓孔径。两排螺栓之间的最大距离不宜超过 400mm，最小距离为 3 倍螺栓直径。

端板连接应按所受到最大内力和能够承受不小于较小被连接截面承载力的一半设计，并取最大值。端板连接节点设计包括端板连接高强度螺栓设计、端板厚度确定、节点域剪应力验算、端板螺栓处构件腹板强度验算、端板连接刚度验算。

（1）端板连接高强度螺栓设计

端板连接高强度螺栓应验算高强度螺栓在拉力、剪力或拉剪共同作用下的强度，具体方法见上册教学单元 7。

（2）端板厚度确定

端板连接节点的梁翼缘、腹板和加劲肋将端板分割为若干区格，在高强度螺栓的拉力作用下区格内的端板达到极限状态，形成塑性铰线，可根据极限平衡法确定在端板产生塑性破坏时所需的最小厚度。因此，各种支承条件下端板区格厚度分别按下列公式确定（图 5-58）。

1）伸臂类区格

$$t \geqslant \sqrt{\frac{6e_f N_t}{bf}} \tag{5-73a}$$

2）无加劲肋类区格

$$t \geqslant \sqrt{\frac{3e_w N_t}{(0.5a + e_w)f}} \tag{5-73b}$$

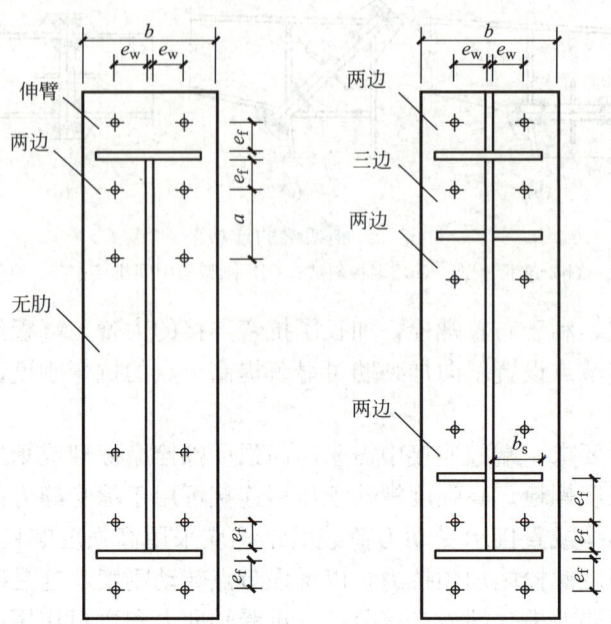

图 5-58　端板的支承条件

3）两临边支承类区格

当端板外伸时：

$$t \geqslant \sqrt{\frac{6e_f e_w N_t}{[e_w b + 2e_f(e_f + e_w)]f}} \qquad (5\text{-}73c)$$

当端板平齐时：

$$t \geqslant \sqrt{\frac{12e_f e_w N_t}{[e_{wb} + 4e_f(e_f + e_w)]f}} \qquad (5\text{-}73d)$$

4）三边支承类区格

$$t \geqslant \sqrt{\frac{6e_f e_w N_t}{[e_w(b + 2b_s) + 4e_f^2]f}} \qquad (5\text{-}73e)$$

式中 N_t 为一个高强度螺栓的受拉承载力设计值；e_w、e_f 分别为螺栓中心至腹板和翼缘板表面的距离；b、b_s 分别为端板和加劲肋板的宽度；a 为螺栓间距；f 为端板钢材的抗拉强度设计值。

端板厚度取以上各种支承条件确定板厚的最大值，但不应小于 16mm 及 0.8 倍的高强度螺栓直径。

（3）节点域剪应力验算

刚架梁与刚架柱相交的节点域（图 5-59a）抗剪承载力应满足下式要求：

$$\tau = \frac{M}{d_b d_c t_c} \leqslant f_v \qquad (5\text{-}74)$$

式中 d_c、t_c 分别为节点域的宽度和厚度；d_b 为刚架梁端部高度或节点域高度；M 为节点承受的弯矩，对多跨刚架中间柱处，应取两侧刚架梁端弯矩的代数和或柱端弯矩；f_v 为节点

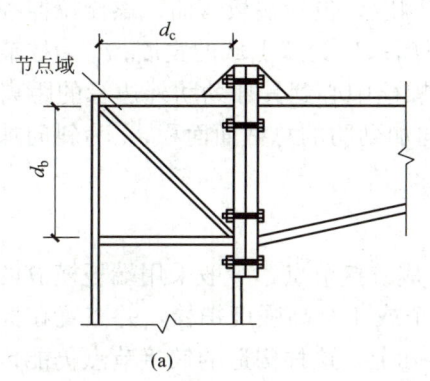
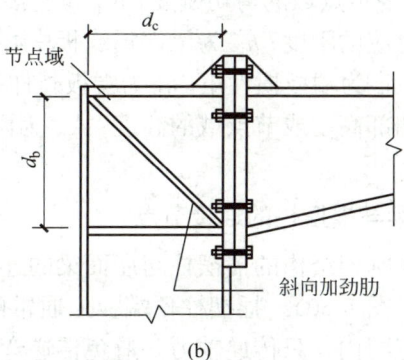

图 5-59 刚架梁与刚架柱相交的节点域

域钢材的抗剪强度设计值。

（4）端板螺栓处构件腹板强度验算

门式刚架构件的翼缘和端板或柱底板的连接，当翼缘厚度大于 12mm 时宜采用全熔透对接焊缝。其他情况宜采用等强连接角焊缝。在端板设置螺栓处，应按下列公式验算构件腹板的强度：

当 $N_2 \leqslant 0.4P$ 时：

$$\frac{0.4P}{e_w t_w} \leqslant f \tag{5-75}$$

当 $N_2 > 0.4P$ 时：

$$\frac{N_{t2}}{e_w t_w} \leqslant f \tag{5-76}$$

式中 N_{t2} 为翼缘内第二排一个螺栓的轴向拉力设计值；P 为一个高强度螺栓的预拉力设计值；e_w 为螺栓中心至腹板表面的距离；t_w 为腹板厚度；f 为腹板钢材的抗拉强度设计值。

（5）端板连接刚度验算

进行门式刚架内力计算时，常假定梁柱连接节点为理想刚接，为使得节点的实际刚度与假定的理想刚度相一致，端板连接刚度需按以下公式进行验算：

$$R \geqslant kEI_b/l_b \tag{5-77}$$

式中 R 为刚架梁柱转动刚度；I_b 为刚架横梁跨间的平均截面惯性矩；l_b 为刚架横梁跨度；k 为系数，刚架无摇摆柱时取 25，刚架中柱为摇摆柱时可增大到 40 或 50。

端板节点的变形主要包含：（1）节点域的剪切变形；（2）端板的弯曲变形、螺栓拉伸变形及柱翼缘的弯曲变形。因此，端板节点的转动刚度也来源于这两部分，可按公式（5-78）计算：

$$R = \frac{1}{1/R_1 + 1/R_2} = \frac{R_1 + R_2}{R_1 + R_2} \tag{5-78}$$

当节点域未设斜向加劲肋时：

$$R_1 = Gh_1 d_c t_p \tag{5-79a}$$

当节点域设置斜向加劲肋时：

$$R_1 = Gh_1 d_c t_p + Ed_b A_{st} \cos^2\alpha \sin\alpha \tag{5-79b}$$

$$R_2 = \frac{6EI_e h_1^2}{1.1 e_f^3} \tag{5-80}$$

式中 R_1 为节点域的剪切刚度；R_2 为连接的弯曲刚度，包括端板弯曲、螺栓拉伸和柱翼缘弯曲所对应的刚度；h_1 为梁端翼缘板中心间的距离；d_c 为节点域的宽度；t_p 为柱节点域腹板厚度；I_e 为端板惯性矩；e_f 为端板外伸部分的螺栓中心到其加劲肋外边缘的距离；d_b 为刚架梁端部高度或节点域的高度；A_{st} 为两条斜向加劲肋的总截面面积；α 为斜向加劲肋的倾角。

2. 梁与摇摆柱的连接节点

门式刚架结构的摇摆柱与屋面梁的连接设计成铰接节点，一般采用端板横放的顶接连接方式（图 5-60）。摇摆柱顶端板上通常配置 2 个或 4 个高强度螺栓，并布置在摇摆柱腹板高度范围内，只传递轴力，避免传递弯矩。实际上，这种构造的铰接节点仍能传递部分弯矩，为减小刚架梁下翼缘的面外弯曲变形，应在刚架梁腹板上布置加劲肋，该加劲肋即可沿刚架梁腹板全高布置，也可沿半高布置（图 5-60c）。

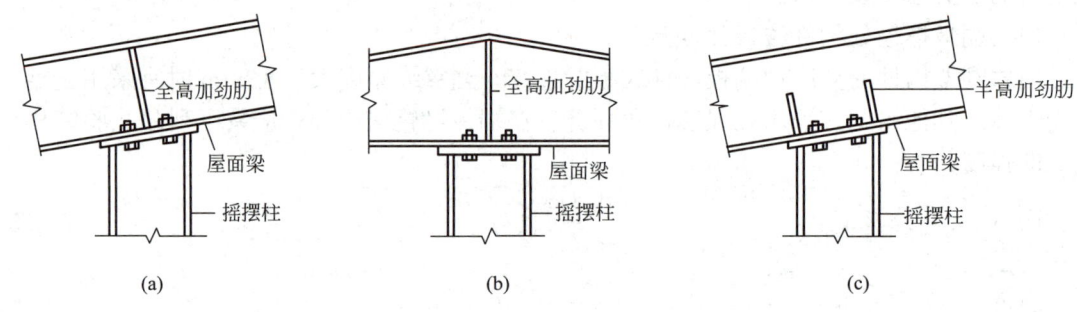

$$\text{(a)} \qquad\qquad \text{(b)} \qquad\qquad \text{(c)}$$

图 5-60　屋面梁与摇摆柱的连接

3. 吊车梁牛腿节点

当门式刚架结构中设有桥式吊车时，需在刚架柱上设置牛腿，牛腿与刚架柱焊接连接，构造见图 5-61。

牛腿一般采用焊接工字形截面，根部截面尺寸根据剪力 V 和弯矩 M 按下式计算确定：

$$V = 1.2P_D + 1.4D_{max} \tag{5-81}$$

$$M = Ve \tag{5-82}$$

式中 P_D 为吊车梁及轨道在牛腿上产生的反力；D_{max} 为吊车最大轮压在牛腿上产生的最大反力；e 为吊车梁中心到牛腿根部的距离。

牛腿根部上翼缘和下翼缘与刚架柱翼缘之间采用熔透的对接焊缝，牛腿腹板与刚架柱翼缘之间也可采用角焊缝连接，焊脚尺寸由设计剪力 V 确定。当采用变截面牛腿时，端部截面高度 h 不宜小于根部截面高度的一半。在吊车梁对应位置的牛腿腹板应设置支承加劲肋。吊车梁下翼缘与牛腿上翼缘之间可采用高强度螺栓连接，且宜设置长圆孔，高强度螺栓直径根据需要选用，常采用 M16～M24 螺栓。

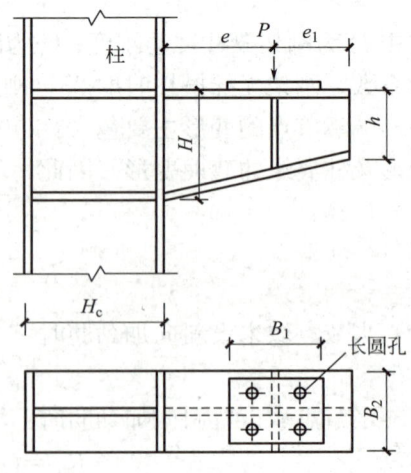

图 5-61　吊车梁牛腿构造

4. 柱脚节点

柱脚是连接柱子与基础的节点，其主要作用是可靠地将柱身内力传递给基础，并同基础有牢固的连接。门式刚架柱脚一般采用平板式铰接柱脚（图 5-62a、b），当有桥式吊车或刚架需要较大抗侧刚度时，则采用刚接柱脚（图 5-62c、d）。本节重点论述平板式铰接柱脚的构造及设计过程。

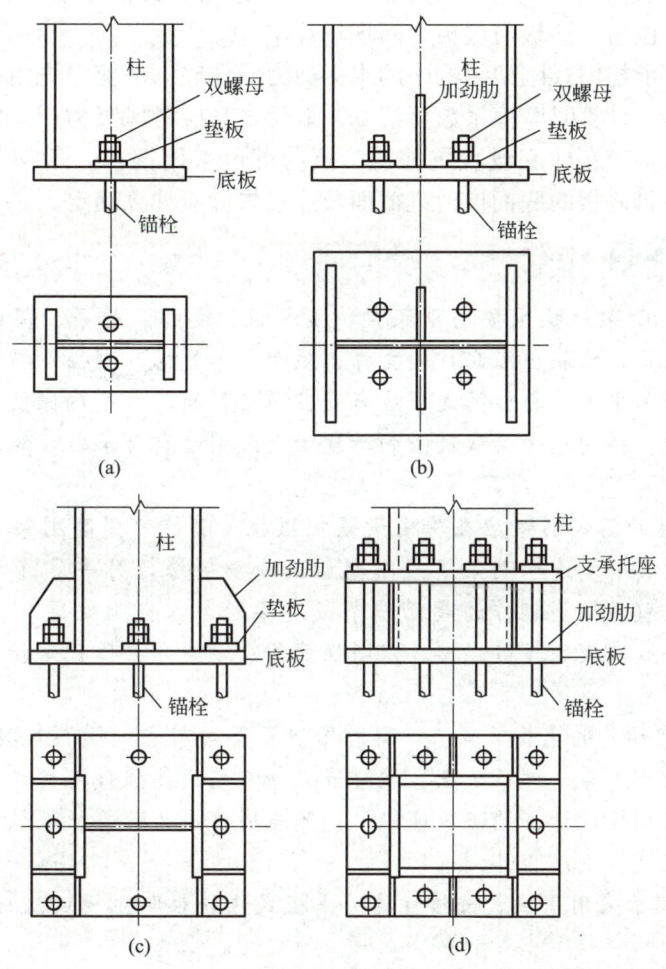

图 5-62　门式刚架常用柱脚形式

（a）两个锚栓铰接柱脚；（b）四个锚栓铰接柱脚；（c）带加劲肋刚接柱脚；（d）带靴梁刚接柱脚

平板式铰接柱脚主要由底板、锚栓、垫板、抗剪键等构成。底板焊接于刚架柱底部，并直接搁置在混凝土基础顶部。刚架柱的轴向压力通过底板直接扩散给基础，底板增加了刚架柱与基础顶面的接触面积，避免了基础顶部混凝土的压溃破坏。

锚栓的主要作用是固定柱脚位置和承担拉力。当门式刚架遭受较大风荷载作用时，会导致部分刚架柱受拉，锚栓应可靠地传递柱中拉力，锚栓的直径及数量应根据计算确定。当计算带有柱间支撑的柱脚锚栓的上拔力时，应计及柱间支撑产生的最大竖向分力，且不考虑活荷载（雪荷载）、积灰荷载和附加荷载影响，同时恒荷载分项系数应取 1.0。计算锚栓的受拉承载力时，应采用螺纹处的有效截面面积。锚栓应埋入混凝土基础一定长度，称为锚固长度。为增强锚栓的锚固能力，通常在其端部设置弯钩或焊接钢板。柱脚锚栓应采用 Q235 或 Q345 钢材制作，直径不宜小于 24mm。锚栓应采用双螺母以避免松动或脱落。

工程施工时锚栓预埋于混凝土基础中，由于土建施工精度较低，锚栓偏位现象时常发生，为便于门式刚架安装，柱脚底板的锚栓孔洞常开设比锚栓直径大 2～3cm，需在螺母下面设置垫板。一般情况下，垫板与底板等厚，所钻孔洞直径比锚栓直径大 1.5～2mm，在门式刚架安装就位后，垫板与底板之间现场焊牢。

柱脚锚栓不宜承担门式刚架结构中的水平剪力。柱底水平剪力先由底板与混凝土基础之间的摩擦力承担，计算时摩擦系数可按 0.4 取用，且应考风吸力产生的上拔力影响。当柱底摩擦力不足时，应在柱底设置抗剪键。抗剪键可采用钢板、角钢、槽钢或工字钢制作，垂直焊接于柱脚底板的底面抗剪键截面及连接焊缝应计算确定。

任务小结

1. 轻型门式刚架结构主要由刚架梁、刚架柱、支撑、檩条、屋面板等构成。门式刚架为平面结构，需联合纵向柱间支撑、屋面水平支撑、刚性系杆等构件形成空间稳定体，且屋面水平支撑与柱间支撑应布置在同一柱间，这是确保门式刚架结构可靠传递内力的关键。横向水平荷载及竖向荷载由门式刚架自身承担，纵向水平荷载由柱间支撑承担。

2. 较大跨度的门式刚架应在跨中设置摇摆柱。隔撑可提高刚架梁或刚架柱的整体稳定承载力，其一端连于刚架梁或刚架柱的受压翼缘，另一端连于屋面檩条或墙梁。采用冷弯薄壁卷边型钢作为屋面檩条或墙梁时，需在刚架梁或刚架柱上设置檩托，檩托与檩条或墙梁的腹板连接，以增强檩条及墙梁的整体稳定性，并阻止其在端部产生扭转。

3. 门式刚架结构的主要节点有：梁柱节点、梁梁节点、梁与摇摆柱的连接节点、牛腿节点及柱脚节点等。梁柱节点、梁梁节点通常采用高强度螺栓端板连接。端板连接节点设计包括螺栓设计、端板厚度确定、节点域剪应力验算、端板螺栓处构件腹板强度验算、端板连接刚度验算。

4. 门式刚架常采用平板式铰接柱脚。平板式铰接柱脚主要由底板、锚栓、垫板、抗剪键等构成。

思考题

1. 当门式刚架在水平风荷载作用下的柱顶侧移不满足规范限值要求时，可采用何种措施调整？

2. 在多跨门式刚架结构中，为何采用单脊双坡的结构形式比采用多脊多坡的结构形式好？

3. 门式刚架结构中梁与柱的刚性连接有哪几种连接形式？

任务 5.4 桁架和网架结构设计

知识目标：

1. 熟悉桁架、网架结构形式；

2. 理解桁架、网架的一般构造要求。

能力目标：

能够认识各类桁架、网架结构形式。

育人目标：

培养创新意识，滋养人文底蕴。

5.4.1 桁架结构

桁架结构体系由平面或空间桁架组成，构件为圆管或矩形管，杆件与杆件之间的连接节点直接焊接，称为相贯节点或管节点。在相贯节点处，在同一轴线上的主管（弦管）贯通，其余杆件（支管或腹杆）直接焊接在贯通主管（弦杆）的外表面上，非贯通杆件在节点部位可能有一定间隙（间隙型节点），也可能部分重叠（搭接型节点）。与网架和网壳结构相比，桁架结构的节点形式简单，在节点处主管连通，整个屋盖外形优美流畅。桁架结构以桁架为基础，多应用于公共建筑，其外形要与其用途相结合。

1. 桁架的结构形式

（1）按构件的截面形式划分

根据连接构件的截面形式，桁架结构可以划分为圆钢管桁架结构、矩形钢管桁架结构和矩形截面主管与圆形支管桁架结构。

圆钢管桁架结构的主管和支管均为圆管，圆管相交的节点相贯线为空间的马鞍形曲线，设计、加工、放样比较复杂。钢管相贯线自动切割机的发明和使用，促进了圆管桁架结构的发展应用，是目前国内应用最为广泛的一种。

矩形钢管桁架结构的主管和支管均为方钢管或矩形钢管，方钢管和矩形钢管为闭口截面，抗压和抗扭性能好，用其直接焊接组成的方管桁架，节点形式简单、外形美观，在国外得到广泛的应用，近年国内也开始使用。

矩形截面主管与圆形支管直接相贯焊接构成的管桁架形式新颖，能充分利用圆形截面管做轴心受力构件，矩形截面管做压弯或拉弯构件。矩形管与圆管相交的节点相贯线均为圆或椭圆曲线，比圆管相贯的空间曲线易于设计与加工。

（2）按桁架的外形划分

根据桁架的外形可以将桁架分为曲线形桁架（图 5-63）与直线形桁架（图 5-64）。常用的曲线形桁架有鱼腹形（图 5-63a）和平行弦形（图 5-63b）。

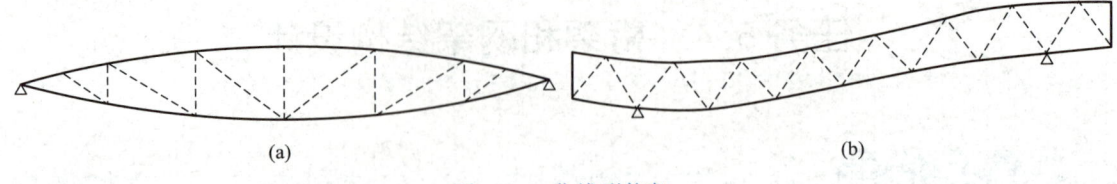

图 5-63 曲线形桁架

（a）鱼腹形；（b）平行弦形

直线形桁架多用于一般的平板形屋架。然而随着社会对美学要求的不断提高，为了满足空间造型的多样性，桁架结构多做成各种曲线形状，丰富了结构的立体效果。在设计曲线形桁架结构时，为了降低加工成本，有时杆件仍然加工成直杆，由折线近似代替曲线。如果要求较高，则可以采用弯管机将钢管弯成曲管，这样建筑效果会更好。

（3）按桁架截面外形划分

根据受力特性和杆件布置，桁架结构可分为平面桁架结构和立体桁架结构。

平面桁架结构的上弦、下弦和腹杆都在同一平面内，结构平面外刚度较差，须通过设置侧向支撑确保结构的面外稳定。平面桁架结构的腹杆常采用人字形腹杆（图 5-64a）和单向斜腹杆（图 5-67b）两种形式，人字形腹杆桁架腹杆下料长度统一，节点数少，可节约材料与加工工时。如果弦杆上所有的加载点都需要支承（例如为降低无支承长度），可采用增加竖杆的修正人字形腹杆桁架，而不采用单向斜腹杆桁架。人字形腹杆桁架较容易采用有间隙的相贯节点。

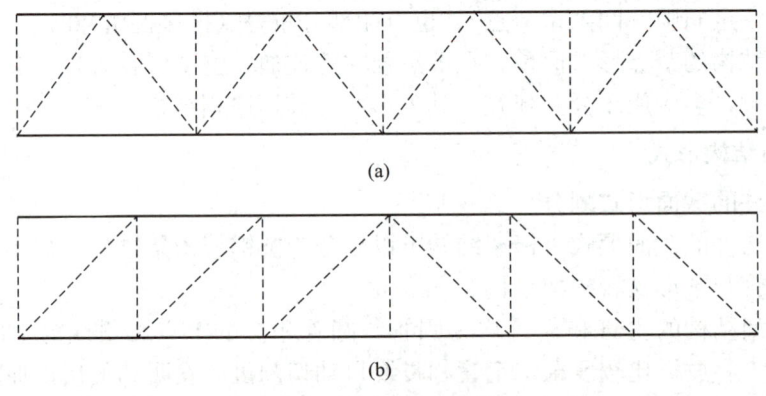

图 5-64 直线形桁架

（a）人字形腹杆桁架；（b）单向斜腹杆桁架

立体桁架结构通常采用三角形、矩形等截面形式（图 5-65）。与平面桁架结构相比，立体桁架结构提高了侧向稳定性和抗扭刚度，可以减少侧向支撑构件，对于小跨度结构可以不布置侧向支撑。其中三角形截面可采用正三角形和倒三角形两种形式。倒三角形截面由两根上弦和一根下弦组成，通常上弦受压，下弦受拉，受力合理，同时还可以减小檩条的跨度。如果支座节点设在上弦处，可以构成上弦侧向刚度较大的屋架。正三角截面桁架只有一根上弦，檩条与上弦的连接比较简单。

另外，除了上述以桁架为基础的桁架外，双层网架和单层、双层网壳结构如方便采用相贯节点连接，也可以采用桁架的结构形式，这样构成的桁架结构为空间受力，结构的整体性及刚度均较以桁架为基础的圆管桁架好，其受力特点与网架或网壳一样，仅节点连接方式不同。

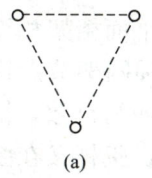 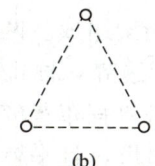 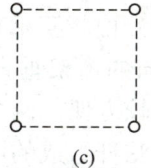 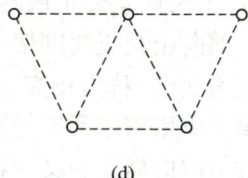

|(a)|(b)|(c)|(d)|

图 5-65　立体桁架截面形式

（a）倒三角形；（b）正三角形；（c）矩形；（d）W 形

2. 杆件设计要点

（1）平面桁架主管（弦杆）、支管（腹杆）计算长度的取值见相关规范。采用相贯节点时，立体桁架的弦杆及支座腹杆的计算长度取节间的几何长度，腹杆计算长度取节间长度的 0.9 倍。杆件的容许长细比的取值与网架结构相同。

（2）为了防止钢管构件的局部屈曲，圆钢管的外径与壁厚之比一般要求不超过 100（$235/f_y$），矩形管的最大外缘尺寸与壁厚之比不超过 $40(235/f_y)^{1/2}$。原则上既可采用热加工管材，亦可采用冷成型管材，但其材料的屈服强度不应超过 Q345 钢，屈强比不超过 0.8，而且壁厚一般控制小于 25mm。

5.4.2　网架结构

1. 网架的结构形式

双层网架是平板网架结构中最常用的形式，它由上弦、下弦和腹杆组成（图 5-66a）。当网架跨度较大时，可采用三层网架结构（图 5-66b），以增加网架刚度，减小弦杆内力、网格尺寸及腹杆长度。

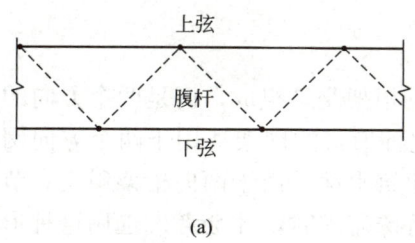 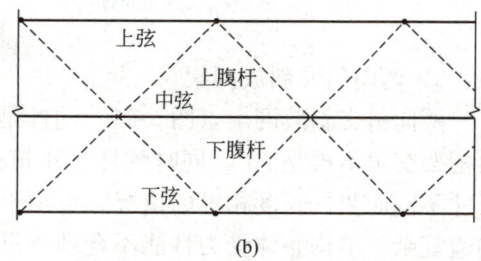

|(a)|(b)|

图 5-66　双层及三层网架

按照网架杆件的布置规律以及网格组成形式，网架结构分为三个大类：交叉桁架体系、四角锥体系和三角锥体系。

（1）交叉桁架体系网架

交叉桁架体系网架是由两向或三向交叉桁架构成的体系，此类网架上下弦杆长度相等，且与腹杆位于同一垂直平面内，在平面桁架的节点连接处共用一根竖杆。两个方向的平面桁架宜布置成在永久荷载作用下竖杆受压、斜杆受拉，斜腹杆与弦杆夹角宜在 40°～60°之间。交叉桁架体系网架共有 5 种形式。

1）两向正交正放网架

两向正交正放网架（图 5-67）由相互垂直的平面桁架组成。两个方向平面桁架相交的角度为 90°，称为正交；两个方向的桁架垂直或平行于边界，称正放。这种网架节点构造简单，应用于矩形平面建筑中比较方便。两个方向网格数宜布置成偶数，如为奇数，桁架中部节间应做成交叉腹杆。由于弦杆组成的网格为四边形，且平行于边界，腹杆又在弦杆平面内，属几何可变体系。宜在支承的上弦或下弦平面内沿周边设置斜杆，以传递水平荷载。两向正交正放网架的受力性能类似于两向交叉梁，在网架的周边适当悬挑，可取得更好的经济效果。

2）两向正交斜放网架

两向正交斜放网架（图 5-68）中两个方向的平面桁架正交，与两向正交正放网架完全相同，只是在网架放置时旋转并与建筑平面边界呈 45°夹角。各榀平面桁架跨度不等，靠近角部的桁架跨度小，对与之垂直的长桁架起支承作用，减小了长桁架的跨中弯矩，长桁架两端要产生负弯矩和支座拉力，当有可靠边界时，为几何不变体系。周边支承时，可采用长桁架通过角支点和避开角支点两种布置，前者对四角支座产生较大的拉力，后者角部拉力可由两个支座分担。

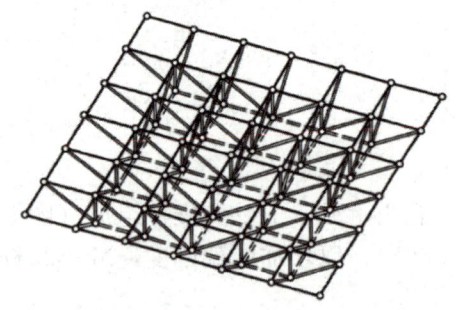

图 5-67　两向正交正放网架

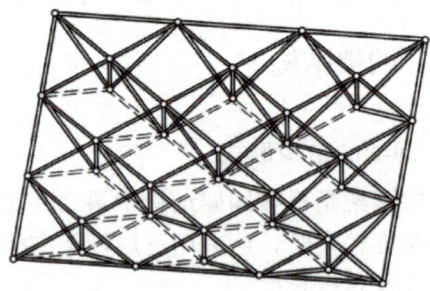

图 5-68　两向正交斜放网架

3）两向斜交斜放网架

两向斜交斜放网架（图 5-69）同样是由两个方向的桁架交叉组成，但是两个方向的平面桁架交角不再是 90°，同时弦杆与建筑边界斜交。这种形式的网架适用于两个方向网格尺寸不同而弦杆长度相等的情况，可用于梯形或扇形建筑平面，由于两向桁架斜交，节点构造复杂，结构整体受力性能不合理，只有在建筑有特殊需求时，才会考虑选用这种形式的网架。

4）三向交叉网架

三向交叉网架（图 5-70）是由三个方向平面桁架按 60°角相互交叉而成，其上下弦平面内的网格均为几何不变的三角形。网架的空间刚度大，受力性能好，内力分布也较均匀，但汇交于一个节点的杆件数量多，最多可达 13 根。节点构造复杂，宜采用钢管杆件及焊接空心球节点。三向交叉网架适用于跨度大于 60m 的多边形及圆形平面建筑。

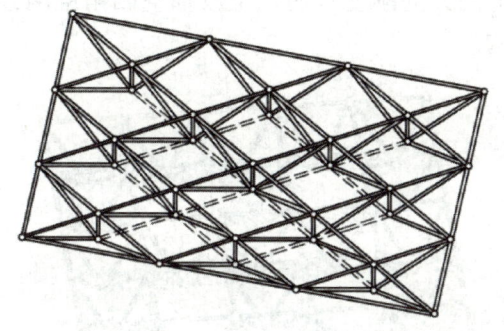

图 5-69　两向斜交斜放网架

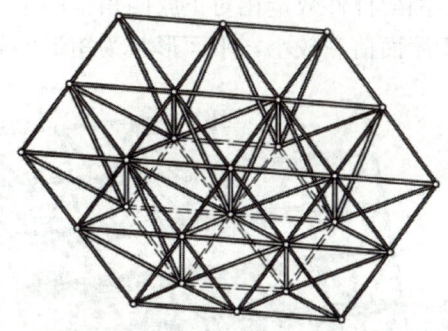

图 5-70　三向交叉网架

5）单向折线形网架

单向折线形网架（图 5-71）由一组相互倾斜相交成 V 字形的单向桁架组成，呈单向受力状态，比平面桁架刚度大，不需要布置支撑体系。为了增加结构的整体刚度，需要在周边增设部分上下弦杆，使周边网格形成四角锥网架。单向折线形网架适用于建筑平面较狭长的屋盖结构。

（2）四角锥体系网架

组成四角锥体系网架的基本单元是倒置的四角锥（图 5-72），这类体系网架上下弦平面均为方形（或接近正方形的矩形）网格，上下弦相互错开半格，下弦网格连接节点均在上弦网格形心的投影线上，与上弦网格的四个节点用斜腹杆相连，形成四角锥体系网架。通过弦杆和腹杆有规律的变化，得到以下 5 种形式的四角锥网架。

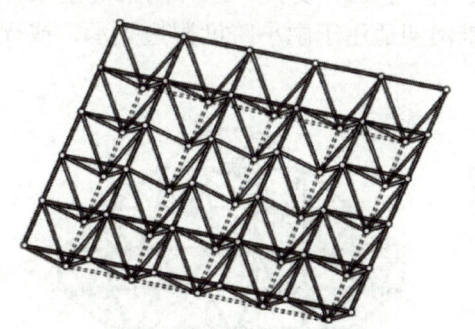

图 5-71　单向折线形网架

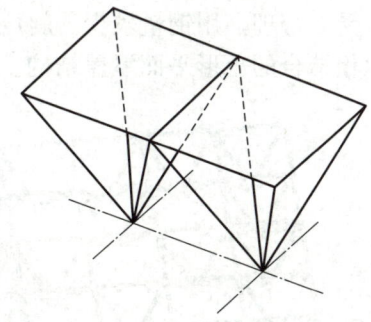

图 5-72　四角锥体系的基本单元

1）正放四角锥网架

正放四角锥网架（图 5-73）的上下弦杆均与边界平行或垂直，网架中部上下弦节点各连接 8 根杆件，构造统一。这种网架结构受力均匀，空间刚度较其他形式的四角锥网架大，在实际工程中应用比较广泛，适用于屋面荷载较大，平面形状为矩形的屋盖结构。

2）正放抽空四角锥网架

正放抽空四角锥网架（图 5-74）是在正放四角锥网架的基础上，保持周边四角锥不变，将中间四角锥每隔一个网格抽去斜腹杆和下弦，使下弦网格的宽度等于上弦网格的二倍，网架杆件数量相对正放四角锥网架减少，但网架的刚度减弱。正放抽空四角锥网架适用于屋面荷载较小，平面形状为矩形的屋盖结构。

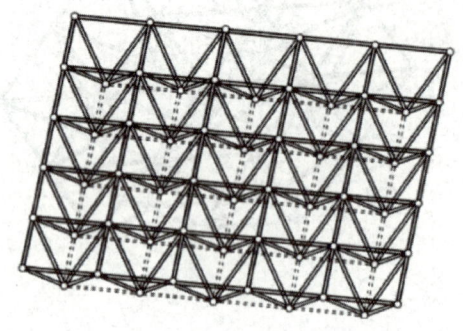

图 5-73 正放四角锥网架

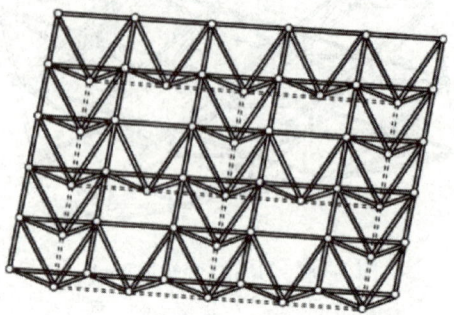

图 5-74 正放抽空四角锥网架

3）棋盘形四角锥网架

棋盘形四角锥网架（图 5-75）是在正放四角锥网架基础上，保持周边四角锥不变，将中间四角锥每隔一个网格抽去斜腹杆和下弦杆，同时上弦杆保持不变仍为正交正放，下弦杆旋转 45°角，采用正交斜放。这种网架上弦短杆受压，下弦长杆受拉，节点汇交杆件少。棋盘形四角锥网架适用小跨度周边支承屋盖。

4）斜放四角锥网架

斜放四角锥网架（图 5-76）是将正放四角锥上弦杆相对于边界转动 45°角放置得到，网架的上弦网格呈正交斜放，下弦网格为正交正放，下弦节点连接 8 根杆，上弦节点只连 6 根杆。在竖向荷载作用下，网架的上弦杆受压，下弦杆受拉，这种网架的上弦杆短而下弦杆长，受力合理，用钢量较少。斜放四角锥网架适用于中小跨度周边支承，或周边支承与点支承相结合的矩形平面屋盖结构。

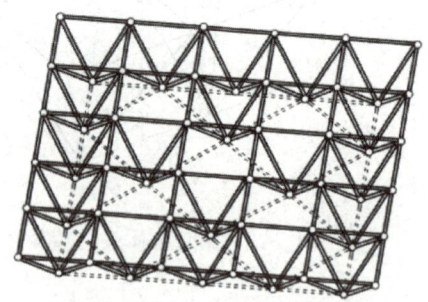

图 5-75 棋盘形四角锥网架

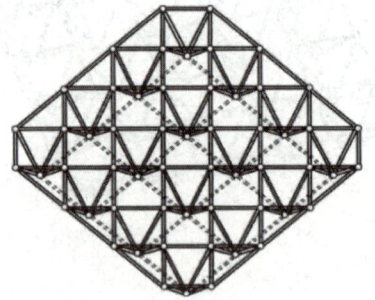

图 5-76 斜放四角锥网架

5）星形四角锥网架

星形四角锥网架（图 5-77）的组成单元由两个倒置的三角形桁架正交形成，在交点处共用一根竖杆，其形状似星体。将组成单元组装，形成星形四角锥网架。其上弦杆正交斜放，下弦杆正交正放，腹杆与上弦杆在同一垂直平面内。星形网架上弦杆比下弦杆短，受力合理。竖杆受压，内力等于节点荷载。星形四角锥网架的刚度稍差，适用于中小跨度周边支承情况。

（3）三角锥体系网架

倒置三角锥体组成了三角锥体系网架的基本单元（图5-78）。锥底为等边三角形，三条锥底边为网架上弦杆，棱边为网架的腹杆，将锥顶连接起来形成网架下弦。三角锥网架主要有以下3种形式。

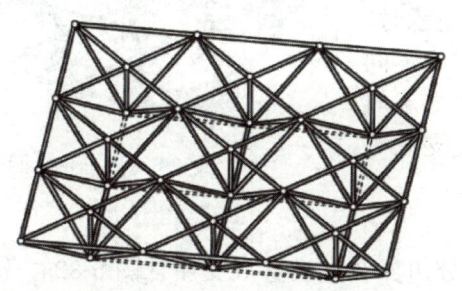

图 5-77　星形四角锥网架

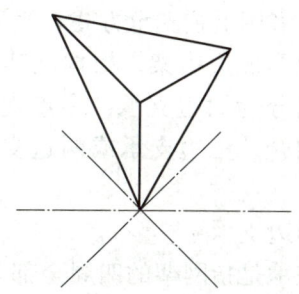

图 5-78　三角锥体系的基本单元

1）三角锥网架

三角锥网架（图5-79）上下弦平面均为正三角形网格，倒置锥顶的投影位于锥底三角形的中心，每个上下弦节点共9根杆件相连。这种网架的杆件受力均匀，屋盖整体性好，抗扭刚度大，三角锥网架适用于建筑平面为三角形、六边形或圆形的大中跨度建筑。

2）抽空三角锥网架

抽空三角锥网架是在三角锥网架的基础上保持上弦网格不变，按一定规律抽去部分腹杆和下弦杆形成。可采用图5-80中所示的抽杆规律，网架周边一圈的网格不抽杆，内部从第二圈开始沿三个方向每间隔一个网格抽掉腹杆和下弦杆，网架的上弦为三角形，下弦为三角形或六边形，则下弦网格成为多边形的组合。抽空三角锥网架刚度比三角锥网架刚度小，适用于屋面荷载较小，建筑平面为三角形、六边形或圆形的屋盖结构。

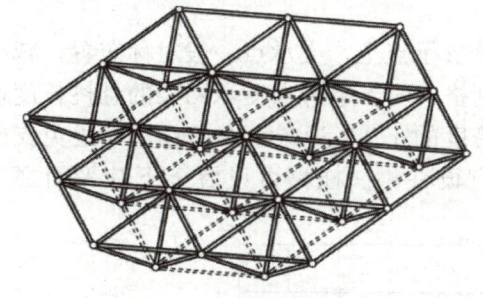

图 5-79　三角锥网架

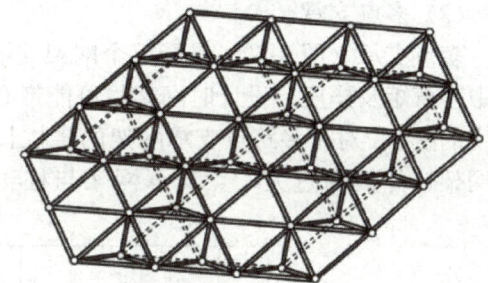

图 5-80　抽空三角锥网架

3）蜂窝形三角锥网架

蜂窝形三角锥网架如图5-81所示，是将各倒置的三角锥体的角与角相连，使上弦网格形成三角形和六边形，下弦网格形成六边形。其图形因与蜜蜂的蜂巢相似而被称为蜂窝形三角锥网架，这种网架的腹杆与下弦杆位于同一竖向平面内，节点、杆件数量都较少，适用于周边支承、中小跨度的六边形、圆形或矩形平面形式屋盖。蜂窝形三角锥网架本身是几何可变的，借助于支座水平约束来保证其几何不变。

2. 网架结构的支承

网架结构一般放置在柱、梁或桁架等下部结构上，其支承方式要满足下部结构的建筑平面布置和使用功能的要求。网架可采用上弦或下弦支承方式，一般情况下采用上弦支承方式，当采用下弦支承时，应在支座边形成边桁架。根据网架的支承方式不同可以将其划分为周边支承、多点支承、周边支承与点支承相结合、三边支承或两边支承、单边支承等情况。

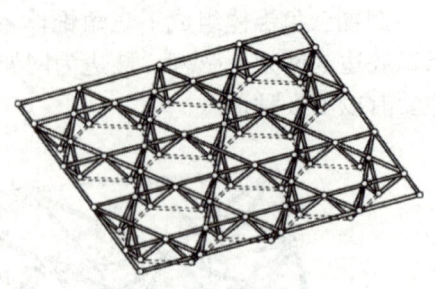

图 5-81　蜂窝形三角锥网架

（1）周边支承

周边支承是指网架的四周全部节点或部分边界节点设置成支座（图 5-82a、b），支座可支承在柱顶、梁或者桁架上，网架受力类似于四边支承板。周边支承是最常用的支承方式，受力均匀，空间刚度大。

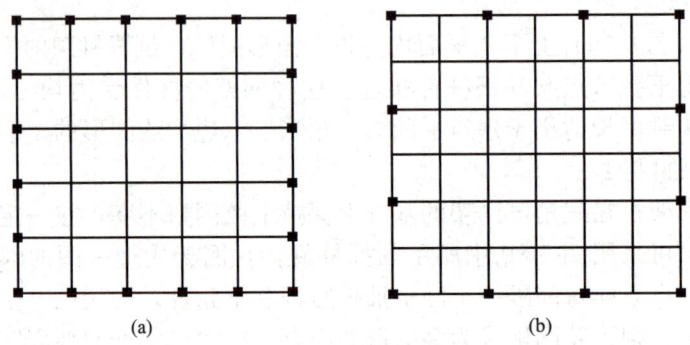

(a)　　　　　　　　(b)

图 5-82　周边支承

（2）多点支承

多点支承（图 5-83）是指整个网架支承在多个支承点上，支承点一般对称布置，减小跨中正弯矩及挠度，设计时网架尽可能带有悬挑网格，对于单跨点支承网架的悬挑长度取跨度的 1/3，对于多跨点支承网架的悬挑长度取跨度的 1/4。为减小冲剪作用，避免支座处网架杆件截面过大，点支承网架与柱子相连宜设柱帽。柱帽可设置于下弦平面之下

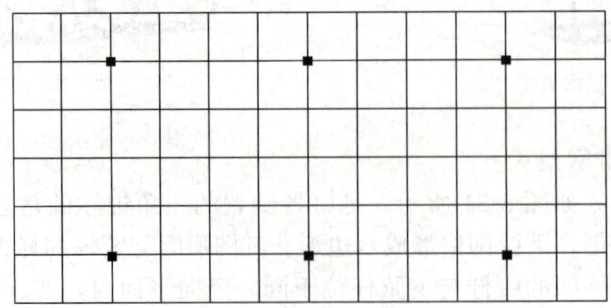

图 5-83　多点支承

（图 5-84a），也可设置于上弦平面之上（图 5-84b）。还可以将柱帽布置在网架内（图 5-84c），这种点支承方式，承载力较低，适用于中小跨度网架。

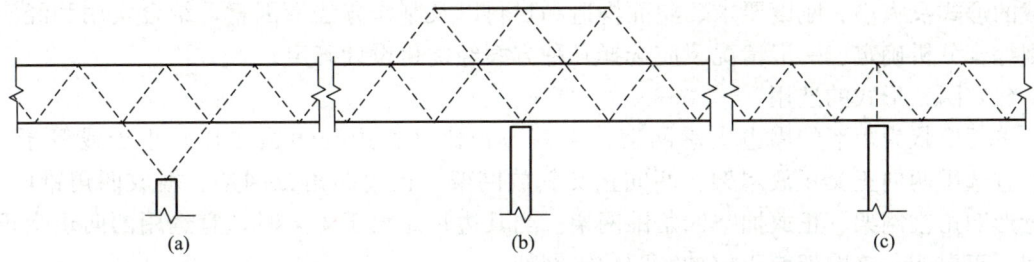

图 5-84 柱帽形式

（3）周边支承与点支承相结合

平面尺寸很大的建筑物可采用周边支承与点支承相结合的方式（图 5-85），即在网架周边设置支承的基础上，在内部增设中间支承点，用于减小网架杆件内力及网架的挠度。

（4）三边支承或两边支承

在飞机库、影剧院及建筑扩建等工程中常常采用这种支承方式，在网架的一边或两边不设柱子，网架设计成三边支承一边自由（图 5-86）或两边支承两边自由的形式（图 5-87）。这种网架自由边的刚度较小，一般采用两种处理方法：①将整个网架的高度较周边支承时的高度适当加高，开口边杆件截面适当加大，使网架的整体刚度得到改善；②在网架开口边局部增加网格层数形成三层网架（图 5-88），增强开孔边的刚度。

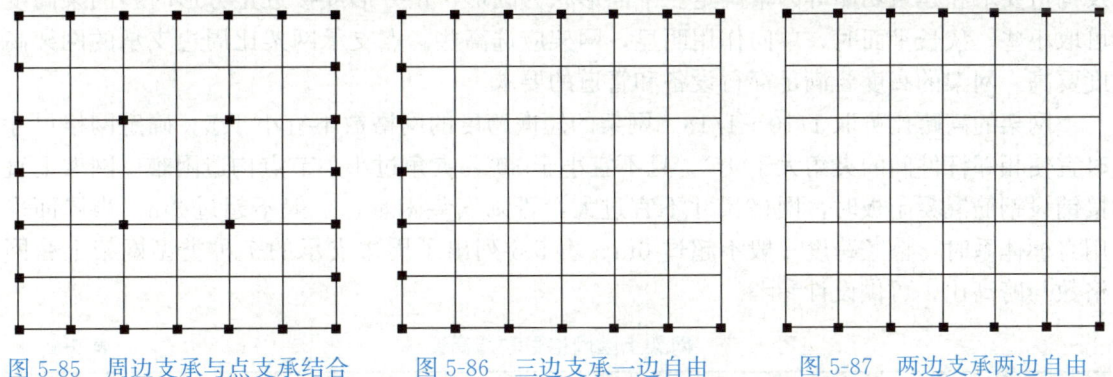

图 5-85 周边支承与点支承结合　　图 5-86 三边支承一边自由　　图 5-87 两边支承两边自由

（5）单边支承

在悬挑结构中常采用单边支承的网架，在网架根部的上下弦平面均应设置支座，网架受力与悬挑板相似（图 5-89）。

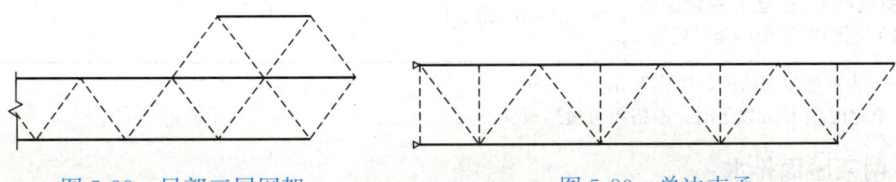

图 5-88 局部三层网架　　　　　图 5-89 单边支承

3. 网架结构的选型

网架的形式很多，选型应结合工程的建筑造型、平面形状、跨度的大小、支承条件、荷载的形式及大小、刚度要求、屋面构造和材料以及制作方法等因素，结合实用和经济的原则综合分析确定。一般情况下应选择几种方案经优化设计确定。

（1）网架形式的选用

平面形状为矩形的周边支承网架，当其边长比（长边与短边之比）小于或等于 1.5 时，宜选用两向正交正放网架、两向正交斜放网架、正放四角锥网架、斜放四角锥网架、棋盘形四角锥网架、正放抽空四角锥网架。当其边长比大于 1.5 时，宜选用两向正交正放网架、正放四角锥网架或正放抽空四角锥网架。

平面形状为矩形、三边支承一边开口的网架可按上述条件选型，开口边必须具有足够的刚度并形成完整的边桁架，当开口边刚度不满足要求时，可采用增加网架高度或层数等办法加强。

平面形状为矩形、多点支承的网架，可根据具体情况选用两向正交正放网架、正放四角锥网架、正放抽空四角锥网架。对多点支承和周边支承相结合的多跨网架还可选用两向正交斜放网架或斜放四角锥网架。

平面形状为圆形、正六边形及接近正六边形且为周边支承网架，可选用三向网架，三角锥网架或抽空三角锥网架。对中小跨度也可选用蜂窝形三角锥网架。

（2）网架高度及网格尺寸

网架高度与网格尺寸应根据跨度大小、荷载条件、柱网尺寸、支承条件、网格形式以及构造要求和建筑功能等因素确定。平面形状为圆形、正方形或接近正方形时，网架高度可取小些，狭长平面时，单向作用明显，网架应选高些。点支承网架比周边支承的网架高度要高。网架的高度要满足穿行设备和管道的要求。

网架的高跨比可取 $1/10 \sim 1/18$。网架的短向跨度的网格数不宜小于 5。确定网格尺寸时宜使相邻杆件间的夹角大于 45°，且不宜小于 30°，夹角过小，节点构造困难。网架上直接铺设钢筋混凝土板时，网格尺寸不宜过大，否则安装困难，一般不超过 3m。当屋面采用有檩体系时，檩条跨度一般不超过 6m。表 5-6 列出了周边支承的 7 种类型网架上弦网格数与跨高比，可供设计参考。

网架上弦网格数和跨高比   表 5-6

网架形式	钢筋混凝土屋面体系		钢檩条屋面体系	
	网格数	跨高比	网格数	跨高比
两向正交正放网架、正放四角锥网架、正放抽空四角锥网架	$(2\sim4)+0.2L_2$	10~14	$(6\sim8)+0.07L_2$	$(13\sim17)-0.03L_2$
两向正交斜放网架、棋盘形四角锥网架、斜放四角锥网架、星形四角锥网架	$(6\sim8)+0.08L_2$			

注：1. L_2 为网架短向跨度，单位为 m；
    2. 当跨度在 18m 以下时，网格数可适当减少。

（3）网架屋面排水

网架屋面有 3 种找坡排水方式：①网架结构起拱（图 5-90a）；②网架变高度，上弦杆形成坡度，下弦杆仍平行于地面（图 5-90b）；③在上弦节点上加设不同高度的小立柱（图 5-90c），当小立柱较高时，应保证小立柱自身的稳定性并布置支撑。

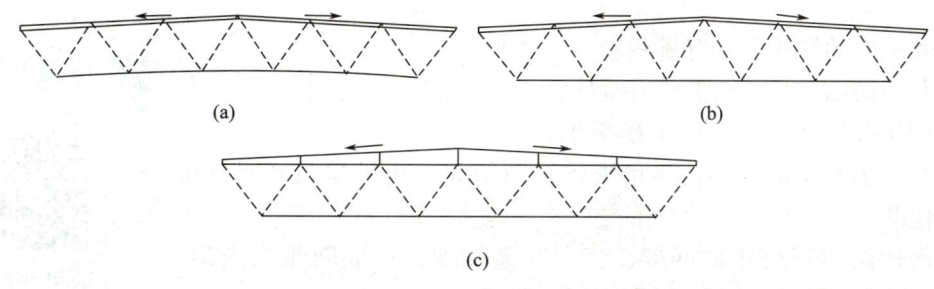

图 5-90　网架屋面找坡

（a）网架起拱；（b）网架变高度；（c）加设小立柱

钢结构与 BIM 技术

BIM 技术在各专业的深化设计、数字化生产、智慧建造管理中的应用，解决了项目施工的痛点、难点，并形成一套切实可行的 BIM 实施办法，为同类型项目提供可借鉴复刻的宝贵经验。深化设计模式，摒弃设计单位与施工单位"先来后到"的模式，将 BIM 机电管线深化与施工 BIM 钢结构深化进行协同，从而推动"设计施工一体化"进程。在数字化生产中，以 BIM 深化设计模型为基础，结合物联网技术，从源头把控钢构件加工精度；利用智能检测设备进行装配式钢构件预拼装，消除钢构件的安装误差，确保成品满足现场快速安装的要求，缩短施工工期，减少现场二次加工的碳排放。

任务小结

1. 桁架结构按构件的截面形式分为圆钢管桁架、矩形钢管桁架和矩形截面主管与圆形支管桁架。根据桁架的外形可以将桁架分为曲线形桁架与直线形桁架。按桁架横截面外形分为平面桁架和立体桁架。双层网架和单层、双层网壳结构如采用相贯节点连接，也视为桁架结构。

2. 平面桁架、立体桁架的高度及立体拱桁架的拱架厚度、矢高参考相关规程确定。当立体拱架跨度较大时，应进行立体拱架平面内的整体稳定验算。立体桁架支承于下弦节点时，桁架整体应有可靠的防侧倾体系，对于平面桁架、立体桁架和立体拱架应设置平面外的稳定支撑体系。

3. 网架结构按层数分为双层网架和三层网架。按网架杆件的布置规律以及网格组成形式分为交叉桁架体系、四角锥体系和三角锥体系。网壳结构分为单层网壳和双层网壳。

4. 网架的支承方式分为周边支承、多点支承、周边支承与点支承相结合、三边支承或两边支承、单边支承等情况。网架屋面可采用网架起拱、网架变高度、加设小立柱等方法找坡排水。

思考题

1. 管桁架的结构形式有哪些？
2. 管桁架结构的节点形式有哪些？
3. 网架按弦杆层数不同分为哪两种？
4. 交叉桁架体系网架、四角锥体系网架和三角锥体系网架有哪些常用形式？
5. 简述两向正交正放网架、三向交叉网架、正放四角锥网架、正放抽空四角锥网架、三角锥网架的组成。
6. 网架结构有哪几种支承方式？
7. 网架结构屋面找坡有哪几种方法？
8. 网架的常用节点形式有哪几种？

微课

项目5小结

拓展资料

钢结构施工图

拓展阅读

经典书籍推介

项目 6　建筑结构计算机辅助设计

■ 思维导图

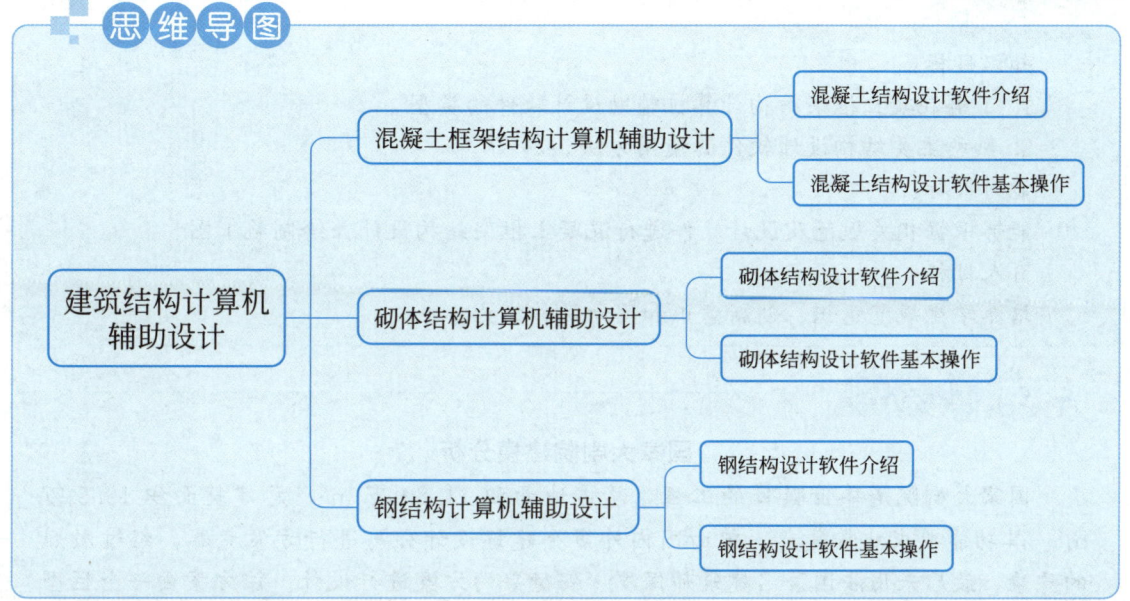

建筑结构计算机辅助设计
- 混凝土框架结构计算机辅助设计
  - 混凝土结构设计软件介绍
  - 混凝土结构设计软件基本操作
- 砌体结构计算机辅助设计
  - 砌体结构设计软件介绍
  - 砌体结构设计软件基本操作
- 钢结构计算机辅助设计
  - 钢结构设计软件介绍
  - 钢结构设计软件基本操作

■ 引入案例

　　中央电视台总部大楼（CCTV Headquarters），地处北京商务中心区，2007 年 12 月 24 日被美国《时代》周刊杂志评选为 2007 年世界十大建筑奇迹之一。占地面积 18.7 万 m^2，总建筑面积约 55 万 m^2，其中主楼由两栋分别为 52 层 234m 高和 44 层 194m 高的塔楼组成，设 10 层裙楼，并由在 162m 高空大跨度外伸，高 14 层重 1.8 万 t 的钢结构大悬臂相交对接，总用钢量达 14 万 t。于 2004 年 10 月 21 日动工建设，2012 年 5 月 16 日全部竣工交付使用。该楼的复杂钢结构部分采用 SAP2000 建立三维结构计算模型，模型中包含外框筒及有代表性的内筒结构，结构形体示意图如图 6-1 所示。

　　如此庞大的结构体系，在实际工程中是如何利用计算机进行辅助设计的？

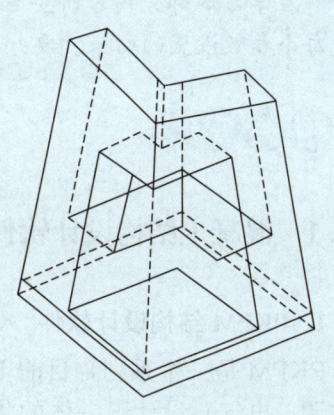

图 6-1　结构形体示意图

任务6.1 混凝土框架结构计算机辅助设计

知识目标：

1. 了解混凝土框架结构计算机辅助设计软件的类型。

2. 熟悉主要结构设计软件的使用方法。

能力目标：

能够根据相关规范及设计软件进行混凝土框架结构设计并绘制施工图。

育人目标：

培养学生规范意识、创新意识和团结协作能力。

国家大剧院建模分析

国家大剧院是举世瞩目的工程，总占地面积11.89万 m²，总建筑面积16.5万 m²。其功能要求非常复杂，曾由国内外多个建筑设计公司进行方案竞赛，经过激烈的竞争，最后采用法国著名建筑师保罗·安德鲁的方案进行设计。该方案由一个巨型椭圆形壳体结构作为顶棚，覆盖四个剧院。结构形式采用钢壳体，整个钢壳体共有148榀梁架，梁架由宽60mm的钢板和上下翼缘不等宽的焊接H形钢组成梁板，这种设计方式极大地节约了钢材。

在学习本部分内容时要运用辩证的观点看待计算机建模分析，熟悉其建模流程，清楚每个参数设置的由来。要知其然，也要知其所以然，让计算机更好地为人类服务。

6.1.1 混凝土结构设计软件介绍

1. PKPM 结构设计软件

PKPM是一个系列，目前PKPM除了包括建筑、结构、设备（给水排水、采暖、通风空调、电气）设计于一体的集成化CAD系统以外，还有建筑概预算系列（钢筋计算、工程量计算、工程计价）、施工系列软件（投标系列、安全计算系列、施工技术系列）、施工企业信息化软件。

PKPM最大的功能就是结构设计，主要包括混凝土结构设计、钢结构设计、水池结构设计、光伏支架设计、桥梁设计等模块。

PKPM软件开发了与其他多种软件模型数据双向转换的接口，包括：ETABS、SAP2000、MIDAS、YJK（盈建科）、STAAD、PDMS、PDS、SP3D、Tekla、Revit导出

接口等。开放的 PKPM 数据接口实现了不同软件模型之间的转换，满足了用户对数据转换的需要。

2. YJK（盈建科）结构设计软件

YJK 结构设计软件是面向国际市场的建筑结构设计软件，既有中国规范版，也有欧洲规范版。软件主要包括四个模块：盈建科建筑结构计算软件（YJK-A）、盈建科基础设计软件（YJK-F）、盈建科砌体结构设计软件（YJK-M）、盈建科结构施工图辅助设计软件（YJK-D）。

YJK 软件系统和国内外流行的多种软件兼容或提供接口，如 Revit、PKPM、MIDAS、ETABS、探索者、STAAD、PDS、PDMS、Bentley、ABAQUS、ArchiCAD 等，且大多数接口是双向的。

3. 理正结构设计软件

理正结构设计软件包含了 15 种计算工具箱，分别是钢筋混凝土结构构件计算工具箱、井字梁计算工具箱、曲折梁计算工具箱、异形板计算工具箱、无梁楼盖计算工具箱、交叉梁计算工具箱、平面刚桁架计算工具箱、三维刚桁架计算工具箱、钢结构构件计算工具箱、独条基础计算工具箱、复合桩基承载力计算工具箱、独立桩承台计算工具箱、复合桩基水平荷载计算工具箱、预应力钢筋混凝土结构构件计算工具箱、砌体结构计算工具箱，几乎涵盖结构设计的全过程，并且可自动生成详细的计算书。该软件提供大量的绘图辅助工具。软件占用内存小，对于单个基本构件计算尤其适用。

4. MIDAS、ABAQUS、ANSYS 结构有限元分析软件

MIDAS，中文为迈达斯，是一种有关结构设计有限元分析软件。由建筑、桥梁、岩土、机械等领域的 10 种软件组成，目前在造船、航空、电子、环境及医疗等新纪尖端科学及未来产业领域被全世界的工程技术人员所使用。MIDAS/Civil 针对土木结构，特别是分析预应力箱形桥梁、悬索桥、斜拉桥等特殊的桥梁结构形式，同时可以做非线性边界分析、水化热分析、材料非线性分析、静力弹塑性分析、动力弹塑性分析。

ABAQUS 是一套工程模拟的有限元分析软件，其解决问题的范围从相对简单的线性分析到许多复杂的非线性分析。ABAQUS 包括一个丰富的、可模拟任意几何形状的单元库，并拥有各种类型的材料模型库，可以模拟典型工程材料的性能，其中包括金属、橡胶、高分子材料、复合材料、钢筋混凝土、可压缩超弹性泡沫材料以及土壤和岩石等地质材料。作为通用的模拟工具，ABAQUS 除了能解决大量结构（应力/位移）问题，还可以模拟其他工程领域的许多问题，例如热传导、质量扩散、热电耦合分析、声学分析、岩土力学分析（流体渗透/应力耦合分析）及电介质分析。

ANSYS 软件主要包括三个部分：前处理模块、分析计算模块和后处理模块。该软件能与多数计算机辅助设计软件接口，实现数据的共享和交换，如 Creo、NASTRAN、Algor、I-DEAS、AutoCAD 等，是融结构、流体、电场、磁场、声场分析于一体的大型通用有限元分析软件，在核工业、铁道、石油化工、航空航天、机械制造、能源、汽车交通、国防军工、电子、土木工程、造船、生物医学、轻工、地矿、水利等领域有着广泛的应用。

6.1.2 混凝土结构设计软件基本操作

本任务以 YJK 结构设计软件为例，以××办公楼为载体介绍混凝土框架结构设计流程及施工图绘制。办公楼工程概况如下：

××办公楼为三层钢筋混凝土框架结构，一层层高 3.9m，二、三层层高均为 3.6m，无地下室，设计使用年限 50 年，建筑结构安全等级为二级。抗震设防烈度为 8 度 0.2g，抗震设防类别为丙类，设计地震分组为第二组，建筑场地类别为Ⅲ类。风荷载为 0.4kN/m²，地面粗糙度类别为 C。柱混凝土强度等级为 C40，梁、板及基础混凝土强度等级均为 C30，所有构件钢筋级别均为 HRB400。梁、板、柱环境类别均为一类。基础环境类别为二 a 类，地基承载力为 180kPa，一层和二、三层建筑平面图分别如图 6-2、图 6-3 所示。

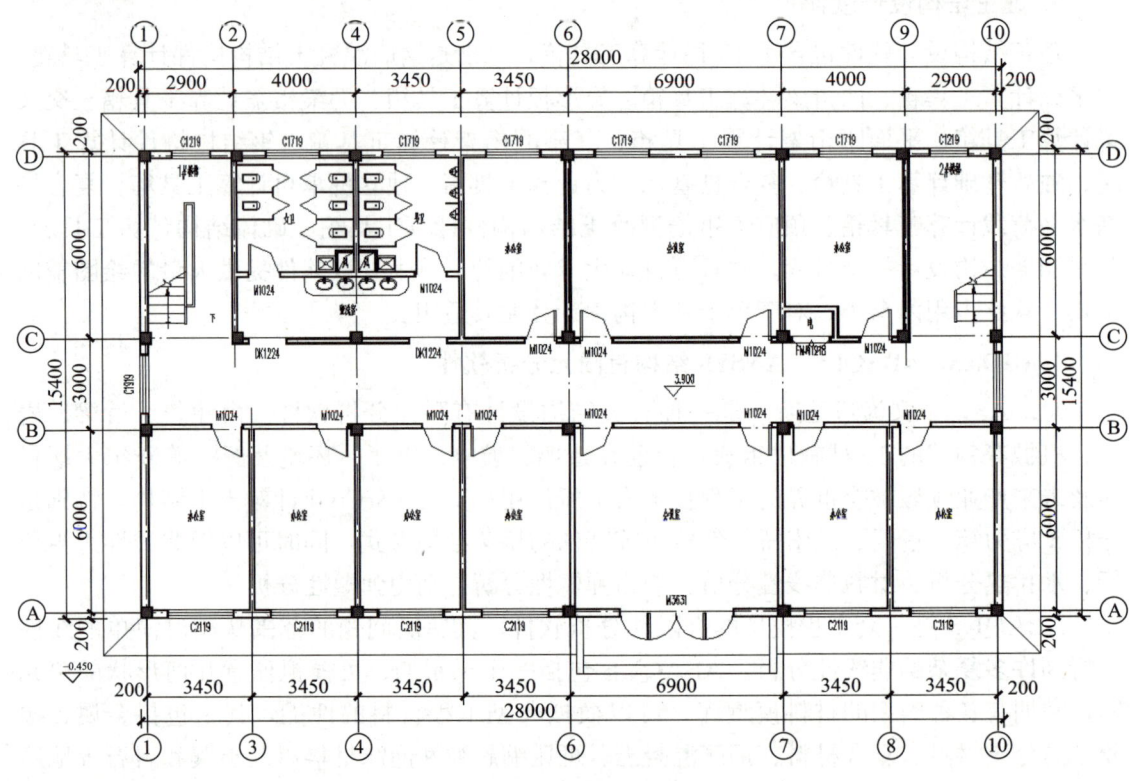

图 6-2　一层平面图

1. YJK 软件操作界面

双击桌面上 YJK 图标后，启动 YJK 结构设计软件主界面，如图 6-4 所示。在主界面左侧有【项目】菜单，可以【新建】项目或【打开】已有项目。右边的第一行图标是最近已建的模型，单击这些图标可以直接进入已建模型。第二行图标是 YJK 的四个模块：上部结构计算、砌体设计、基础设计、施工图设计。最后一行图标是 YJK 与其他软件的接口。

2. YJK 结构计算模块菜单

图 6-5 是 YJK 结构计算模块主界面，第一行菜单中的蓝色文字是一级菜单，白色文字

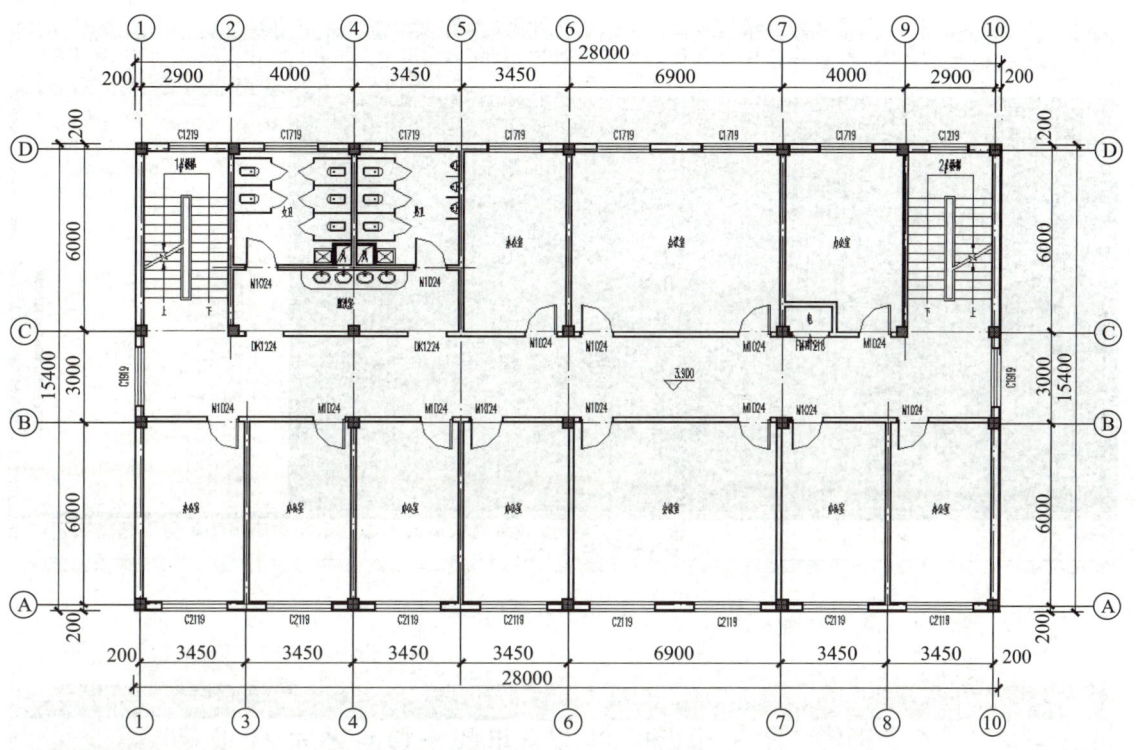

图 6-3　二、三层平面图

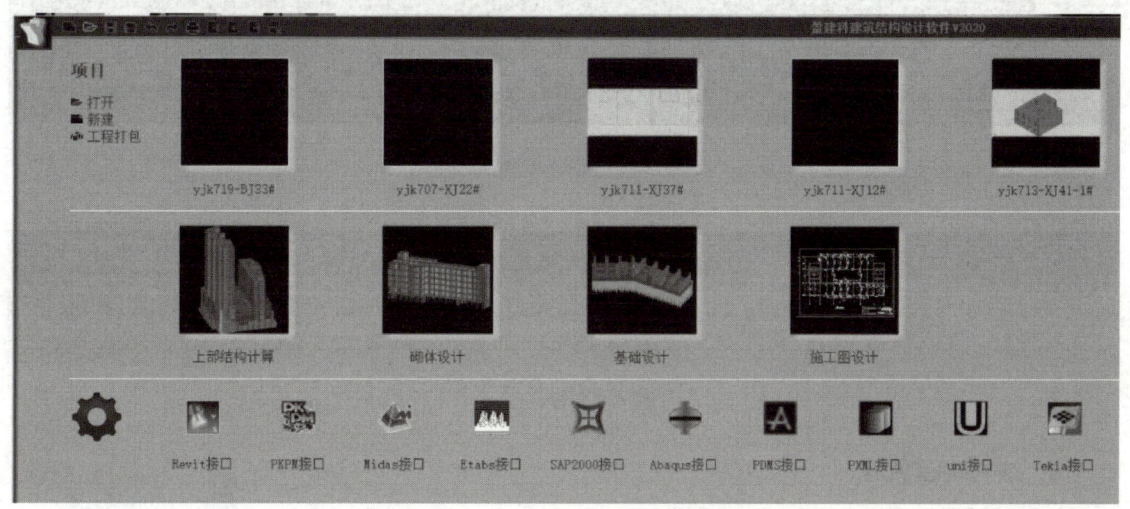

图 6-4　YJK 结构设计软件主界面

是二级菜单，黑色文字是目前正在执行的菜单。第二行带图标的菜单是三级菜单，三级菜单中有蓝色三角按钮说明可以下拉，将光标放置于三角按钮时将展开四级菜单，如图 6-6 所示。界面的右下角有各种视图菜单，如图 6-7 所示，设计人员可以根据建模需要切换不同视角查看模型。注意建模过程中要及时保存模型，防止计算机突然出现问题而丢失数据。

图 6-5　YJK 结构计算模块主界面

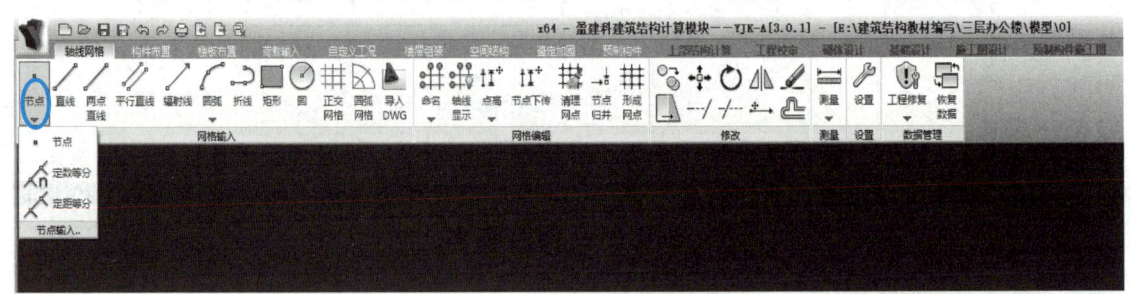

图 6-6　展开四级菜单命令

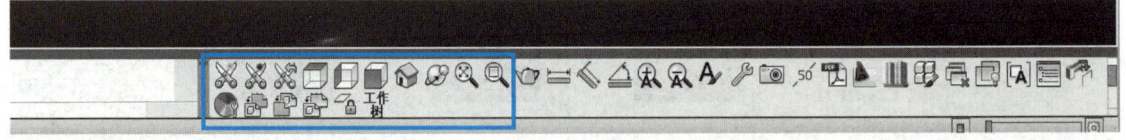

图 6-7　视图菜单

3. 结构建模流程

（1）轴网输入

打开 YJK 软件后，【新建】一个模型，给模型命名后选择保存的位置，然后进入图 6-5 界面进行建模。

根据已给出的建筑图进行轴网绘制，YJK 中提供了两种定义轴网的方式：手工绘制轴网和自动生成轴网。单击图 6-5 第一行菜单的【轴线网格】可以创建轴网。

拓展阅读

创建轴网

标准层梁柱模型布置如图 6-8 所示。

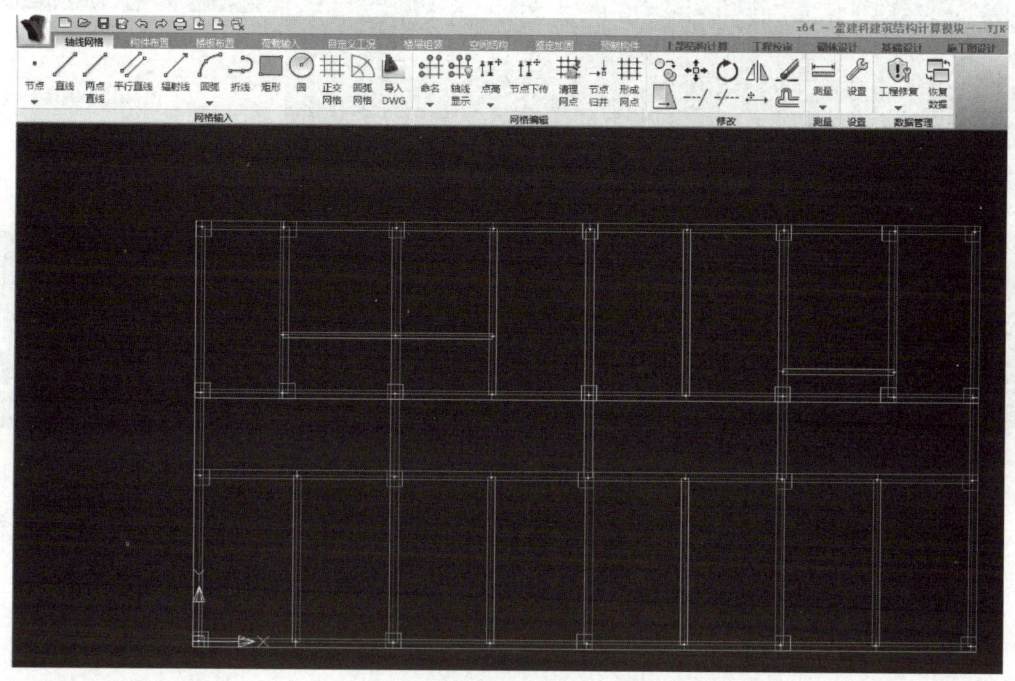

图 6-8　梁柱模型布置图

（2）楼板布置

结构柱和梁创建完成之后，可以在结构梁上生成楼板。图 6-9 中显示【楼板布置】下一级所有菜单。

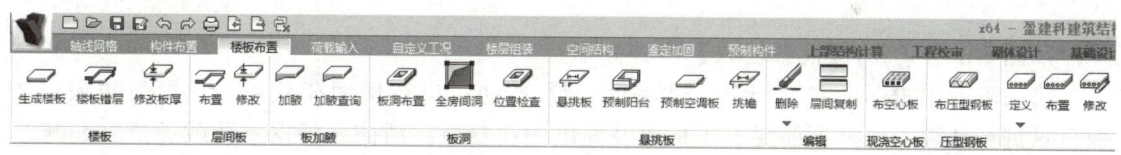

图 6-9　楼板布置菜单

以图 6-3 为案例，楼板布置步骤如下：

第一步：单击图 6-9 左上角第二行的【生成楼板】按钮，系统会根据用户创建的结构柱和梁自动生成楼板，完全覆盖梁和柱，各房间中会显示楼板默认厚度 100mm。

第二步：单击图 6-9 中【修改板厚】按钮，可整体或局部修改楼板厚度，设置新的楼板厚度之后，可采用【光标选择】【窗口选择】或【围区选择】方式来选取要修改板厚的楼板。案例图 6-3 楼梯间的板厚设置为 0，如图 6-10 所示。

第三步：单击图 6-9 中【楼板错层】按钮，对标高有升降的楼板进行定义，如卫生间降板。案例图 6-3 在卫生间处需要降板 50mm。

第四步：对于楼梯间、天井、天窗等结构，单击图 6-9 中【全房间洞】或【板洞】按钮来创建楼板洞口。设计天井需要创建全房间洞，设计楼梯可创建全房间洞或板洞，天窗洞口是用【板洞】工具创建的。

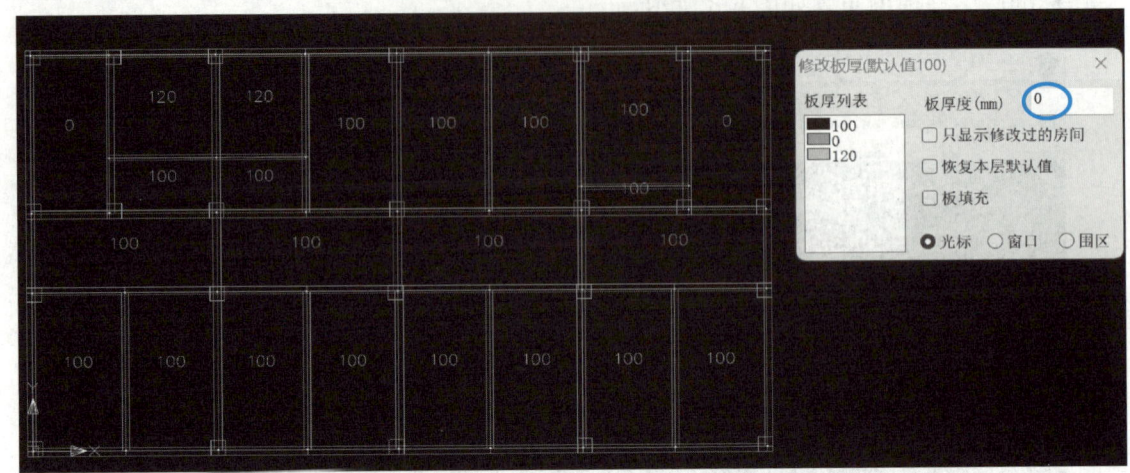

图 6-10　修改板厚图

提示：由于楼梯、天井、天窗这些位置是存在面荷载的，故一般这些位置生成楼板后不开洞，直接将板厚设置为 0，以便楼板在后续操作步骤中传递荷载。

（3）荷载输入

楼板布置完成后，图 6-11 中显示【荷载输入】下一级所有菜单。

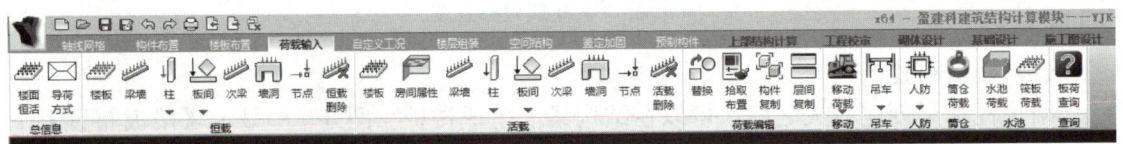

图 6-11　荷载输入菜单

以图 6-3 为案例，【荷载输入】步骤如下：

第一步：单击图 6-11 左上角【楼面恒活】按钮，进行楼面荷载设置。恒荷载根据楼板自重进行计算，包括钢筋混凝土板以及面层做法自重。活荷载根据《荷载规范》查询。

第二步：单击图 6-11 中【导荷方式】按钮进行楼板导荷方式选择，一般为梯形、三角形导荷方式。

小问题

1. 楼板荷载输入采用设计值还是标准值？为什么？
2. 楼板导荷方式为什么一般为梯形、三角形导荷方式？

第三步：单击图 6-11 中【楼板】按钮后弹出对话框如图 6-12 所示，通过【光标】【窗口】或【围区】可以对局部楼板恒、活荷载单独进行设置。楼梯间楼面恒荷载设置为 $7kN/m^2$，活荷载设置为 $3.5kN/m^2$。

第四步：单击图 6-11 中【梁墙】按钮后弹出对话框如图 6-13 所示，通过【添加】按钮，增加梁或墙上均布线荷载。这是因为填充墙不在模型中建立，故需要将填充墙转化为线荷载作用在混凝土梁上。

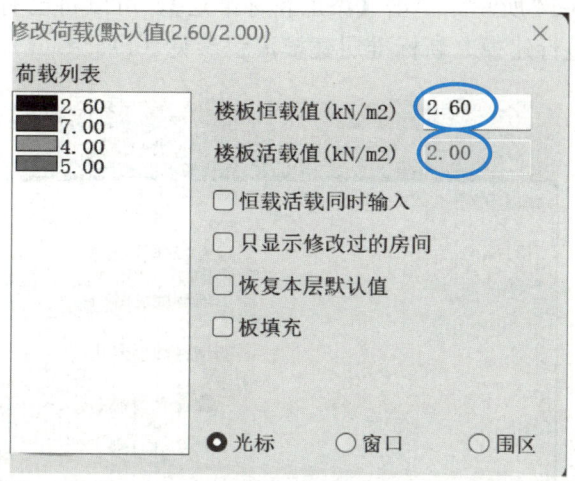

图 6-12　修改局部楼板荷载

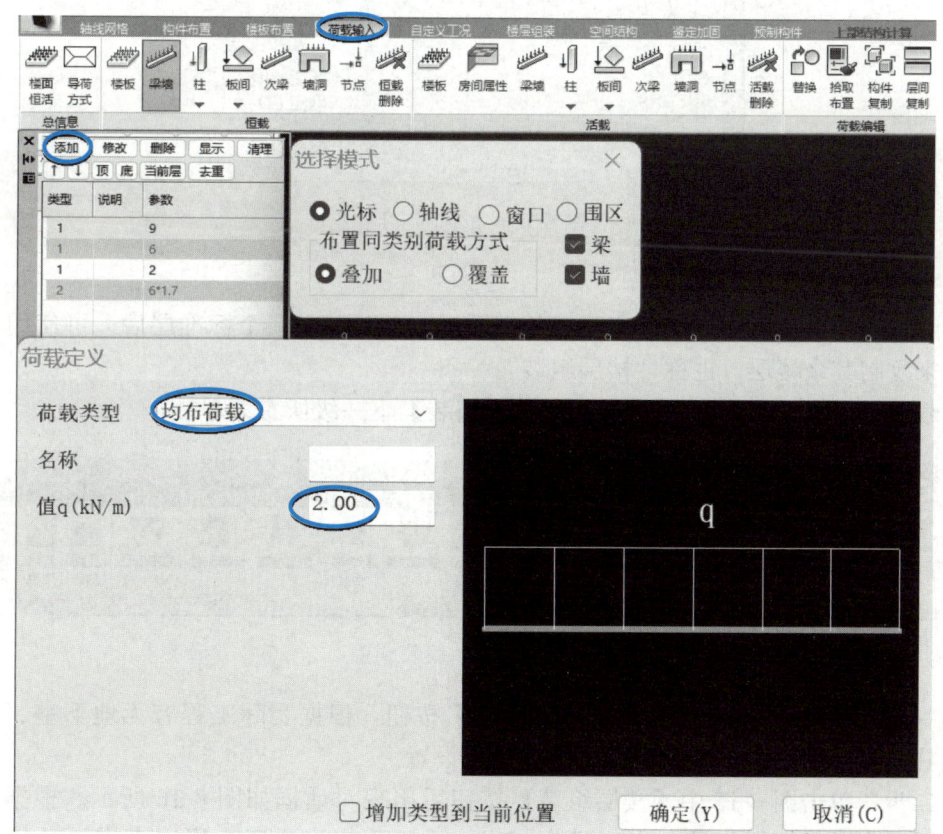

图 6-13　梁墙荷载布置

（4）添加新标准层

当建筑为多层或者高层时，有部分楼层平面布置及荷载均相同，可以设置同一标准层，对于平面布置不同、层高不同或荷载不同的楼层，就需要新建标准层，在 YJK 软件主界面右上角，如图 6-14 所示，单击【添加新标准层】，可以将已有的标准层全部复制或部分复制到新标准层进行建模。新标准层建模流程参见（1）～（4）。

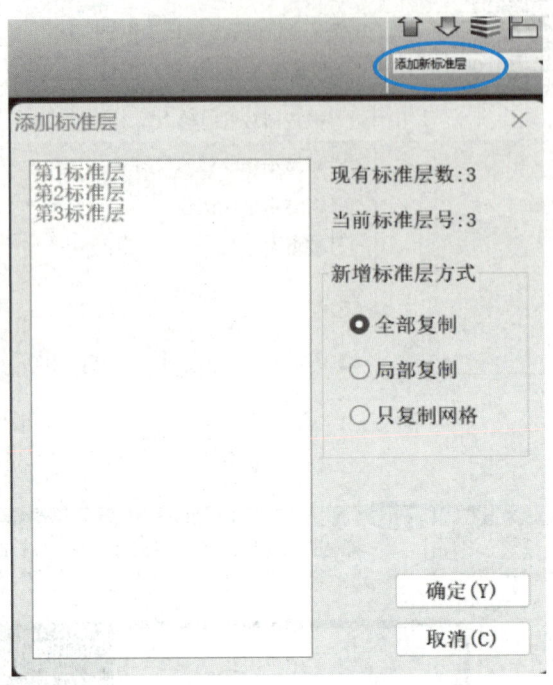

图 6-14　新建标准层

（5）楼层组装

当建筑的结构楼层为多层、高层或超高层时，创建其中一个标准层后，可使用楼层管理工具来复制其余楼层，也称"楼层组装"。

荷载输入完成后，图 6-15 中显示【楼层组装】下一级所有菜单。

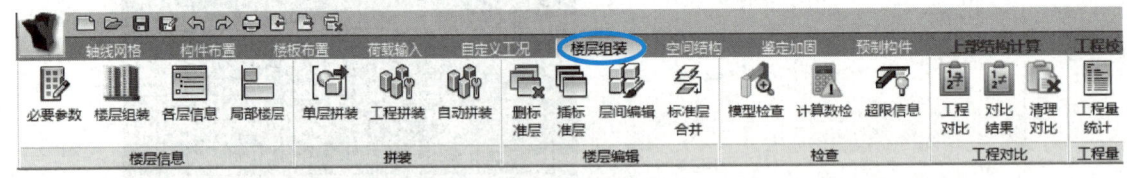

图 6-15　楼层组装菜单

第一步：单击图 6-15 左上角【必要参数】按钮，根据实际工程有无地下室、材料重度、梁柱混凝土保护层等情况进行每一项参数设置。

第二步：单击图 6-15 中【楼层组装】按钮后出现对话框如图 6-16 所示。根据实际工程每一层层高进行楼层组装。本工程有三层，无地下室，注意 1 层层高需要从基础顶算起。由于本工程 1 层层高为 3.9m，考虑室内外高差及基础埋深，设置第 1 标准层层高为 5.1m。

第三步：单击图 6-15 中【各层信息】按钮，用户根据实际工程可以修改材料强度等信息。本工程柱混凝土强度为 C40，梁、板混凝土强度等级为 C30。单击 YJK 软件主界面右上角图标▤查看组装后的模型如图 6-17 所示。

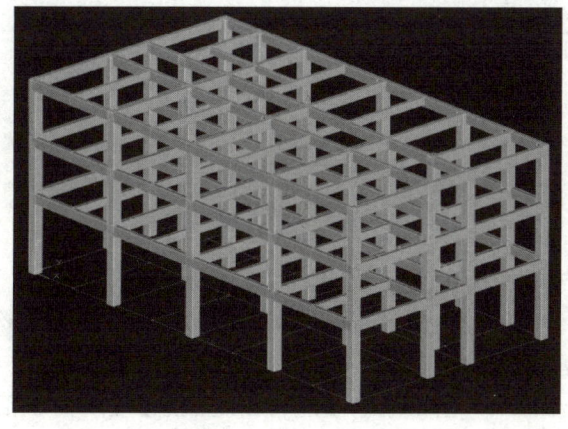

图 6-16　楼层组装

图 6-17　三层整楼模型

4. 上部结构计算

第一步：上部结构建模完成后，进行下一步——上部结构计算，点击【上部结构计算】按钮完成计算。

　　第二步：进入【前处理及计算】按钮下的菜单如图 6-18 所示。点击【计算参数】按钮，进行计算参数设置，如图 6-19 所示。

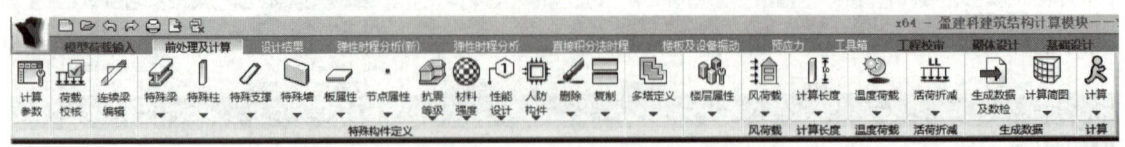

图 6-18　前处理及计算菜单

YJKCAD-参数输入-结构总体信息　　　　　　　　　　　　　　　　　　　　　　　　　　×

结构总体信息	**结构总体信息**
计算控制信息	
控制信息	
二阶效应	
风荷载信息	
基本参数	
指定风荷载	
地震信息	
地震信息	
自定义影响系数曲线	
地震作用放大系数	
性能设计	
性能包络设计	
设计信息	
活荷载信息	
构件设计信息	
构件设计信息	
钢构件设计信息	
包络设计	
材料信息	
材料参数	
钢筋强度	
地下室信息	
荷载组合	
组合系数	
组合表	
自定义工况组合	
鉴定加固	
装配式	

结构体系　　　　框架结构　　　▽　　　　恒活荷载计算信息　　施工模拟一　　▽

结构材料　　　　钢筋混凝土　　▽　　　　风荷载计算信息　　　一般计算方式　▽

结构所在地区　　全国　　　　　▽　　　　地震作用计算信息　　计算水平地震作用　▽

地下室层数　　　　　　　　　0　　　　　□ 计算吊车荷载　　　□ 计算人防荷载

嵌固端所在层号 (层顶嵌固)　　0　　　　　□ 考虑预应力等效荷载工况

与基础相连构件最大底标高(m)　0　　　　　□ 生成传给基础的刚度

裙房层数　　　　　　　　　　0　　　　　　　凝聚局部楼层刚度时考虑的底　　3
　　　　　　　　　　　　　　　　　　　　　　部层数 (0表示全部楼层)
转换层所在层号　　　　　　　0　　　　　□ 上部结构计算考虑基础结构

加强层所在层号　　　　　　　　　　　　　□ 生成绘等值线用数据

　　　　　　　　　　　　　　　　　　　　□ 计算温度荷载
底框层数　　　　　　　　　　0
　　　　　　　　　　　　　　　　　　　　　　考虑收缩徐变的砼构件　　0.3
施工模拟加载层步长　　　　　1　　　　　　　温度效应折减系数

施工模拟一和三采用相同的加载顺序。　　　□ 竖向荷载下砼墙轴向刚度考虑徐变收缩影响
自动生成的加载顺序可在"楼层属性->指定施工
次序"中修改。　　　　　　　　　　　　　　　　墙刚度折减系数　　　0.6

　　　　　　　　　　　　　　　　　　　　□ 考虑填充墙刚度

导入　　　导出　　　恢复默认　　　高级选项　　　　　　确定　　　取消

图 6-19　计算参数设置

　　第三步：修改【结构总体信息】，如图 6-19 所示对结构体系、结构材料、有无地下室、风荷载及地震作用计算信息进行定义。由于该结构属于规则结构，且为多层结构，无地下室，故地震仅计算水平地震作用，不需要考虑竖向地震作用。

　　第四步：依次单击图 6-19 左侧菜单【计算控制信息】【风荷载信息】【地震信息】【设计信息】【活荷载信息】【构件设计信息】【包络设计】【材料信息】【地下室信息】和【荷载组合】，根据工程实际情况及《混凝土标准》《荷载规范》《抗震标准》等进行相关参数定义。然后单击图 6-19 右下角【确定】按钮。

　　第五步：单击图 6-18 中【荷载校核】按钮，可以查看已经输入的荷载是否正确，包括【平面导荷】【竖向导荷】和【楼板荷载厚度查看】。

第六步：如果工程中有特殊的梁、柱、墙等构件，则单击图6-18中【特殊梁】【特殊柱】【特殊墙】等命令，对一些构件的计算模型进行专门规定。

第七步：单击【前处理及计算】下一级菜单【计算】下面的【生成数据＋全部计算】按钮，如图6-20所示。程序自动计算过程如图6-21所示。

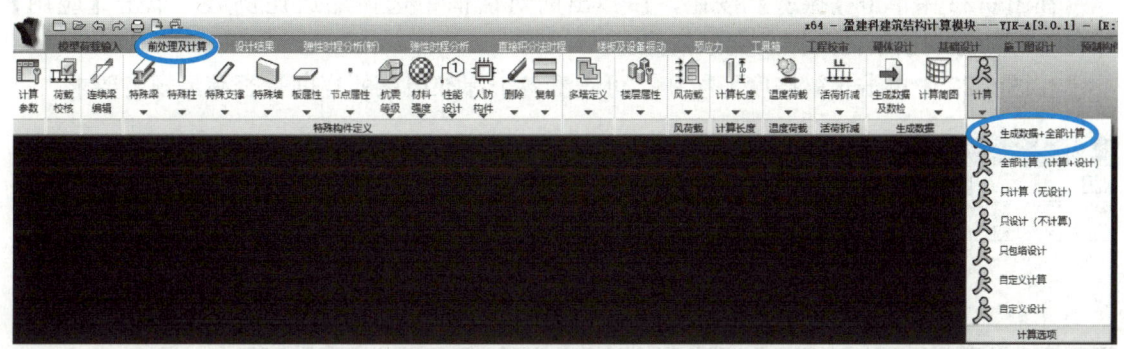

图6-20 生成数据＋全部计算

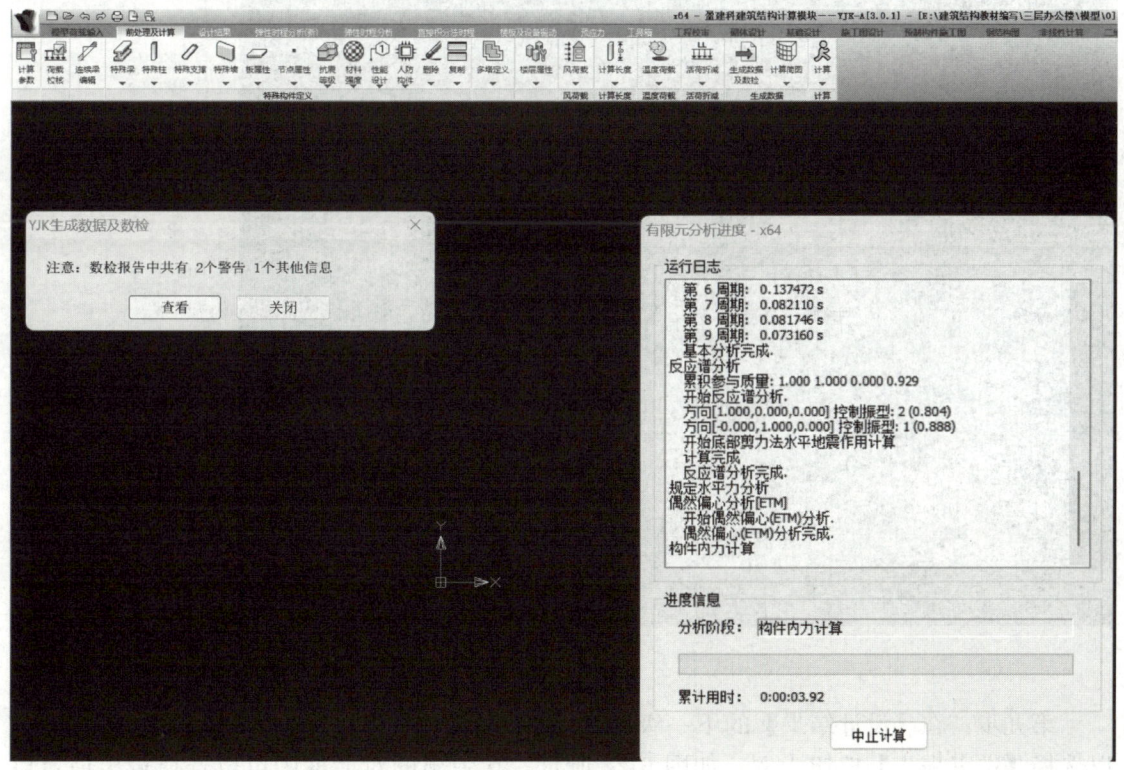

图6-21 程序自动计算过程

第八步：计算完毕后，进入【设计结果】菜单，如图6-22所示。可以通过【设计结果】的下一级菜单查看各个标准层构件的分析和设计结果，包括内力、位移及裂缝、振型、计算书等信息。例如图6-23显示的是第1标准层梁、柱的配筋结果，在右侧对话框中还可以选择绘图内容，注意梁的最大配筋率为2.5％。

小问题 👆

当梁、柱配筋计算结果不满足《混凝土规范》规定的配筋率要求时，该如何调整？

在图 6-22 中单击【振型】按钮，在弹出的对话框中选择缩放比例后，单击【应用】按钮，可动态观察结构的振动变形情况。

在图 6-22 中单击【梁挠度】按钮，可查看各个标准层梁的挠度是否满足规范要求。

图 6-22　结构设计结果菜单

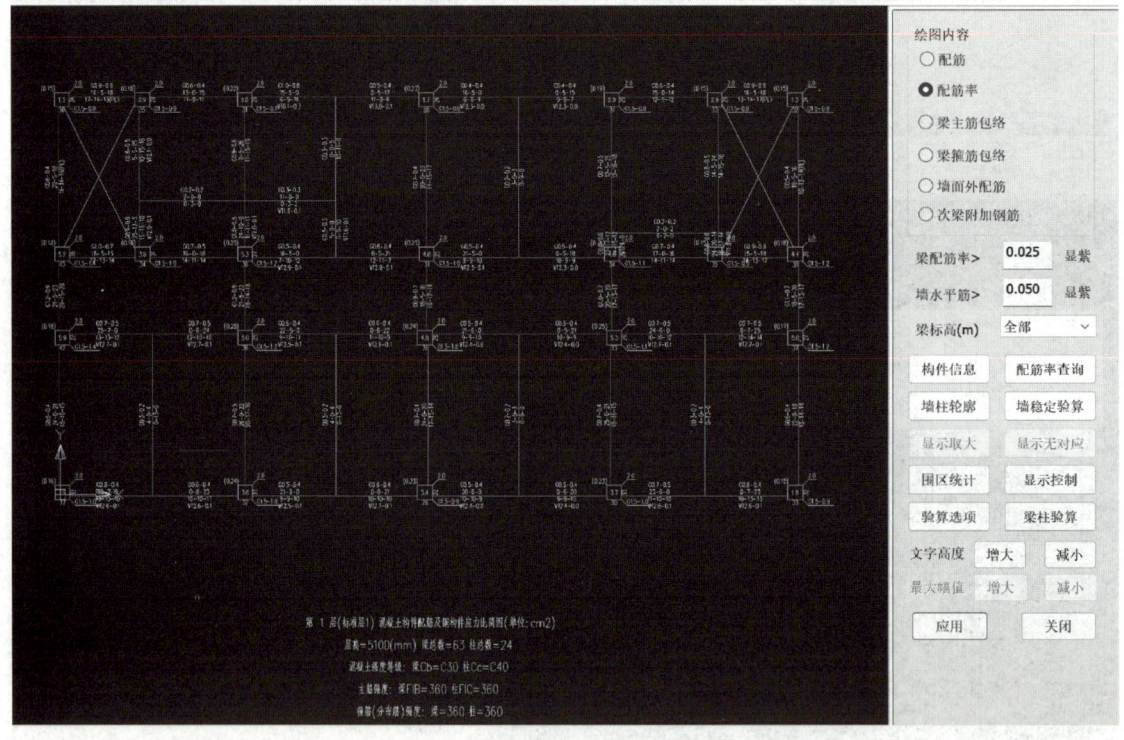

图 6-23　梁、柱配筋结果

第九步：在【设计结果】的下一级菜单【计算书】中可以导出用户所需要的计算书，以选择【送审报告】按钮为例，如图 6-24 所示，在弹出的对话框中可以选择输出项目以及项目排列顺序，然后单击【确定】可以生成 Word 版本计算书。

至此完成了本工程的上部结构设计与结构分析，注意最后保存数据结果。

5. 结构施工图设计

上部结构计算完成后，进行下一步——上部结构施工图设计，点击【施工图设计】按钮，可进行梁、板、柱等施工图绘制，如图 6-25 所示。

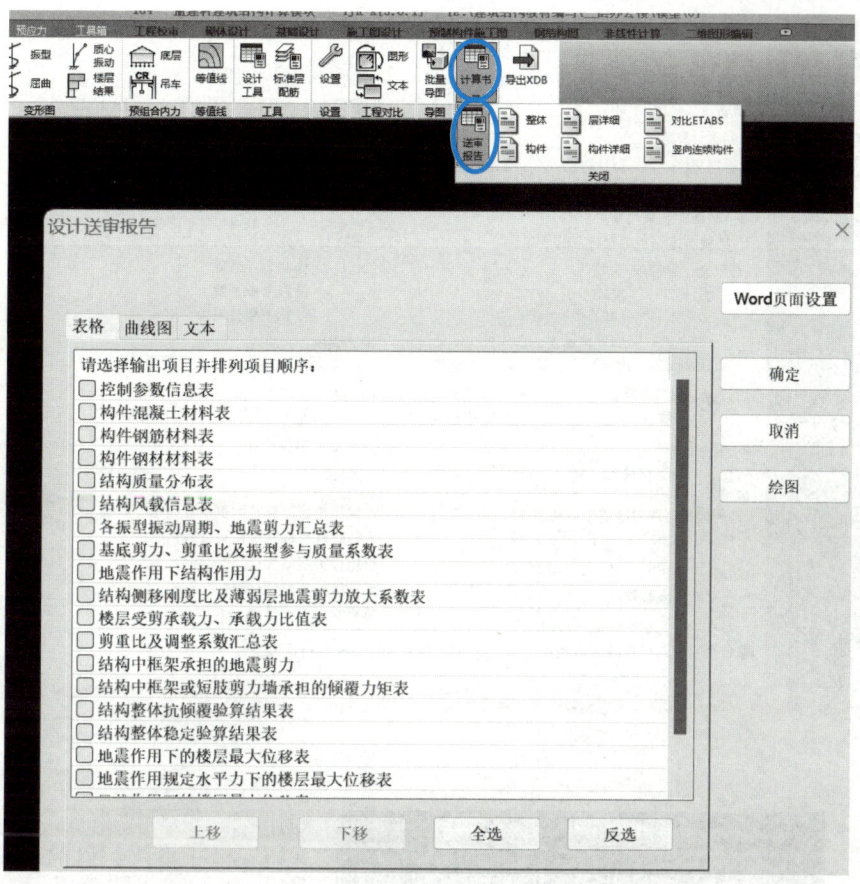

图 6-24 软件自动生成计算书

图 6-25 结构施工图绘制菜单

（1）楼板施工图绘制

第一步：单击图 6-25 二级菜单【板施工图】，进入板施工图绘制界面。再单击图 6-25 左侧【设置】按钮，先进行板施工图参数的设置，如底图图层设置、板图层设置、文字设置等。

第二步：单击图 6-25【计算参数】按钮，弹出楼板参数设置对话框如图 6-26 所示，对楼板钢筋级别、直径、间距、板的计算方法等参数进行调整，由于楼板厚度设置满足刚度要求，故楼板一般不需要进行裂缝宽度计算，然后单击【确定】按钮完成楼板参数的设计。

提示：程序默认的参数一般不需要修改，如果工程内有特殊楼板，则需要用户根据实际情况对部分参数进行修改。

第三步：单击图 6-25 第二行菜单中【新图】和【计算】按钮，完成楼板配筋计算，计算结果如图 6-27 所示。

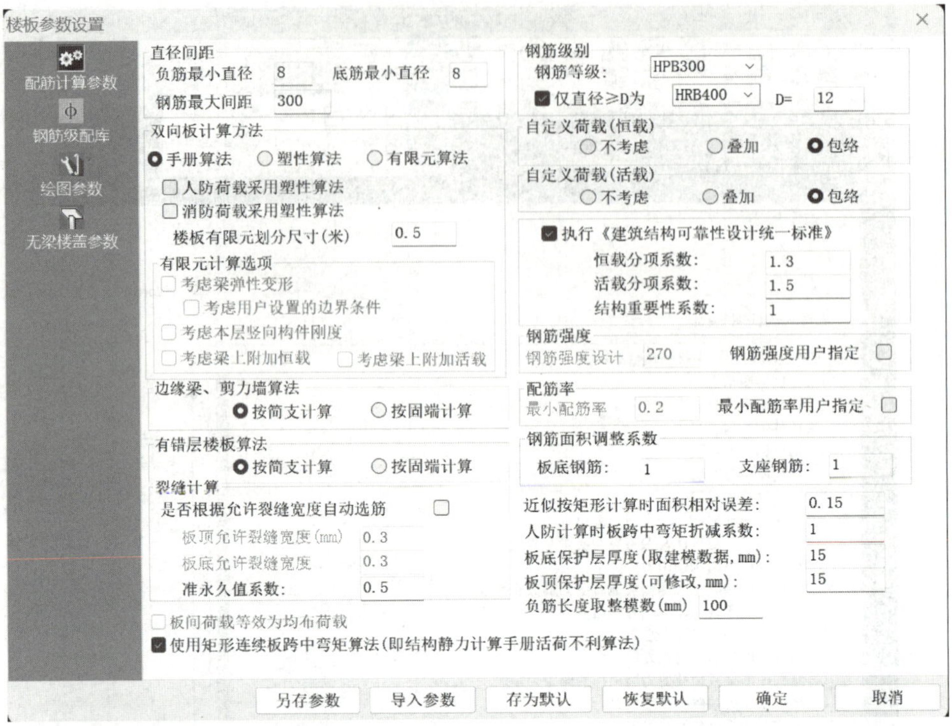

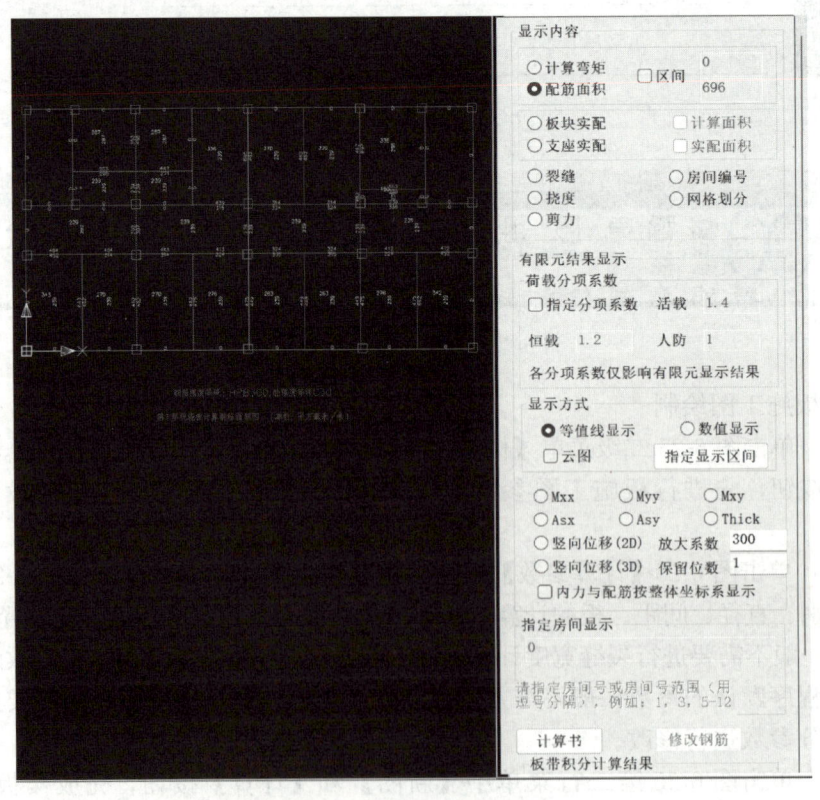

图 6-26　楼板参数设置

图 6-27　楼板配筋计算结果

小问题

若楼板配筋计算结果中裂缝或者挠度大于《混凝土标准》的规定，该如何调整？

第四步：在【板施工图】下一级菜单中单击【自动标注】，程序自动根据平法制图规则绘制每一标准层楼板配筋集中标注，再单击【自动布置】按钮，程序会自动布置支座负筋，本工程第1标准层楼板配筋图如图6-28所示，其他标准层楼板配筋图操作流程相同。

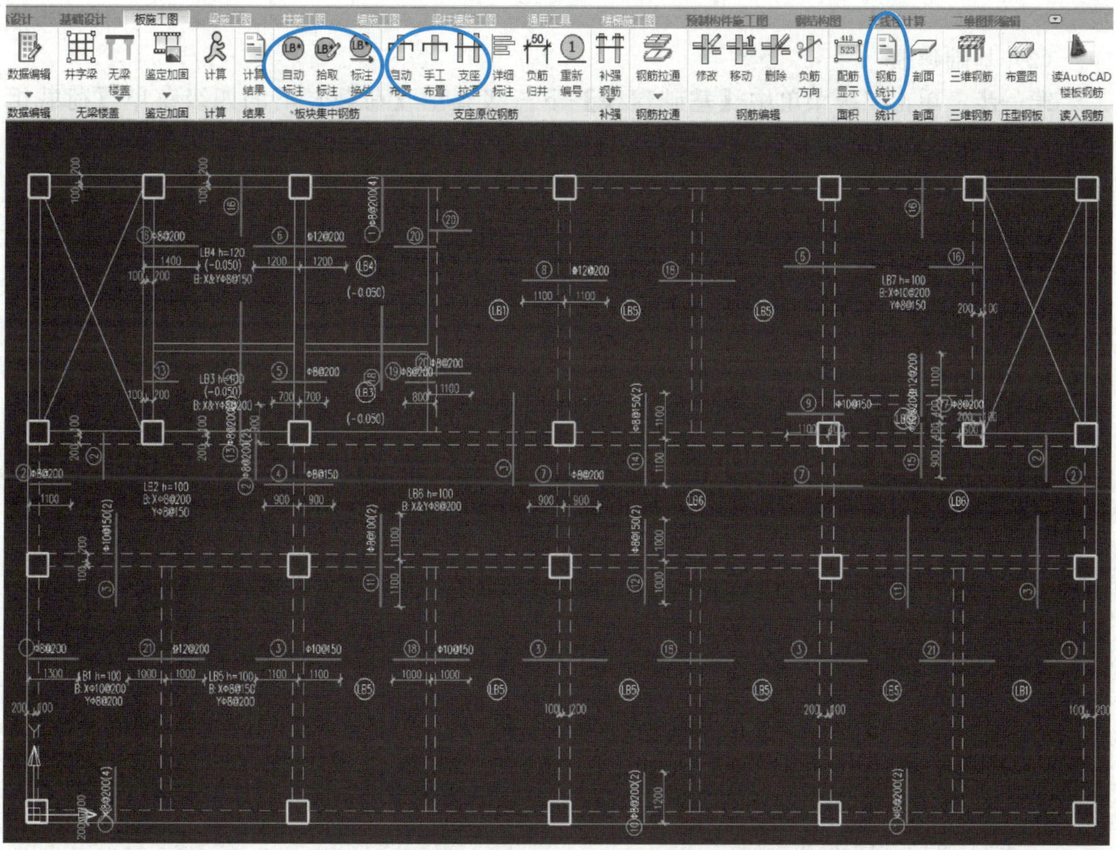

图 6-28　第1标准层楼板配筋图

第五步：单击三级菜单中【标注轴线】按钮，在弹出的【轴线标注】对话框中根据需要勾选相应的复选框后单击【确定】按钮，程序会自动完成轴线的标注。

第六步：单击图6-28中第二行菜单【钢筋统计】按钮，可以进行本层楼板钢筋用量、全楼楼板钢筋用量统计，并绘制楼板钢筋表。

第七步：单击整个界面右下角图标 ▲ 或 ✎，可以将程序绘制的楼板配筋图导出为DWG格式文件。

（2）梁施工图绘制

至此完成了上部结构施工图绘制，最后将设计结果进行保存。

拓展阅读

梁施工图绘制

6. 基础设计

（1）基础类型选择

根据工程地质情况及结构形式、层数，初步确定本工程基础采用独立基础。图 6-29 为基础设计模块下的二级和三级菜单。

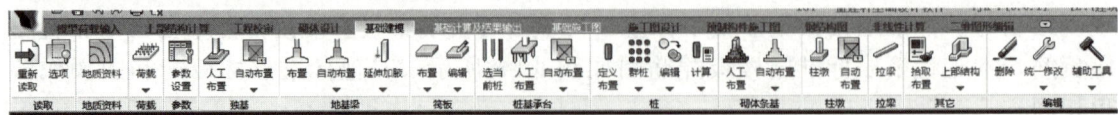

图 6-29　基础设计菜单

（2）基础建模

第一步：单击二级菜单中【基础建模】下三级菜单【荷载】下的四级菜单【荷载组合】，弹出对话框进行设置，根据《统一标准》确定荷载分项系数，选择荷载来源：YJK-A 计算荷载，活荷载勾选自动按楼层折减，然后单击【确定】按钮，如图 6-30 所示。

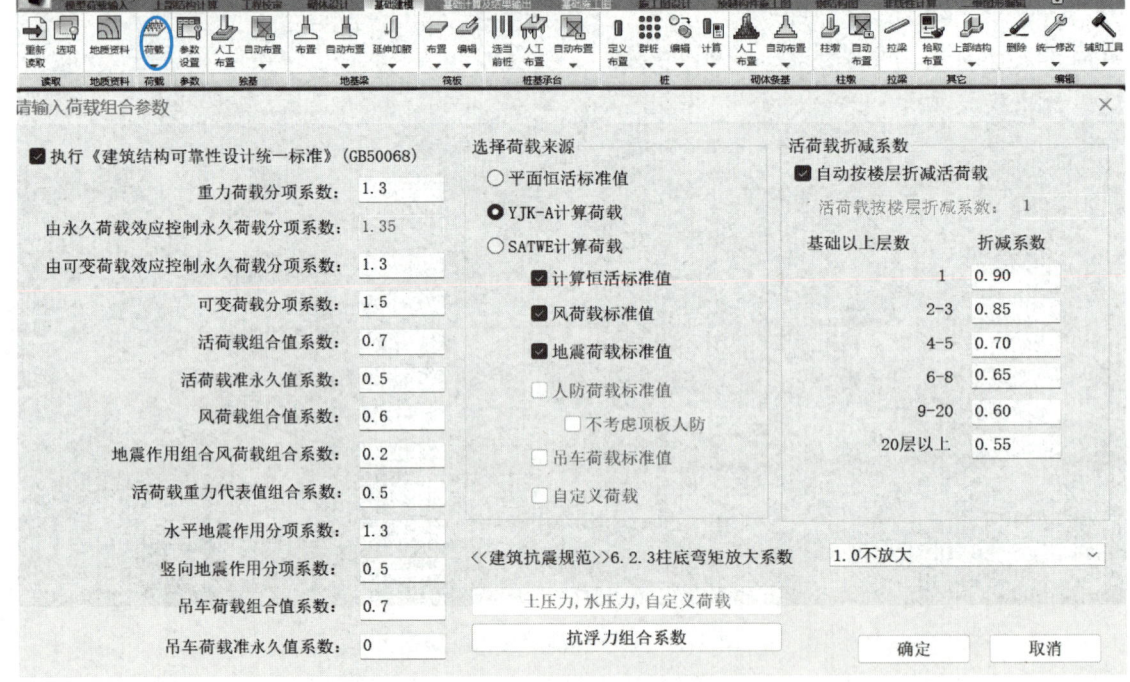

图 6-30　荷载参数设计

第二步：基础形式有独立基础、条形基础、筏板基础、桩基础等。由于本工程为框架结构，且层数为 3 层，地基承载力较高，故可以选择独立基础形式。单击【基础建模】中【自动布置】下的【参数布置】，弹出如图 6-31 所示对话框，进行左侧【总参数】【地基承载力计算参数】以及【独基自动布置参数】设置，初步设置独立基础高为 800mm，基础埋深为 2.0m，然后单击【确定】按钮。

第三步：单击【基础建模】中【自动布置】下的【单柱自动布置】按钮，如果两个单柱基础边界产生重叠，则对于发生重叠的两个柱子基础可以选择【双柱布置】按钮，最终

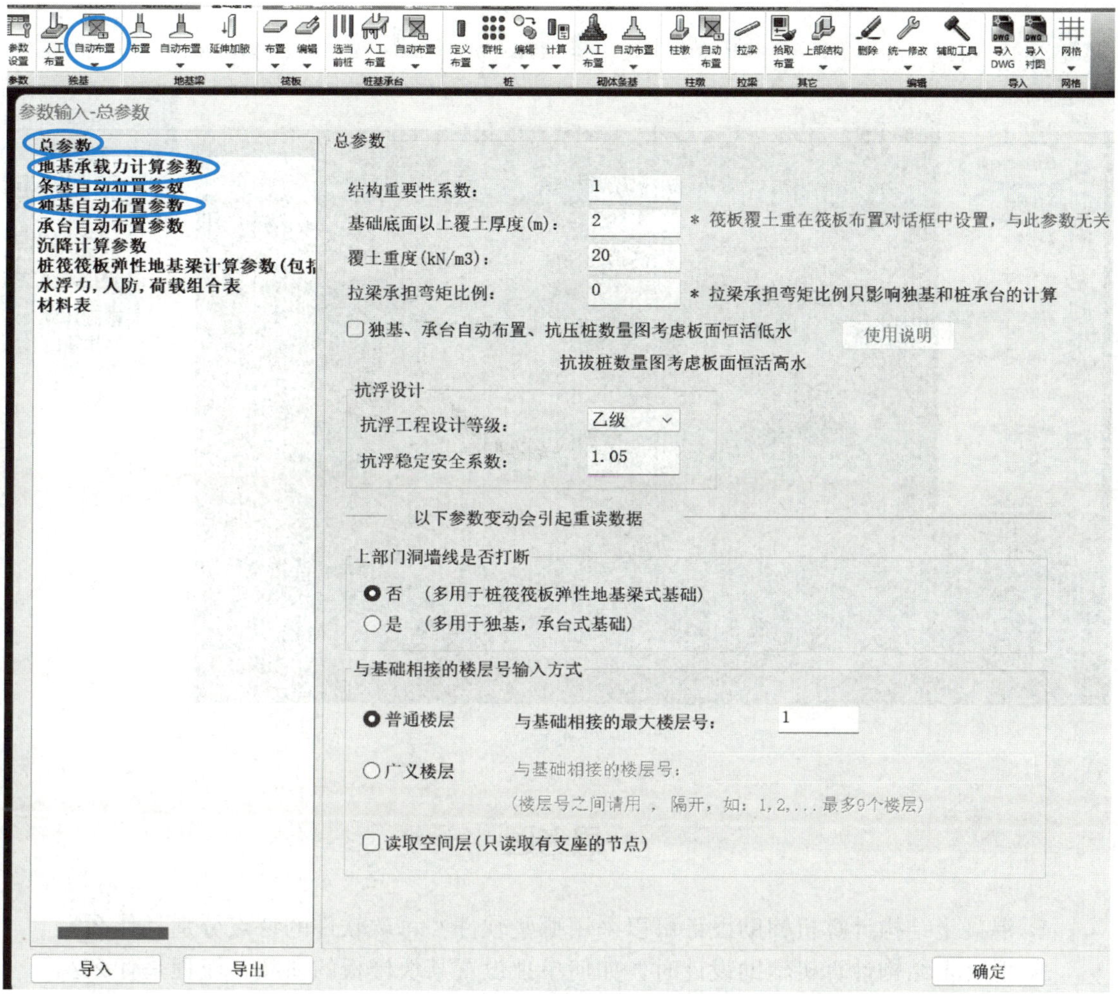

图 6-31 基础参数布置

基础布置图如图 6-32 所示。

（3）基础计算及结果输出

至此，利用 YJK 结构设计软件完成了本工程上部结构计算与设计、基础计算与设计的任务。

任务小结

1. 目前市场上有 PKPM、YJK、理正等混凝土结构设计软件，MIDAS、ABAQUS、ANSYS 等结构有限元分析软件，其中 PKPM、YJK 结构设计软件应用较为广泛。

2. 各款结构设计软件的基本操作相似，本任务以 YJK 结构设计软件为例介绍了混凝土框架结构设计流程及施工图绘制。

3. 在应用软件设计过程中注意各参数的取值应满足相关规范要求。

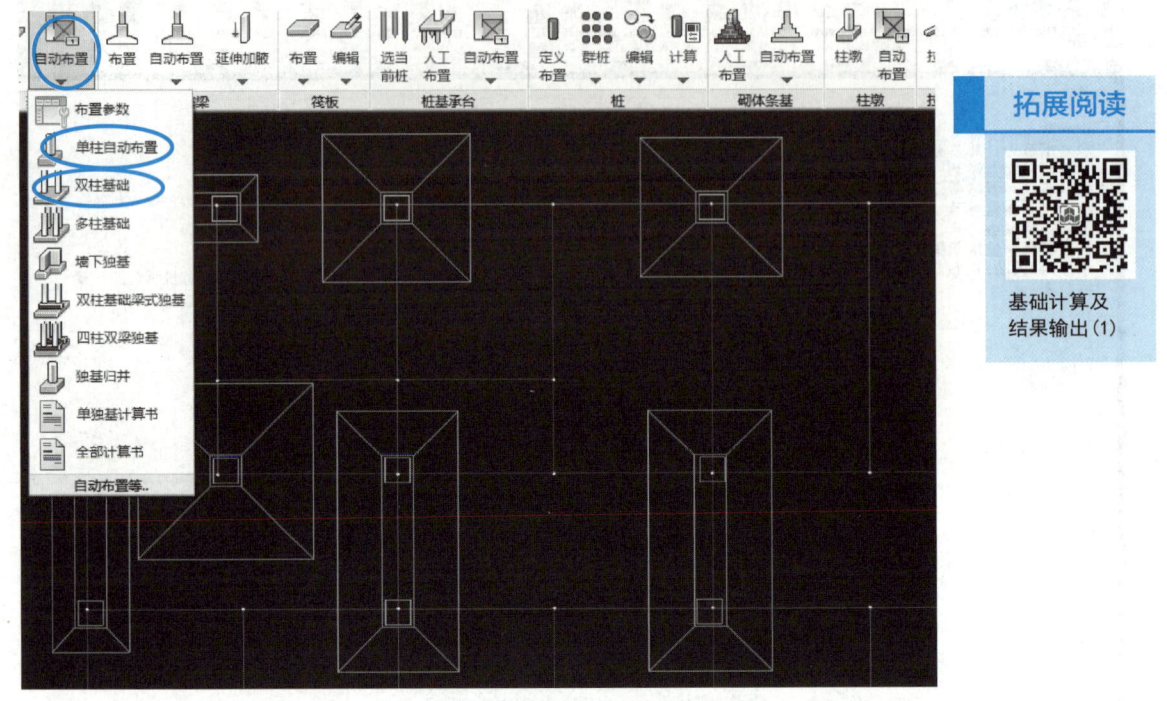

拓展阅读

基础计算及
结果输出（1）

图 6-32　独立基础布置

思考题

1. 混凝土结构计算机辅助设计可以采用哪些软件？每款软件的特点分别是什么？
2. 混凝土结构计算机辅助设计时，如何单独设置某块楼板的荷载？流程是什么？
3. 混凝土结构计算机辅助设计时，如何设置填充墙荷载？
4. 混凝土结构上部结构计算时，结构总体信息包括哪些参数需要设置？

习题

　　某办公楼为四层钢筋混凝土框架结构，一层层高 4.1m，二～四层层高均为 3.9m，无地下室，设计使用年限 50 年，建筑结构安全等级为二级。抗震设防烈度为 7 度 0.1g，抗震设防类别为丙类，设计地震分组为第二组，建筑场地类别为Ⅲ类。风荷载为 0.35kN/m²，地面粗糙度类别为 B。柱混凝土强度等级为 C35，梁、板及基础混凝土强度等级均为 C30，所有构件钢筋级别均为 HRB400。梁、板、柱环境类别均为一类。基础环境类别为二 a 类，地基承载力为 200kPa，一～四层建筑平面图如图 6-33、图 6-34 所示。

　　试用 YJK 结构设计软件进行建模分析，并绘制结构施工图。

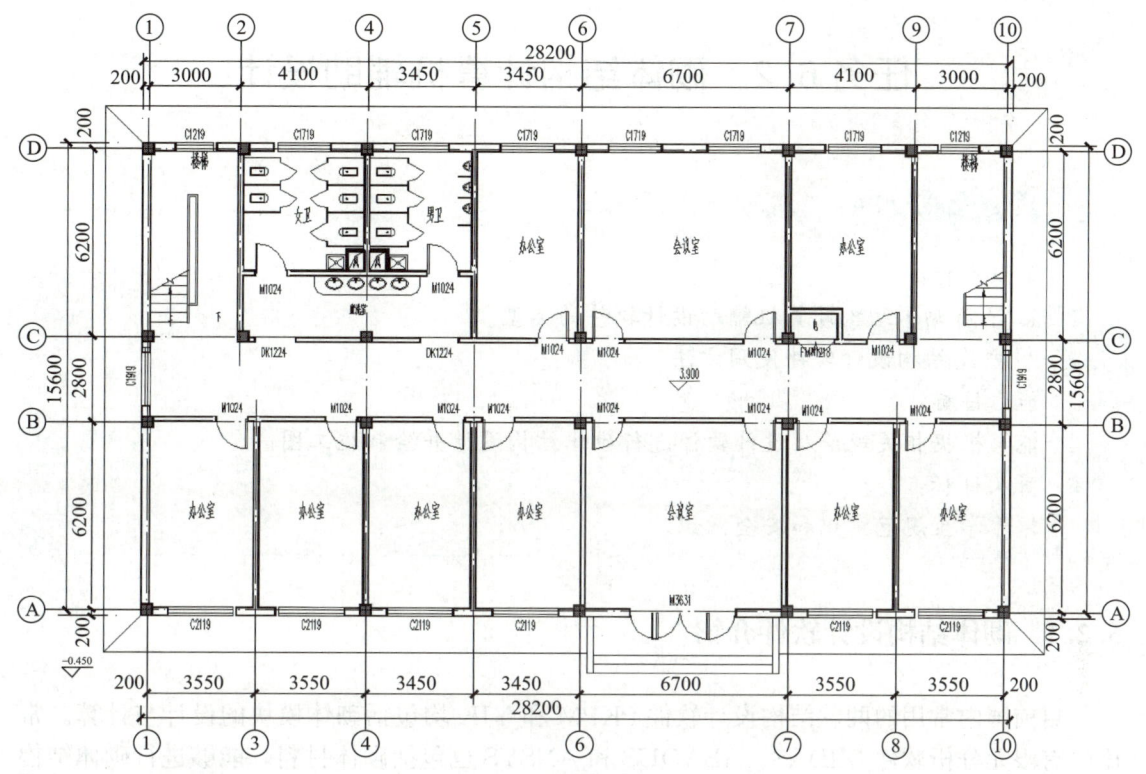

图 6-33 一层平面图

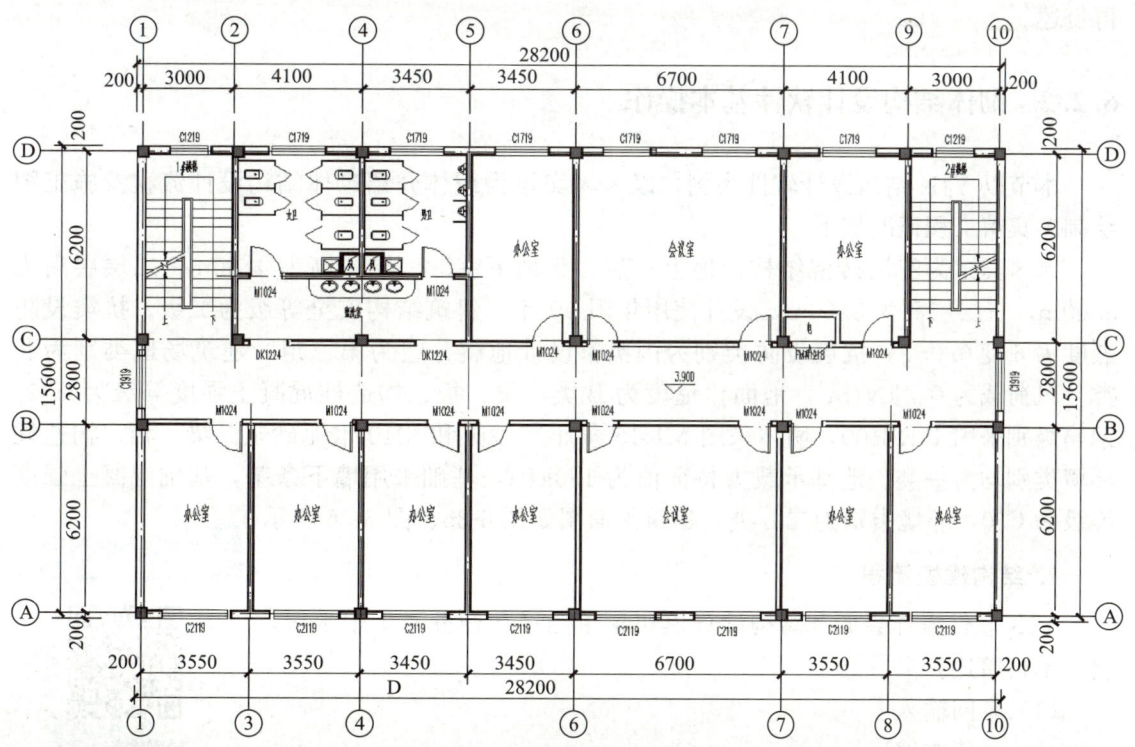

图 6-34 二～四层平面图

任务 6.2　砌体结构计算机辅助设计

学习目标

知识目标：
1. 了解砌体结构计算机辅助设计软件的类型。
2. 熟悉结构设计软件使用方法。
能力目标：
能够根据相关规范及设计软件进行砌体结构设计并绘制施工图。
育人目标：
培养学生规范意识和安全意识。

6.2.1　砌体结构设计软件介绍

目前国内常用的两款结构设计软件 PKPM 和 YJK 均包括砌体模块的设计与计算。常用的有限元分析软件 MIDAS、ABAQUS 和 ANSYS 也包括砌体材料，能够进行砌体结构基本构件的建模与分析。在任务 6.1 中已经对这些软件功能和特点做了详细介绍，这里不再赘述。

6.2.2　砌体结构设计软件基本操作

本节以 YJK 结构设计软件为例，以××宾馆为载体介绍砌体结构设计流程及施工图绘制。宾馆工程概况如下：

××宾馆为三层砖混结构。地上三层，无地下室。一层层高为 4.50m，二层层高为 3.40m，三层层高为 3.60m，设计使用年限 50 年，建筑结构安全等级为二级。抗震设防烈度为 6 度 0.05g，抗震设防类别为丙类，设计地震分组为第三组，建筑场地类别为Ⅱ类。风荷载为 0.4kN/m²，地面粗糙度为 B 类，梁、板、构造柱混凝土强度等级为 C30，钢筋级别采用 HRB400，墙体采用 MU15 蒸压灰砂砖和 M10 水泥砂浆。梁、板、构造柱环境类别均为一类。地基承载力特征值为 180kPa，基础采用墙下条基，基础混凝土强度等级为 C30，环境类别为二 b 类。建筑平面图如图 6-35、图 6-36 所示。

1. 结构建模流程

YJK 软件操作界面和结构计算模块菜单已经在任务 6.1 中学习，这里不再赘述。

（1）轴网输入

（2）楼板布置

第一步：单击二级菜单【楼板布置】下三级菜单【生成楼板】按

拓展阅读

轴网输入

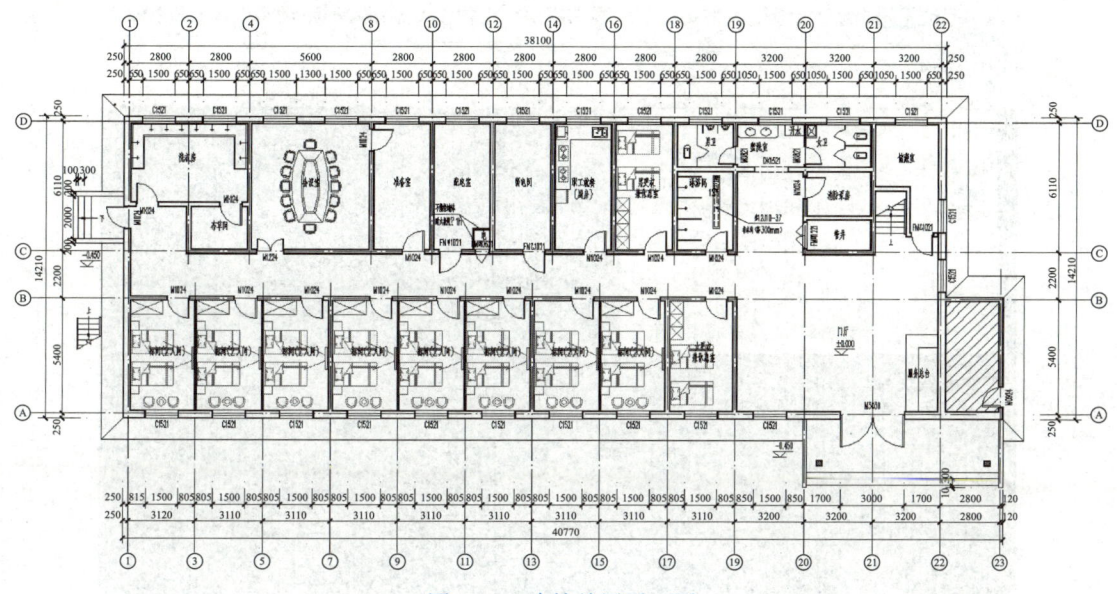

图 6-35 建筑首层平面图

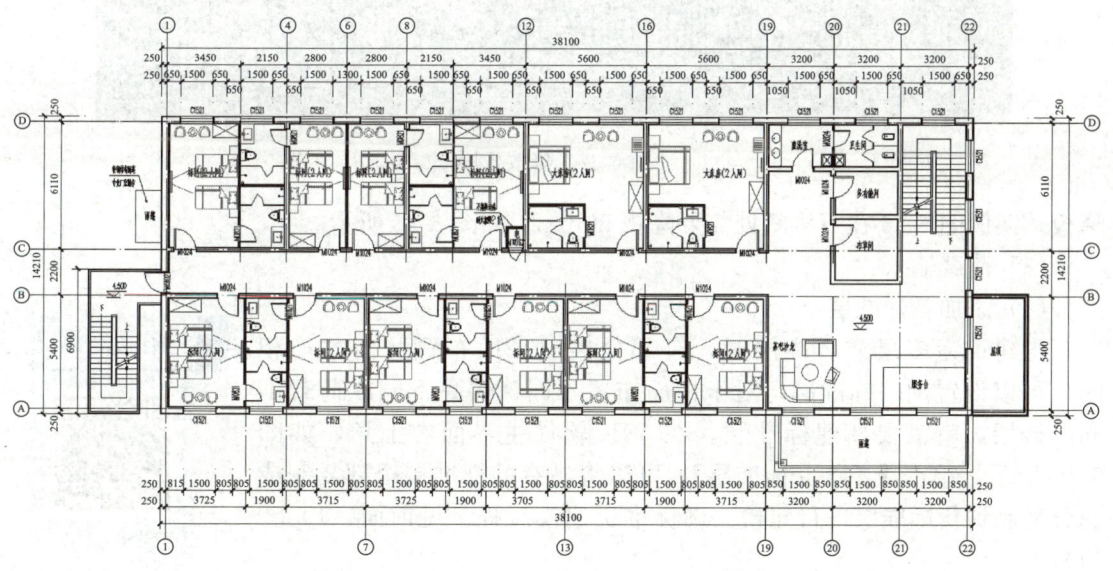

图 6-36 二、三层建筑平面图

钮，自动生成楼板。

　　第二步：单击三级菜单【修改板厚】按钮，可整体或局部修改楼板厚度，采用【光标选择】【窗口选择】或【围区选择】方式来选取要修改板厚的楼板。案例图 6-35 楼梯间的板厚设置为 0，如图 6-37 所示。

　　提示：由于楼梯、天井、天窗这些位置是存在面荷载的，故一般这些位置生成楼板后不开洞，直接将板厚设置为 0，以便楼板在后续操作步骤中传递荷载。

　　第三步：单击三级菜单【楼板错层】按钮，对标高有升降的楼板进行定义，如卫生间

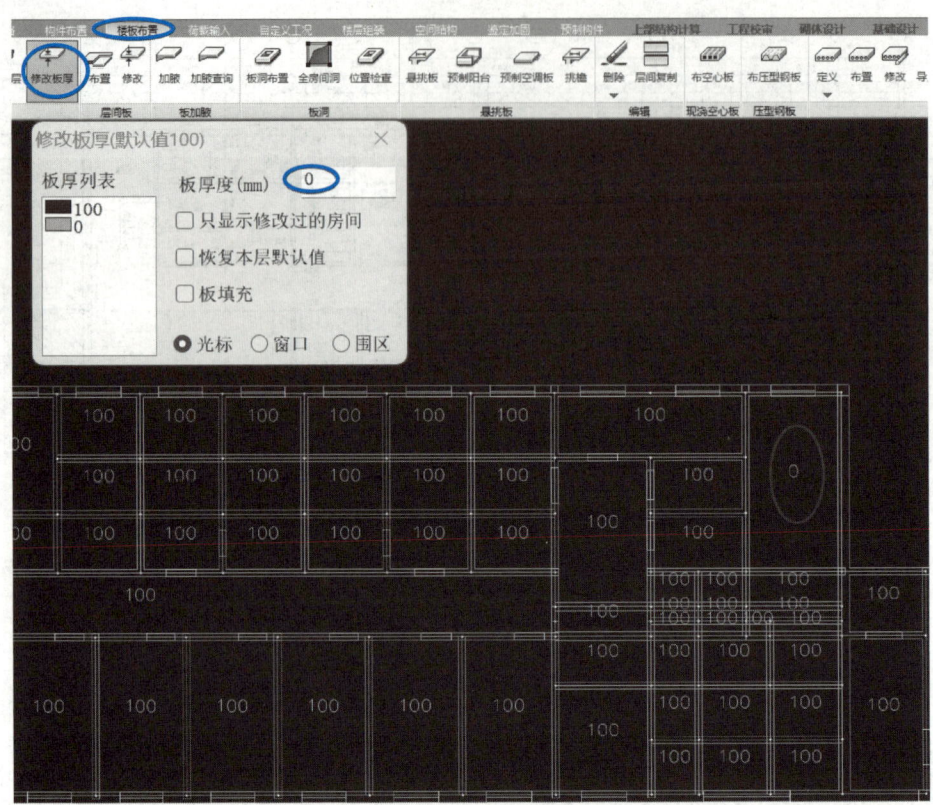

图 6-37　修改板厚

降板。案例图 6-36 在卫生间处需要降板 50mm，如图 6-38 所示。

（3）荷载输入

（4）添加新标准层

当建筑为多层或者高层时，有部分楼层平面布置及荷载均相同，可以设置同一标准层，对于平面布置不同、层高不同或荷载不同的楼层，就需要新建标准层，在 YJK 软件主界面右上角，如图 6-39 所示，单击【添加新标准层】，可以将已有的标准层全部复制或部分复制到新标准层进行建模。新标准层建模流程参见前面（1）～（4）。

（5）楼层组装

当建筑的结构楼层为多层、高层或超高层时，创建其中一个标准层后，可使用楼层管理工具来复制其余楼层，也称"楼层组装"。

2. 砌体结构设计计算

第一步：上部结构建模完成后，进行砌体结构计算。单击二级菜单【砌体设计】按钮，然后单击三级菜单【参数设计】出现对话框，依次单击对话框左侧菜单【结构总体信息】【计算控制信息】【风荷载信息】【地震信息】【设计信息】【活荷载信息】【构件设计信息】【包

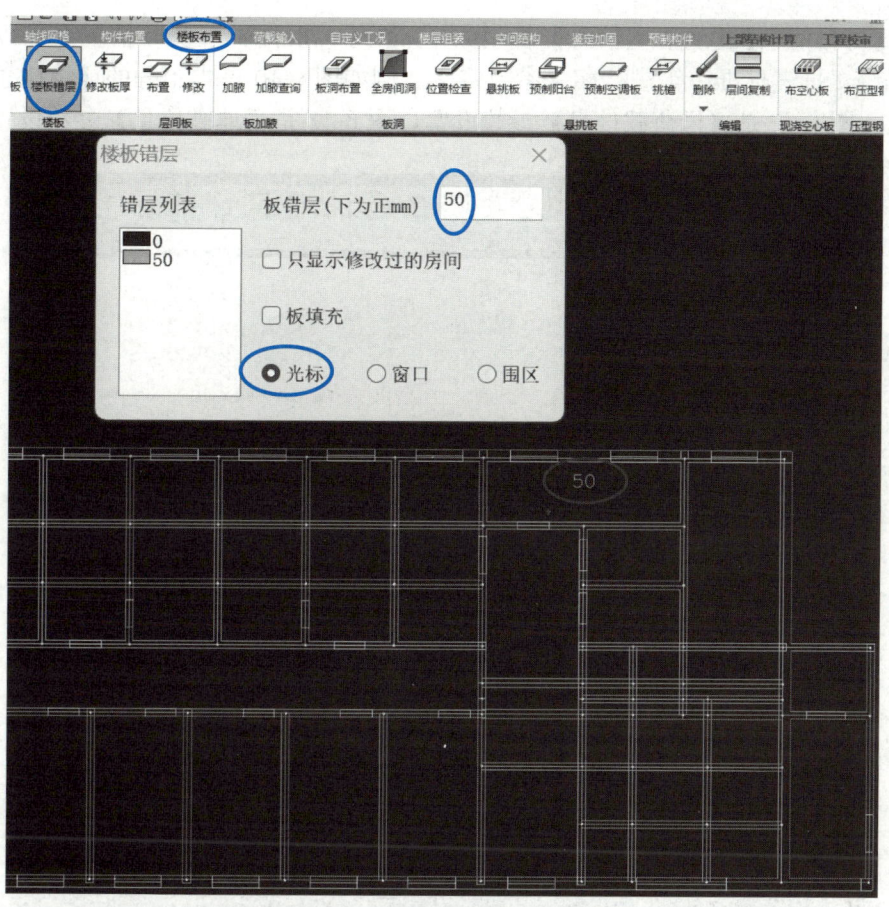

图 6-38　创建错层楼板

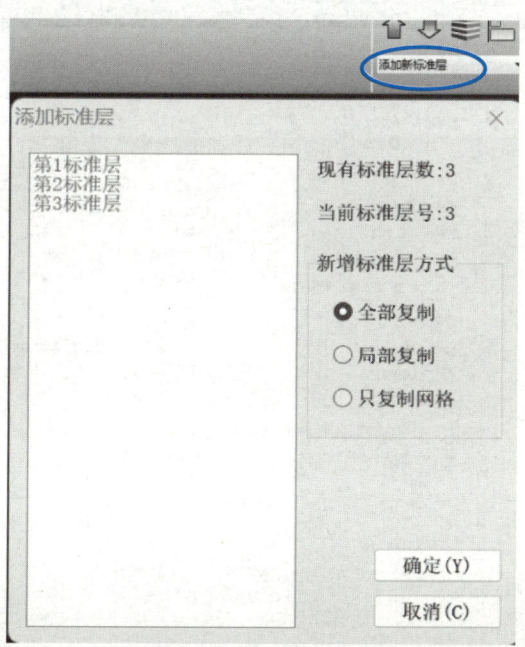

图 6-39　新建标准层

络设计】【材料信息】【地下室信息】【荷载组合】等，根据工程实际情况及《砌体规范》《荷载规范》《抗震标准》等进行相关参数定义。例如图 6-40 是本工程的【结构总体信息】参数设置，图 6-41 是【风荷载信息】参数设置，图 6-42 是【地震信息】参数设置。

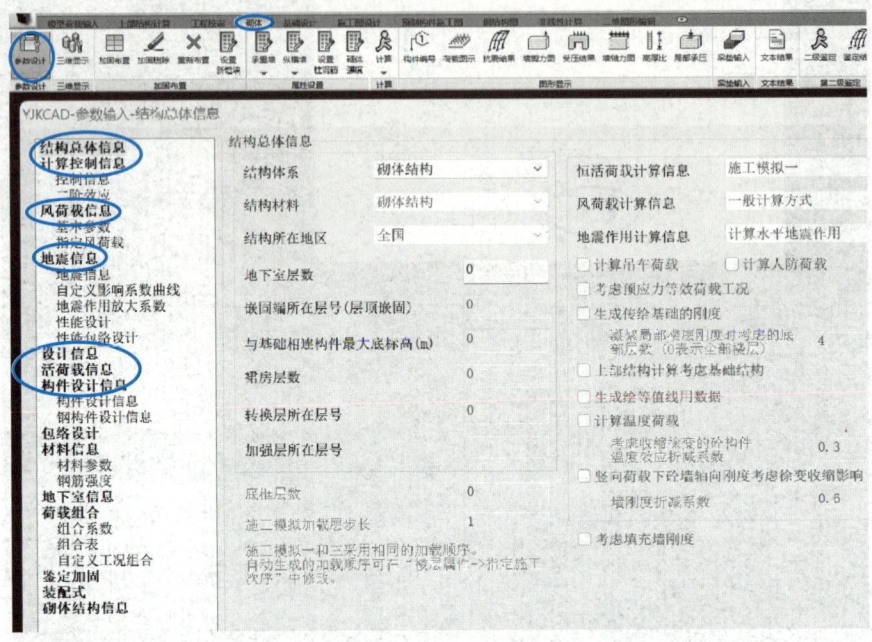

图 6-40　砌体结构总体信息参数设置

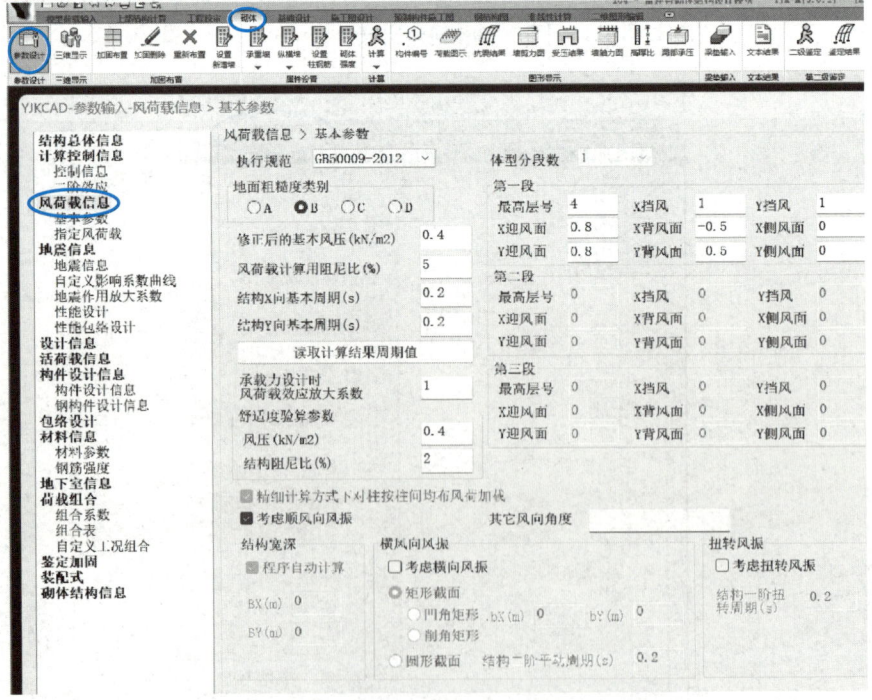

图 6-41　砌体结构风荷载信息参数设置

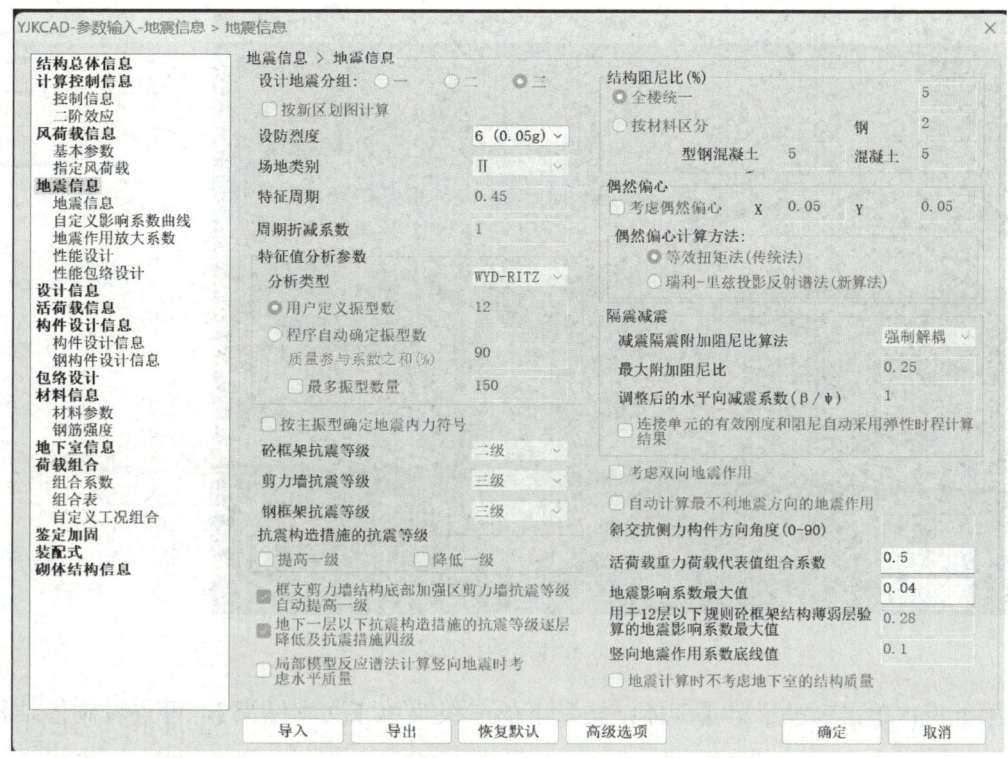

图 6-42 砌体结构地震信息参数设置

第二步：单击二级菜单【砌体设计】下的三级菜单【砌体强度】按钮，根据本工程墙体和砂浆强度等级进行修改。

第三步：单击二级菜单【砌体设计】下的三级菜单【计算】，再点击下面的【砌体及混凝土构件计算】按钮，如图 6-43 所示。

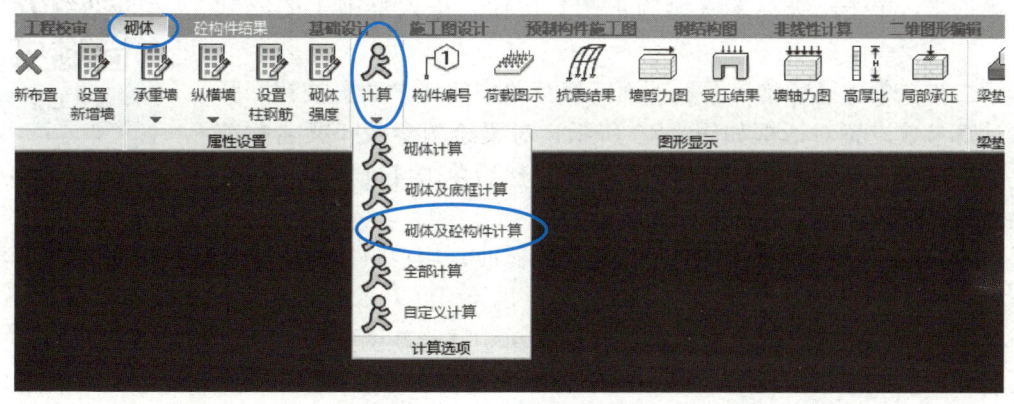

图 6-43 砌体结构计算菜单

第四步：计算完毕后，可查看结构每一标准层【荷载图】【抗震结果】【墙剪力图】【受压结果】【墙轴力图】【高厚比】【局部承压】等计算结果，如图 6-44 所示。

提示：单击主界面右上角 第1层 ▼ 黑色三角形下拉菜单，可切换标准层。

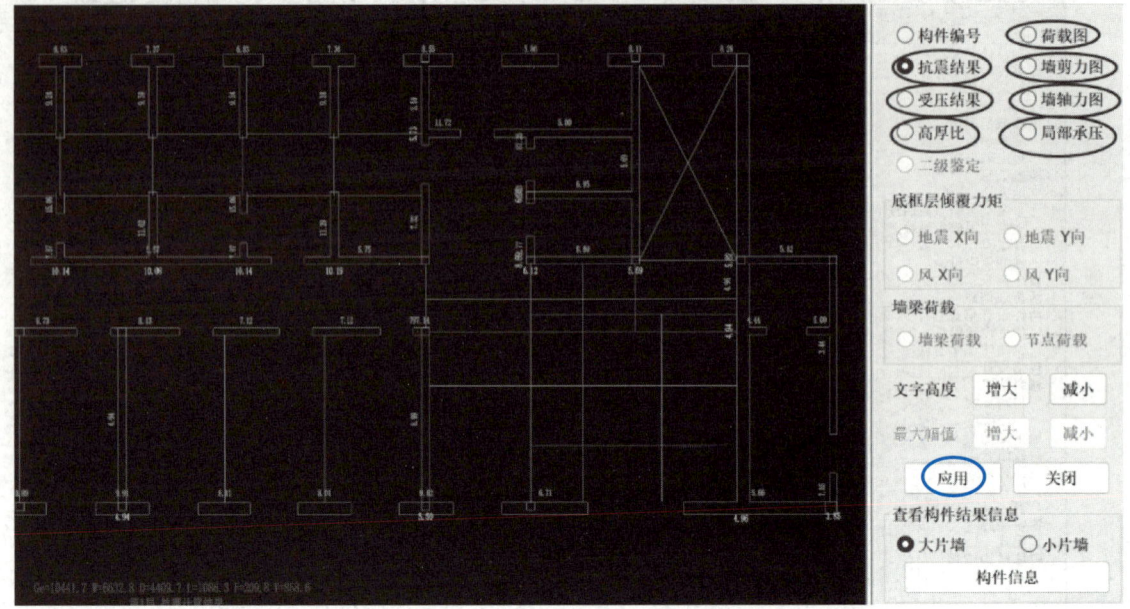

图 6-44　砌体结构计算结果显示

第五步：单击二级菜单【砌体结构】下的三级菜单【文本结果】，可查看砌体结构计算书。

第六步：单击二级菜单【混凝土构件结果】，可查看砌体结构中混凝土梁的计算结果，包括【配筋】【配筋率】等。

3. 梁板施工图设计

（1）楼板施工图绘制

（2）梁施工图绘制

第一步：单击二级菜单【梁施工图】按钮，进入梁施工图绘制界面。

第二步：单击【梁施工图】下面三级菜单中的【参数】按钮，弹出梁计算参数设置对话框如图 6-45 所示，对梁绘图参数、梁名称前缀、选筋参数、裂缝挠度等参数进行调整，然后单击【确定】按钮完成梁计算参数的定义。

提示：程序默认的参数一般不需要全部修改，用户只需要根据实际情况对部分参数进行调整即可。

拓展阅读

楼板施工图
绘制

第三步：单击【梁施工图】下面三级菜单中【绘新图】的下一级菜单【重新归并选筋并绘制新图】按钮，出现第 1 标准层梁局部配筋图如图 6-46 所示。单击主界面右上角图标⭡⭣可切换为其他标准层梁配筋图。

第四步：单击三级菜单中【标注轴线】按钮，在弹出的【轴线标注】对话框中根据需要勾选相应的复选框后单击【确定】按钮，程序会自动完成轴线的标注。

第五步：单击三级菜单中【详图】按钮下的四级菜单【添加梁立面图】，可以绘制平面图中任意一根梁的立面及断面配筋图。

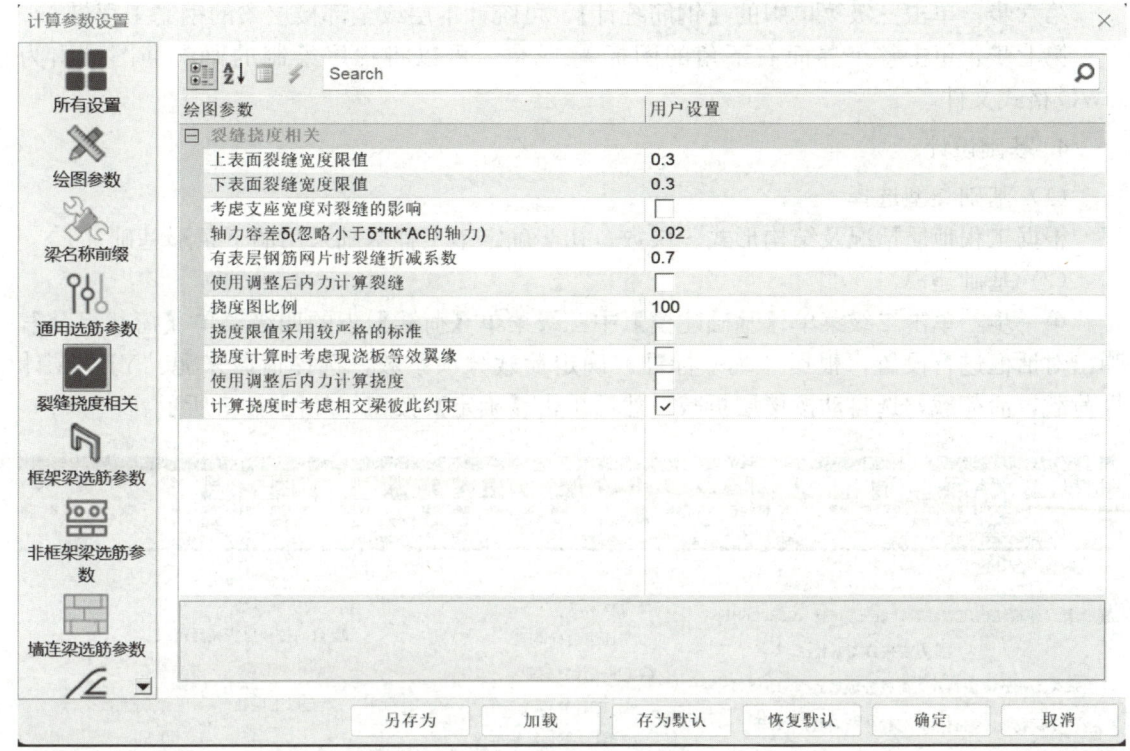

图 6-45　梁计算参数设置

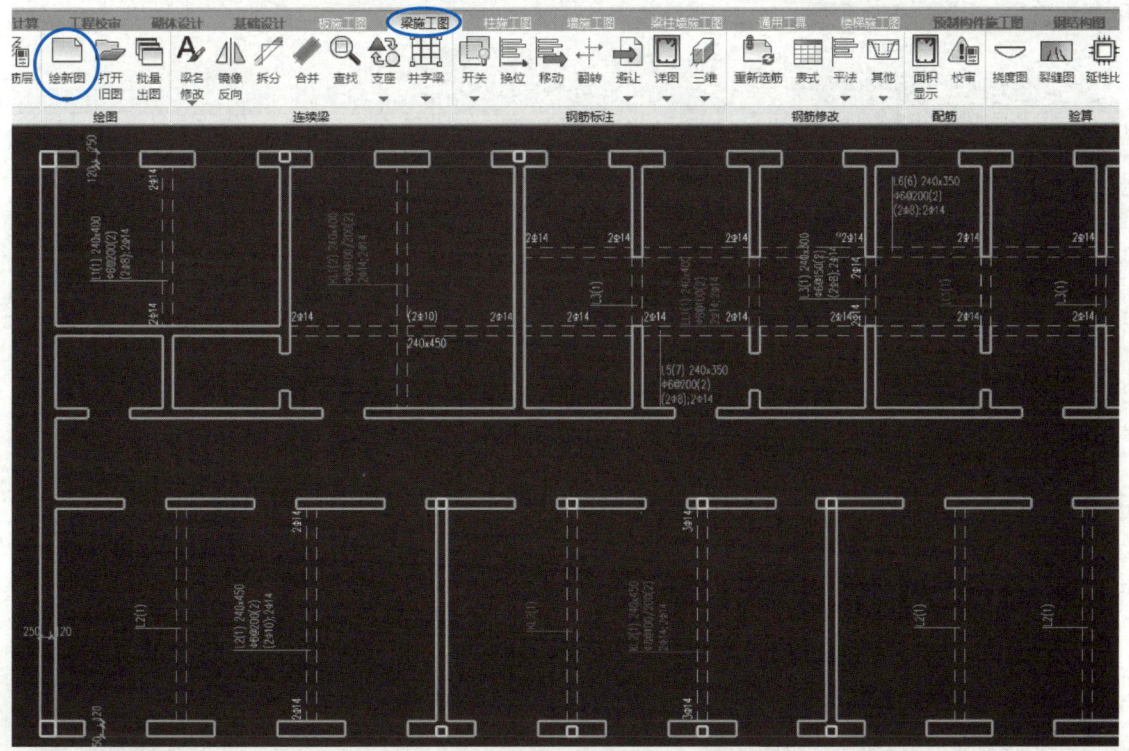

图 6-46　第 1 标准层梁局部配筋图

第六步：单击三级菜单中的【钢筋统计】，可统计本层或全部楼层梁的钢筋工程量。

第七步：单击整个界面右下角的图标 ![] 或 ![]，可以将程序绘制的梁配筋图导出为 DWG 格式文件。

4. 基础设计

（1）基础类型选择

根据工程地质情况及结构形式、层数，初步确定本工程基础采用墙下条形基础。

（2）基础建模

第一步：单击二级菜单【基础建模】中三级菜单【荷载】下的四级菜单【荷载组合】，弹出对话框进行设置，根据《统一标准》确定荷载分项系数，选择荷载来源：YJK-A 计算荷载，活荷载勾选自动按楼层折减，然后单击【确定】按钮，如图 6-47 所示。

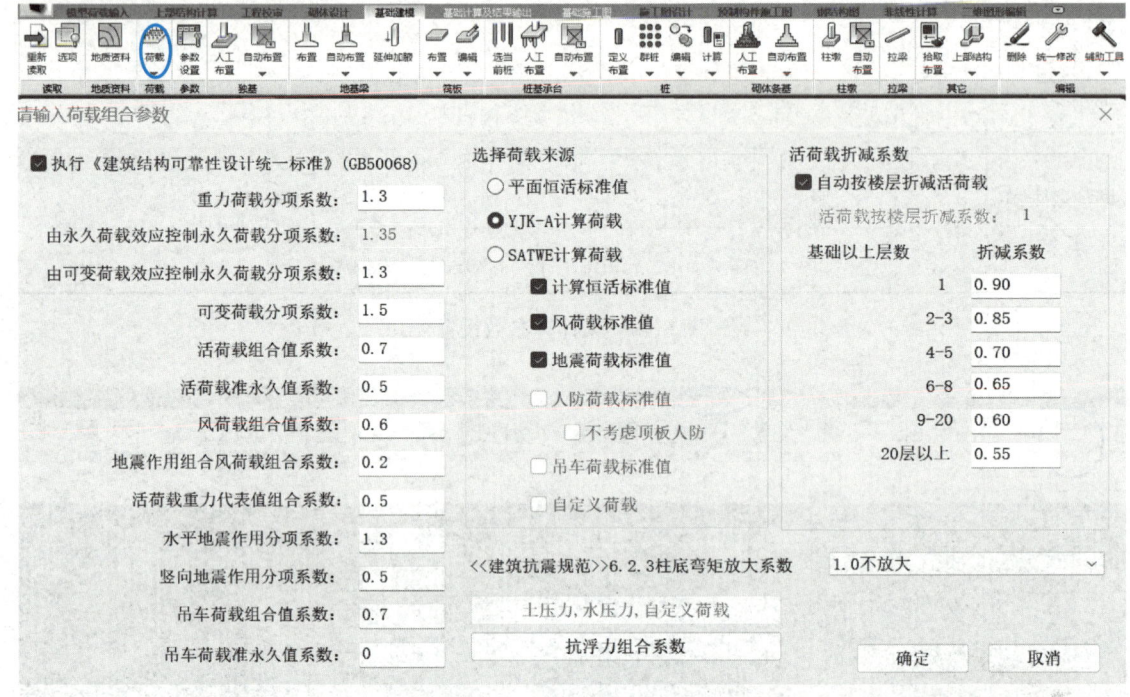

图 6-47　基础荷载参数设计

第二步：基础形式有独立基础、条形基础、筏板基础、桩基础等。由于本工程为砌体结构，且层数为 3 层，地基承载力较高，故选择墙下条基。单击【基础建模】中【自动布置】下的【参数布置】，弹出如图 6-48 所示对话框，进行左侧【总参数】【地基承载力计算参数】以及【条基自动布置参数】的设置，然后单击【确定】按钮。

第三步：单击【基础建模】中【自动布置】下的【单墙地梁】按钮，如图 6-49 所示，假设基底标高为−1.5m，墙下条基局部平面布置如图 6-50 所示。

（3）基础计算及结果输出

拓展阅读

基础计算及
结果输出(2)

参数输入-总参数

总参数
地基承载力计算参数
条基自动布置参数
独基自动布置参数
承台自动布置参数
沉降计算参数
桩筏筏板弹性地基梁计算参数(包括
水浮力,人防,荷载组合表
材料表

总参数

结构重要性系数：　　　　　　　　1

基础底面以上覆土厚度(m)：　　　0　　　　＊ 筏板覆土重在筏板布置对话框中设置，与此参数无关

覆土重度(kN/m3)：　　　　　　　20

拉梁承担弯矩比例：　　　　　　　0　　　　＊ 拉梁承担弯矩比例只影响独基和桩承台的计算

☐ 独基、承台自动布置、抗压桩数量图考虑板面恒活低水　　　　[使用说明]
　　　　　　　　抗拔桩数量图考虑板面恒活高水

抗浮设计

抗浮工程设计等级：　　　　　乙级　∨

抗浮稳定安全系数：　　　　　1.05

────　以下参数变动会引起重读数据　────

上部门洞墙线是否打断

● 否　(多用于桩筏筏板弹性地基梁式基础)
○ 是　(多用于独基，承台式基础)

与基础相接的楼层号输入方式

● 普通楼层　　　与基础相接的最大楼层号：　　　1

○ 广义楼层　　　与基础相接的楼层号：

　　　　　　　　(楼层号之间请用 ，隔开，如：1,2,...最多9个楼层)

☐ 读取空间层(只读取有支座的节点)

[导入]　　　[导出]　　　　　　　　　　　　　　　　　[确定]

图 6-48　基础参数布置

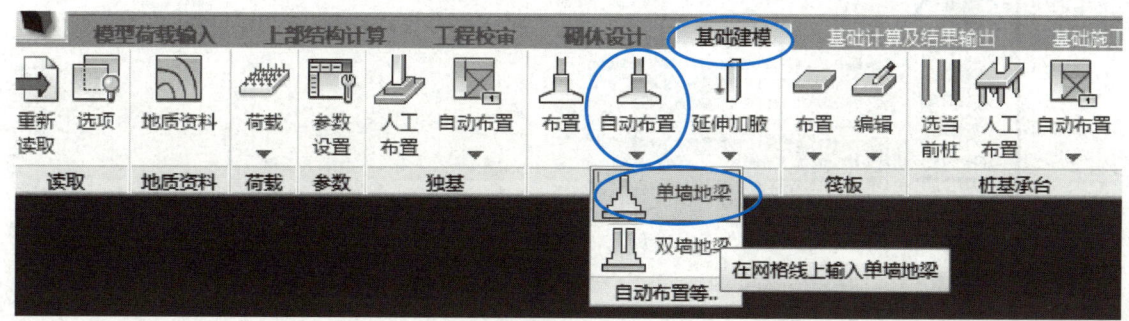

图 6-49　墙下条基菜单

（4）绘制基础施工图

第一步：单击二级菜单【基础施工图】下的三级菜单【参数设置】按钮，对基础归并系数、标注规则、钢筋种类进行设置，然后单击【确定】按钮，如图 6-51 所示。

第二步：单击二级菜单【基础施工图】下的三级菜单【新绘底图】和【地基梁】按钮，完成条形基础施工图绘制，本工程局部基础配筋如图 6-52 所示。

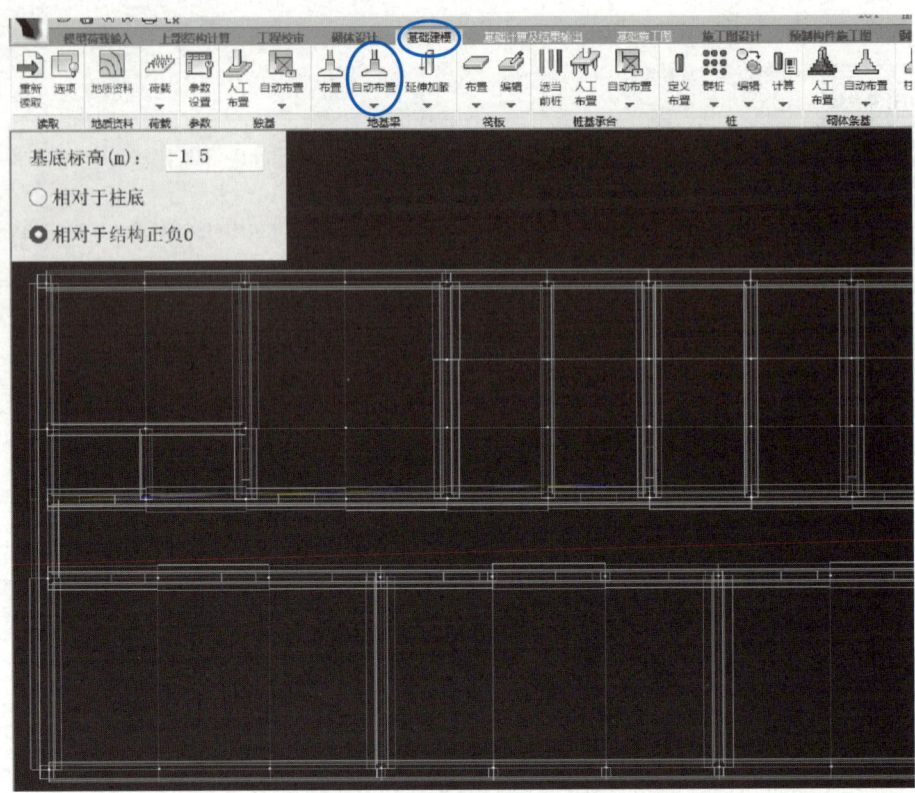

图 6-50 墙下条基局部平面布置

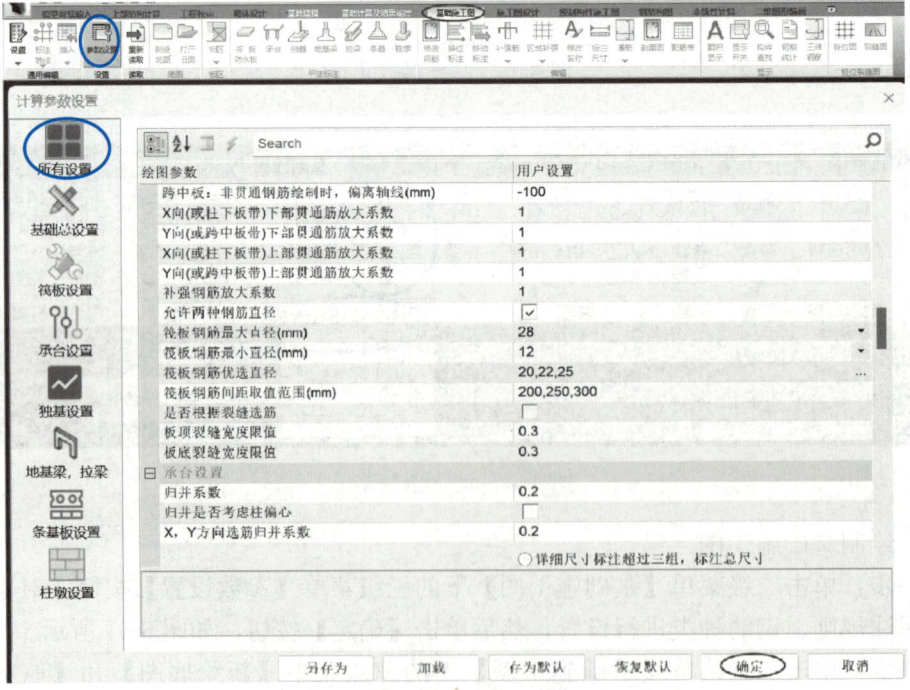

图 6-51 基础施工图绘制参数设置

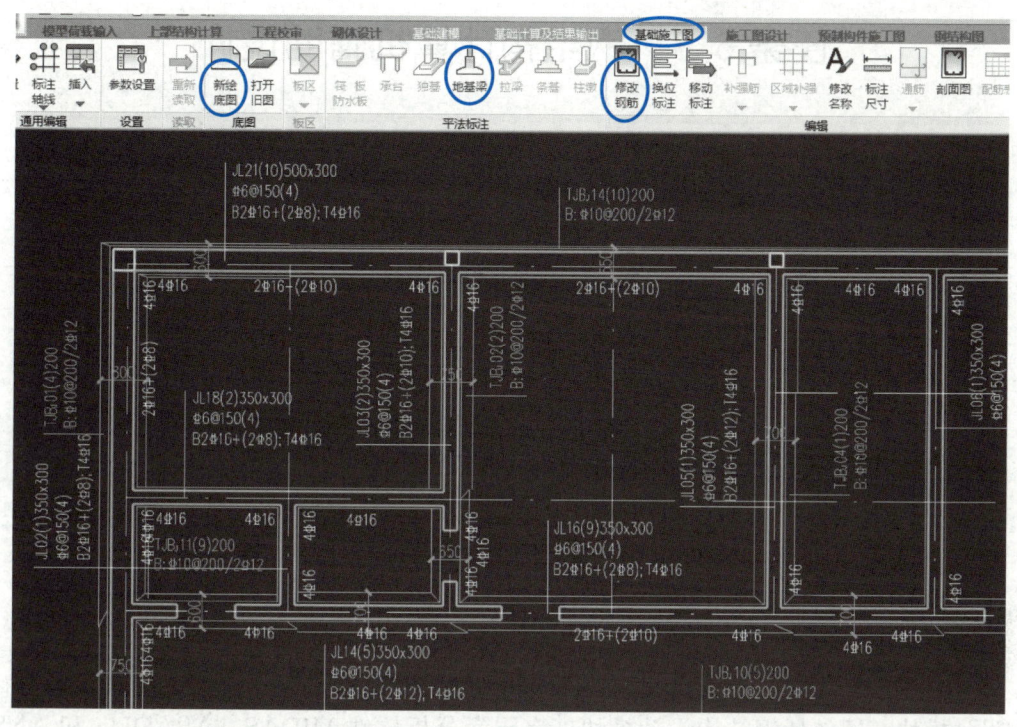

图 6-52　条形基础施工图

用户在【基础施工图】下的三级菜单中还可以完成修改基础钢筋、完成基础钢筋列表注写、绘制基础剖面图、统计基础钢筋工程量等操作。

第三步：单击整个界面右下角的图标 或 ，可以将程序绘制的基础配筋图导出为 DWG 格式文件。

至此，利用 YJK 结构设计软件完成了本工程上部结构计算与设计、基础计算与设计的任务。

任务小结

1. PKPM 和 YJK 均包括砌体结构设计模块。MIDAS、ABAQUS 和 ANSYS 也能够进行砌体结构基本构件的建模与分析。

2. 各款结构设计软件的基本操作相似，本任务以 YJK 结构设计软件为例介绍了砌体结构设计流程及施工图绘制。

3. 在应用软件设计过程中注意各参数的取值应满足相关规范要求。

思考题

1. 砌体结构上部结构计算时，结构总体信息包括哪些参数需要设置？

2. 砌体结构计算机辅助设计时，当墙体受压计算不满足要求时，该如何调整？

任务 6.3　钢结构计算机辅助设计

知识目标：

1. 了解钢结构计算机辅助设计软件的类型。

2. 熟悉 3D3S 设计软件的使用方法。

能力目标：

能够根据相关规范及设计软件进行钢结构设计，并绘制施工图。

育人目标：

培养学生创新思维、规范意识和安全责任意识。

6.3.1　钢结构设计软件介绍

任务 6.1 中介绍的两款结构设计软件 PKPM 和 YJK 除了包括混凝土结构设计和砌体结构设计模块，还包括钢结构设计模块。有限元分析软件 MIDAS、ABAQUS 和 ANSYS 不仅可以进行混凝土构件有限元分析，还可以进行钢构件有限元分析。

钢结构设计和分析除了可以采用以上几款软件外，还有 3D3S 钢结构设计软件、SAP2000 有限元分析软件、Tekla 钢结构深化设计软件、MTS 钢结构设计软件等。下面分别介绍这几款软件功能和特点。

1. 3D3S 钢结构设计软件

3D3S 钢结构设计软件是一套建筑钢结构设计软件。该软件主要是面向工业与民用建筑设计院、钢结构设计制作企业、膜结构设计企业、幕墙制作企业、建筑科学研究单位、高等院校等单位。3D3S 软件可提供四个系统：3D3S 钢与空间结构设计系统、3D3S 钢结构实体建造及绘图系统、3D3S 钢与空间结构非线性计算与分析系统、3D3S 辅助结构设计及绘图系统。

3D3S 钢与空间结构设计系统可以进行厂房、多高层、屋架桁架、网架网壳、塔架、光伏支架、通廊、幕墙、索膜、变电构架等钢结构的设计与绘图，并可直接生成 Word 文档计算书和 AutoCAD 设计施工图。

3D3S 钢结构实体建造及绘图系统主要是针对轻型门式刚架和多高层建筑两种结构，可读取相应 3D3S 设计系统的三维设计模型、读取 SAP2000 的三维计算模型或直接定义柱网输入三维模型，提供梁柱的各类节点形式供用户选用，自动完成节点计算或验算，进行节点和杆件类型分类和编号，可编辑节点、增/减/改加劲板、修改螺栓布置和大小、修改焊缝尺寸，并重新进行验算，直接生成节点设计计算书，并根据三维实体模型直接生成结构初步设计图、设计施工图以及加工详图。

2. SAP2000 有限元分析软件

SAP2000 程序是由 SAP（Structure Analysis Program）系列程序发展而来的，于 1996 年问世，它是 SAP 产品系列中第一个以 Windows 视窗为操作平台的程序。

SAP2000 是通用的结构分析设计软件，可以完成模型的创建和修改、计算结果的分析和执行、结构设计的检查和优化以及计算结果的图表显示（包括时程反应的位移曲线、反应谱曲线、加速度曲线）和文本显示等。

SAP2000 主要适用于模型比较复杂的结构，如桥梁、体育场、大坝、海洋平台、工业建筑、发电站、输电塔、网架等结构形式，高层等民用建筑也能用 SAP 建模、分析和设计。

SAP2000 程序进行结构分析常用的方法有时程分析、地震动输入、动力分析以及 Push-over 分析等。另外还包括：静力分析、用特征向量或 Ritz 向量进行振动模式的模态分析、对地震反应的反应谱分析等。这些不同类型的分析可在程序的同一次运行中进行，并把结果综合起来输出。

3. Tekla 钢结构深化设计软件

Tekla 是一款钢结构深化设计软件，它是通过先创建三维模型然后自动生成钢结构详图和各种报表来达到方便视图的一款软件。

用户可以在 Tekla 虚拟的空间中搭建一个完整的钢结构模型，模型中包括了材料规格、横截面、节点类型、零部件的几何尺寸、用户批注语等在内的相关信息。模型中各个零部件可以用不同的颜色表示。用户还可以用鼠标连续旋转功能，从不同方向观看模型任意部位，非常便捷地发现模型中各杆件空间的连接有无错误。

Tekla 中包含了六百多个常用节点，用户在创建节点时只需选取主部件、次部件，然后填写好相应参数即可。用户还可以随时查询所有构件制造及安装的相关信息，能随时检查选中的几个部件是否发生了碰撞。模型还能自动生成报告清单所需的输入数据以及所需要的图形等，并且把所有信息储存在模型的数据库内。当用户需要改变设计时，只需修改模型，其他数据均可以实时改变。

Tekla 可以自动生成构件详图和零件详图，其中构件详图还需要在 AutoCAD 进行深化设计，深化为构件图和零件图，以供装配或加工构件使用；零件图可以直接或经转化后，得到数控切割机所需的文件，实现钢结构设计和加工自动化。用户还可以利用模型在 Tekla 中自动生成螺栓报表、构件表面积报表和材料报表等。其中螺栓报表可以统计出整个模型中不同长度、等级的螺栓总量，根据构件表面积报表估算油漆使用量，根据材料报表估算每种规格的钢材使用量。

4. MTS 钢结构设计软件

MTS 软件主要辅助用户完成钢框架、门式刚架、平面排架、桁架及混凝土-钢混合结构的全面设计，而且还可以完成圆形及矩形钢管混凝土、钢骨混凝土结构、混凝土框架和剪力墙结构设计。

软件在分析内核方面，可以处理一般门式刚架（可带夹层）、框架、钢框-支撑、剪力墙及框架剪力墙结构，采用刚性楼面、弹性楼面、多塔、弹性板带连接多种分析模型，支持自振特性、静力分析、地震反应谱分析、弹性时程分析及罕遇地震作用的验算。

软件在程序建模与显示方面，可以快速处理门式刚架及多高层的任意复杂结构，集成了较为齐全的钢结构截面库，并为钢结构提供了多种建模与显示工具。

软件在设计验算方面，支持钢框架、钢框-支撑及混凝土-钢混合结构的钢构件、钢管混凝土柱、钢骨混凝土梁柱、混凝土剪力墙验算与设计、构件截面优化；支持主梁与次梁、梁与柱、梁与墙、支撑及柱脚节点设计；支持压型钢板组合楼板设计、组合梁栓钉设计，可有效降低楼面用钢量；支持独立基础设计与桩群承载力验算；支持屋面檩条、墙梁、抗风柱、柱间支撑、屋面支撑及吊车梁构件的单独设计与计算书输出。

软件在设计图形与文档输出方面，可以自动生成结构平面图、立面图、构件详图、节点设计详图、厂房檩条及支撑布置图、楼板配筋图、基础布置图与详图，支持任意屏幕视图的打印输出、BMP 文件导出与 DXF 文件导出。生成所有准备、分析、设计及报价结果的文档与各种计算简图，并可以提供图文并茂的 Word 文档和详细的 Excel 表格输出。

6.3.2 钢结构设计软件基本操作

本任务以 3D3S 钢结构设计软件为例，以××羽毛球馆为载体介绍钢结构设计流程及施工图绘制。羽毛球馆工程概况如下：

太原市杏花岭区欲新建一个羽毛球馆，根据建设单位要求，拟采用平板网架作为结构体系，现场平面尺寸为 18m×36m，网架采用周边支撑，通过小立柱起坡。上弦承受恒荷载 $0.7kN/m^2$，上弦承受活荷载 $0.5kN/m^2$，下弦承受活荷载为 $0.3kN/m^2$。太原城区地震设防烈度为 8 度，$0.2g$，地震设计分组为第二组，场地类别为Ⅲ类。屋面雪荷载为 $0.35kN/m^2$，基本风压为 $0.40kN/m^2$，体型系数分别为 -0.6 和 -0.5，地面粗糙度类别为 B 类，施工合拢温差为 $\pm20℃$。柱顶标高为 12m。钢材采用 Q235B，柱网平面布置如图 6-53 所示。

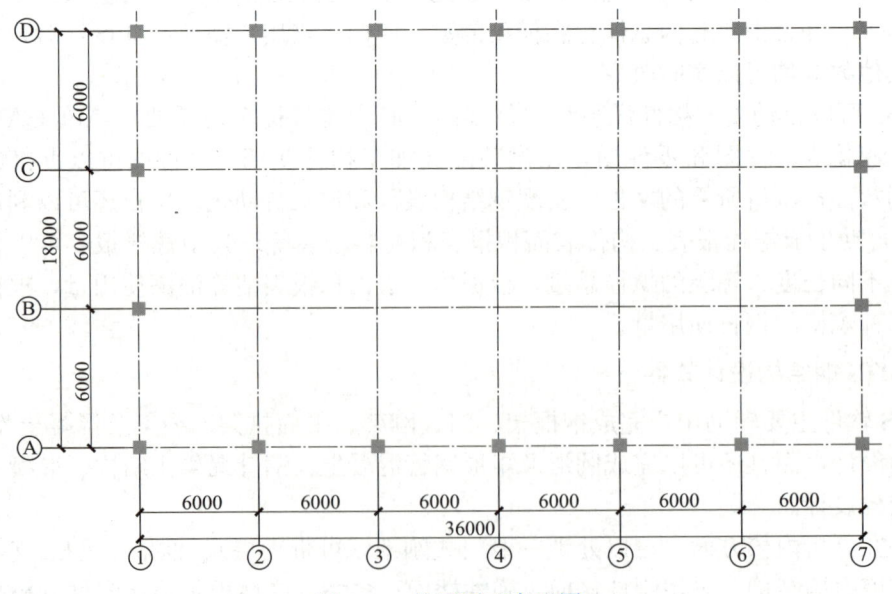

图 6-53　柱网平面布置图

1. 3D3S 软件操作界面介绍

双击桌面上 3D3S 图标后，启动 3D3S 软件主界面，如图 6-54 所示。第一行菜单中黑色文字的是一级菜单，单击一级菜单中第九个按钮【模块-网架网壳】可以切换为厂房、多高层、屋架桁架、塔架等其他结构模块，如图 6-55 所示。图 6-54 中目前执行的模块是网架网壳菜单下的【结构建模】。

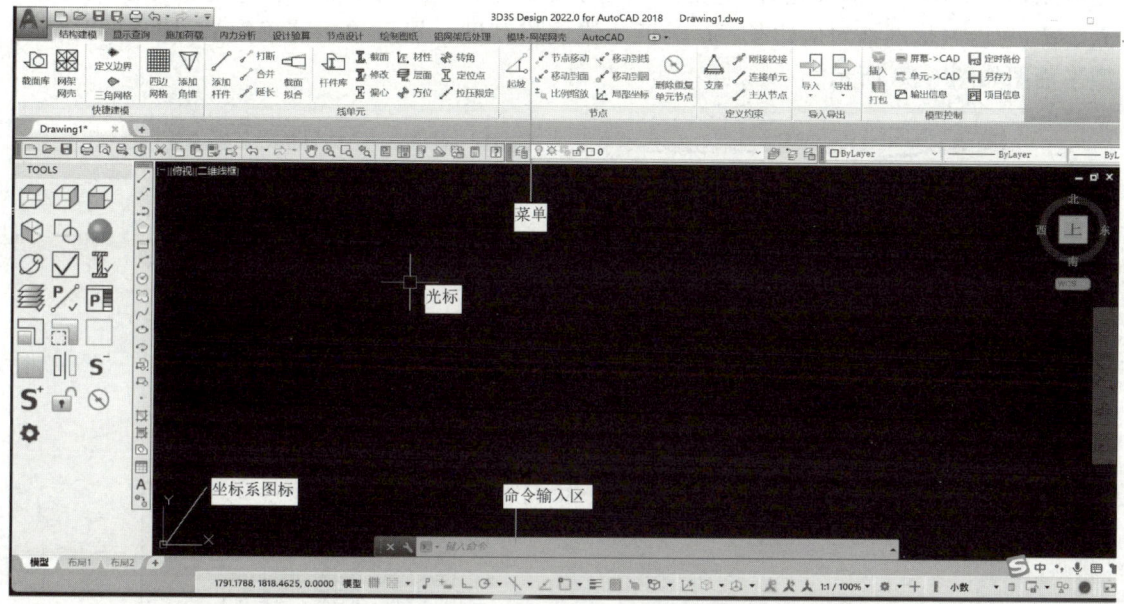

图 6-54 3D3S 结构设计软件主界面

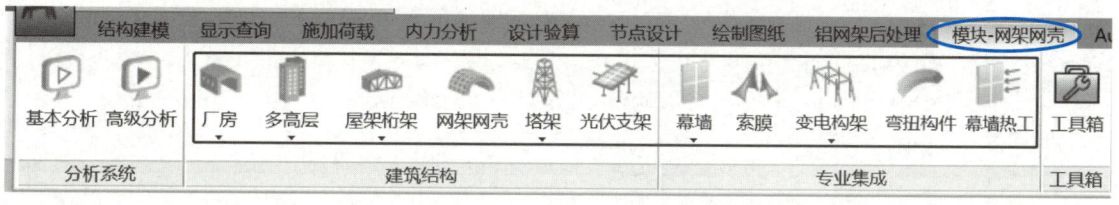

图 6-55 结构模块选择菜单

图 6-54 左侧区域 TOOLS 下面矩形框内的快捷键图标包括视图方向、构件显示等，设计人员可以根据建模需要切换不同视角查看模型，也可以选择要在界面内显示的构件或数据。

提示：将光标移至所有快捷键图标附近，均会显示对应的汉字命令。用户在建模过程中要及时保存模型，防止计算机突然出现问题而造成数据丢失。

2. 结构建模流程

《空间网格结构技术规程》JGJ 7—2010 规定，网格尺寸为网架短向跨度的 1/12～1/6，即取值在 1500～3000mm 之间，网格高度 h 为网架短向跨度的 1/14～1/10，即取值在 1285～1800mm 之间。本工程网格选用正方形，尺寸为 2000mm×2000mm，网格高度为1600mm。

第一步：单击第一行菜单【模块】，切换为【模块-网架网壳】菜单，然后单击【结构建模】按钮，进行网架结构建模。【尺寸参数】设计如图6-56所示，【荷载参数】设计如图6-57所示。根据网架结构的外立面装饰要求，本工程选择上弦支承，基点坐标主要确定Z坐标即可，Z坐标按柱高定义为12000mm。选择网架类型为正放四角锥网架。用户也可以根据实际工程需要选择网壳或其他网架结构形式。图中m、n均为正方形网格数，d_x、d_y为正方形网格对应边长，h为四角锥网格高度。然后单击【确定】，建立的几何模型平面图如图6-58所示。

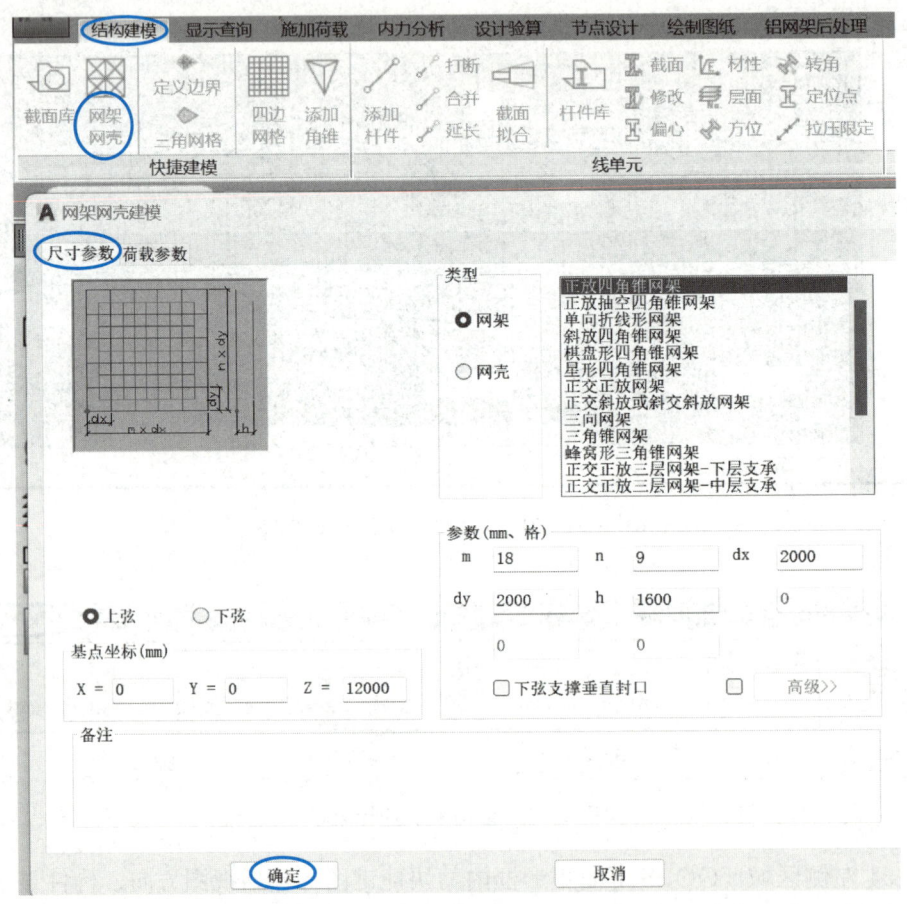

图6-56 网架结构尺寸参数

第二步：单击【结构建模】下面的【截面】按钮，出现如图6-59所示对话框，图中显示的最小截面尺寸为$\phi 48 \times 3.5$，最大截面尺寸为$\phi 325 \times 20$。单击【定义单元截面】，用鼠标框选图6-58中所有杆件，右击鼠标后单击图6-59【关闭】按钮。

如果用户认为图6-59中截面不能满足工程要求，要修改或增加截面类型，可以单击【截面库】按钮，按实际需求修改或增加截面即可。

第三步：单击【结构建模】下面的【材性】按钮，出现如图6-60所示对话框，单击【选择欲定义单元】，用鼠标框选图6-58中所有杆件，右击鼠标后单击图6-60【关闭】按钮。

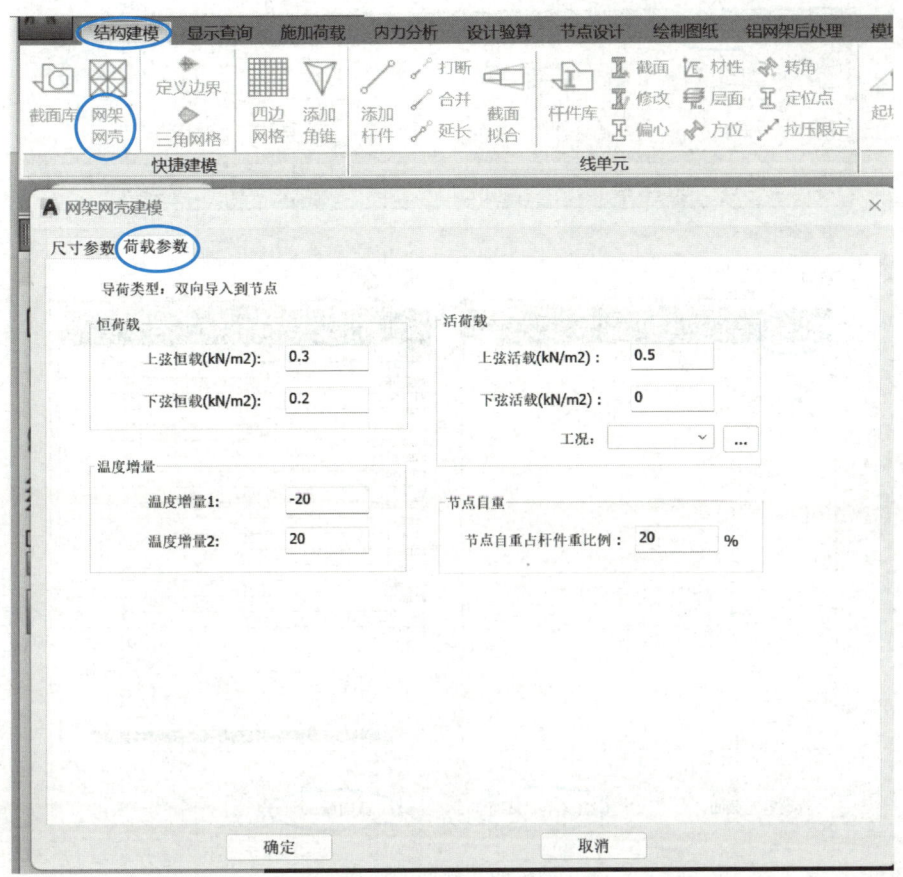

图 6-57 网架结构荷载参数

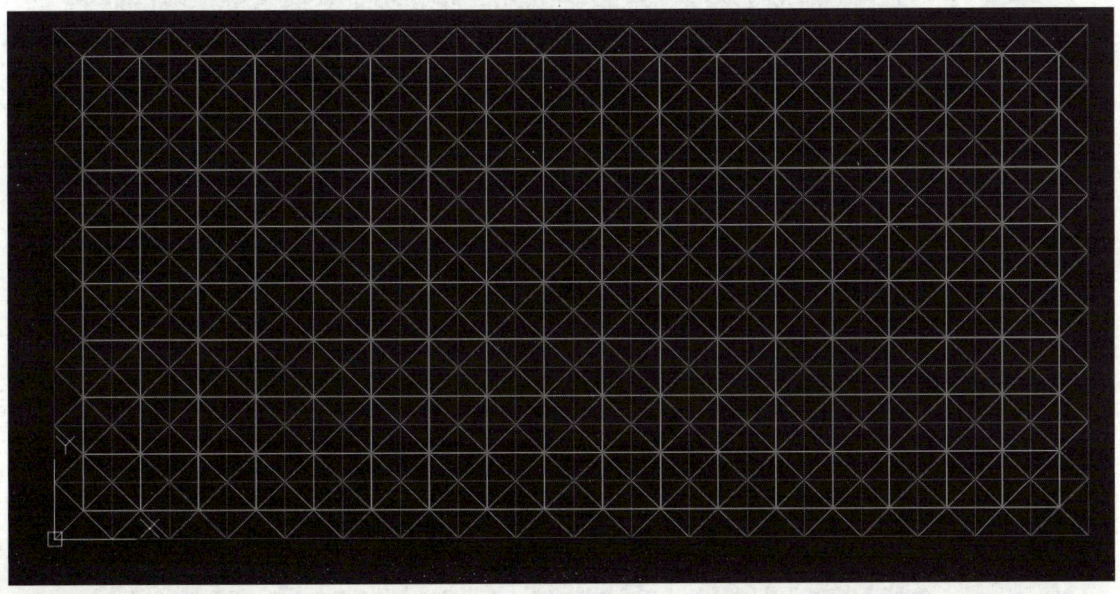

图 6-58 网架结构几何模型平面图

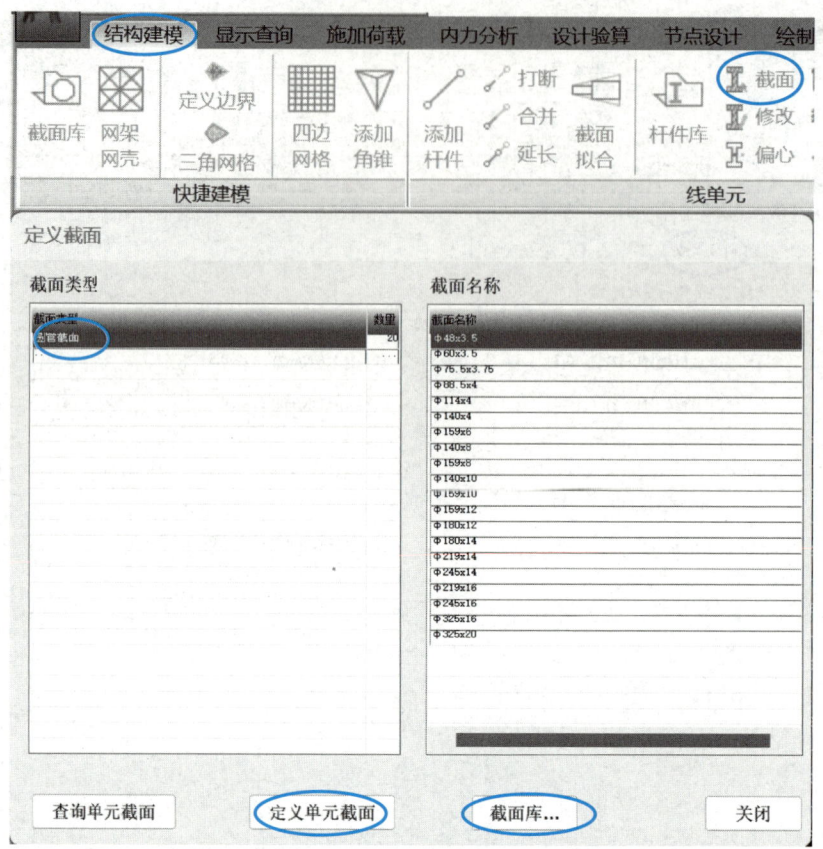

图 6-59　截面库选择

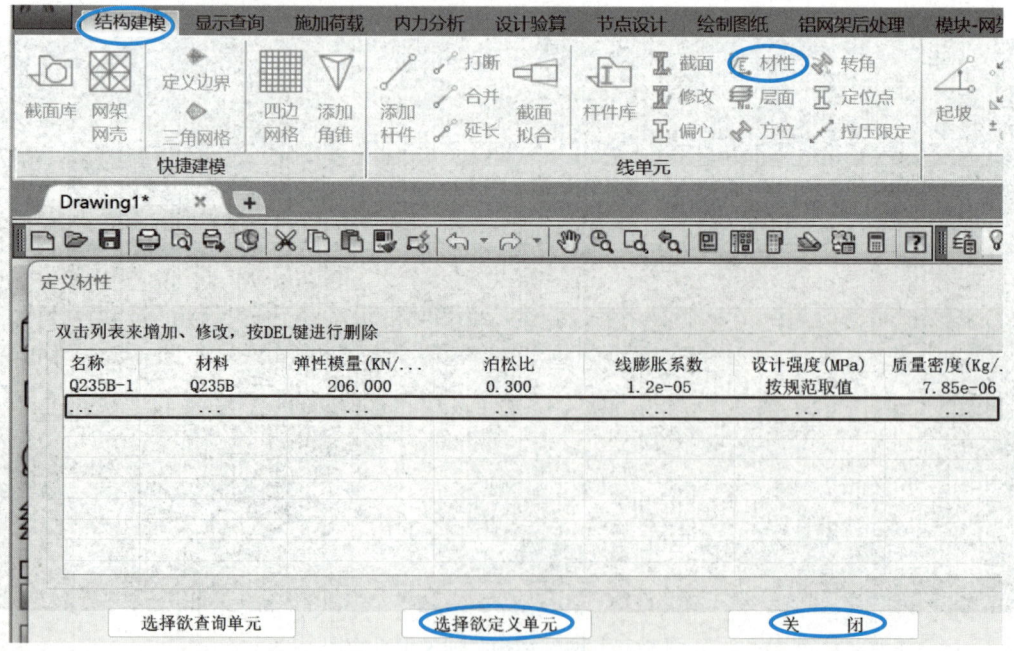

图 6-60　定义单元材性

如果用户想要增加材料特性，则双击图 6-60 中 Q235B-1 下一行列表，即可增加其他材料特性。

第四步：单击【结构建模】下面的【支座】按钮，出现如图 6-61 所示对话框，网架上弦支承在柱子上，支座为铰接形式，单击【选择节点定义约束】，选择图 6-58 处与柱子位置重叠的上弦网架节点，右击鼠标后单击图 6-61【关闭】按钮。

提示：用户还可以通过【结构编辑】下一级命令【起坡】进行结构起坡，以便屋面排水。

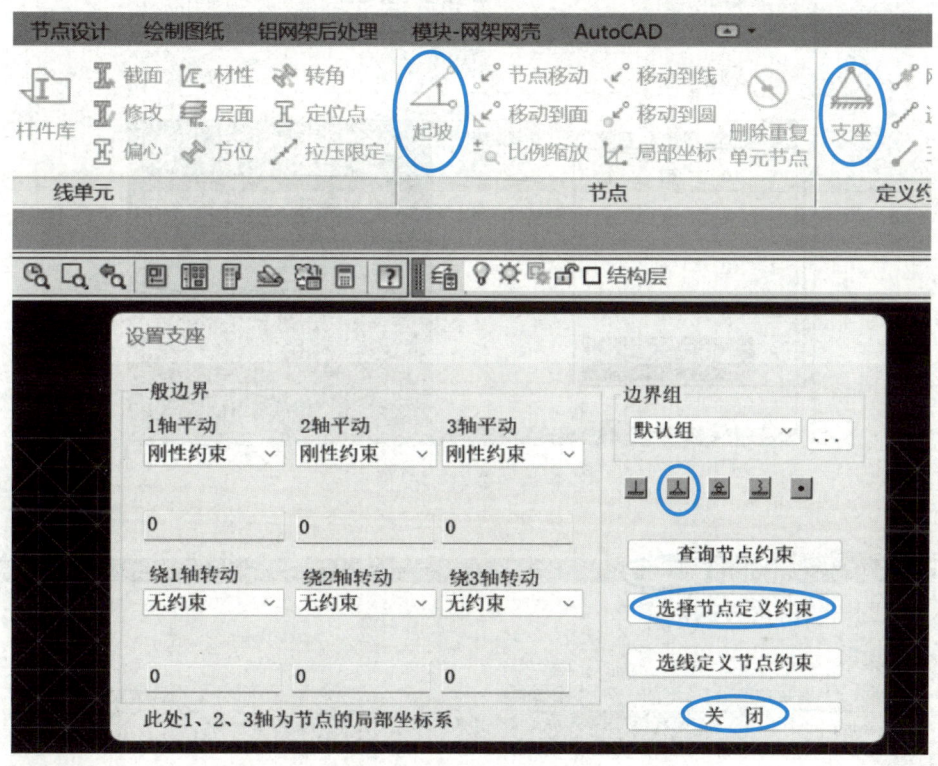

图 6-61　支座设置

3. 荷载输入

第一步：单击【施加荷载】下面的【荷载工况】按钮，出现如图 6-62 所示对话框，【添加】上弦恒荷载、上弦活荷载、下弦活荷载、风荷载、雪荷载工况，注意工况号不能重复。然后单击【关闭】按钮。

第二步：单击【施加荷载】下面的【荷载库】按钮，出现如图 6-63 所示对话框，选择【杆件导荷载库】，双击列表中恒荷载后弹出第二个对话框，再选择【双向导到节点】，荷载说明选择【上弦恒载】，输入本工程均布恒荷载 $0.7kN/m^2$，单击【确定】或【Enter】键。

按上述步骤依次修改上弦活荷载、下弦活荷载、风荷载、雪荷载。

第三步：单击【施加荷载】下面的【风总信息】按钮，出现如图 6-64 所示对话框，对风荷载进行设置。

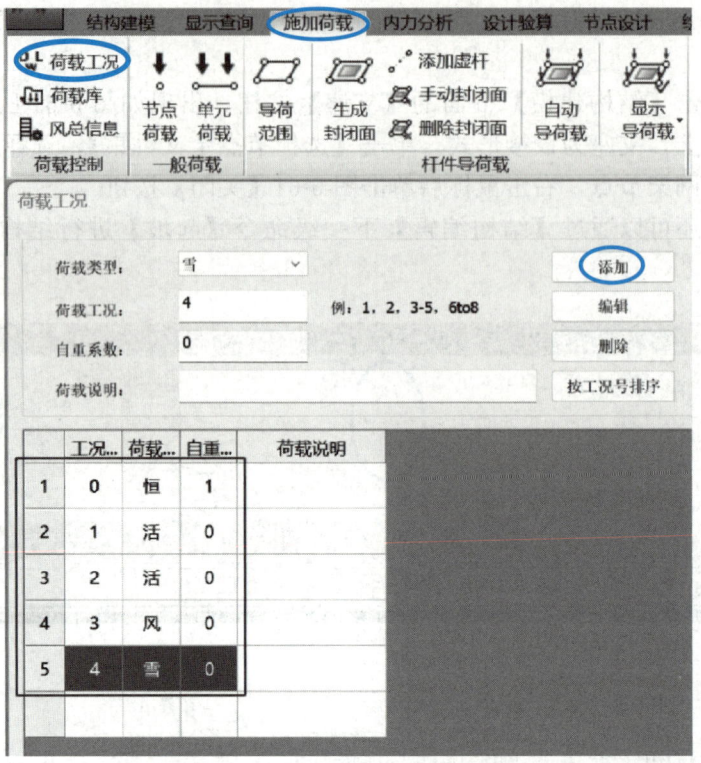

图 6-62　荷载工况设置

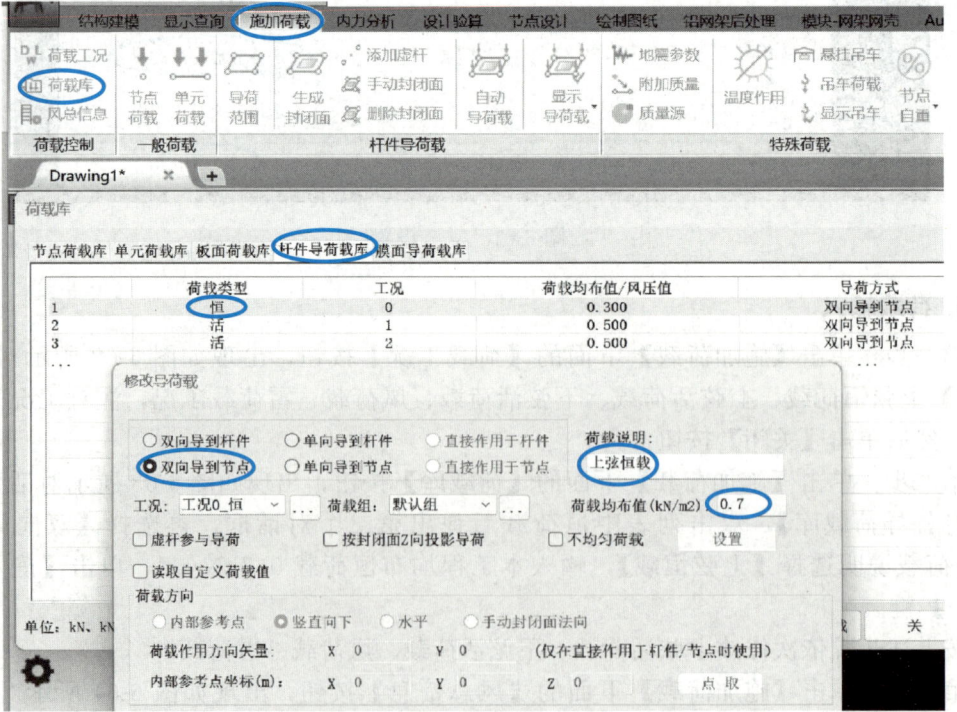

图 6-63　定义杆件导荷载

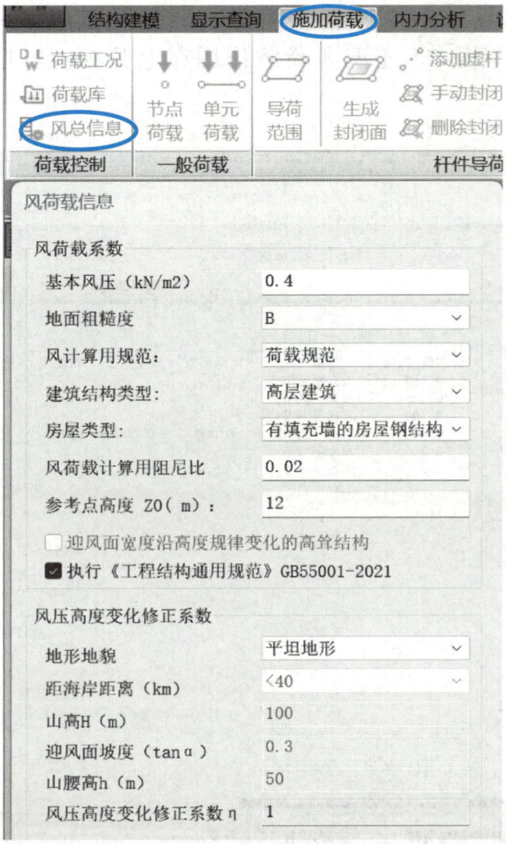

图 6-64　风总信息设置

第四步：单击命令图标，弹出如图 6-65 所示对话框，勾选【按弦杆类型】，选择只显示上弦杆，然后单击【确定】，此时主界面内只显示上弦杆。用户也可以根据需要提前设置层或组号，然后单独显示某层或某一组截面。

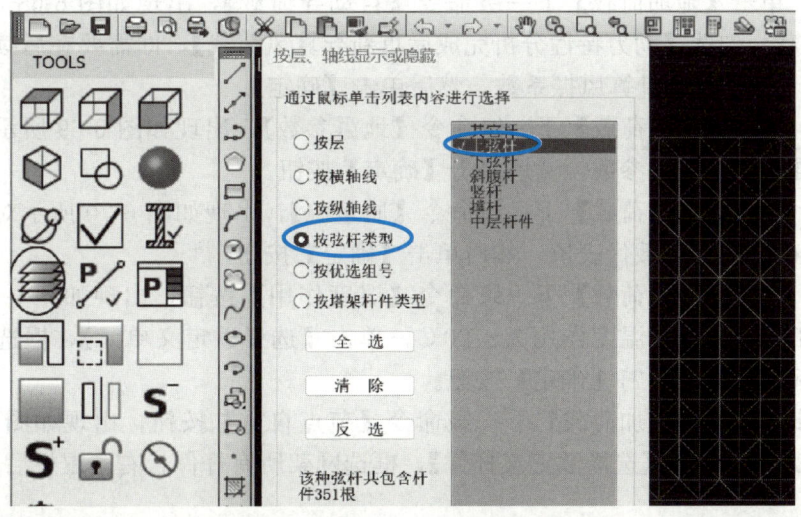

图 6-65　按层选择显示杆件

第五步：单击【施加荷载】下面的【导荷范围】按钮，出现如图 6-66 所示对话框，分别将工况 0、工况 1、工况 3、工况 4 荷载作用在上弦杆上，把工况 2 荷载作用在下弦杆上。

图 6-66　施加杆件荷载

第六步：单击【施加荷载】下一级命令【生成封闭面】，出现如图 6-67 所示对话框，【全选】后，单击【确定】，则生成荷载封闭面。

第七步：单击【施加荷载】下一级命令【自动导荷载】，出现如图 6-68 所示对话框，【全选】导荷载，勾选【动力特性分析完成后重新导算风荷载】，即需要在后续的内力分析之后输入 T_x 和 T_y，重新计算风振系数，然后单击【确定】。

第八步：单击【施加荷载】下一级命令【地震参数】，出现如图 6-69 所示对话框，根据《抗震标准》确定相关参数，然后单击【确定】按钮。

第九步：单击【施加荷载】下一级命令【质量源】，出现如图 6-70 所示对话框，根据《抗震标准》确定重力荷载代表值，然后单击【确定】按钮。

第十步：单击【施加荷载】下一级命令【温度作用】按钮，出现如图 6-71 所示对话框，根据本工程要求设置温度作用为 ±20℃，单击【选择欲定义单元】，框选网架所有杆件，右击鼠标后单击图 6-71【确定】按钮。

第十一步：单击【施加荷载】下一级命令【节点自重】按钮，出现如图 6-72 所示对话框，输入 20%，单击【选择欲定义杆件】，框选网架所有杆件，右击鼠标后单击【关闭】按钮。

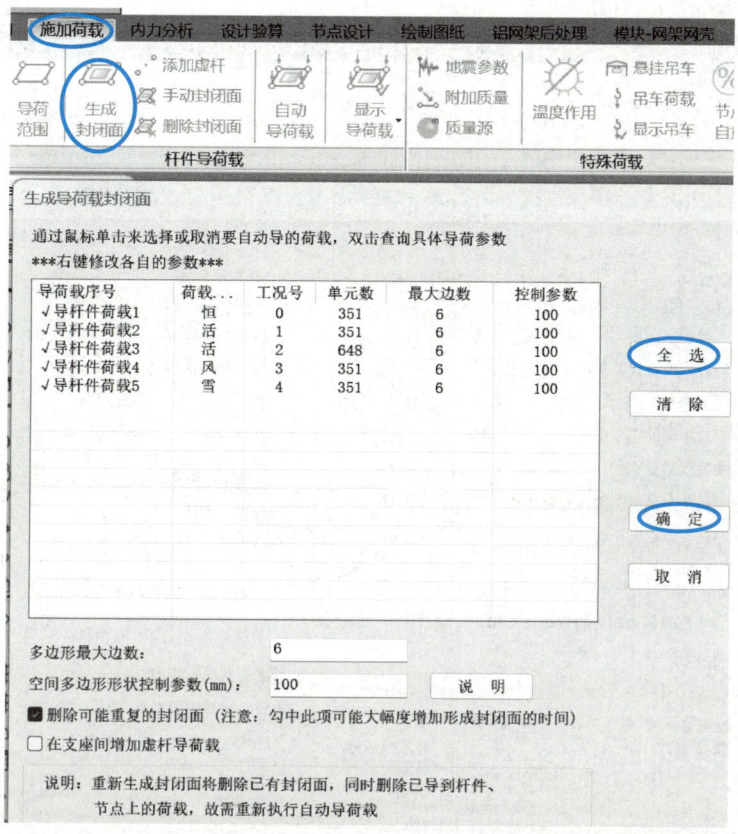

图 6-67 生成荷载封闭面

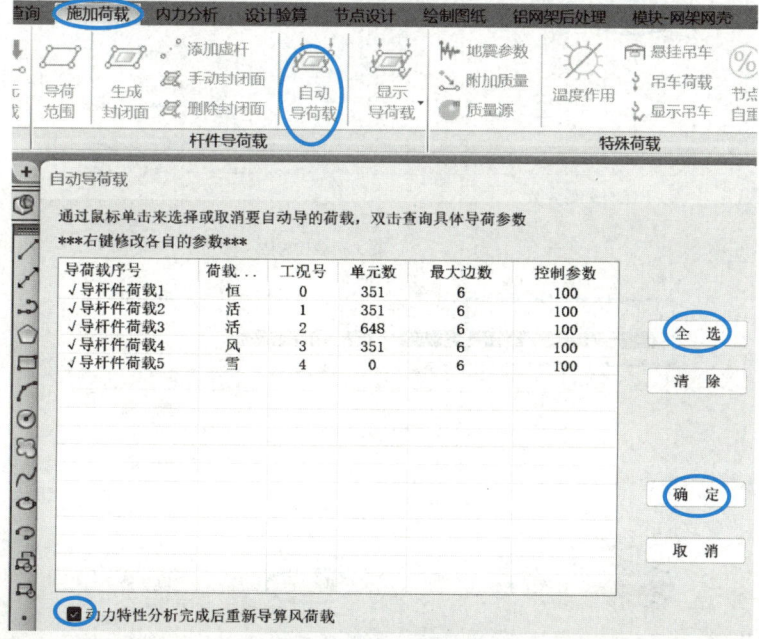

图 6-68 杆件自动导荷载

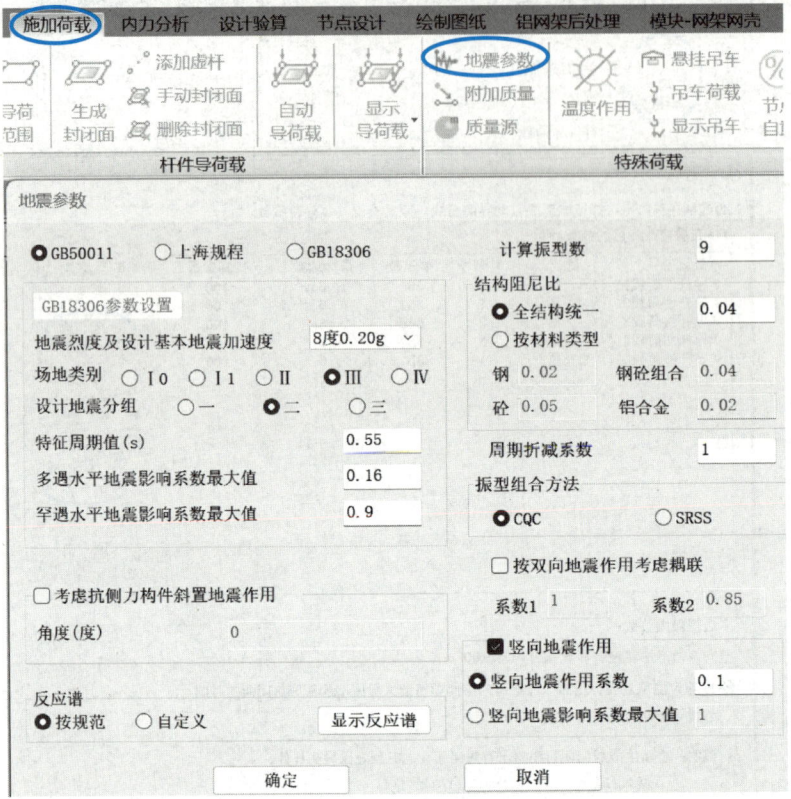

图 6-69　地震参数设置

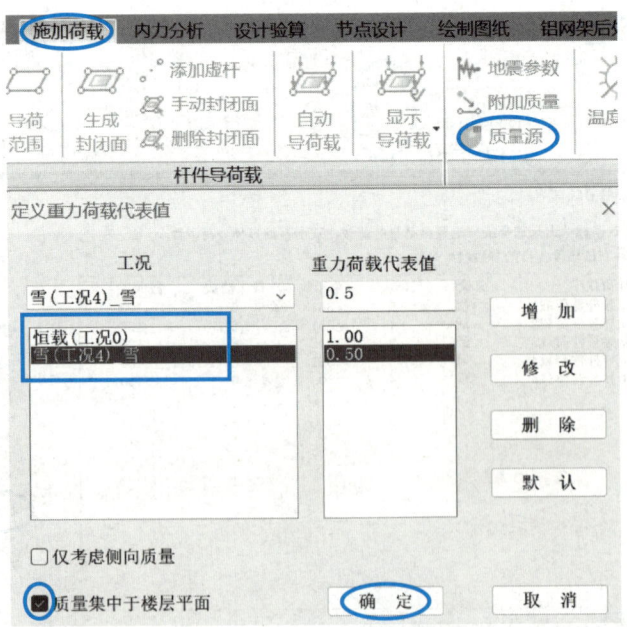

图 6-70　质量源参数

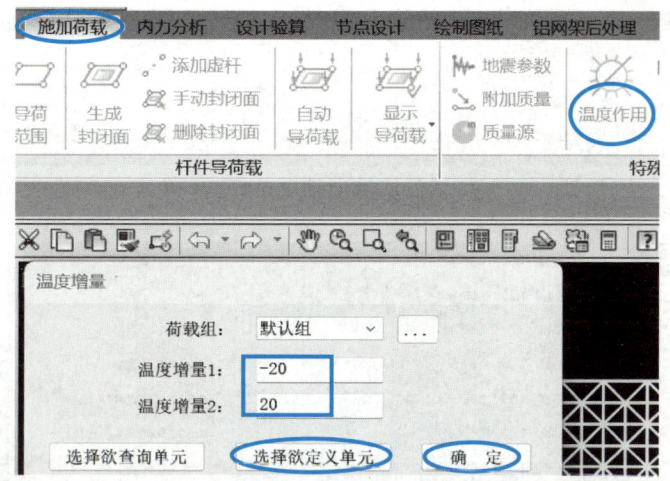

图 6-71 温度作用输入

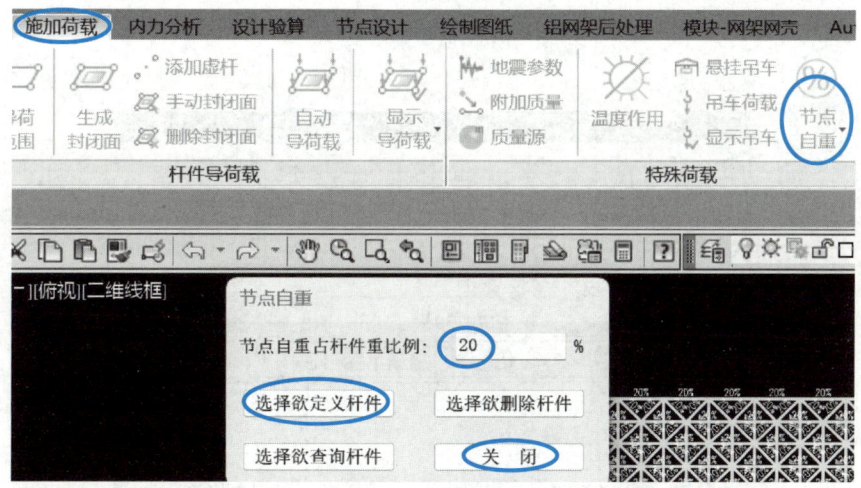

图 6-72 节点自重输入

第十二步：单击【施加荷载】下一级命令【荷载组合】按钮，出现如图 6-73 所示对话框，单击【快速生成】，再根据《统一标准》《荷载规范》设置各工况荷载分项系数、组合系数等参数，然后单击【确定】按钮。

4. 内力计算

第一步：单击【内力分析】下一级命令【结构类型】按钮，出现如图 6-74 所示对话框，选择合适参数后，单击【确定】按钮。

第二步：单击【内力分析】下一级命令【检查模型】按钮，出现如图 6-75 所示对话框，单击【检查】按钮，如果模型不存在问题，左侧文本中不显示有问题的杆件，最后显示检查完毕。如果模型有问题，左侧文本中会显示有问题的杆件或节点编号及原因，单击右下角【仅显示有误的构件和节点】按钮，以便用户在模型中查找。

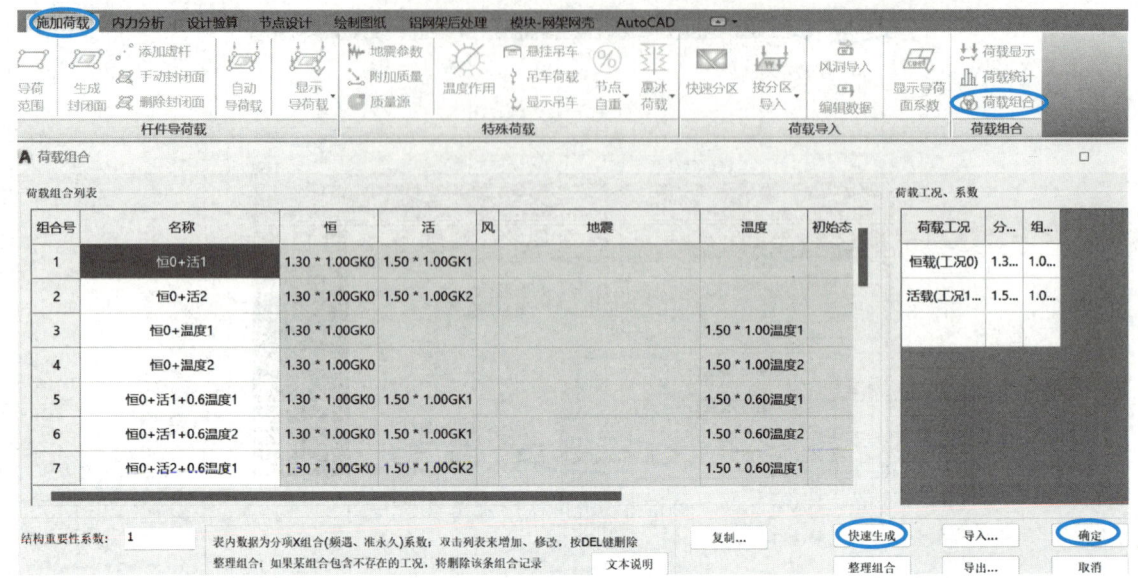

图 6-73　荷载组合设置

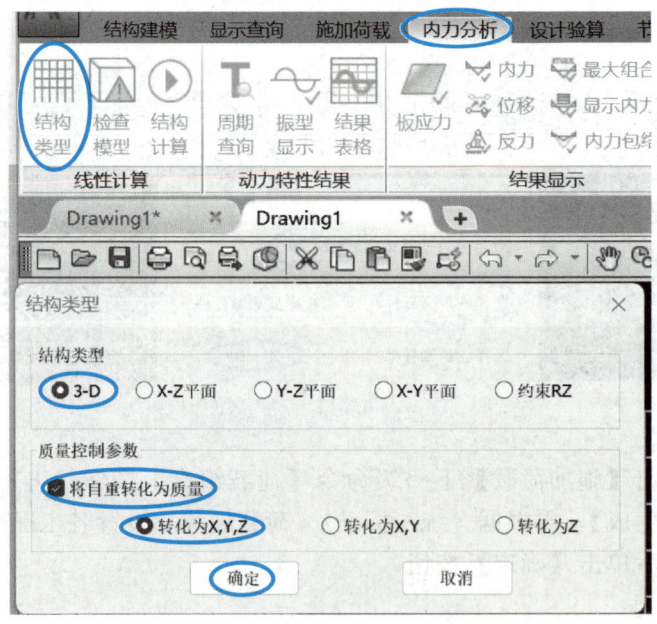

图 6-74　结构类型参数

第三步：单击【内力分析】下一级命令【结构计算】按钮，出现如图 6-76 所示对话框，勾选【动力特性分析】和【线性分析】，并设置【计算参数】，然后单击【计算】，程序自动运行分析计算。

第四步：单击【内力分析】下一级命令【周期查询】按钮，可查询本工程 $T_{1x}=$ 0.122s 和 $T_{1y}=0.240$s。

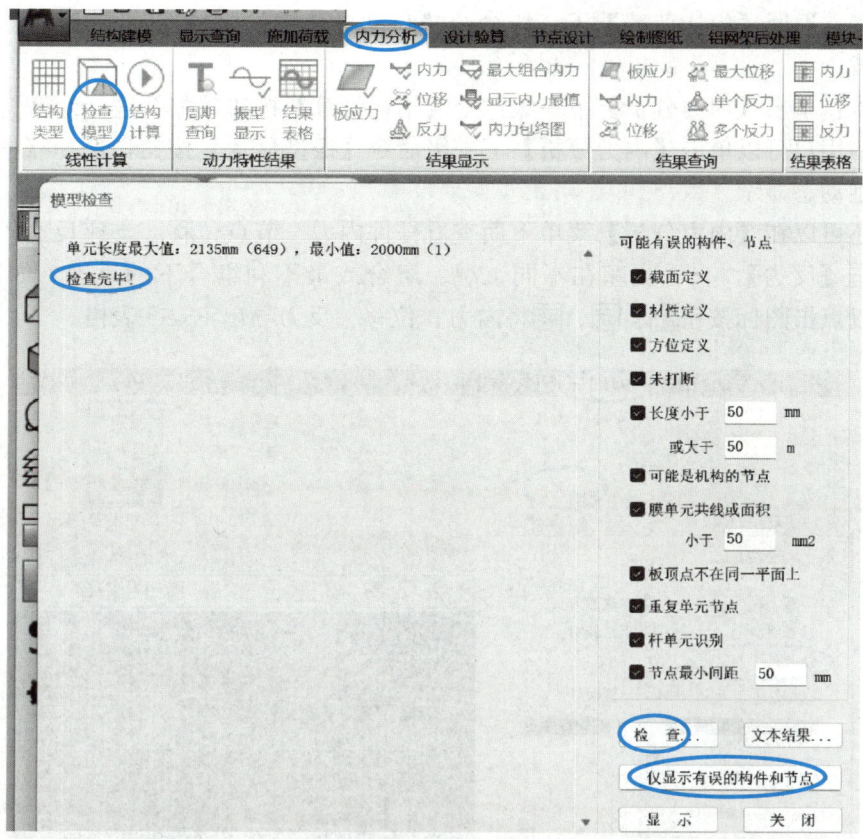

图 6-75　检查模型

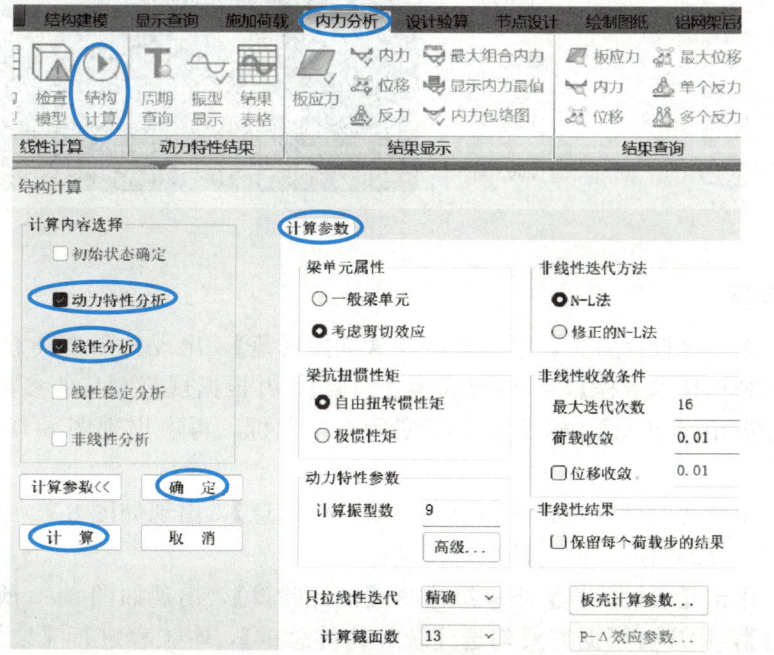

图 6-76　结构计算分析

第五步：返回【施加荷载】下一级命令【自动导荷载】，输入动力计算后的周期重新计算风荷载。

第六步：单击【内力分析】下一级命令【结构计算】按钮，重新进行计算。

提示：用户可以单击【内力分析】下一级命令【振型显示】按钮，选择【振型号】查看不同振型动态显示。

用户还可以在【内力分析】菜单下面查看杆件内力、节点位移、支座反力等信息，例如通过单击【反力】，查看支座在不同工况、组合或最不利组合下的反力，如图 6-77 所示。也可以点击图标按钮▦、▦、▦将内力、位移、反力导出 Excel 表格。

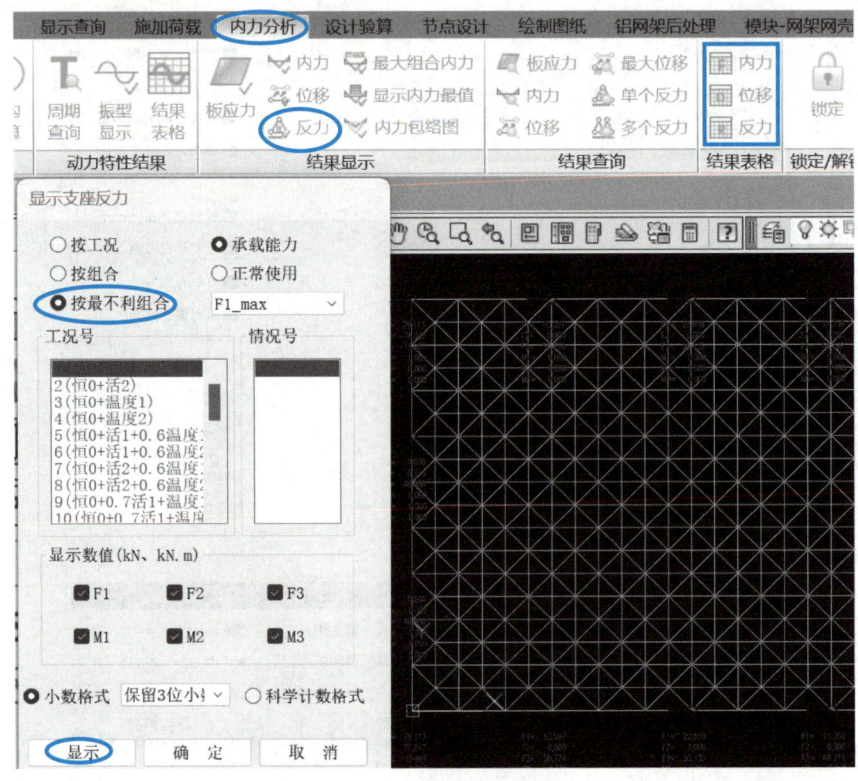

图 6-77　支座反力查询

5. 设计验算

第一步：单击【设计验算】下一级命令【选择规范】，出现如图 6-78 所示对话框，选择【空间网格结构技术规程】，结构形式为【网架】，并根据规范对其他参数进行设置，然后单击【选择欲定义单元】，框选整个模型后右击鼠标，再次出现图 6-78 对话框，单击【关闭】按钮。

第二步：单击【设计验算】下一级命令【设计信息】，出现如图 6-79 所示对话框，对结构设计信息、配筋信息、钢筋信息进行设置。

第三步：单击【设计验算】下一级命令【设计验算】，出现如图 6-80 所示对话框，进行【截面优选】，用户可根据需要勾选【统计构件总重】，本工程进行【线性分析】，并且结构属于【有侧移】，单击【验算】按钮。

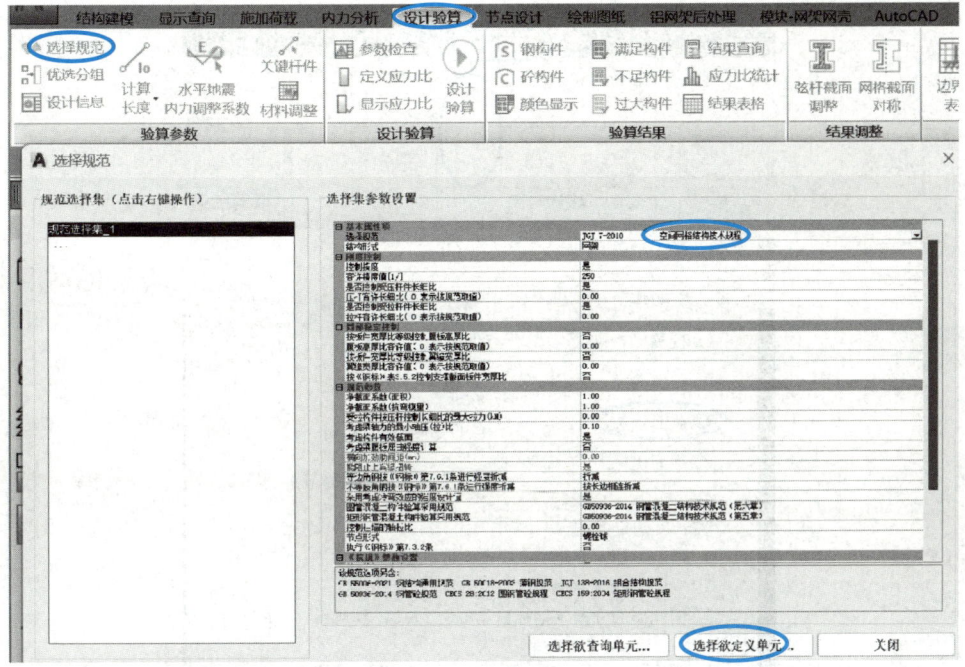

图 6-78 选用规范及计算参数

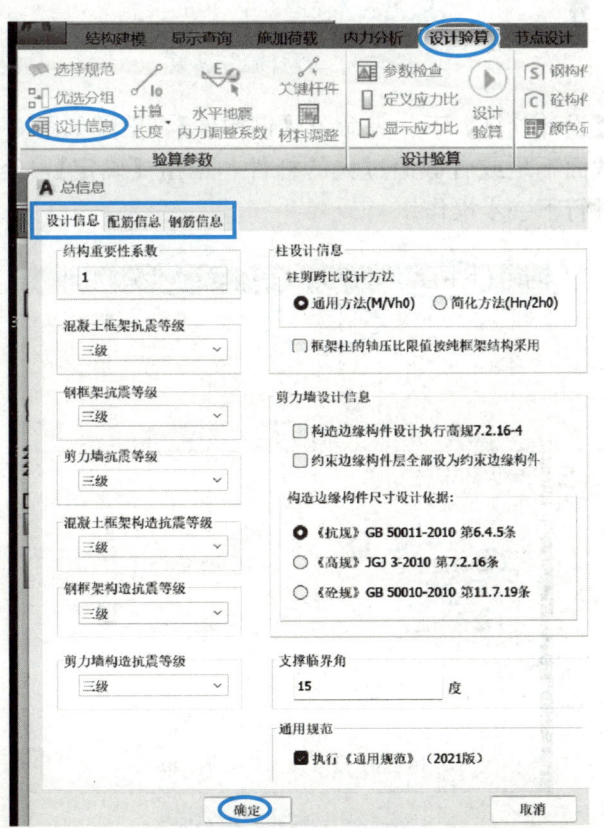

图 6-79 设计信息修改

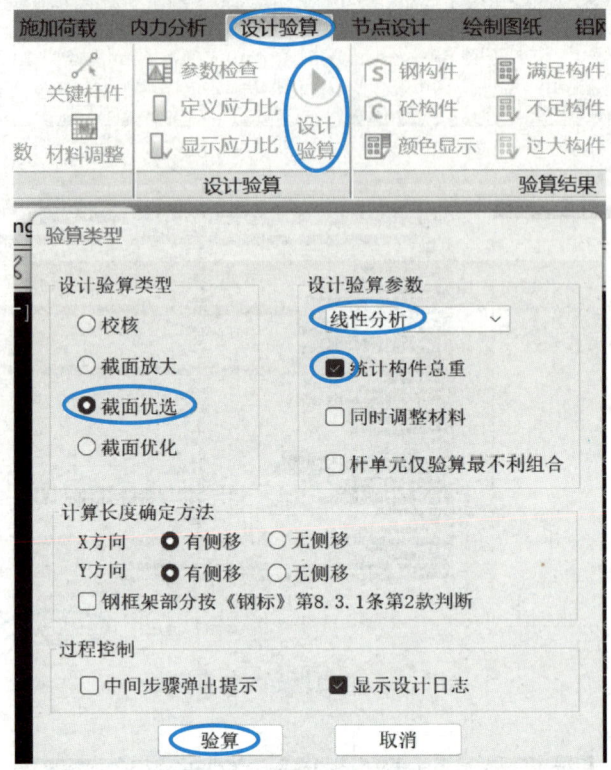

图 6-80 设计验算参数

第四步：单击【设计验算】下一级命令【钢构件】，出现如图 6-81 所示对话框，查看设计结果中是否有截面不足或者截面过大的杆件，单击【确定】，经查看本工程没有截面不合适的杆件，可进行下一步操作。

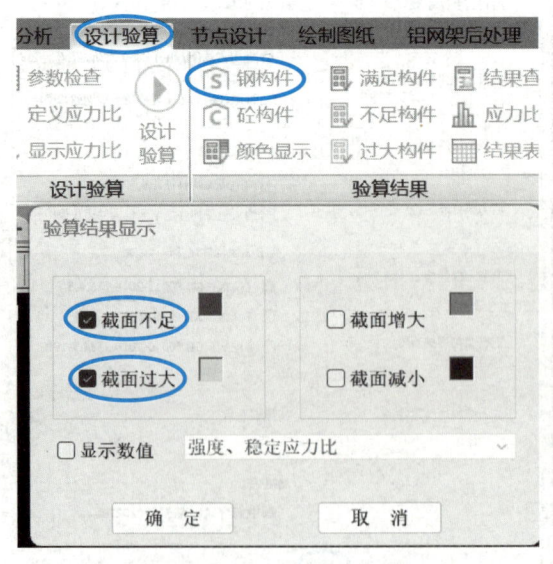

图 6-81 验算结果显示

第五步：单击【设计验算】下一级命令【颜色显示】，出现如图 6-82 所示对话框，选择【显示云图】，然后单击【关闭】按钮，模型中杆件应力比显示如图 6-83 所示，从图中可以看出，网架大部分杆件应力比在 0～0.6 之间，个别杆件应力比在 0.8～0.9 之间，应力比满足要求。

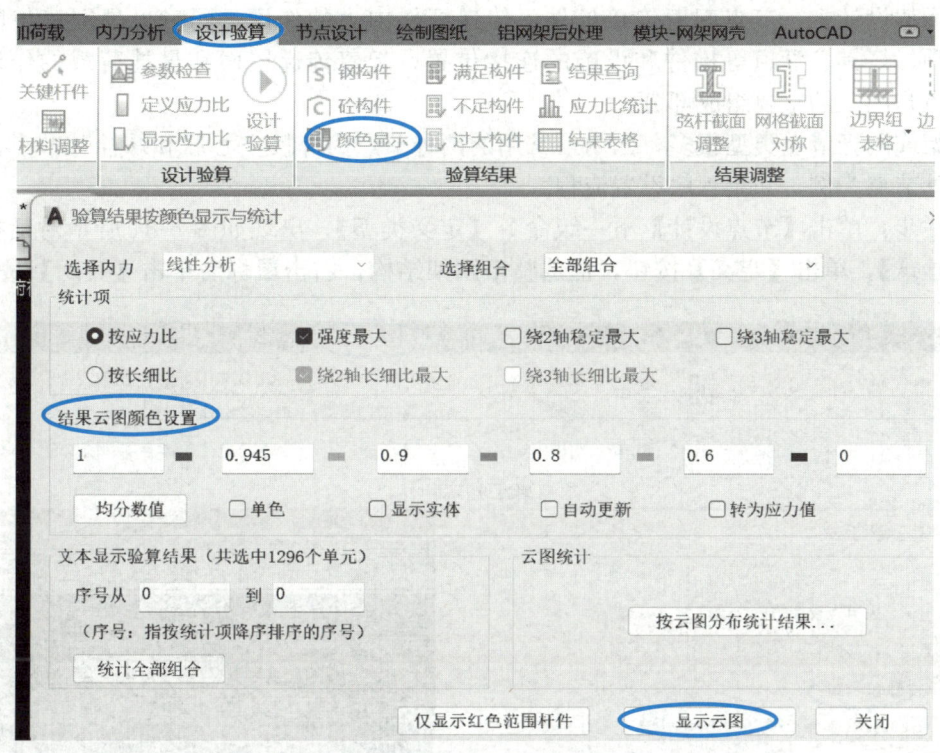

图 6-82　验算结果按颜色显示

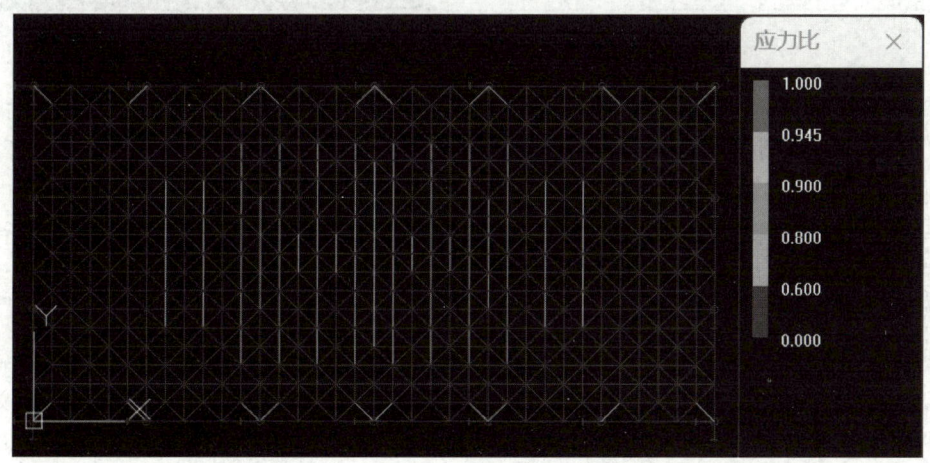

图 6-83　应力比显示

第六步：单击【设计验算】下一级命令【结果查询】按钮，然后单击任意一根杆件，可以查询到该杆件的截面类型、名称、分类、材料强度，以及强度验算、稳定验算的内力和应力比等信息。

第七步：单击【设计验算】下一级命令【结果表格】，可以查看所有杆件的截面名称、分类，以及计算长度、强度验算、稳定验算的内力和应力比等信息，并导出 Excel 文件。

6. 节点设计

在网架设计中，节点起着连接杆件、传递杆件内力的作用，同时也是网架与屋面结构、吊顶、灯具、管道等构件和设施的连接位置，起着传递屋面和悬挂荷载的作用。因此，节点是网架的重要组成部分。

网架或网壳节点类型很多，国内最常用的两种节点为焊接空心球和螺栓球节点。本节以螺栓球节点为例，介绍程序设置流程。

第一步：单击【节点设计】下一级命令【定义类型】，出现如图 6-84 所示对话框，选择【螺栓球】，单击【定义】按钮，框选整个网架结构，右击鼠标后单击【关闭】按钮。

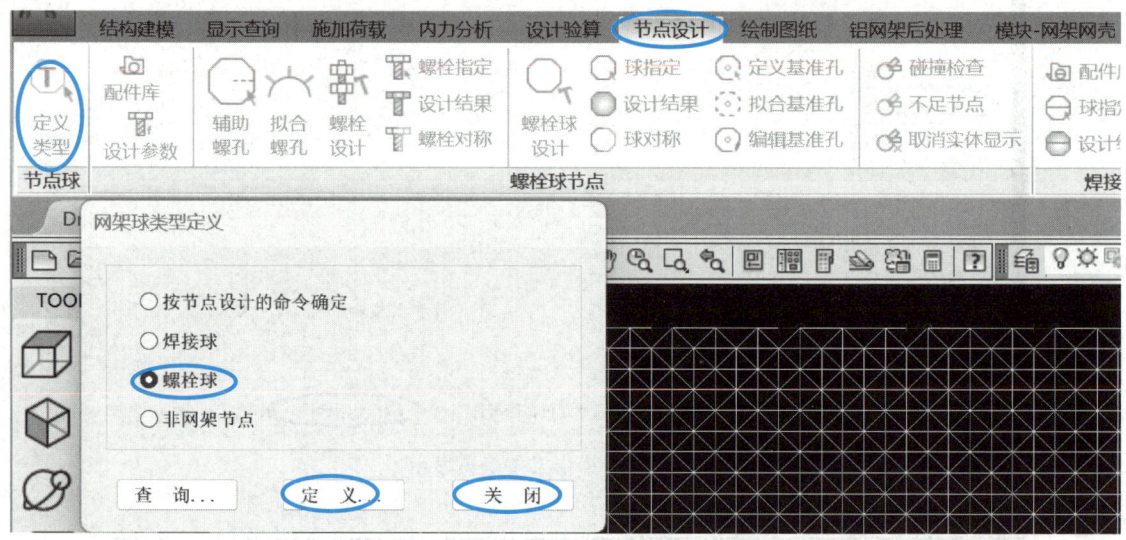

图 6-84　螺栓球节点定义

第二步：单击【节点设计】下一级命令【配件库】，出现如图 6-85 所示对话框，在【螺栓球库】【螺栓库】【封板库】或【锥头库】进行【增加】【删除】操作，也可以导入【配件库】，然后单击【关闭】按钮。

第三步：单击【节点设计】下一级命令【设计参数】，出现如图 6-86 所示对话框，对螺栓球节点设计参数进行定义。用户自行选择螺栓强度设计值按程序默认设置，或自定义。螺栓统一最小直径为 20mm，然后单击【确定】按钮。

第四步：单击【节点设计】下一级命令【定义基准孔】，出现如图 6-87 所示对话框，平板网架属于【平面】形式，设置上弦基准孔方向为（0，0，1），然后【选点定义】，框选网架所有上弦节点后右击。设置下弦基准孔方向为（0，0，－1），然后【选点定义】，框选网架所有下弦节点后右击，单击【关闭】按钮。设置后的螺栓球基准孔方向如图 6-88 所示。

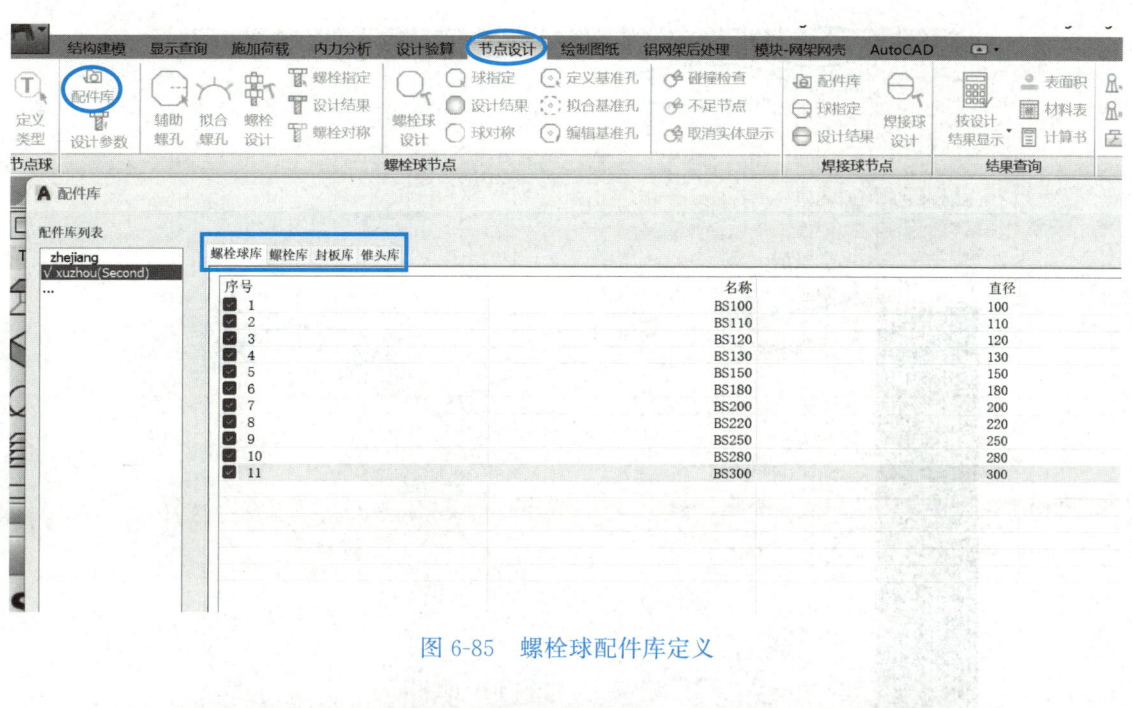

图 6-85　螺栓球配件库定义

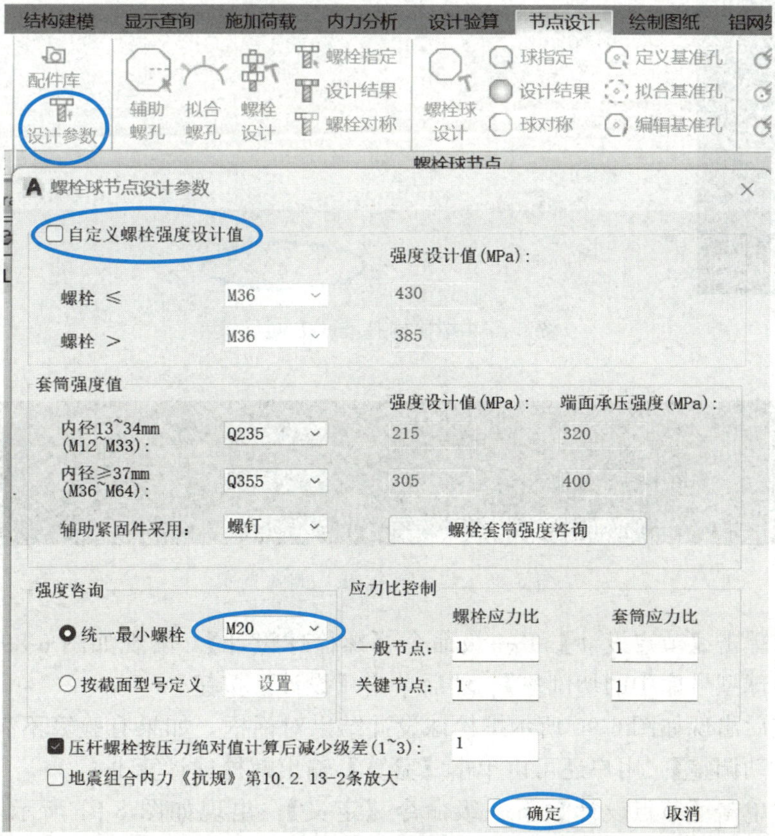

图 6-86　螺栓球设计参数定义

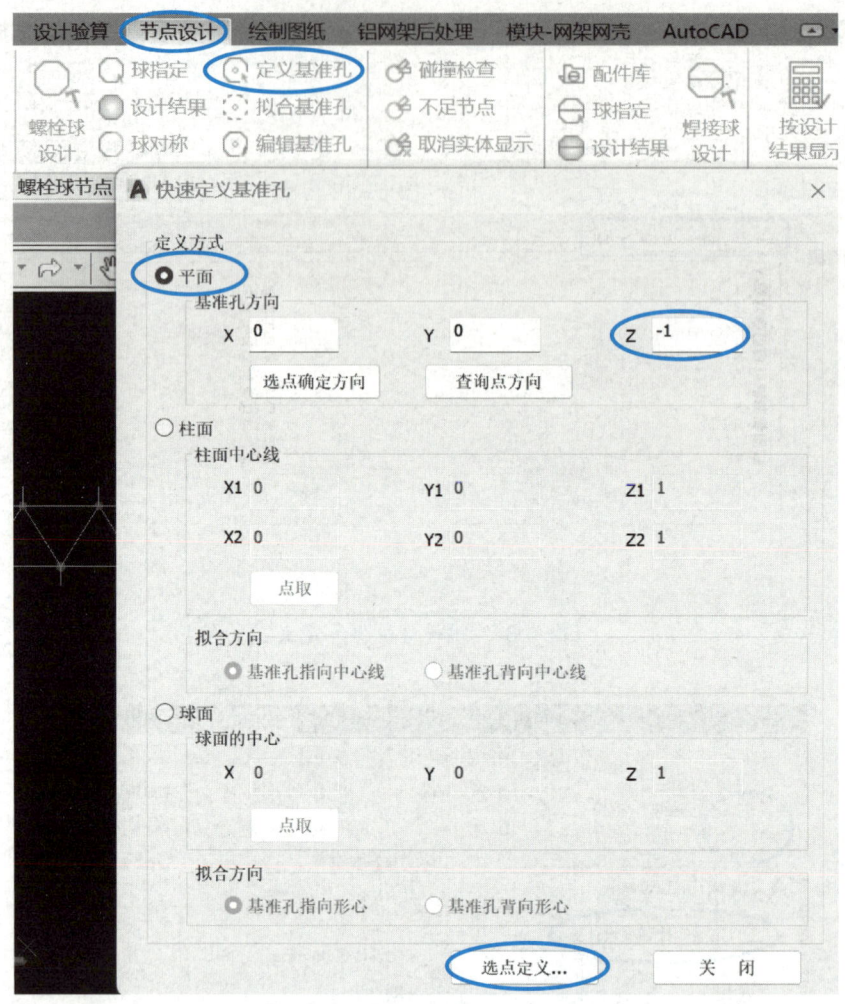

图 6-87　螺栓球基准孔方向设置

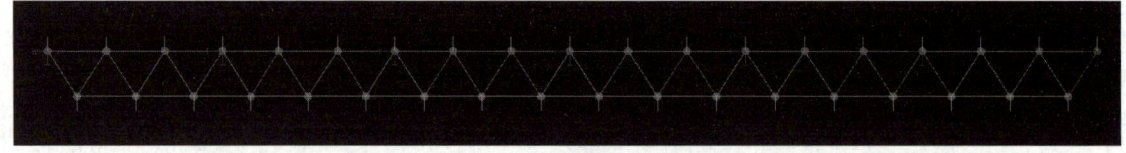

图 6-88　显示螺栓球基准孔方向

第五步：单击【节点设计】下一级命令【螺栓球设计】，出现如图 6-89 所示对话框，选择【用螺栓球型号库中的切削量】，然后单击【设计】按钮。

设计完成后出现如图 6-90 所示螺栓球设计结果对话框，如果有验算不满足的螺栓球，可以单击【自动调整】。用户还可以单击【验算】输出螺栓球计算书。

第六步：单击【节点设计】下一级命令【定义】，出现如图 6-91 所示对话框，单击【定义】，光标选中所有支座后右击，再次出现图 6-91 后，单击【关闭】按钮。

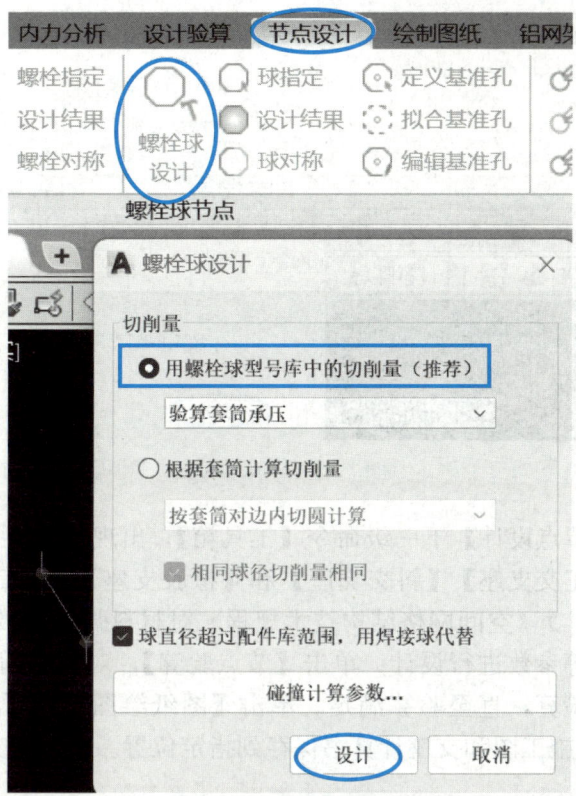

图 6-89 螺栓球设计

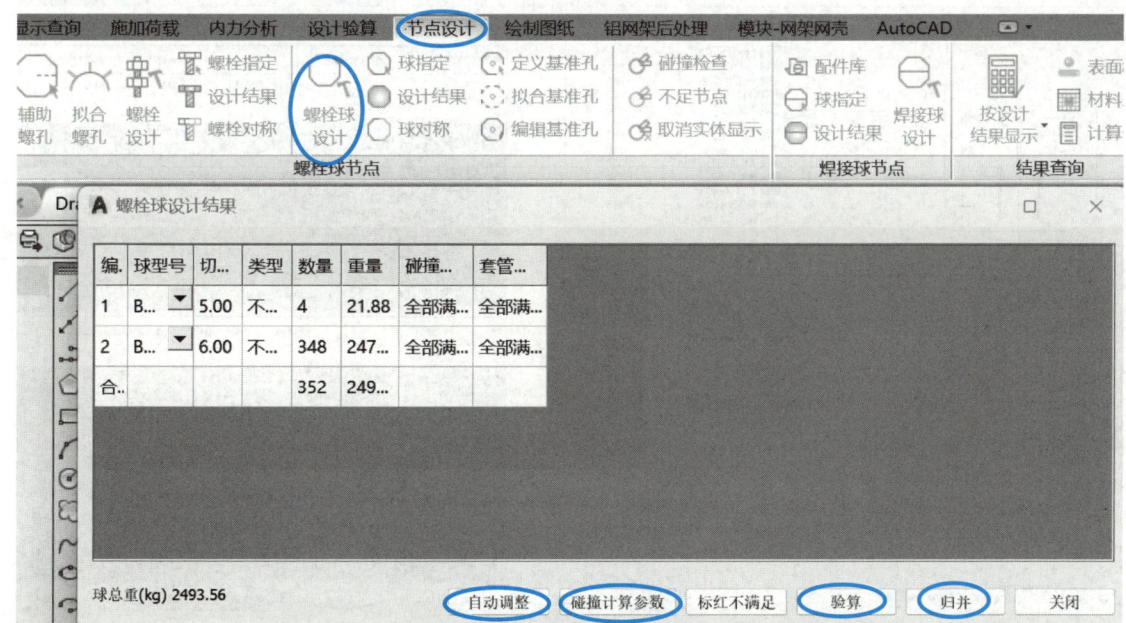

图 6-90 螺栓球设计结果

图 6-91　支座定义

第七步：单击【节点设计】下一级命令【工具箱】，出现如图 6-92 所示对话框，可以选择的支座类型有【正交支座】【斜交支座】和【橡胶支座】，本工程选择【正交支座】。然后根据《钢结构标准》《空间网格结构技术规程》对材料强度等级、支座尺寸、焊缝高度、锚栓和垫板尺寸等参数进行设计。单击【节点验算】，对于不满足要求的设计参数进行修改，再重新进行验算，直至验算满足。单击【图纸绘图】和【生成最不利组合计算书】，并将生成的支座施工图和支座计算书保存到指定位置。绘制的支座如图 6-93 所示。

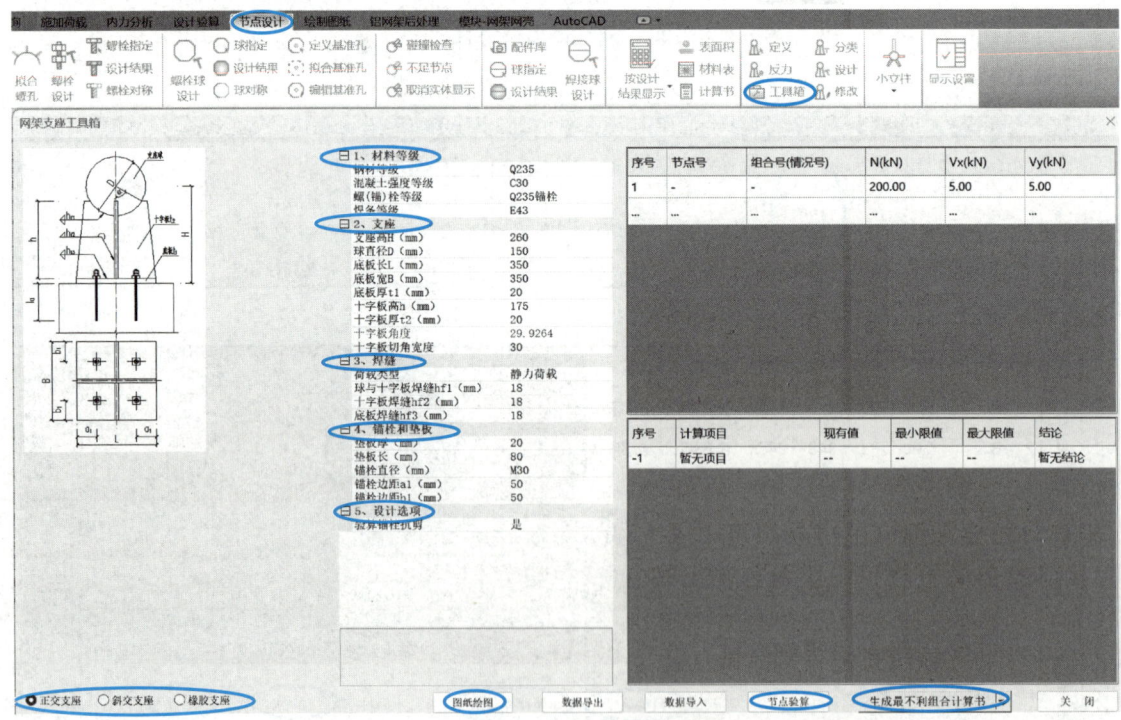

图 6-92　支座工具箱

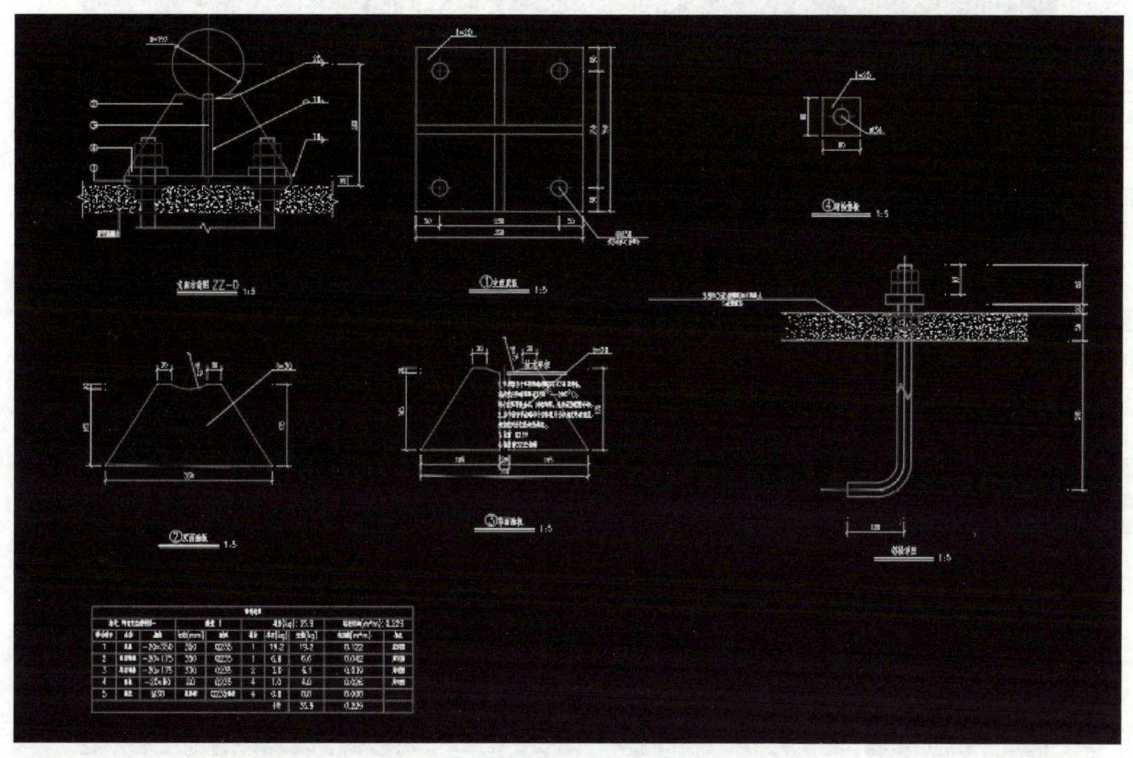

图 6-93　平板支座图

钢结构支座节点设计有哪些形式？每种支座形式适用于什么情况？

第八步：单击【节点设计】下一级命令【计算书】，可以输出网架结构计算书，用户也可以根据需要勾选计算书所包括的具体内容。

小知识

ANSYS 典型工程应用案例

在结构分析中，当需要对复杂节点进行有限元分析时往往会用到 ANSYS 软件，软件可以直接输入点、线、面、体构成复杂结构几何模型，并对节点网格划分进行有限元分析。程序也提供了多种实体绘制工具，可以对相交的实体节点进行相加、相减、切分等布尔运算，如鸟巢中钢梁柱节点应力比分析、国家大剧院网壳结构复杂节点应力比分析等。

7. 绘制网架结构施工图

第一步：单击【绘制图纸】下一级命令【三维实体】→【三维实体输出】，可以绘制三维实体图如图 6-94 所示。

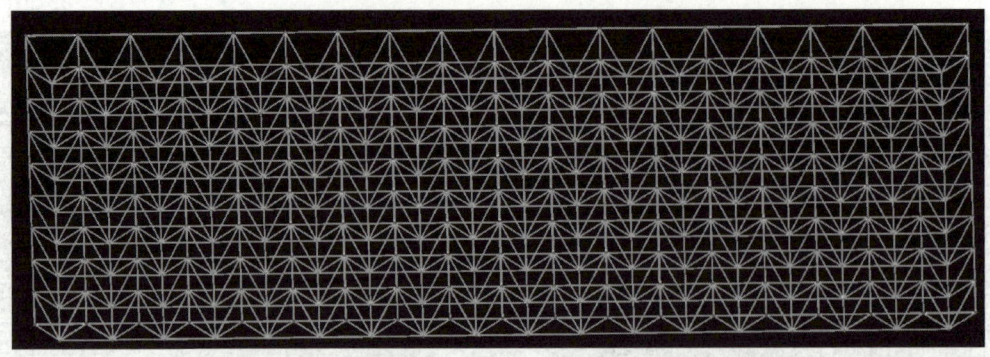

图 6-94　网架三维实体图

　　第二步：单击【绘制图纸】下一级命令【结构布置图】，用户根据需要可以输出【平面布置图】【杆件截面图】【弦杆长度图】等，图框规格根据工程平面尺寸确定，然后单击【绘制】按钮。

　　第三步：单击【绘制图纸】下一级命令【出图】，出现对话框如图 6-95 所示，选择【加工版】，然后勾选【支座图】【螺栓球图】和【材料表】，单击【确定】和【绘制】，生成的图纸分别如图 6-96～图 6-101 所示，这些图纸主要用于网架结构预算和施工。

　　至此，利用 3D3S 结构设计软件完成了网架结构计算与部分设计的任务。

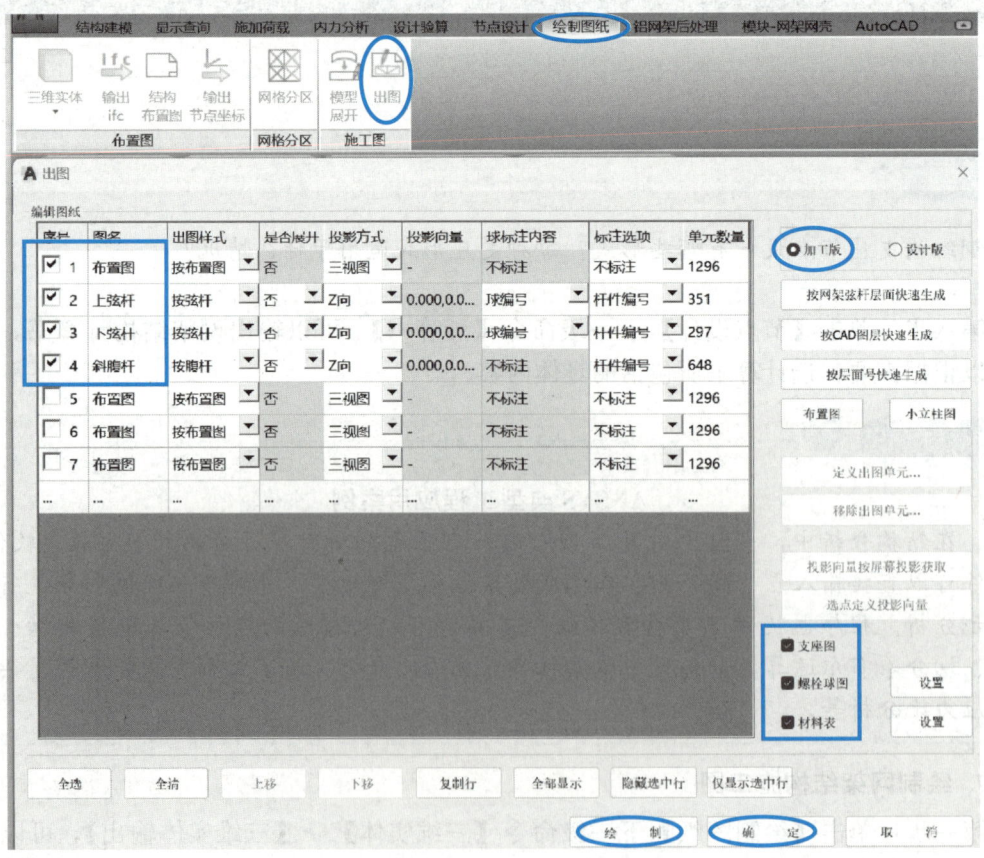

图 6-95　出图设置

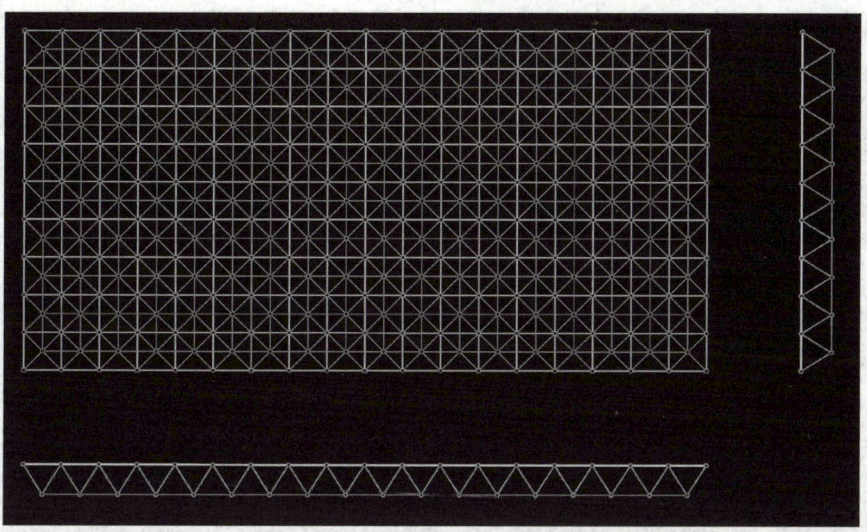

图 6-96 杆件布置图

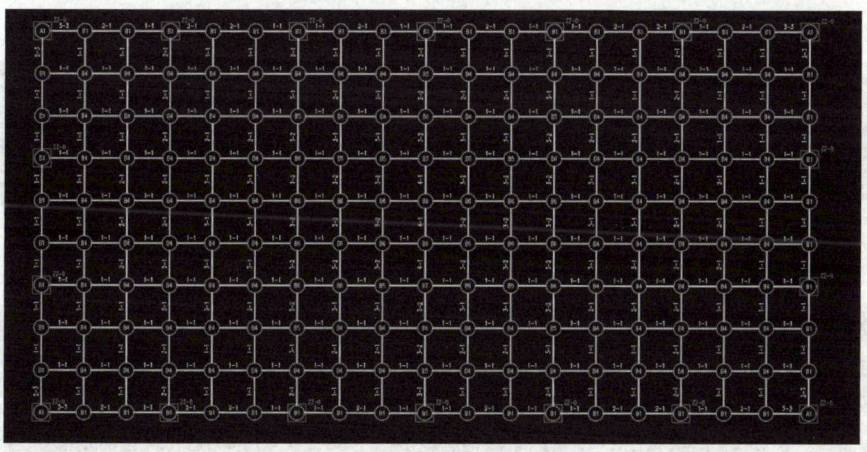

图 6-97 上弦杆平面布置图

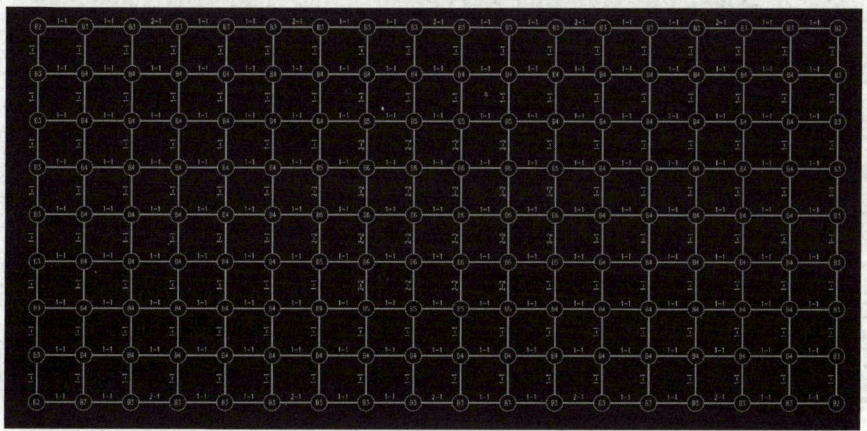

图 6-98 下弦杆平面布置图

图 6-99　腹杆平面布置图

图 6-100　螺栓球节点加工图

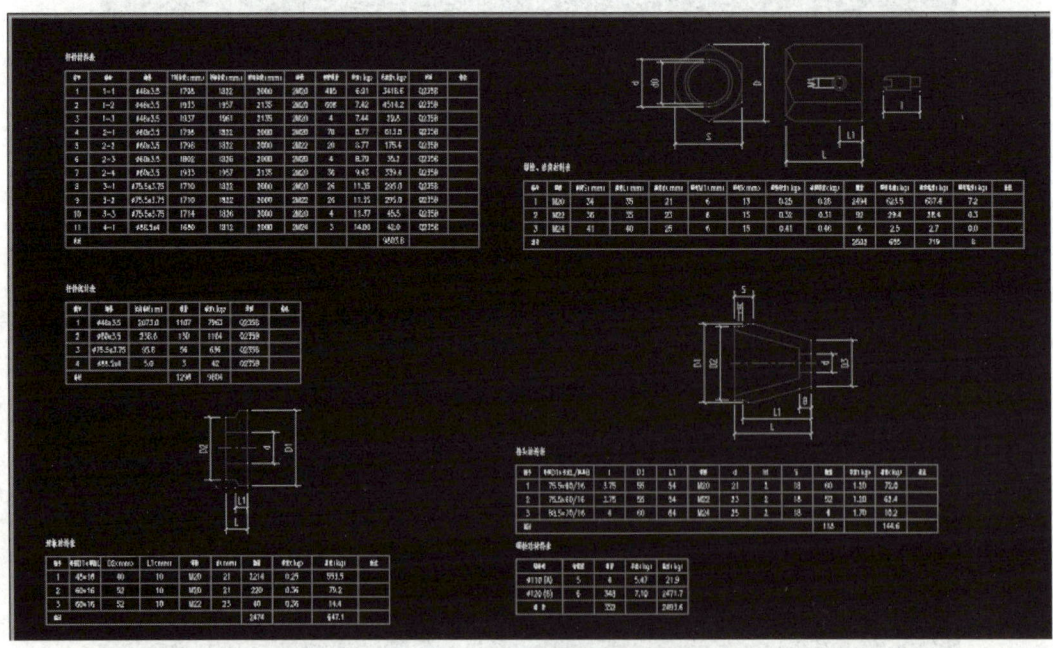

图 6-101　网架结构材料表

 任务小结

 1. 钢结构设计和分析软件有：PKPM 结构设计软件、YJK 结构设计软件、3D3S 钢结构设计软件、Tekla 钢结构深化设计软件、MTS 钢结构设计软件，以及 MIDAS、ABAQUS、ANSYS、SAP2000 有限元分析软件。

 2. 本任务以 3D3S 钢结构设计软件为例，介绍了钢结构设计流程及施工图绘制。

 3. 在应用软件设计过程中注意各参数的取值应满足相关规范要求。

思考题

 1. 钢结构上部结构计算时，结构总体信息中有哪些参数需要设置？

 2. 根据《空间网格结构技术规程》JGJ 7—2010 的规定，网格尺寸应满足哪些要求？

微课

项目6小结

拓展阅读

经典书籍推介

附录

参考文献

[1] 胡兴福. 建筑结构. 5 版. 北京：中国建筑工业出版社，2021.

[2] 胡兴福. 建筑结构（少学时）. 4 版. 北京：高等教育出版社，2019.

[3] 东南大学，天津大学，同济大学. 混凝土结构. 北京：中国建筑工业出版社，2020.

[4] 申海洋，段春花. 混凝土结构与砌体结构. 4 版. 北京：中国电力出版社，2022.

[5] 赵亮，王百田. 混凝土结构原理与设计. 3 版. 武汉：武汉理工大学出版社，2021.

[6] 刘孟良，赵英菊，何山. 混凝土结构与砌体结构. 2 版. 长沙：中南大学出版社，2021.

[7] 王秀芬. 砌体结构设计. 北京：中国建筑工业出版社，2018.

[8] 敬登虎. 砌体结构. 北京：中国建筑工业出版社，2023.

[9] 梁瑛，何滔，黄晓瑜. 建筑结构设计及案例实战. 北京：机械工业出版社，2021.

[10] 黄呈伟. 钢结构设计. 北京：科学出版社，2005.

[11] 李永康，马国祝. PKPMV3.2 结构软件应用于设计实例. 北京：机械工业出版社，2018.

[12] 陈绍暮. 钢结构设计原理. 4 版. 北京：科学出版社，2016.

[13] 同济大学，沈祖炎，等. 钢结构基本原理. 3 版. 北京：中国建筑工业出版社，2018.

[14] 但泽义. 钢结构设计手册. 4 版. 北京：中国建筑工业出版社，2019.

[15] 张毅刚，薛素铎，杨庆山，等. 大跨空间结构. 北京：机械工业出版社，2008.

[16] 王仕统，薛素铎，关富玲，等. 现代屋盖钢结构分析与设计. 北京：中国建筑工业出版社，2014.

[17] 陈绍蕃，郭成喜. 钢结构房屋建筑钢结构设计. 4 版. 北京：中国建筑工业出版社，2014.

[18] 周绪红. 钢结构设计指导与实例精选. 北京：中国建筑工业出版社，2008.

[19] 《轻型钢结构设计手册》编辑委员会. 轻型钢结构设计手册. 2 版. 北京：中国建筑工业出版社，2006.

拓展阅读

注册结构工程师考试

建筑结构（下册）

配套任务册

班级：＿＿＿＿＿＿＿＿

学号：＿＿＿＿＿＿＿＿

姓名：＿＿＿＿＿＿＿＿

任务 2.1　现浇单向板肋形楼盖设计

任务 2.5　钢筋混凝土楼梯设计

方案设计

任务实施

任务 3.1 现浇混凝土多层框架结构设计

方案设计

任务实施

学习反思

任务 4.1　多层砌体结构设计

方案设计

任务实施

学习反思

任务 5.2　多层钢结构设计